SENSORIAMENTO REMOTO
PRINCÍPIOS E APLICAÇÕES

Blucher

EVLYN M. L. DE MORAES NOVO

SENSORIAMENTO REMOTO

PRINCÍPIOS E APLICAÇÕES

4.ª edição revista

Sensoriamento remoto
© 2010 Evlyn M. L. de Moraes Novo
4ª edição – 2010
4ª reimpressão – 2018
Editora Edgard Blücher Ltda.

Blucher

Rua Pedroso Alvarenga, 1245, 4º andar
04531-934 – São Paulo – SP – Brasil
Tel.: 55 11 3078-5366
contato@blucher.com.br
www.blucher.com.br

Segundo o Novo Acordo Ortográfico, conforme 5. ed.
do *Vocabulário Ortográfico da Língua Portuguesa*,
Academia Brasileira de Letras, março de 2009.

É proibida a reprodução total ou parcial por quaisquer
meios, sem autorização escrita da Editora.

Todos os direitos reservados pela Editora
Edgard Blücher Ltda.

FICHA CATALOGRÁFICA

Novo, Evlyn M. L. de Moraes
   Sensoriamento remoto: princípios e aplicações /
Evlyn M. L. de Moraes Novo. – 4ª ed. – São Paulo:
Blucher, 2010.

   Bibliografia.
   ISBN 978-85-212-0540-1

   1. Sensoriamento remoto I. Título.

10-06099   CDD-621.3678

Índices para catálogo sistemático:
1. Sensoriamento remoto: Tecnologia   621.3678

Apresentação da 3ª edição

Esta terceira edição do livro Sensoriamento remoto: princípios e aplicações, de autoria da Dra. Evlyn Novo, lançada na ocasião do 50º aniversário da Editora Blucher, merece pelo menos dois cumprimentos. Primeiro é à Blucher que corajosamente e obediente a seu perfil, editou a primeira edição desse livro na década de 1980. Nesta época, o sensoriamento remoto era uma área do conhecimento relativamente nova no meio acadêmico, porém, dava sinais de que seria promissora, notadamente em função do já consolidado Curso de Pós-graduação do INPE, em São José dos Campos e, do ainda incipiente, na UFRGS, em Porto Alegre. Algumas disciplinas específicas de sensoriamento remoto também tomavam impulso em vários centros de formação acadêmica. Apesar desses esforços acadêmicos, houve momento de especial escassez de livros na área do sensoriamento remoto. A Editora Blucher acreditou no tema e editou o livro que se tornou material de referência a inúmeros alunos, docentes e profissionais no Brasil e na América de língua espanhola.

O segundo cumprimento — com enorme mérito — é feito à autora, sem a qual jamais a obra viria a lume. Pesquisadora do Instituto Nacional de Pesquisas Espaciais desde os inícios do sensoriamento remoto espacial no Brasil, praticamente viu nascer esse campo no País. Dotada de notável senso científico sem abrir mão do caráter didático, e também da indispensável disciplina organizacional, conseguiu fazer este livro técnico em sua primeira edição tornar-se sucesso imediato. Veio a segunda edição, com o mesmo acolhimento.

Como é comum no meio acadêmico, com o envolvimento do cientista em múltiplas tarefas, quando se consegue terminar algo, imediatamente iniciam-se novos afazeres. E foi assim com este livro. Entre a primeira edição e esta que se apresenta, a autora envolveu-se em inúmeras orientações, aulas, viagens, comissões, congressos e projetos. Porém, ela sempre teve a intenção e sofreu a "pressão" de colegas para que uma edição revisada e ampliada fosse preparada, para o próprio bem da área de sensoriamento remoto. Novamente a Dra. Evlyn se pôs a campo e nos brinda com esta terceira edição.

Dr. José Carlos Neves Epiphanio
Pesquisador Titular
Coordenador do Programa de Aplicação CBERS
Insituto Nacional de Pesquisas Espaciais

Prefácio da 3ª edição

Relutei em me lançar na aventura de escrever a terceira edição revista e ampliada deste livro. Um pouco foi por medo: ele foi tão bem recebido na primeira edição, que não quis passar pelo vexame de um retrocesso. Quando se tem consciência de que se marcou um gol por acaso, o melhor é sair discretamente de campo. E também por falta de motivação. A primeira edição do livro surgiu da necessidade premente que tive de me preparar para dar o curso de Introdução ao Sensoriamento Remoto no Programa de Pós-graduação do Instituto Nacional de Pesquisas Espaciais. Precisava me preparar porque ia receber alunos que mereciam um bom curso, ou pelo menos, um curso mais organizado do que aquele que eu tivera. Neste o material de consulta era formado por artigos esparsos, livros e mais livros, nos quais encontrava, depois de muito esforço, alguma informação. Os livros e artigos de diferentes fontes, muitas vezes tinham notações e nomenclatura distintas. O esforço de dar nexo ao que se lia era imenso. E, por isso, pensei que o processo de aprendizagem das noções básicas seria mais eficiente e rápido se os alunos não tivessem que refazer o caminho que eu fizera. Com isso, organizei uma apostila que serviria de ponte, para que eles pudessem aprender rapidamente o que eu sabia, e seguir em frente. Com o tempo, surgiu a internet, o inglês virou língua quase oficial para qualquer aluno de universidade, surgiram vários livros sobre o assunto no mercado. Portanto, não havia mais motivo para escrever uma versão atualizada desse livro. Quem precisasse de informação atual poderia rapidamente consultar o Google. Além disso, vários livros foram publicados em português, tratando de muitos dos tópicos esboçados na primeira edição, com muito mais profundidade e clareza.

Então, por que, depois de tanto tempo eu me atrevo a lançar essa terceira edição revista e atualizada desse livro? Agora não foi o medo que me moveu, mas a vergonha. Confesso que sempre que alguém me escrevia pedindo um exemplar do livro e me perguntava se era uma nova versão, eu me sentia profundamente envergonhada e recomendava a compra de exemplares de algum dos meus colegas. Mas a vergonha apenas não foi suficiente para que eu criasse coragem para rever o livro. Houve também a pressão constante de colegas, ex-alunos, e até do Dr. Edgard Blücher. Ele insistia tanto que, para me livrar da insistência, lhe disse que faria. Na época, cheguei até a examinar o livro (confesso que fazia anos que não tinha coragem de abri-lo, de medo de encontrar

8 Sensoriamento Remoto

erros crassos, afirmações datadas, e tudo o que torna a vida de quem escreve um pesadelo), mas a defasagem era tão grande que não me julguei capaz da empreitada. A tecnologia e a ciência do sensoriamento remoto tinham avançado tanto nesse período, com diversificação em áreas de conhecimento tão específicas que eu sentia não ter a competência para responder ao desafio de atualizar nem mesmo um livro básico, como o da primeira edição.

Mas então, fui convidada para dar um curso de Introdução ao Sensoriamento Remoto no programa de Pós-graduação em Geografia, na Universidade Federal de Santa Maria (RS). Para isso precisei preparar material atualizado. Precisei estudar e pesquisar coisas novas. Paralelamente, Dr. Edgard foi se tornando mais insistente, e então eu pensei que se outro professor precisasse dar um curso introdutório de sensoriamento remoto, ele talvez pudesse ter mais tempo para se dedicar aos exercícios práticos, se não tivesse que pesquisar livros, artigos, teses, dissertações, páginas da internet, como eu estava novamente a fazer. Descobri também, ao preparar o curso, que o velho livro tinha uma virtude – a de ser básico e amplo, ou seja, ele cobria, em média amplitude, todos os tópicos relevantes para a compreensão inicial do assunto. O fato é que o meu mérito, se existe, tanto na primeira edição quanto nessa, foi apenas o de organizar o conhecimento tirado de uma infinidade de fontes. Nada nesse livro é meu. Tudo foi lido e adaptado para que ideias complexas se tornassem de mais fácil compreensão.

Mas o que há de novo nessa edição? Há vários conteúdos novos, embora a estrutura dos capítulos tenha sido mantida. O capitulo que sofreu menos alterações foi o dois que trata das interações entre a energia e a matéria. Eu tinha baseado esse conteúdo no livro de Slater (1980), e consultando novas edições sobre o assunto, achei que o básico deveria ser mantido. Acrescentei, entretanto, as interações na região termal e de micro-ondas, cuja fonte principal foi o livro de Elachi (1987). O Capítulo 3, sobre sensores, foi bastante modificado, porque reduzi o tratamento de sensores fotográficos e introduzi os novos sensores que se tornaram disponíveis a partir de 1990, como os sensores hiperespectrais, os sistemas de radar de abertura sintética, os radares interferométricos e os sensores de alta resolução. O Capítulo 4 sofreu poucas alterações, mas o Capítulo 5, apesar de deixar intacta toda a parte referente ao Programa Landsat já existente, inclui novas informações sobre seus avanços tecnológicos, e também outros programas, cujos dados são mais facilmente obtidos no Brasil. O Capítulo 6, que se refere ao comportamento espectral de alvos, também foi ampliado, incorporando os avanços de conhecimento no campo. O Capítulo 7 também foi bastante modificado, uma vez que nele havia grande ênfase à extração de informações de produtos analógicos. Nessa versão, a ênfase é dada aos métodos de análise digital de imagens. Finalmente, o Capítulo 8, de aplicações, foi totalmente refeito, mas é, no meu julgamento, o mais incompleto, porque está limitado pelo meu conhecimento das várias aplicações existentes, que se tornaram multidisciplinares e complexas.

Espero que esse livro possa contribuir para a ampliação do uso da tecnologia de sensoriamento remoto no Brasil. Antes mesmo de ser publicado, eu sei que ele já está desatualizado, tal o dinamismo dessa área do conhecimento, principalmente com o aumento da demanda por informações que permitam a construção de cenários sobre o futuro do planeta. A disponibilidade de aplicativos de processamento de imagens gratuitos (http://www.dpi.inpe.br <http://www.dpi.inpe.br/>), imagens CBERS e TM (http://www.inpe.br <http://www.inpe.br/>) geraram uma demanda por mais conhecimento sobre métodos e técnicas de análise de imagens. É a essa nova geração de usuários que talvez esse livro venha a servir.

Tenho que agradecer a muitas pessoas pela ousadia de publicar esse livro, porém, de forma especial, ao Dr. Edgard pela paciência, ao meu marido por ter tolerado o meu mau humor e a Vivian Rennó, que me ajudou na triste tarefa de revisão do texto. Quero oferecer esse livro aos meus filhos e aos meus alunos. Uns dão sentido à minha vida. Outros dão sentido ao meu trabalho. São eles que me desafiam e me arrastam para o futuro.

Evlyn Márcia Leão de Moraes Novo
Pesquisadora Titular
Divisão de Sensoriamento Remoto
Instituto Nacional de Pesquisas Espaciais

Conteúdo

Lista de Siglas e Acrônimos 17

1 Introdução 25
   1.1   O que é Sensoriamento Remoto 25
   1.2   Origem e Evolução do Sensoriamento Remoto 28
   1.3   O Sensoriamento Remoto como Sistema de Aquisição
       de Informações 33

2 Princípios Físicos 35
   2.1   As Interações entre Energia e Matéria 35
       2.1.1   Natureza e Propriedades da Radiação Eletromagnética .. 35
       2.1.2   Fontes de Radiação Eletromagnética 44
       2.1.3   Medidas da Energia Radiante 50
   2.2   Interações na Região Visível e Infravermelha do Espectro
       Eletromagnético 59
   2.2.1 Reflexão, Transmissão e Espalhamento 60
       2.2.2   Processos Vibracionais 63
       2.2.3   Processos Eletrônicos 64
       2.2.4   Fluorescência 64
   2.3   Interações na Região do Infravermelho Termal 65
   2.4   Interações na Região de Micro-ondas 68
       2.4.1   Radiação Emitida 68
       2.4.2   Radiação Retroespalhada 70
             2.4.2.1   Modelos de Espalhamento 71
             2.4.2.2   Perdas por Absorção e por Espalhamento
                       no Volume 73

3 Sistemas Sensores 75
   3.1   Generalidades 75
   3.2   Conceitos Básicos 79
       3.2.1   Resolução Espacial 79
       3.2.2   Resolução Espectral 84
       3.2.3   Resolução Radiométrica 85

12 Sensoriamento Remoto

3.3 Sensores Não imageadores 87
3.4 Sensores Imageadores 89
    3.4.1 Sistemas Fotográficos... 90
3.5 Sistemas de Imageamento Eletro-óptico................................. 91
        a) Sistemas de Imageamento de Quadro 92
        b) Sistemas de Varredura Mecânica 94
        c) Sistemas de Varredura Eletrônica 95
    3.5.1 Sensores Multiespectrais... 98
    3.5.2 Sensores Hiperespectrais... 101
    3.5.3 Sensores Multiangulares... 105
3.6 Sensores Termais.. 109
3.7 Sistemas Passivos – Radiômetros de Micro-ondas 110
3.8 Sistemas Ativos – Radares de Visada Lateral
    (SLAR – Side Looking Airborne RADAR)................................. 114
    3.8.1 Radares de Abertura Sintética
         (SAR – Sinthetic Aperture Radar)................................ 121
    3.8.2 Radares Interferométricos de Abertura Sintética
         (InSAR – Interferometric Sinthetic Aperture Radar) 124
3.9 Sensores de Alta Resolução 128
3.10 Vantagens e Limitações dos Diferentes Sistemas Sensores....... 131

4 Níveis de Aquisição de Dados 137
4.1 Nível de Laboratório e Campo 147
4.2 Nível de Aeronave.. 150
4.3   Nível Orbital   153

5 Sistemas Orbitais.. 159
5.1 Programa Landsat 159
    5.1.1 Origem do Programa Landsat 161
    5.1.2 Componentes do Sistema Landsat 163
        5.1.2.1 Satélites Landsat 1, 2, 3 163
            a) Principais Características do Landsat 1, 2, 3.. 163
            b) Características de Órbita dos Satélites
               Landsat 1, 2, 3 166
            c) A Carga Útil a Bordo do Landsat 1, 2, 3.......... 168
            d) Imageador Multiespectral — MSS
               (Multispectral Scanner Subsystem)................ 169
            e) Sistema RBV (Return Beam Vidcom System) . 173
            f) Sistema de Gravação a Bordo (WBVTR) 175
            g) Subsistema de Coleta de Dados (SCD) 176
        5.1.2.2 Satélites Landsat 4 e 5
            a) Principais Características dos Landsat 4 e 5.. 176
            b) Características da Órbita dos Landsat 4 e 5 .. 180
            c) Carga Útil dos Satélites Landsat 4 e 5 180
            d) Imageador TM (Thematic Mapper)................. 182

Sensoriamento Remoto 13

	5.1.2.3 Satélites Landsat 6 e 7	186
	5.1.2.4 Segmento Solo	190
	5.1.2.5 Disponibilidade de Dados	194
5.2	O Programa SPOT (Système Probatoire d'Observation de la Terre)	195
	5.2.1 Características Gerais do Programa SPOT	195
	5.2.2 Componentes do Sistema SPOT	201
	5.2.3 Características Orbitais do Satélite SPOT	202
	5.2.4 Os Sensores de Alta Resolução e Apontamento Perpendicular à Órbita	204
	5.2.5 O Sensor de Apontamento ao Longo da Órbita	206
5.3	O Programa RADARSAT (Radar Satellite)	208
5.4	O Programa JERS (Japonese Earth Resources Satellite)	212
5.5	O Programa ENVISAT (Environmental Satellite)	214
5.6	Programa ALOS (Advanced Land Observing Satellite – Satélite Avançado de Observação da Terra)	218
5.7	Programa DMC (Disaster Monitoring Constellation)	222
5.8	Programa EOS (Earth Observing System)	227
5.9	Programa CBERS (China-Brazil Earth Resources Satellite)	235
	5.9.1 Características de Órbita	235
	5.9.2 Sensores a Bordo dos Satélites CBERS-1 e 2	235
	5.9.2.1 Imageador de Amplo Campo de Visada (WFI — Wide Field Imager)	235
	5.9.2.2 Câmera Imageadora de Alta Resolução (CCD — High Resolution CCD Camera)	236
	5.9.2.3 Imageador por Varredura de Média Resolução (IRMSS — Infrared Multispectral Scanner)	236
	5.9.3 Sensores a Bordo dos Satélites CBERS-2B	238
	5.9.3.1 Câmera Pancromática de Alta Resolução (HRC — High Resolution Camera)	238
	5.9.4 Sensores a Bordo dos Satélites CBERS-3 e 4	238

6 Comportamento Espectral de Alvos ... 241

6.1	Introdução	241
6.2	Comportamento Espectral de Alvos na Região do Visível e Infravermelho	243
	6.2.1 Conceito de Comportamento Espectral	243
	6.2.2 Métodos de Aquisição	251
	6.2.3 Geometria de Aquisição de Dados	252
	6.2.4 Parâmetros Atmosféricos	253
	6.2.5 Parâmetros Relativos ao Alvo	255
	6.2.6 Características Gerais das Curvas de Reflectância	255
	6.2.6.1 Vegetação	255
	6.2.6.2 Solos	259

14   Sensoriamento Remoto

          6.2.6.3 Rochas e Minerais 261
          6.2.6.4 Água 261
          6.2.6.5 Superfícies Construídas (concreto, asfalto) 265
      6.2.7 Fatores de Contexto que Interferem no Comportamento Espectral dos Objetos da Superfície 266
      6.2.8 Variação Temporal do Comportamento Espectral de Alvos... 268
      6.2.9 Variação Espacial do Comportamento dos Alvos 269
      6.2.10 Variações Intrínsecas ao Alvo 269
      6.2.11 Variações da Localização do Alvo em Relação à Fonte e ao Sensor 271
   6.3 Comportamento Espectral na Região de Micro-ondas 272
      6.3.1 Comportamento Espectral da Vegetação nas Bandas de Operação de Sensores Ativos de Micro-ondas.......... 274

7 Métodos de Extração de Informações 277
   7.1 Características das Imagens Digitais..................................... 279
   7.2 Conceito de Processamento Digital...................................... 284
   7.3 Correção de Erros Inerentes à Aquisição de Imagens Digitais de Sensoriamento Remoto 291
      7.3.1 Efeitos Atmosféricos Sobre as Imagens de Sensoriamento Remoto e sua Correção..................... 291
      7.3.2 Erros Instrumentais e sua Correção 296
      7.3.3 Erros Geométricos e sua Correção 300
   7.4 Técnicas de Realce 307
   7.5 Técnicas de Classificação.. 313
      7.5.1 Classificação Não supervisionada................................. 315
      7.5.2 Classificação Supervisionada... 316
          a) Seleção de Canais 317
          b) Seleção de Amostras....................................... 318
          c) A Avaliação da Exatidão da Classificação 319
   7.6 A Análise Visual de Imagens 325

8 Exemplos de Aplicações 335
   8.1 Introdução 335
   8.2 Aplicações ao Estudo e Monitoramento dos Processos da Hidrosfera... 336
      8.2.1 Monitoramento das Emissões Térmicas nas Regiões Costeiras 336
      8.2.2 Qualidade de Águas Costeiras 338
      8.2.3 Variação Sazonal das Propriedades da Água.................. 340
      8.2.4 Mapeamento da Distribuição de Sedimentos em Reservatórios Hidrelétricos... 342
      8.2.5 Mapeamento de Vegetação Aquática............................. 343

Sensoriamento Remoto   **15**

8.2.6   Determinação do Campo de Vento de Superfície sobre os Oceanos 346

8.2.7   Outras Aplicações de Sensoriamento Remoto ao Estudo da Hidrosfera 347

8.3   Aplicação de Sensores de Alta Resolução em Estudos Urbanos 347

8.4   Aplicações de Sensores de Alta Resolução em Cartografia 351

8.5   Aplicações em Agricultura 351

8.6   Aplicações em Estudos Florestais 357

8.7   Aplicações em Geologia 362

Referências Bibliográficas 365

Índice Alfabético 383

Lista de Siglas e Acrônimos

ACRIM	*Active Cavity Radiometer Irradiance Monitor*	Radiômetro de Cavidade Ativa para Monitoramento da Irradiância
ACS	*Attitude Control Subsystem*	Subsistema de Controle de Posição
ADEOS	*Advanced Earth Observing Satellite*	Satélite Avançado de Observação da Terra
ADPCM	*Adaptive Differential Pulse Code Modulation*	Modulação de Código de Pulso Diferencial Adaptável
AIRS	*Atmopheric Infrared Sounder*	Sonda para Medição de Temperatura e Umidade da Atmosfera
ALOS	*Advanced Land Observing Satellite*	Satélite Avançado de Observação da Terra
AISAT	*Algeria Satellite*	Satélite da Argélia
ALT	*Altimeter*	Altímetro
AMS	*Attitude Measurement Subsystem*	Subsistema de Medida de Posição
AMSR	*Advanced Microwave Scanning Radiometer*	Radiômetro Avançado de Varredura de Micro-ondas
AMSU	*Advanced Microwave Sounding Unit-A*	Sonda para Medir Temperatura e Umidade da Atmosfera
ARGOS	*Argos Global Satellite-based Location and Data Collection System*	Sistema Argos de Localização e Coleta de Dados por Satélite
ASAR	*Advanced Synthetic Aperture Radar*	Radar de Abertura Sintética Avançado
ASI	*Agencia Spatiale Italiana*	Agência Espacial Italiana
ASP	*American Society of Photogrammetry*	Sociedade Americana de Fotogrametria
ASTER	*Advanced Spaceborne Thermal Emission and Reflection Radiometer*	Radiômetro Avançado de Medição de Radiação Termal Emitida e Refletida por Satélite
ATSR	*Along Track Scanning Radiometer*	Radiômetro de Varredura ao Longo da Órbita

18 Sensoriamento Remoto

AVHRR	*Advanced Very High Resolution Radiometer*	Radiômetro Avançado de Alta Resolução
AVIRIS	*Visible Infrared Imaging Spectrometer*	Espectrômetro Imageador no Visível e Infravermelho
AVNIR-2	*Advanced Visible and Near Infrared Radiometer Type 2*	Radiômetro Visível e Infravermelho Avançado do Tipo 2
BILSAT	*Bil Satellite*	Satélite Turco da Constelação DMC
BLMIT	*Beijing Land View Mapping Information Technology*	Tecnologia de Informação para Observação e Mapeamento da Terra de Beijing
BNSC	*British National Space Center*	Centro Especial Nacional Britânico
CALIPSO	*Cloud-Aerosol Lidar and Infrared Pathfinder Satellite Observation*	Satélite de observação de Núvens e Aerossóis com Sensores Laser e Infravermelho
CASI	*Compact Airborne Spectrographic Imager*	Imageador Espectral Compacto Aerotransportado
CBERS	*China-Brazil Earth Resources Satellite*	Satélite Sino-brasileiro de Recursos Terrestre
CCD	*Coupled Charged Device*	Dispositivo de Carga Acoplada
CCD	*Charge-coupled Detector*	Detector de Carga Acoplada
CDSR		Centro de Dados de Sensoriamento Remoto
CERES	*Clouds and the Earth Radiant Energy System*	Sistema de Medição da Troca de Energia Radiante entre o Sol e a Terra.
CloudSat	*Cloud Satellite*	Satélite de Monitoramento de Nuvens
CNES	*Centre National d'Études Spatiales*	Centro Nacional de Estudos Espaciais
CNTS	*Centre National des Techniques Spatiales*	Centro Nacional de Técnicas Espaciais
DMC	*Disaster Monotoring Constellation*	Constelação para Monitoramento de Desastres
DMSP	*Defense Meteorological Satellites Program*	Satélites do Programa de Defesa Meteorológica
DORIS	*Doppler Orbitography and Radiopositioning Integrated by Satellite*	Sistema Doppler de Descrição de Órbita e de Rádio Posicionamento Integrado por Satélite.
ENVISAT	*Environmental Satellite*	Satélite Ambiental
EO 1	*Earth Observation One Mission*	Missão de Observação da Terra-1
EOS	*Earth Observation System*	Sistema de Observação da Terra

ERBE	*Earth Radiation Budget Satellite*	Satélite de Balanço de Radiação da Terra
EREP	*Earth Resources Experimental Package*	Sistema Experimental de Recursos Terrestres
EROS A	*Earth Resources Observation Satellite-A (Israel)*	Satélite de Observação de Terra-A (Israel)
ERS-1	*European Remote Sensing Satellite*	Satélite Europeu de Sensoriamento Remoto
ERTS	*Earth Resources Technology Satellite*	Satélite Tecnológico de Recursos Terrestres
ESA	*European Space Agency*	Agência Espacial Europeia
ETC		Estação Terrena de Cuiabá
ETM+	*Enhanced Thematic Mapper Plus*	Mapeador Temático Avançado Superior
FORMOSAT	*Formosa Satellite*	Satélite de Formosa (China)
FOV	*Field of View*	Campo de Visada
FSAS	*Field Signature Acquisition System*	Sistema de Aquisição de Assinatura de Campo
GCMs	*Global Climatic Models*	Modelos Climáticos Globais
GLAS	*Geoscience Laser Altimeter System*	Sistema Altímetro a Laser para Aplicação em Geociências
GLAS	*Geoscience Laser Altimeter System*	Sistema Altímetro a Laser para Geociência
GOME	*Global Ozone Monitoring Experiment*	Experimento Global de Monitoramento de Ozônio
GPSDR	*Global Positioning System Demonstration Receiver*	Receptor de Demonstração do Sistema de Posicionamento Global
GRACE (–)	*Gravity Recovery and Climage Experiment*	Experimento para Medição de Gravidade e Clima
HCMM	*Heat Capacity Mission Mapping*	Missão para Mapeamento da Capacidade Térmica
HIRDLS	*High Resolution Dynamics Limb Sounder*	Sonda Dinâmica de Alta Resolução
HIRS	*High Resolution Infrared Radiation Sounder*	Sonda de Alta Resolução da Radiação Infravermelha
HRC	*High Resolution Camera*	Câmera Pancromática de Alta Resolução
HRCCD	*High Resolution CCD Camera*	CCD — Câmera Imageadora de Alta Resolução

Sensoriamento Remoto

HRD	High Geometric Resolution	Sensor de Alta Resolução Geométrica
HRS	High Resolution Stereocopic	Sensor de Alta Resolução Estereoscópica
HRV	Haute Resolution Visible	Sensor de Alta Resolução no Visível
HSB	Humidity Sounder of Brazil	Sonda de Umidade do Brasil
ICESat (−)	Ice, Cloud,and land Elevation Satellite	Satélite para Altimetria do Gelo, Nuvem e Continente
IGS	International Ground Station	Estação Terrena Internacional
INPE		Instituto Nacional de Pesquisas Espaciais
InSAR	Interferometric Sinthetic Aperture Radar	Radares Interferométricos de Abertura Sintética
IRMSS	Infrared Multispectral Scanner	Imageador Infravermelho por Varredura
IRMSS	Infrared Multispectral Scanner	Varredor Multiespectral Infravermelho
IRS	Indian Remote Sensing Satellite	Satélite Indiano de Sensoriamento Remoto
JAXA	Japan Aerospace Exploration Agency	Agência Espacial Japonese
JERS-1	Japanese Earth Resources Satellite 1	Satélite Japonês de Recursos Terrestres Número 1
KFA	Photographic Camera	Câmeras Fotográficas
KOMPSAT	Korean Multi-purpose Satellite	Satélite Coreano de Finalidades Múltiplas
LANDSAT	Land Satellite	Satélite da Superfície Terrestre
LASER	Light Amplification by Stimulated Emission of Radiation	Amplificação de Luz Estimulada por Emissão de Radiação
LIS	Lightning Imaging Sensor	Sensor Imageador de Raios
MERIS	Medium Resolution Imaging Spectometer	Espectrômetro Imageador de Média Resolução
MESSR	Multispectral Electronic Self-Scanning Radiometer	Radiômetro de Varredura Eletrônica Multiespectral
METEOR	Meteorology Satellite	Satélite Meteorológico (Russo)
MetOP	Meteorological Operational Polar Orbit Satelite	Satelite Meteorológico Operacional de Órbita Polar
MK	Multispectral Camera	Câmeras Multiespectrais
MLS	Microwave Limb Sounder	Sonda de Micro-ondas

MOC	Mission Operating Center	Centro de Operação de Missão
MODIS	Moderate Resolution Imaging Spectroradiometer	Espectrorradiômetro Imageador de Resolução Moderada
MOPITT	Measurement of Pollution in the Troposphere	Medidas de Poluição na Troposfera
MOS	Marine Observation Satellite	Satélite de Observação Marinho
MSR	Microwave Scanning Radiometer	Radiômetro de Varredura de Micro-ondas
MSS	Multispectral Scanner	Sistema de Varredura Multiespectral
MSU	Microwave Sound Unit	Sonda de Micro-ondas
MUT	Mohanakorn University of Technology (Tailândia)	Universidade Mohanakorn de Tecnologia da Tailândia
MUXCAM	Multispectral Camera	Câmera Multiespectral
MWIR	Midle Wave Infrared	Infravermelho Médio
NASA	National Aeronautics and Space Administration	Administração Nacional da Aeronáutica e Espaço
NASDA	Nipon Aerospace Development Agency (antigo nome)	Agência Espacial Japonesa de Desenvolvimento Aeroespacial
NASRDA	National Space Research & Development Agency (Nigéria)	Agencia Nacional de Desenvolvimento e Pesquisa Espacial da Nigéria
NIR	Near Infrared	Infravermelho Próximo
NLST	National Center for Science and Technology	Centro Nacional para Ciência e Tecnologia do Vietnã
NOAA	National Oceanic and Atmospheric Administration	Administração Nacional do Oceano e Atmosfera
OMI	Ozone Monitoring Instrument	Instrumento de Monitoramento de Ozônio
OPS	Optical Sensor	Sensor Óptico
OSTC	Belgian Federal Office for Scientific Technical and Cultural Affairs	Escritório Federal da Bélgica para Assuntos Técnico-científicos e Culturais
OTA	Optical Telescope Assembly	Telescópio Óptico
PALSAR	Phased Array type L-band Synthetic Aperture Radar	Radar de Abertura Sintética na Banda L com Ordenação de Fase
PAN	Panchormatic	Pancromático
PARASOL	Polarization & Anisotropy of Reflectances for Atmospheric Sciences Coupled with Observations from a Lidar	Polarização e Anisotropia das Reflectâncias para Ciências Atmosféricas Combinadas com Observações por Sensores Lidar

Sensoriamento Remoto

PCD		Plataformas de Coleta de Dados
PCM		Plataforma de Coleta de Dados Meteorológicos
PHI	*Pushbrum Hyperspectral Imager*	Imageador Hiperspectral do Tipo Pushbroom
Pleiades	*High Resolution Optical Observation System*	Sistema de Alta Resolução de Observação da Terra
POAM	*Polar Ozone and Aerosol Measurement*	Medidas de Ozônio Polar e de Aerossol
POLDER	*Polarization and Directionality of the Earth's Reflectance*	Polarização e Direção da Reflectância da Terra
PPI	*Plan Position Indicator*	Indicador de Posição no Plano
PRARE	*Precise Range and Range Rate Experiment*	Experimento de Medição Precisa de Distância e Variação de Distância
PRISM	*Panchromatic Remote-sensing Instrument for StereoMapping*	Insrumento de Sensoriamento Remoto Pancromático para Mapeameno Estereoscópico
QuickBird	*Quick Bird Satellite*	Satélite Quick Bird
QuickScat	*Quick Scatterometer*	Escaterômetro Rápido
RA	*Radar Altimeter*	Radar Altímetro
RA2	*Radar Altimeter 2*	Radar Altímetro 2
RADAR	*Radio Detection and Range*	Detecção de Objetos e Determinação de Distância com Ondas de Rádio
Radarsat	*Radar satellite*	Satélite Radarsat (Canadá)
RapidEye	*RapidEye Satellite*	Satélite RapdEye
RBV	*Return Beam Vidicon*	Sistema de Câmara de Vídeo com Deflexão de Feixe
REM		Radiação Eletromagnética
RESOURCES	*Resources*	Satélite Russo Resources
RLSBO	*Russian Side Looking Radar on OKEAN satellite*	Radar de Visada Lateral do Satélite Russo OKEAN
SAC	*Satélite Argentino*	Satélite Argentino
SAGE	*Stratospheric Aerosol and Gas Experiment*	Experimento de Medida de Gás e Aerossol Estratosférico
SAR	*Sinthetic Aperture Radar*	Radares de Abertura Sintética
SBUV	*Solar Backscatter Ultraviolet*	Sensor de Radiação Solar Ultravioleta Retroespalhada
SCD		Subsistema de Coleta de Dados

Seasat	*Sea Satellite*	Satélite do Mar
SeaSTAR	*SeaStar Satellite*	Satélite SeaStar
SeaWiFS	*Sea-viewing Wide Field-of-view Sensor*	Sensor Oceânico de Amplo Campo de Visada
SeaWINDS	*Sea Wind Scatterometer*	Escaterômetro para Medidas de Vento do Mar
SEM	*Space Environment Monitor*	Sistema de Monitoramento do Ambiente Espacial
SLAR	*Side Looking Airborne RADAR*	Radar de Visada Lateral Aerotransportado
SLAT	*Spacecraft Location and Attitude Tape*	Registro de Localização de Posicionamento da Espaçonave
SMMR	*Scanning Multichannel Microwave Radiometer*	Radiômetro de Microondas com Sistema de Varredura Multiespectral (Multicanal)
SNSB	*Swedish National Space Board*	Conselho Nacional Sueco para o Espaço
SOLSTICE	*Solar/Stellar Irradiance Comparison Experiment*	Experimento de Comparação da Irradiância Solar e Estelar
SORCE (–)	*Solar Radiation and Climate Experiment*	Experimento de Radiação Solar e Clima
SPOT	*Système Probatoire d'Observation de la Terre*	Sistema Experimental de Observação da Terra
SRMT	*Shuttle Radar Mapping Mission*	Missão de Mapemento com RADAR a Bordo do Ônibus Espacial
SSALT	*Single-frequency Solid-State Altimeter*	Altímetro de Frequência Única
SSM	*Solar Maximum Mission*	Missão de Observação do Máximo Solar
SSR	*Solid State Recorder*	Gravador de estado sólido
STDN	*Space Flight Tracking Data Network*	Rede de Conexão de Dados das Espaçonaves
TDRSS	*Tracking and Data Relay Satellite System*	Sistema de Rastreamento e Retransmissão de Dados por Satélite
TES	*Tropospheric Emission Spectrometer*	Espectrômetro de Emissão na Troposfera
THEOS	*Thailand Earth Observation Satellite*	Satélite de Observação da Terra da Tailândia
TIM	*Tropical Rainfall Measuring Mission Microwave Imager*	Imageador de Microondas da Missão de Medidas de Chuvas Tropicais

TIR	*Thermal Infrared*	Infravermelho Termal
TM	*Thematic Mapper*	Mapeador Temático
TMA	*Three Mirror Anastigmatic*	Espelho Triplo sem Defeitos de Curvatura
TMR	*TOPEX Microwave Radiometer*	Radiômetro de Micro-ondas TOPEX
TOMS	*Total Ozone Mapping Spectrometer*	Espectômetro para Mapeamento do Ozônio Total
TopSat	*Top Satellite*	Satélite de Última Geração
TRMM	*Tropical Rainfall Measuring Mission*	Missão de Medida da Chuva Tropical
USAF	*United States Aerial Force*	Força Aérea dos Estados Unidos
USDA	*United States Department of Agriculture*	Departemento de Agricultura dos Estados Unidos
USGS	*United States Geological Survey*	Serviço Geológico dos Estados Unidos
VIS	*Visible*	Visível
VTIR	*Visible Thermal Infrared Radiation*	Radiação Infravermelho Termal e Visível
WBVTR	*Wideband Tape Recorders*	Gravador de Banda Larga
WFI	*Wide Field Imager*	Imageador de Amplo Campo de Visada
WFI	*Wide Field Camera*	Camara de Amplo Campo
WFIS	*Wide Field-of-view Imaging Spectrometer*	Espectrômetro Imageador de Amplo Campo de Visada
WNS	*Wind Scatterometer*	Escaterômetro de Vento

Capítulo 1

Introdução

1.1. O Que é Sensoriamento Remoto

Se fizermos um levantamento das definições de sensoriamento remoto em diferentes autores, verificaremos que existem pontos de divergência e de convergência entre eles. Charles Elachi em seu livro Introduction to the Physics and Techniques of Remote Sensing (Elachi, 1987) define Sensoriamento Remoto como "a aquisição de informação sobre um objeto sem que se entre em contato físico com ele".

Essa definição, entretanto, é muito ampla, pois podemos obter informações sobre objetos sem entrar em contato físico com eles, ouvindo, por exemplo, a uma partida de futebol. Para estreitar um pouco mais a sua definição de sensoriamento remoto, Elachi qualifica o modo pelo qual a informação sobre o objeto é adquirida. Para Elachi, sensoriamento remoto implica na obtenção de informação a partir da detecção e mensuração das mudanças que um determinado objeto impõe aos campos de força que o circundam, sejam estes campos eletromagnéticos, acústicos ou potenciais.

26   Sensoriamento Remoto

Sob o ponto de vista lógico, essa realmente seria a definição mais adequada de sensoriamento remoto, visto que os sensores que operam com ondas sonoras permitem a aquisição de informações sobre objetos, os mais diversos, sem que entremos em contato com eles, através da simples detecção e mensuração das alterações que provocam no campo acústico.

Os Sonares, por exemplo, são sensores que permitem a detecção de objetos submersos a partir da mensuração das alterações que estes provocam no campo acústico (ondas sonoras). O tempo gasto entre a transmissão de um pulso sonoro e a recepção do som refletido (eco) por um objeto é usado para determinar sua distância. Os sonares se baseiam no princípio de que as ondas sonoras se propagam a velocidades constantes em meios homogêneos, e que em diferentes meios, a velocidade do som é diferente. Sabendo-se que a velocidade do som na água (para uma dada temperatura) é de $1\ 450\ ms^{-1}$ pode-se determinar a profundidade em que se encontra o objeto medindo-se o eco, ou seja, a onda sonora por ele refletida. Os primeiros ecobatímetros, embora bastante simples em sua concepção, permitiram o mapeamento das fossas oceânicas bem como a determinação de sua profundidade.

Os sistemas mais sofisticados operam com pulsos de diferentes frequências e permitem o mapeamento detalhado dos fundos oceânicos. A análise da intensidade, frequência e outras características dos ecos permite determinar a localização, composição e tamanho de diferentes objetos. O nível de sofisticação dos sistemas atuais é tal que existem bibliotecas de sons que permitem distinguir diferentes tipos de sinais emitidos por submarinos de diferentes tipos, incluindo sinais de alerta em casos de acidentes. O uso das variações do campo acústico para aplicações em navegação e em medicina se tornou uma linha autônoma de conhecimento, com métodos e abordagens distintas das que englobam hoje a tecnologia de sensoriamento remoto de recursos terrestres.

Outro tipo de sensor que permite extrair informações sobre fenômenos que ocorrem à distância são os sismógrafos. Os sismógrafos permitem determinar a velocidade de propagação de ondas elásticas nas rochas e estruturas geológicas. Os estudos sismológicos permitem desenvolver teorias sobre a composição do interior da Terra.

Apesar de sensores de ondas acústicas e de ondas sísmicas permitirem a aquisição de informações sobre objetos e fenômenos a partir da mensuração das mudanças que impõem a esses campos, a definição de Sensoriamento Remoto a ser adotada no contexto da Tecnologia Espacial, se limita à utilização de sensores que medem alterações sofridas pelo campo eletromagnético. Assim sendo, podemos adotar o conceito de sensoriamento remoto como sendo a "a aquisição de informações sobre objetos a partir da detecção e mensuração de mudanças que estes impõem ao campo eletromagnético". E por que o termo sensoriamento remoto ficou circunscrito ao uso da radiação eletromagnética?

São diversas as razões pelas quais o termo sensoriamento remoto se tornou restrito ao uso de sensores de radiação eletromagnética. Em primeiro lugar, a radiação eletromagnética não necessita de um meio de propagação, como os demais campos. Assim sendo, os sensores puderam ser colocados cada vez mais distantes dos objetos a serem medidos, até que passaram a ser colocados em satélites, dando também uma conotação de distância física à palavra "remoto".

Além desses aspectos, todo o embasamento teórico que envolve a interação desses diferentes campos de força com os objetos encontram-se distribuídos em disciplinas tão diversas, e tecnologias tão distintas, que o desenvolvimento de sensores, teorias e aplicações das informações derivadas das mudanças dos diferentes campos de força passaram a constituir ramos distintos do conhecimento científico.

Mas se adotarmos esse conceito, ainda estaremos dando ao estudo de sensoriamento remoto um escopo muito amplo, porque existem sensores que são utilizados para o levantamento de propriedades de estrelas, planetas, e propriedades do espaço cósmico. Desde 1980 praticamente todos os planetas do sistema solar já foram "visitados" por espaçonaves com sensores que permitiram o levantamento de suas propriedades.

Há também um grande número de satélites que possui sensores específicos para medir propriedades da atmosfera, tais como umidade, temperatura do topo das nuvens, ou ainda sua composição química. Esses satélites são conhecidos como satélites ambientais, e fazem medidas remotas também. As formas de análise desses dados, com uso de modelos numéricos de previsão de tempo, fizeram com que o termo sensoriamento remoto ficasse limitado aos sistemas voltados ao levantamento de propriedades da superfície terrestre. Sobre os métodos de extração de informações de sensores a bordo de satélites meteorológicos consultar Ceballos e Bottino, 2007; Ferreira, 2004; Carvalho *et al.*, 2004.

Não é esse o conceito de Sensoriamento Remoto adotado aqui. Os princípios e técnicas a serem estudados no âmbito deste livro se limitam à aquisição de informações sobre objetos da superfície terrestre, ou seja, serão enfatizados os sistemas e sensores voltados a aplicações para levantamento e monitoramento dos recursos terrestres, estudos oceanográficos, cartografia, e mapeamento temático.

Atualmente, alguns autores têm tentado restringir mais ainda a definição de Sensoriamento Remoto. Schowengerdt (1997), por exemplo, definiu Sensoriamento Remoto como a obtenção de medidas de propriedades de objetos da superfície terrestre a partir do uso de dados adquiridos de aviões e satélites. Com isso, ele ignora o uso de espectrômetros de campo que são elementos fundamentais às atividades de sensoriamento remoto, pois fornecem a base teórica para o uso de sistemas sensores aerotransportados ou orbitais. A concepção adotada nesse livro é de que o nível de coleta de dados (satélite, aeronave ou

28　　　Sensoriamento Remoto

campo) não é relevante na sua definição. O aspecto chave na definição é o uso de sensores de radiação eletromagnética para inferir propriedades de objetos da superfície terrestre.

Podemos, então, a partir de agora, definir Sensoriamento Remoto como sendo a utilização conjunta de sensores, equipamentos para processamento de dados, equipamentos de transmissão de dados colocados a bordo de aeronaves, espaçonaves, ou outras plataformas, com o objetivo de estudar eventos, fenômenos e processos que ocorrem na superfície do planeta Terra a partir do registro e da análise das interações entre a radiação eletromagnética e as substâncias que o compõem em suas mais diversas manifestações.

1.2. Origem e Evolução do Sensoriamento Remoto

A história do Sensoriamento Remoto é um assunto bastante controvertido. Alguns autores limitam o Sensoriamento Remoto ao desenvolvimento dos sensores fotográficos e ao seu uso para atividades de defesa e reconhecimento do terreno. Esta é, por exemplo, a visão da *American Society of Photogrammetry*. O Manual of Remote Sensing ASP (1975, 1983) dividia a história do Sensoriamento Remoto em dois períodos principais: o período de 1860 a 1960, no qual o Sensoriamento Remoto era baseado na utilização de fotografias aéreas e o período de 1960 até os nossos dias, caracterizado pela multiplicidade de sistemas sensores. Na realidade, a partir de 1990, houve algumas mudanças de paradigma na aquisição de dados de sensoriamento. Não houve apenas avanços na tecnologia de construção de sensores que ficaram mais sensíveis, houve avanços também na capacidade de transmissão, armazenamento e processamento graças aos avanços das telecomunicações e da informática. Com isso, muitas missões passaram a ter cargas úteis complexas, como é o caso das plataformas do programa Earth Observation System (EOS) da National Aeronautics and Space Administration (NASA).

Com o avanço tecnológico, entretanto, paralelamente a essas missões que demandavam grandes investimentos em lançadores, satélites de grande peso e potência, houve uma tendência para a construção de satélites menores, com menor peso e potência, e portanto com cargas úteis menores, específicas para certas aplicações. Atualmente, definições de missões de sensoriamento remoto para o futuro envolvem necessariamente a escolha do paradigma a ser adotado: plataformas complexas, com propósitos múltiplos, ou plataformas simples, com carga útil específica.

O quadro atual ainda contempla o lançamento de grandes satélites para o futuro, como o RADARSAT-2, mas contempla também o lançamento de minissatélites, organizados em constelações, com o objetivo de melhorar a frequência de aquisição de dados, como é o caso dos satélites da Constelação para Monitoramento de Desastres (*Disaster Monitoring Constellation — DMC*).

Independentemente das tendências atuais, o desenvolvimento inicial do sensoriamento remoto é cientificamente ligado ao desenvolvimento da fotografia e à pesquisa espacial. As fotografias aéreas foram o primeiro método de sensoriamento remoto a ser utilizado, tanto é assim que a fotogrametria e a fotointerpretação são termos muito anteriores ao termo sensoriamento remoto propriamente dito.

A primeira fotografia de que se tem notícia foi obtida por Daguerre e Niepce em 1839 e já em 1840 o seu uso estava sendo recomendado para levantamentos topográficos. O desenvolvimento nesta direção foi tão rápido, que já em 1858 o Corpo de Engenharia da França estava utilizando fotografias tomadas a partir de balões para o mapeamento topográfico. As primeiras fotografias aéreas foram tomadas em 1909 pelos irmãos Wright sobre o território italiano. As fotografias aéreas coloridas se tornaram disponíveis a partir de 1930, enquanto na mesma época já haviam se iniciado os estudos para a produção de filmes sensíveis à radiação infravermelha. O desenvolvimento da aviação simultaneamente ao aperfeiçoamento dos sistemas fotográficos (lentes, filtros, filmes e mecanismos de sincronização da operação da câmara com o deslocamento do avião) trouxe um grande impulso ao uso de fotografias aéreas, principalmente durante a primeira guerra mundial. Com o fim da primeira grande guerra parte desses avanços foram canalizados para o uso de sistemas fotográficos para a cartografia de pequena escala. Dentre os sistemas mais utilizados nesse período destaca-se a câmara trimetrogon (um sistema compreendido por três câmeras, uma vertical e duas oblíquas, para obtenção simultânea de imagens do terreno) e que foi amplamente utilizada para o mapeamento topográfico de pequena escala. Essa câmara foi utilizada pela força aérea Americana (US Army Air Force) em várias missões de aerolevantamento não só internamente, como em diversos países nos anos que antecederam à segunda guerra mundial (1931). Existem relatos de que foram tomadas sobre o Canadá mais de 200 mil fotografias com esta câmara com o objetivo de gerar cartas na escala 1: 1.000.000. (http://www.map-reading.com/aptypes.php/; http://www.mapnavigation.net/aerial-photographs-types; http://www.rb-29.net/HTML/91stSRSHistory/00.25.91stsrshist-cvr.htm).

Com a invasão da Polônia em 1939, as forças armadas americanas consideraram como uma missão estratégica de defesa a obtenção de mapas de áreas inexplorados do continente americano, como a Amazônia, a Antártica e o Ártico. Como parte dessa estratégia foi criado o primeiro esquadrão fotográfico em 1940, que realizou várias missões, dentre os quais o primeiro levantamento aerofotogramétrico no Brasil, pela Força Aérea dos Estados Unidos (USAF), entre os anos de 1942 e 1943. Este levantamento foi utilizado pelo antigo Conselho Nacional de Geografia para a compilação de cartas na escala 1:1.000.000.

O esforço de guerra e a necessidade de métodos de vigilância remota dos territórios inimigos trouxeram grandes avanços tecnológicos, dentre os quais os estudos sobre o comportamento dos objetos na região do infravermelho com a finalidade de utilizar esse tipo de filme para a detecção de camuflagem, durante a segunda guerra mundial.

30 Sensoriamento Remoto

Com o fim da guerra, toda essa tecnologia ficou disponível para uso civil. Isto deu um grande impulso às aplicações de fotografias para o levantamento de recursos naturais, visto que permitiu a obtenção de dados sob condições controladas, e com o recobrimento de áreas relativamente amplas. Em 1956 foram iniciadas as primeiras aplicações sistemáticas de fotografias aéreas como fonte de informações para o mapeamento de formações vegetais nos Estados Unidos da América. No Brasil, datam de 1958 as primeiras fotografias aéreas na escala 1:25.000 obtidas com o propósito de levantar as características da Bacia Terciária do Vale do Rio Paraíba como parte de um extenso programa de aproveitamento de seus recursos hídricos que culminou com a retificação de seu médio curso entre Jacareí e Cachoeira Paulista, e com a construção do reservatório hidrelétrico de Paraibuna.

Embora a radiação de micro-ondas fosse conhecida desde o início do século e existissem sistemas de radar em operação desde a Segunda Grande Guerra, apenas na década de 1960 o uso de radares como sistemas de sensoriamento remoto se tornou operacional.

O termo sensoriamento remoto apareceu pela primeira vez na literatura científica em 1960 e significava simplesmente a aquisição de informações sem contato físico com os objetos. Desde então esse termo tem abrigado tecnologia e conhecimentos extremamente complexos derivados de diferentes campos que vão desde a física até a botânica e desde a engenharia eletrônica até a cartografia.

O campo de sensoriamento remoto representa a convergência de conhecimento derivado de duas grandes linhas de pesquisa. De um lado, como já foi dito, os métodos de sensoriamento remoto são tributários de todos os avanços no campo da aerofotogrametria e fotointerpretação, de outro lado, seu progresso se deve muito à pesquisa espacial e aos avanços tecnológicos por ela induzidos que resultaram em novos sensores baseados em fotodetectores e na possibilidade de obter informações sobre a superfície terrestre a partir não mais de aviões, mas sim de satélites. Esse foi um grande salto tecnológico porque induziu avanços em vários campos do conhecimento. Tornaram-se necessários sensores mais sensíveis, regiões espectrais ampliadas, novos métodos radiométricos, desenvolvimento de estações de recepção e transmissão de dados, automação de operações de manutenção a bordo, e muitos outros avanços tecnológicos que hoje são desfrutados (ou sofridos) pela sociedade. (Barr, 1960; Lowman, 1965; Fischer, 1975; Lillesand *et al.*, 2004).

Os sistemas de sensoriamento remoto disponíveis atualmente fornecem dados repetitivos e consistentes da superfície da Terra, os quais são de grande utilidade para diversas aplicações dentre as quais destacam-se:

- Urbanas (inferência demográfica, cadastro, planejamento urbano, suporte ao setor imobiliário).
- Agrícolas: condição das culturas, previsão de safras, erosão de solos.

- Geológicas: minerais, petróleo, gás natural.

- Ecológicas (regiões alagadas, solos, florestas, oceanos, águas continentais).

- Florestais (produção de madeira, controle de desflorestamento, estimativa de biomassa).

- Cartográficas (mapeamento topográfico, mapeamento temático, atualização de terra).

- Oceanográficas (produtividade primária, monitoramento de óleo, estudos costeiros, circulação oceânica etc.).

- Hidrológicas (mapeamento de áreas afetadas por inundações, avaliação de consumo de água por irrigação, modelagem hidrológica).

- Limnológicas (caracterização da vegetação aquática, identificação de tipos de água; avaliação do impacto do uso da terra em sistemas aquáticos).

- Militares, e muitas outras.

Cada uma dessas aplicações têm requisitos de frequência de revisita, resolução espacial, espectral e radiométrica, faixa imageada diferentes entre si. Esses requisitos precisam ser adaptados aos diferentes dados disponíveis. Algumas aplicações, como as voltadas ao monitoramento dos oceanos, requerem aquisição frequente, mas não têm requisitos rígidos de resolução espacial, porque o fenômeno a ser estudado compreende grandes massas de água, relativamente homogêneas.

As informações derivadas de sensores remotos podem também ser utilizadas para alimentar e/ou validar modelos numéricos tais como os modelos climáticos globais (Global Climatic Models – GCMs) desenvolvidos para simular os processos ambientais ou fazer previsões de mudanças derivadas de ação antrópica.

Recentemente o desenvolvimento de tecnologias de geoprocessamento aproximou os usuários de dados de sensoriamento remoto do processo de desenvolvimento de suas aplicações, uma vez que fornece ferramentas de análise espacial que agregam valor às informações derivadas dos sensores remotos.

Um exemplo de uso de dados de diferentes sensores em que há agregação de valor à informação básica deles derivada é dado pelo Projeto Queimada. Esse projeto começou inicialmente com a detecção de focos de calor a partir do uso do sensor AVHRR que se encontra a bordo dos satélites da série NOAA, um satélite meteorológico, de órbita polar, com amplo campo de visada, que permite adquirir imagens diárias da superfície terrestre.

Para que a cobertura da superfície terrestre seja diária, o campo de visada do satélite precisa ser amplo. Como o sensor opera na faixa de radiação emitida

32   Sensoriamento Remoto

pela superfície terrestre (mede o fluxo de radiação eletromagnética emitido pela superfície) a resolução espacial desse sensor é baixa, ou seja, o menor elemento que o sensor consegue distinguir na superfície tem uma área próxima a 1,0 × 1,0 km no centro da cena.

A energia emitida pela superfície pode ser convertida em Temperatura da superfície através de modelos físicos. Com isso, esse sensor permite registrar temperaturas que estejam acima de certo limiar (definido por especialistas em combustão) e relacionar a presença dessas regiões como áreas em que ocorrem focos de calor. Um foco de calor não é necessariamente um foco de fogo ou incêndio.

Para que um dado foco de calor seja *interpretado* como um possível foco de fogo, ou ocorrência de incêndio, a informação extraída do satélite precisa ser associada a outras informações em um *Sistema de Informações Geográficas*. As informações relevantes a serem associadas precisam ser definidas por meteorologistas (que vão informar se uma dada região apresenta as condições de precipitação, temperatura e umidade favoráveis à ocorrência de incêndio), por Engenheiros Florestais e Biólogos (que vão informar sobre a susceptibilidade da cobertura vegetal à combustão natural ou induzida por queimadas); por Geógrafos (que vão informar sobre a distribuição de usos da terra em diferentes áreas, sobre as práticas agrícolas, culturas dominantes etc.).

Quanto maior o número de "camadas" de informações agregadas à distribuição de focos de calor, mais precisa será a previsão sobre a ocorrência de focos de fogo, e mais eficiente torna-se a ação dos órgãos de fiscalização.

Muitas das outras informações agregadas à distribuição de focos de calor são também derivadas de sensores remotos. O uso da terra atual, por exemplo, pode ser obtido em imagens de satélites de recursos naturais.

Quando se associa uma ampla área de solo preparado para o plantio de verão (mapeado em uma imagem do satélite Landsat, por exemplo) a um foco de calor, pode-se deduzir que esse foco tem alta probabilidade de ser um foco de fogo, porque a queimada é uma prática tradicional de preparação do solo. Se a precipitação acumulada em um dado período for menor que certo valor, essa probabilidade aumenta. Com essas informações todas são criados Mapas de Risco de Incêndio, que podem ser utilizados em ações preventivas.

O Projeto, embora operacional, pode incorporar constantemente dados de novos satélites. Com isso, atualmente, os dados são obtidos tanto nas imagens termais dos satélites meteorológicos NOAA (quatro vezes ao dia) quanto nas imagens do satélite meteorológico GOES (oito vezes ao dia) e nas imagens dos satélites Terra e Aqua (duas vezes por dia). O acompanhamento da permanência de um foco de calor ao longo de vários momentos num dia, permite também avaliar o risco e orientar ações preventivas, uma vez que tais informações são disponibilizadas operacionalmente para os usuários num intervalo de 20 minutos após a passagem dos vários satélites. Esse exemplo permite apreciar a natureza multidisciplinar da tecnologia de sensoriamento remoto desde a obtenção do dado de satélite até sua transformação em informação para benefício da sociedade (http://www.cptec.inpe.br/queimadas/).

1.3. O Sensoriamento Remoto como Sistema de Aquisição de Informações

O sensoriamento remoto como sistema de aquisição de informações pode ser dividido em dois grandes subsistemas: 1) Subsistema de Aquisição de Dados de Sensoriamento Remoto; 2) Subsistema de Produção de Informações. (Figura 1).

O Subsistema de Aquisição de Dados de Sensoriamento Remoto é formado pelos seguintes componentes: Fonte de Radiação, Plataforma (Satélite, Aeronave), Sensor, Centro de Dados (Estação de Recepção e Processamento de Dados de Satélite e Aeronave). O Subsistema de Produção de Informações é composto por: Sistema de Aquisição de Informações de Solo para Calibragem dos Dados de Sensoriamento Remoto; Sistema de Processamento de Imagens, Sistema de Geoprocessamento.

A análise da Figura 1.1 permite verificar que cada um dos componentes do sistema envolve vários campos de conhecimento que abrangem a Física do Estado Sólido que permitiu o desenvolvimento de semicondutores, e o seu aperfeiçoamento contínuo que possibilitou em poucos anos a substituição de sistemas fotográficos pelos atuais sensores de alta resolução, com capacidade de identificar, a partir de satélites com órbitas a mais de 400 km de altura, objetos menores que 50 cm.

Os avanços da Física e da Química permitiram o desenvolvimento de novos materiais, que foram sendo incorporados pela Engenharia Espacial, pela Engenharia de Telecomunicações, pela Engenharia da Computação para o desenvolvimento de satélites, sensores, sistemas de transmissão e comando automáticos.

Paralelamente, para que houvesse um maior aproveitamento das imagens obtidas por sensores, foi necessário também se ampliar o conhecimetno dos processos físicos, químicos e biológicos envolvidos na interação entre a energia e a matéria.

É óbvio que conhecimentos tão amplos encontram-se distribuídos em diferentes campos e que, portanto, a abordagem dos problemas vinculados à produção de informações através de tecnologia de sensoriamento remoto só tem êxito se for organizada através de equipes multidisciplinares.

Durante a fase inicial das missões espaciais de Sensoriamento Remoto da Terra não havia uma preocupação explícita com a produção de informação. Os desafios tecnológicos de se colocar um satélite em órbita da Terra eram de

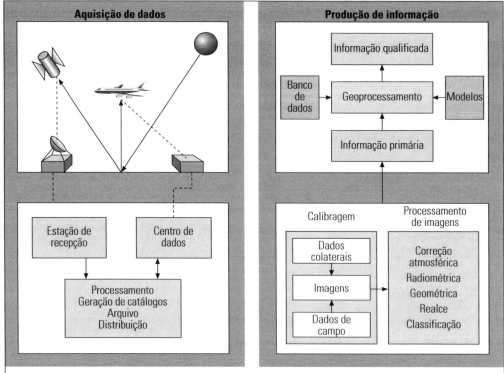

Figura 1.1 Subsistemas que compõem o sistema de informações derivadas de sensoriamento remoto.

tal envergadura, que o uso final dos dados era apenas um benefício adicional. Trinta anos depois das primeiras missões o grande desafio da tecnologia é transformar a Informação Primária, derivada do processamento das imagens, em Informação Qualificada, ou seja, uma informação passível de ser incorporada prontamente pelos usuários, sejam eles empresas privadas ou órgãos governamentais. Em muitas áreas de aplicação essa incorporação já é efetiva. Em outras áreas o desafio ainda está para ser vencido.

Nos próximos capítulos iremos estudar cada um desses componentes do Sistema de Informações Derivadas de Sensoriamento Remoto. A profundidade com a qual os diferentes componentes serão tratados não será a mesma visto que esse livro é voltado principalmente para geocientistas, biólogos, ecólogos, geógrafos, agrônomos, arquitetos entre outros, que estarão mais interessados em transformar um dado de sensoriamento remoto em informação qualificada útil para suas aplicações específicas.

Capítulo 2

Princípios Físicos

2.1. As Interações entre Energia e Matéria

2.1.1. Natureza e Propriedades da Radiação Eletromagnética

A radiação eletromagnética (REM) é o meio pelo qual a informação é transferida do objeto ao sensor. A REM pode ser definida como uma forma dinâmica de energia que se manifesta a partir de sua interação com a matéria. Atualmente, existem duas teorias que explicam tanto a propagação da REM quanto sua interação com a matéria. Uma das teorias é conhecida por teoria ondulatória e foi proposta por James Maxwell, um físico escocês em 1864. Maxwell conseguiu demonstrar que todos os efeitos do eletromagnetismo poderiam ser descritos em um conjunto de quatro equações (Equações de Maxwell). Maxwell demonstrou que a aceleração de uma carga elétrica provoca perturbações no campo elétrico e magnético (Figura 2.1), e que essas perturbações se propagam no vácuo na forma de ondas eletromagnéticas com a velocidade (c) fixa de $2,998 \times 10^{-8}$ m · s^{-1}.

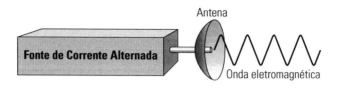

Figura 2.1 Uma onda eletromagnética oscilando senoidalmente é produzida em uma antena por uma corrente elétrica variando senoidalmente (Adaptado de Jones e Childers, 1993).

Nós podemos entender a natureza das ondas através de um modelo simples. Vamos imaginar que a antena da Figura 2.2 recebe uma carga positiva (Q^+) em sua extremidade superior, e uma carga negativa (Q^-) na extremidade inferior. Esta distribuição de carga gera um campo elétrico, como pode ser observado em 2.2.a. Se a carga é constante (ou seja, seu valor não se modifica ao longo do tempo), o campo elétrico se mantém constante. Observe que o campo elétrico é direcionado para baixo, e diminui com a distância da antena. Se algum tempo depois, a carga é revertida, e a extremidade superior da antena se torna negativa e a inferior positiva, então o campo elétrico é também revertido e se direciona para cima (2.2.b). Entretanto, leva certo tempo para que o campo revertido alcance um observador posicionado a uma distância P da antena. Se a carga oscilar periodicamente, então o campo no ponto P também oscilará

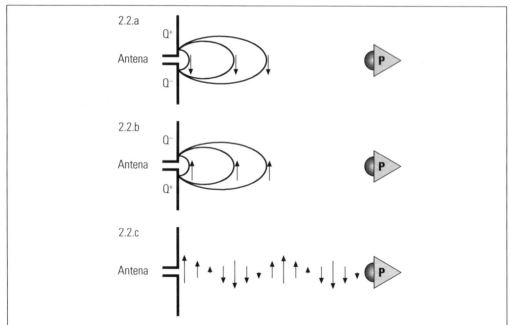

Figura 2.2 Padrão de ondas eletromagnéticas geradas por uma corrente alternada (Adaptado de Jones e Childers, 1993).

periodicamente à medida que irradia da antena (2.2.c). Cada vez que a carga é alternada na antena, é gerada uma corrente elétrica. Esta corrente elétrica irá gerar por sua vez um campo magnético. Portanto, uma onda eletromagnética terá um campo magnético oscilando senoidalmente acoplado ao campo elétrico também oscilando senoidalmente.

Isto permite definir uma onda eletromagnética como a oscilação do campo elétrico (E) e magnético (M) segundo um padrão harmônico de ondas. Por padrão harmônico se entende que as ondas são espaçadas repetitivamente no tempo.

Uma importante propriedade derivada das equações de Maxwell é a de que as oscilações do campo elétrico e magnético ocorrem segundo uma função senoidal, que as ondas são transversas, ou seja, perpendiculares à direção de propagação, e que se encontram em fase. Como pode ser observado na Figura 2.3, o campo elétrico e o campo magnético são perpendiculares entre si e oscilam perpendicularmente à direção de propagação da onda.

Quando a onda eletromagnética se propaga através de um determinado material, sua velocidade de propagação dependerá das propriedades elétricas e magnéticas do meio e da frequência (υ) ou comprimento de onda da radiação (λ).

Na Figura 2.3, E indica o plano de oscilação do campo elétrico, M o plano de oscilação do campo magnético. O plano X é o plano de excitação do campo elétrico, o plano Y é o plano de excitação do campo magnético, λ é o comprimento de onda, e ↑ são os vetores E/M que representam o valor instantâneo do campo elétrico e/ou magnético.

A relação entre velocidade de propagação (c), υ e λ é expressa pela Equação 2.1:

$$c = \upsilon\lambda \qquad (2.1)$$

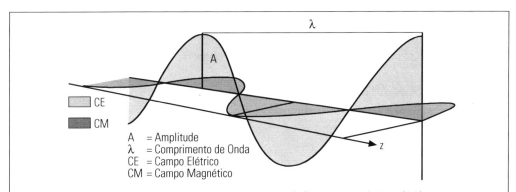

Figura 2.3 Flutuação do campo elétrico (E) e magnético (M) com a propagação de uma onda eletromagnética na direção Z (Adaptado de Jones e Childers, 1993).

A partir da Equação 2.1 podemos deduzir que o comprimento de onda é inversamente proporcional à frequência da radiação eletromagnética, ou seja, quanto maior a frequência de oscilação da carga elétrica menor será o comprimento de onda propagado.

Como a frequência não se modifica quando a onda penetra a matéria, o comprimento de onda deve se modificar com a mudança na velocidade de propagação. A velocidade de propagação da luz no vidro, por exemplo, é aproximadamente *c*/1,5. Isto significa que ao penetrar no vidro, o comprimento de onda se torna menor do que no espaço livre. A essa redução dá-se o nome de *índice de refração* (η). Os diferentes materiais que constituem a superfície terrestre possuem, portanto, diferentes *índices de refração*. O índice de refração de um meio pode ser, portanto, definido como a razão entre a velocidade de propagação da radiação no vácuo (*c*) em relação à velocidade no meio *m* (Equação 2.2):

$$\eta = \frac{c}{m} \qquad (2.2)$$

Embora a energia radiante tenha sido descrita como onda, por meio das equações de Maxwell, existem outros modelos que explicam melhor seu comportamento em certas condições de contorno e regiões do espectro. Quando tratamos da radiação visível, por exemplo, podemos modelar a propagação da luz como um *raio*. A adoção desse modelo de raio ou feixe é muito útil para a compreensão do comportamento da luz no processo de formação de imagens por lentes e espelhos e engloba um campo especial da Física que é a Óptica Geométrica.

Pela análise da Figura 2.4, podemos observar que o **raio de luz** ao atravessar de um meio menos denso para um meio mais denso tem sua direção de propagação alterada de θ_1 para θ_2. A radiação incidente, a radiação refletida, a radiação refratada e a normal à superfície encontram-se no mesmo plano.

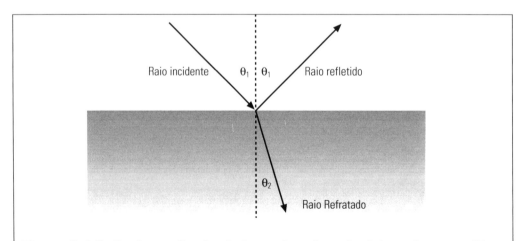

Figura 2.4 Reflexão e refração da luz na interface de dois meios com diferentes índices de refração.

O *índice de refração* do meio é uma propriedade importante no processo de interação da radiação eletromagnética (REM) com a matéria, pois vai controlar a proporção de radiação refletida pelo meio. Quando a onda eletromagnética atravessa a interface entre dois meios com diferentes índices de refração (ar-água, por exemplo), esta sofre uma mudança na direção de propagação. A magnitude dessa mudança depende do ângulo de incidência da REM sobre a superfície e do índice de refração dos diferentes meios (Equação 2.3).

$$\eta \ \text{sen} \ \theta = \frac{\eta}{\text{sen} \ \theta} \qquad (2.3)$$

A Equação 2.3 é conhecida como lei da Refração ou Lei de Snell e foi proposta pelo matemático holandês Willebrod Snell em torno de 1600, portanto muito antes que Maxwell propusesse suas famosas equações. É importante ressaltar, entretanto, que a Lei de Snell pode ser deduzida das Equações de Maxwell, que como já vimos, prevê a mudança na velocidade de propagação da onda, ao atravessar meios de diferentes densidades.

Quando um raio de luz atravessa de um meio menos denso (ar, por exemplo) para um mais denso (água, por exemplo), o ângulo entre o raio refratado e a normal é menor do que o ângulo de incidência ($\theta2 < \theta1$). Quando, ao contrário, o raio incidente passa de um meio mais denso para um menos denso, o raio refratado se distancia da normal. A Tabela 2.1 mostra os índices de refração de alguns materiais comumente encontrados na natureza ou artefatos humanos.

Tabela 2.1 Índice de refração de alguns materiais comuns na superfície terrestre ($\gamma = 589$ nm)	
Material	Índice de Refração
Gases (à pressão atmosférica e temperatura de 0°C)	
Hidrogênio	1,0001
Ar	1,0003
Dióxido de Carbono (CO_2)	1,0005
Líquidos	
Água	1,333
Álcool Etílico	1,362
Glicerina	1,473
Sólidos (à temperatura ambiente)	
Gelo	1,31
Acrílico	1,49
Poliestireno	1,59
Diamante	2,417

A análise da Tabela 2.1 permite constatar que o índice de refração dos diferentes materiais varia não só com a composição do material, mas também com o comprimento de onda, uma vez que se refere a medidas relativas a um dado comprimento de onda (λ = 589 nm). Foi graças à variação espectral do índice de refração que se pode descobrir que a luz branca pode ser decomposta em luzes de diferentes "cores" ou comprimentos de onda. O índice de refração varia ligeiramente em diferentes comprimentos de onda. Esta variação pode ser facilmente observada através de um prisma (Figura 2.5). A luz branca incidente sobre o prisma é composta de uma mistura de "cores" ou comprimentos de onda. Quando a luz branca incide sobre o prisma, ela é refratada segundo a lei de Snell. Como os índices de refração variam com o comprimento de onda, cada cor refrata segundo um diferente ângulo. A esse fenômeno dá-se o nome de dispersão.

Ao conjunto de ondas eletromagnéticas que compõem o campo de radiação de um determinado objeto dá-se o nome de espectro. O espectro eletromagnético representa todo o conjunto de comprimentos de onda conhecidos, que vão desde os raios gama até ondas de rádio.

A Figura 2.6 mostra de forma esquemática o espectro de radiações conhecidas. Pode-se observar que o espectro eletromagnético encontra-se dividido em diversas regiões distintas. Esta divisão se dá em função: 1) dos processos físicos que dão origem à energia; 2) do tipo de interação que ocorre entre a radiação e os objetos sobre os quais incide; 3) da transparência da atmosfera em relação à radiação. A atmosfera é opaca em muitas regiões do espectro eletromagnético: toda a radiação de comprimentos de onda inferiores a 0,3 μm (Raios Gama, Raios X, Raios Ultravioleta) não é transmitida pela atmosfera. Nessa região, os processos de interação energia/matéria provocam modificações na estrutura interna da matéria, podendo provocar mudanças na configuração da estrutura eletrônica de átomos individuais. Esses processos são conhecidos por processos de dissociação e transição eletrônica. Na região do visível e infravermelho, em que os níveis energéticos da radiação são menores, os principais processos de interação resultam em vibrações moleculares, rotações moleculares, aquecimento. Na região das micro-ondas, os processos

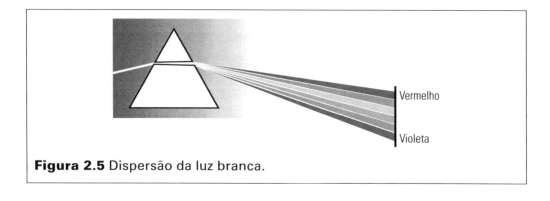

Figura 2.5 Dispersão da luz branca.

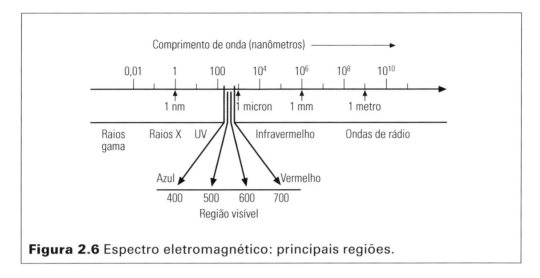

Figura 2.6 Espectro eletromagnético: principais regiões.

de interação dominantes resultam em flutuações do campo eletromagnético. Oportunamente, trataremos com maior profundidade essas regiões mais utilizadas para o sensoriamento remoto dos recursos terrestres.

Antes de nos aprofundarmos um pouco mais no processo de reflexão da onda eletromagnética, temos que tratar de uma propriedade muito importante, que é a *polarização*. Como já explicado anteriormente, as ondas eletromagnéticas são geradas por oscilações de cargas elétricas, as quais podem ser produzidas artificialmente, em uma antena de televisão, por exemplo, ou naturalmente, pela oscilação de elétrons em um átomo. A direção da oscilação determina a orientação do campo elétrico da onda. Na maioria das fontes de radiação, tais como o Sol, uma lâmpada incandescente, uma chama de vela, os átomos oscilam com orientação aleatória. Apesar de o campo elétrico de cada onda produzida por um átomo particular se orientar segundo um único plano, o conjunto do feixe de radiação contém campos elétricos oscilando em todos os planos. Uma onda eletromagnética que produz um campo elétrico que se propaga oscilando segundo um único plano fixo perpendicular à direção de propagação é uma onda *polarizada* linearmente. A Figura 2.7 ilustra o processo de polarização da radiação. Na Figura 2.7 podemos ver como um feixe de radiação não polarizada se transforma em um feixe de radiação polarizada verticalmente, ao atravessar uma superfície com propriedades polarizadoras. Esse material permite que apenas o campo elétrico que oscila verticalmente seja transmitido. Os demais campos são absorvidos pelo material (ou refletidos por ele). Essa onda polarizada verticalmente ao atravessar um segundo material é totalmente barrada e nenhuma radiação é transmitida através dele.

Dá-se o nome de polarização horizontal ao estado do campo eletromagnético em que o vetor elétrico encontra-se perpendicular ao plano de incidência. A polarização vertical corresponde ao caso em que o vetor elétrico oscila no plano de incidência.

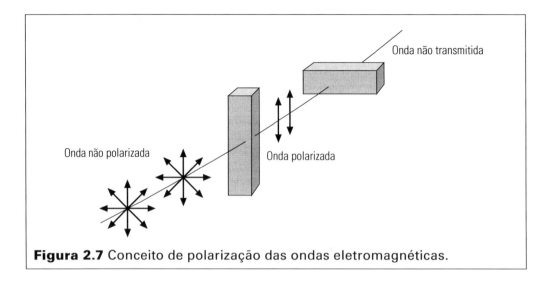

Figura 2.7 Conceito de polarização das ondas eletromagnéticas.

Os estados de polarização da radiação incidente e refletida são de grande importância para o sensoriamento remoto das propriedades da superfície terrestre, e fornecem informações adicionais que permitem deduzir principalmente as propriedades geométricas dos objetos, sendo muito explorados pelos sensores ativos de micro-ondas, como veremos oportunamente.

Outra propriedade relevante do campo eletromagnético é a **coerência**. Para o caso de uma onda monocromática com uma dada frequência v_0, o campo instantâneo num ponto P qualquer é bem definido. Se a onda, entretanto, consiste de um amplo número de ondas monocromáticas com frequências variando no range compreendido entre v_0 e $v_0 + \Delta v$, então a adição aleatória de todas as ondas que a compõem provocará uma flutuação irregular no campo resultante. O *tempo de coerência* (coherency time) Dt é então definido como o período durante o qual há uma forte correlação da amplitude do campo eletromagnético. Mais especificamente, é o tempo após o qual duas ondas entre v e $v + \Delta v$ estarão defasadas em um ciclo. Duas ondas são consideradas coerentes entre si se existe uma relação sistemática entre suas amplitudes instantâneas, ou seja, a amplitude do campo resultante varia entre a soma e a diferença das duas amplitudes consideradas. Se as duas ondas são incoerentes, então a potência da onda resultante será igual à soma da potência de cada uma das duas ondas constituintes.

Até aqui vimos algumas propriedades da energia radiante que podem ser modeladas segundo ondas eletromagnéticas ou raios de luz. É importante, entretanto, observar que uma onda eletromagnética representa a variação no tempo do campo elétrico e do campo magnético. Estes campos dinâmicos sempre ocorrem juntos. Portanto, quando as ondas eletromagnéticas são interceptadas pela matéria, o resultado da interação dependerá das propriedades elétricas e magnéticas do material que a compõe.

Uma questão fundamental para o sensoriamento remoto é desvendar o que ocorre quando uma onda eletromagnética atinge um dado objeto. Nessa interação, ocorre um processo de transferência de energia da radiação eletromagnética para o objeto. E como se dá esse processo de transferência de energia? Experimentos realizados sobre a absorção e a emissão de radiação pelos objetos mostram que essa transferência de energia não é contínua ao longo do espectro magnético. Por isso, podemos também considerar a radiação eletromagnética como sendo formada por numerosos "pacotes" de energia, os fótons, os quais se movimentam através do vácuo à velocidade da luz $(2,998 \times 10^{-8} \text{ m} \cdot \text{s}^{-1})$.

Cada um desses "pacotes" de luz transporta certo momentum linear e angular, não sendo uma partícula na concepção da mecânica clássica, porque a eles encontra-se associado certo comprimento de onda λ e certa frequência υ, os quais dão aos fótons propriedades semelhantes às das ondas. Desde os primeiros experimentos de produção de ondas eletromagnéticas, observou-se que elas não eram emitidas continuamente, mas em forma de pulsos discretos portadores de quantidades definidas de energia.

O primeiro a verificar esse fenômeno foi Planck em 1900. Seus experimentos com corpos negros o levaram à formulação de que a energia se transfere de um corpo para outro na forma de quantidades fixas de energia ou "quantas". A energia emitida por um corpo deve, segundo Planck, satisfazer a Equação 2.4:

$$Q = h \, \upsilon \qquad (2.4)$$

onde

Q = energia
h = constante de Planck $(6,626 \times 10^{-34} \text{ joules})$.
υ = frequência

Substituindo υ a partir da Equação 2.1 temos:

$$\lambda = \frac{hc}{Q} \qquad (2.5)$$

Essas ideias de Planck marcam o início da mecânica quântica e no futuro a base para o desenvolvimento da Teoria Eletrodinâmica.

A partir da Equação 2.5 podemos concluir que o "quantum" de energia de um fóton é proporcional à frequência da radiação eletromagnética ou inversamente proporcional ao comprimento de onda. Isso significa que quanto menor o comprimento de onda da radiação eletromagnética, maior é sua capacidade de interagir com a matéria em níveis mais profundos.

A coexistência de características ondulatórias e quânticas da radiação faz parte da natureza dual de toda a matéria e energia. Isto significa que um fóton não é nem uma partícula, nem uma onda, mas possui propriedades de partícula

44 Sensoriamento Remoto

e de onda, e estas precisam ser consideradas para que se possa entender completamente a natureza da energia radiante.

O termo fóton enfatiza as propriedades corpusculares da radiação eletromagnética. A magnitude do quantum depende unicamente da frequência da radiação. O fóton emitido por um corpo, por sua vez, oscila com uma dada frequência. Desta maneira chegamos a um impasse que nos leva a admitir que a energia radiante se comporta como onda eletromagnética e como partícula. Certos fenômenos como a propagação da energia, a dispersão, a reflexão, a refração, a interferência etc., são melhor explicados quando tratamos a energia radiante como uma onda. Outros fenômenos como a absorção e a emissão da energia radiante são melhor compreendidos quando reconhecemos a natureza quântica do campo eletromagnético (Colwell, 1963; Slater, 1980; Elachi, 1987).

2.1.2. Fontes de Radiação Eletromagnética

A radiação eletromagnética se origina a partir da transformação de outras formas de energia, tais como energia cinética, química, térmica ou nuclear. A origem da radiação eletromagnética varia ao longo do espectro eletromagnético. Em geral, quanto mais organizado o mecanismo de transformação de energia, mais coerente é a radiação eletromagnética resultante. Todo corpo com temperatura superior a 0 K emite Radiação Eletromagnética (REM).

Para o Sensoriamento Remoto da Superfície Terrestre a principal fonte de radiação eletromagnética é o Sol. A produção de energia pelo Sol se dá por meio de um processo conhecido como ciclo próton-próton, que de modo simplificado implica na conversão de quatro átomos de hidrogênio em um átomo de hélio e energia na forma de fótons e neutrinos (Mobley, 1994). O núcleo do Sol é formado, em primeiro lugar, por uma mistura ionizada de hélio e hidrogênio. No centro do Sol estima-se uma temperatura de aproximadamente 15×10^6 K, e uma densidade cerca de 150 vezes superior à da água. Sob essas condições extremas, ocorrem reações químicas com imensa liberação de energia. Durante esse processo são liberados fótons que transportam a maior parte da energia liberada nas reações nucleares. Os fótons gerados são extremamente energéticos (região de raios gama). Esses fótons interagem intensamente com a matéria e são sucessivamente espalhados, absorvidos e reemitidos pela superfície do Sol. Nessas interações, esses fótons perdem energia de modo que se transformam em radiação predominantemente visível e infravermelha, ao deixarem a superfície do Sol em direção ao espaço. Aqueles que tiverem interesse em compreender o ciclo próton-próton podem consultar Clayton (1983).

A radiação gerada pelas reações no interior do Sol se propaga na forma de ondas ou partículas em todas as direções. Pela lei da conservação de energia, a energia total por unidade de tempo cruzando a superfície de uma esfera imaginária de raio R medida a partir do centro do Sol seria independente de R. Entretanto, como a área $4\pi R^2$ da superfície esférica aumenta com R^2, a energia por unidade de área da esfera, ou seja, a Irradiância, decresce com R^{-2}. Esta lei é conhecida por lei do *inverso do quadrado da irradiância*.

Pela análise da Figura 2.8 podemos identificar três curvas distintas: 1) a curva que descreve a Irradiância Solar no topo da atmosfera; 2) a curva que descreve a Irradiância Solar ao Nível do Mar; 3) e a Irradiância de um corpo negro com a Temperatura de 6.000 K. Os fótons que chegam à superfície da Terra não têm a mesma intensidade, e estão sujeitos ao efeito da atmosfera e seus componentes. Dentre esses componentes, o vapor d'água (H_2O), o Oxigênio (O_2), o Ozônio (O_3) e o Gás Carbônico (CO_2) são responsáveis pelas principais bandas de absorção da radiação que chega à superfície terrestre. Nessas regiões, a atmosfera é opaca, ou seja, barra toda ou quase toda a radiação antes que ela possa interagir com os objetos da superfície. Entre essas "bandas de absorção" existem regiões relativamente transparentes, que recebem o nome de "janelas atmosféricas". É a existência dessas janelas que torna possível o sensoriamento remoto da superfície terrestre.

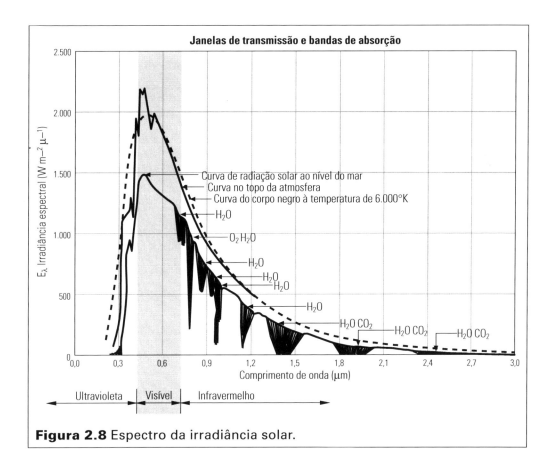

Figura 2.8 Espectro da irradiância solar.

46 Sensoriamento Remoto

A Tabela 2.2 mostra os principais componentes da atmosfera e suas principais bandas de absorção. Além da absorção seletiva, ou seja, específica em diferentes comprimentos de onda, a absorção pela atmosfera é também contínua, o que a torna um componente extremamente importante a ser considerado na definição dos sistemas de sensoriamento remoto. Os sensores da superfície terrestre que dependem da radiação solar devem levar em conta a radiação líquida que atinge o solo. Essa radiação, entretanto, é extremamente variável em função das condições atmosféricas.

Tabela 2.2 Principais bandas de absorção dos constituintes atmosféricos

Componentes da atmosfera	Bandas de absorção (µm)
Vapor d'água	0,72; 0,82; 0,93; 1,13; 1,38; 1,86; 2,01; 2,68; 3,6; 4,5; 6,13; 17
Dióxido de carbono	1,4; 1,6; 2,0; 2,7; 4,3; 4,8; 5,2; 14,7
Ozônio	0,15; 0,25; 0,30; 0,60; 9,6
Oxigênio	0,18; 0,25; 0,69; 0,76

(Fonte: Chen, 1985)

Na Tabela 2.3 podemos observar a distribuição da Irradiância nas várias regiões do espectro solar que atinge o topo da atmosfera, ou seja, antes que a radiação tenha sido afetada pela atmosfera.

Tabela 2.3 Distribuição espectral da irradiância solar

Região do espectro	Intervalo de comprimento de onda(µm)	Irradiância solar $(W\ m^{-2})$	Porcentagem
< ou = ao Ultravioleta	< 350	62	4,5
Ultravioleta próximo	350 − 400	57	4,2
Visível	400 − 700	522	38,2
Infravermelho próximo	700 − 1.000	309	30,5
> ou = ao Infravermelho	> 1.000	417	30
Total		1.367	100

(Fonte: Mobley, 1994)

Pela análise da Tabela 2.3 podemos constatar que a maior quantidade de energia disponível no topo da atmosfera concentra-se na região do visível. Essa região é a menos afetada pelos constituintes atmosféricos. A atmosfera, entretanto, afeta não só de forma seletiva, absorvendo em algumas regiões específicas, mas também atenuando de um modo geral a radiação que atinge a superfície terrestre e que interage com os objetos nela distribuídos. A atenuação da radiação solar é causada pelos processos de absorção e de espalhamento (dispersão) da energia. O vapor d'água é o principal componente responsável pela absorção da energia solar antes que ela atinja a superfície terrestre. A região do visível é particularmente afetada pelas condições da atmosfera. A Tabela 2.4 resume a variabilidade da Irradiância que chega à superfície integrada para a região compreendida entre 400 e 700 nm em função da variabilidade das condições atmosféricas.

Tabela 2.4 Irradiância solar em eiferentes condições atmosféricas

Condições atmosféricas	Irradiância ($W \cdot m^{-2}$)
Atmosfera limpa (Sol no Zênite)	500
Atmosfera limpa (Sol a 60° do Zênite)	450
Atmosfera com névoa (Sol a 60° do Zênite)	300

(Fonte: Mobley, 1994)

Outra fonte importante de radiação eletromagnética é a própria Terra, cujo espectro de emissão pode ser modelado por um corpo negro à Temperatura de 300 K. O corpo negro é um modelo físico que permite modelar a energia emitida por uma fonte a uma taxa máxima por unidade de área e por comprimento de onda, a uma dada temperatura. Um corpo negro, teoricamente, absorve toda a energia que nele incide, e também emite toda a energia absorvida.

O modelo de corpo negro (*Black Body*) utilizado por Max Planck para desenvolver suas leis sobre o comportamento da radiação por ele emitida foi baseado em uma esfera oca mantida a uma temperatura de superfície uniforme. Nesta esfera existe um pequeno orifício, de tal modo que possa entrar um feixe de radiação através dele. Essa radiação que entra pelo orifício é absorvida totalmente no interior da esfera após múltiplas reflexões. Portanto, a cavidade oca atua como um corpo negro ideal, e absorve toda a radiação incidente. Com o aumento da temperatura da cavidade, o seu interior torna-se incandescente e passa a emitir radiação. A partir desse modelo, Planck pôde derivar os seguintes fatos sobre o comportamento do corpo negro: 1) A radiação total de um corpo negro é função apenas da sua temperatura; 2) Para uma dada região do espectro, quanto maior a temperatura, maior a quantidade de energia emitida pelo corpo negro; 3) A energia emitida por um corpo negro com uma mesma temperatura não é a mesma para todos os comprimentos de onda; 4) o comprimento de onda no qual a energia emitida pelo corpo negro é máxima se desloca para regiões de alta frequência, na medida em que a temperatura do corpo aumenta.

Esses conceitos podem ser mais bem compreendidos se nos lembrarmos do comportamento de uma barra de ferro submetida a aquecimento. Inicialmente, quando sua temperatura é baixa, a cor da barra é escura porque absorve toda a radiação do ambiente. Na medida em que a barra vai sendo aquecida, ela começa a emitir radiação em regiões contínuas do espectro eletromagnético. Os primeiros comprimentos de onda da região visível que são emitidos são os mais longos e a barra de ferro adquire a cor vermelha, como se fosse uma brasa. Se a temperatura continuar aumentando, observaremos um aumento da intensidade da radiação emitida e também uma mudança de cor, que passará sucessivamente à amarela, indicando, portanto, um deslocamento em direção às frequências mais altas ou comprimentos de onda menores.

O deslocamento da emissão máxima de um corpo negro em direção aos comprimentos de onda menores é descrito pela Lei do Deslocamento de Wien conforme a Equação 2.6

$$\lambda m = \frac{C}{T} \tag{2.6}$$

onde: λm = comprimento de onda ou máxima emissão;
$C = 2,898 \times 10^3$;
T = temperatura (K);
$\lambda m T = 2,89 \times 10^3$ m

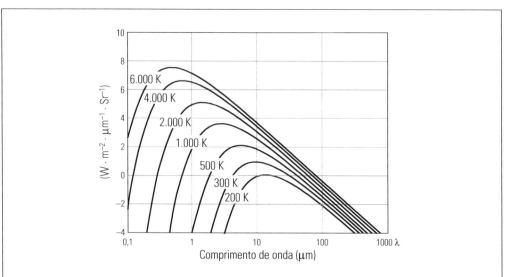

Figura 2.9 Espectro de emissão de corpos negros com diferentes temperaturas (Adaptado de Slater, 1980).

Esses conceitos também podem ser visualizados através da Figura 2.9, em que podemos comparar a curva de emissão de um corpo negro com temperatura de 6.000 K (que se aproxima do espectro de emissão do Sol), e com temperaturas inferiores à do Sol.

Pela análise da Figura 2.9 pode-se constatar que a emissão total de um corpo negro aumenta com sua temperatura, ou seja, a Intensidade Radiante de um corpo com a temperatura de 4.000 K é menor do que aquela de um corpo com temperatura de 6.000 K. O comprimento de onda de maior emissão do corpo negro se desloca para comprimentos de onda cada vez menores na medida em que aumenta a temperatura do corpo. A energia emitida por um corpo negro a uma dada temperatura não é a mesma em todos os comprimentos de onda. Isso já pode ser observado na Tabela 2.3 onde se verifica que a radiação visível responde por 38% da energia emitida pelo Sol.

Esse conceito de corpo negro é útil para se entender o espectro de emissão da Terra. A Terra pode ser considerada como um corpo negro com temperatura equivalente a 300 K. Com essa temperatura os comprimentos de onda de máxima emissão da Terra se encontram entre 8,0 e 12,0 μm, embora também haja radiação emitida na região das micro-ondas.

A Tabela 2.5 resume as principais regiões utilizadas para o sensoriamento remoto da superfície terrestre. Os limites das regiões são baseados em Chen (1985). Esses limites e a nomenclatura podem variar um pouco de autor para autor tendo em vista a origem desses dados.

Tabela 2.5 Regiões espectrais utilizadas

Nome da região	Nome do comprimento de onda	Comprimento de onda
Visível	Violeta	0,38 − 0,45 μm
	Azul	0,45 − 0,49 μm
	Verde	0,49 − 0,56 μm
	Amarelo	0,56 − 0,59 μm
	Laranja	0,59 − 0,63 μm
	Vermelho	0,63 − 0,76 μm
Infravermelha	Infravermelho próximo	0,80 − 1,50 μm
	Infravermelho de ondas curtas	1,50 − 3,00 μm
	Infravermelho médio	3,00 − 5,00 μm
	Infravermelho longo (Termal)	5,00 − 15 μm
	Infravermelho distante	15,0 − 300 μm
Micro-ondas	Submilimétrica	0,01 − 0,10 cm
	Milímetro	0,10 − 1,00 cm
	Micro-ondas	1,0 − 100 cm

(Fonte: Chen, 1985)

2.1.3. Medidas da Energia Radiante

O olho humano é um detector sensível da radiação eletromagnética, entretanto, para construir sensores e transformar a energia radiante em informações sobre as propriedades dos alvos, precisamos de modos mais objetivos de medir o fluxo radiante de energia que deixa um corpo e atinge um sensor.

A energia radiante (Q) transportada pela Radiação Eletromagnética (REM) é uma medida da capacidade que a radiação tem de "executar trabalho", ou seja, alterar o estado da matéria com a qual interage. A energia radiante provoca, por exemplo, mudanças na temperatura de um detector, e essas mudanças são proporcionais à "quantidade" de energia transportada pela REM. A unidade de energia radiante é Joule e o símbolo utilizado para representar essa unidade é o J.

Uma fonte de energia radiante "transporta" certa quantidade de energia em direção a certo objeto continuamente. Se houver um observador numa dada posição no espaço, podemos definir **Fluxo Radiante** (ϕ) como a quantidade de energia que passa por aquela posição num dado tempo, em outras palavras, o fluxo radiante descreve a quantidade de Joules que passa por um determinado ponto, durante um certo tempo. A unidade de medida do Fluxo Radiante é Joules por segundo (J^{-s}), ou Watt (W).

Quando o Fluxo Radiante é interceptado por uma superfície (um detector, por exemplo), precisamos quantificar quanto do fluxo é interceptado por unidade de área. O fluxo dividido pela área fornece uma ideia da densidade média de fluxo radiante sobre uma superfície. A densidade de fluxo radiante incidente sobre uma superfície recebe o nome de **Irradiância** (E) e sua medida é expressa em Watt por metro quadrado ($W \cdot m^{-2}$). A Figura 2.10 ilustra o conceito de Irradiância (E).

Portanto, quando examinamos o Espectro de Irradiância Solar, estamos observando a distribuição espectral da densidade média de fluxo radiante (energia radiante por segundo) incidindo sobre um metro quadrado da superfí-

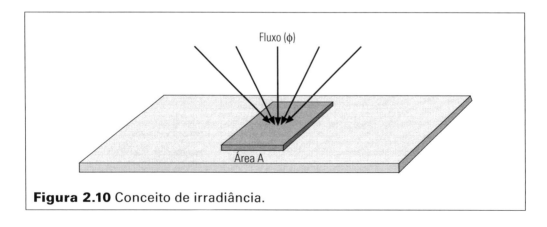

Figura 2.10 Conceito de irradiância.

cie terrestre. Poderíamos pensar também no fluxo deixando a superfície do Sol. As duas grandezas são conceitualmente iguais, mas quando queremos denotar a energia que deixa um corpo, damos-lhe o nome de **Excitância**, que é representada pelo símbolo M.

As grandezas radiométricas até agora mencionadas não levam em conta aspectos direcionais do Fluxo Radiante. Quando queremos especificar direções do fluxo radiante, nos utilizamos de ângulos. Existem dois sistemas tradicionais de medidas angulares, o grau e o radiano. O grau é o ângulo subentendido por um arco de um círculo equivalente a 1/360 da circunferência. O radiano é o ângulo subentendido por um arco de um círculo de tamanho equivalente ao raio do círculo. Como a circunferência de um círculo tem comprimento igual a 2π vezes o raio ($2\pi r$), há 2π radianos em um círculo completo. O ângulo subentendido por um arco de tamanho T em um círculo de raio, r, é simplesmente T/r. As medidas de ângulos são adimensionais (não têm dimensão), mas como os sistemas de medida são diferentes, utilizamos uma "unidade" de medida para diferenciá-los. Para radianos, utilizamos "rad" e para graus utilizamos o símbolo (°).

Quando introduzimos o conceito de refração e reflexão, mencionamos que a radiação sofria uma mudança de direção ao atravessar meios com densidades diferentes. Essa mudança de direção é expressa geralmente em graus.

Os ângulos podem ainda ser planos e sólidos. Um ângulo sólido pode ser compreendido como um cone subentendido por uma porção de uma esfera, e é definido como a razão entre a área A e o quadrado do raio da esfera r. A unidade de medida do ângulo sólido é o "esferorradiano". Através da Figura 2.11 podemos constatar que o ângulo sólido (Ω) ômega, subentendido no centro da esfera pela área A, é dado por:

$$\Omega = A/r^2 \tag{2.7}$$

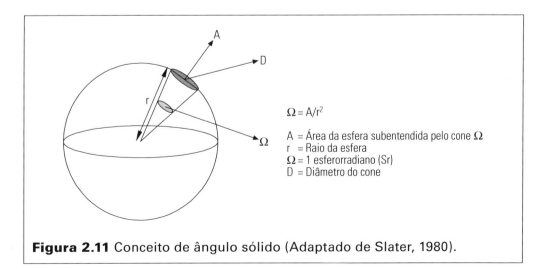

Figura 2.11 Conceito de ângulo sólido (Adaptado de Slater, 1980).

Como a área de uma esfera é $4\pi r^2$, nós podemos concluir que numa esfera há 4π esferorradianos de ângulo sólido. Em Sensoriamento Remoto, são utilizados ângulos sólidos muito pequenos, e por isso, torna-se conveniente considerar a Área A equivalente à base plana de um cone com diâmetro D. O ângulo sólido de uma superfície circular com um metro de raio, observada de uma distância de 10 metros é 0,993 π/100 sr. A área da superfície dividida pelo quadrado da distância é 1,00π/100. O erro de se considerar o cone como sendo plano é da ordem de 0,7% para uma distância de 10 metros apenas. Como as distâncias envolvidas em Sensoriamento Remoto são milhares de vezes maiores, a adoção de D proporciona uma exatidão aceitável para as grandezas radiométricas angulares.

Agora que já revimos o conceito de ângulo sólido, podemos introduzir as grandezas radiométricas angulares, tais como a Intensidade Radiante (I), que descreve o fluxo radiante (ϕ) por unidade de ângulo sólido. O termo Intensidade Radiante se aplica a uma fonte pontual de energia, ou seja, uma fonte tão distante em relação ao objeto iluminado ou sensor que o fluxo se comporta como se viesse de um ponto do espaço. A Figura 2.12 ilustra o conceito de Intensidade Radiante. Quando uma fonte é extensa e isotrópica (ou seja, irradia energia igualmente em todas as direções), a Intensidade Radiante numa dada direção será equivalente a $\phi/4\pi$ W^{-sr}.

Pela análise da Figura 2.12 podemos verificar que a Intensidade Radiante de uma fonte diminui com o quadrado da distância entre o objeto e a fonte. Este fato, como veremos adiante, tem consequências sérias sobre o desenvolvimento de sistemas ativos de sensoriamento remoto, ou seja, sistemas que produzem sua própria energia radiante.

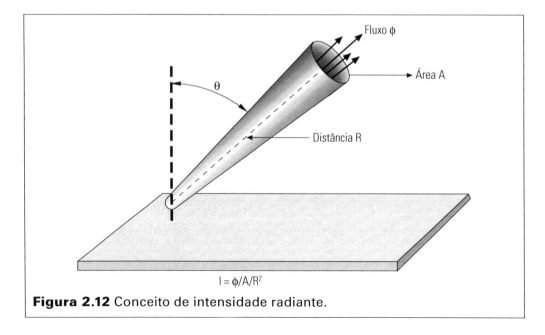

Figura 2.12 Conceito de intensidade radiante.

O conceito de ângulo sólido também é fundamental para a definição de Radiância. A Radiância (L) é o fluxo radiante por unidade de ângulo sólido, por unidade de área perpendicular àquela direção (Figura 2.13).

A Tabela 2.6 resume as principais grandezas radiométricas e fotométricas encontradas na bibliografia básica de sensoriamento remoto.

A aplicação desses conceitos à realidade, entretanto, baseia-se em algumas importantes leis da radiação. O conhecimento dessas leis ajuda-nos a entender melhor certos pressupostos adotados em sensoriamento remoto, e identificar as bases físicas de certos procedimentos empíricos adotados pela engenharia na construção dos equipamentos.

Uma das leis mais importantes da Radiação é a Lei do cosseno, também conhecida como Lei de Lambert. Esta lei deu origem à expressão "alvo lambertiano". Segundo esta lei, a intensidade radiante que deixa uma superfície difusora perfeita em qualquer direção varia com o cosseno do ângulo entre aquela direção e a normal à superfície.

$$I\theta = I0 \cdot \cos\theta, \qquad (2.8)$$

onde:
$I\theta$ = intensidade de radiação na direção q
$I0$ = intensidade de radiação normal à superfície.

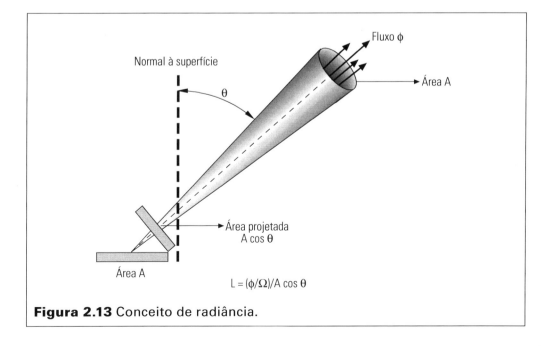

Figura 2.13 Conceito de radiância.

54 Sensoriamento Remoto

Tabela 2.6 Grandezas radiométricas básicas em sensoriamento remoto

Grandeza	Símbolo	Equação	Unidade de Medida	Conceito
Energia Radiante	Q		Joules (J)	Energia transportada em forma de ondas eletromagnéticas ou fótons
Fluxo Radiante	ϕ	$\phi = dQ/dt$	Watt (W)	Taxa de variação da energia no tempo
Irradiância	E	$E = d\phi/dA$	Watt por metro quadrado $(W\ m^{-2})$	Fluxo incidente sobre uma superfície por unidade de área
Excitância ou Emitância	M	$M = d\phi/dA$	Watt por metro quadrado $(W\ m^{-2})$	Fluxo deixando uma superfície por unidade de área
Intensidade Radiante	I	$I = d\phi/d\Omega$	Watt por esferorradiano $(W\ sr^{-1})$	Fluxo radiante deixando uma fonte por unidade de ângulo sólido numa direção especificada
Radiância	L	$L = (d\phi/d\Omega)/dAcos\theta$	Watt por esferorradiano, por metro quadrado $(W\ sr^{-1}m^{-2})$.	Intensidade Radiante por unidade de área normal à fonte, numa dada direção
Emissividade	ε	$\varepsilon = M/Mb_b$	Adimensional	Razão entre a excitância de um material e a excitância do corpo negro (b_b)
Absortância	α	$\phi a/\phi i$	Adimensional	Razão entre o fluxo absorvido (ϕa) e o fluxo incidente (ϕi) sobre a supefície
Reflectância	ρ	$\phi r/\phi i$	Adimensional	Razão entre o fluxo refletido (ϕr) e o fluxo incidente (ϕi) sobre a supefície
Transmitância	τ	$\phi t/\phi i$	Adimensional	Razão entre o fluxo transmitido (ϕr) e o fluxo incidente (ϕi) sobre a superfície

(Fonte: Slater, 1980)

Na Figura 2.14 podemos observar graficamente o comportamento de uma superfície difusora perfeita quando nela incide um feixe de raios paralelos. A intensidade radiante será maior à normal à superfície e decrescerá com o cosseno do ângulo entre sua normal e a direção de observação. A partir da lei dos cossenos, podemos definir uma superfície lambertiana como aquela para qual a radiância L é constante para todos os ângulos de reflexão.

O conceito de superfície lambertiana é extremamente importante para a aplicação de dados de sensoriamento remoto, uma vez que a maioria dos sensores registra a energia proveniente da superfície segundo apenas um ângulo de observação. Quando assumimos que a superfície é lambertiana ou difusora perfeita, podemos admitir que a amostra de energia registrada pelo satélite é uma boa representação do comportamento global do terreno. Para superfícies não lambertianas, as estimativas de reflectância baseadas em apenas uma amostra direcional de radiância podem acarretar inúmeros erros. Com o avanço da tecnologia de sensoriamento remoto, já existem sistemas sensores que se utilizam da variação angular das propriedades de reflexão dos alvos para obter informações relevantes sobre suas propriedades. Esses sensores são conhecidos como sensores multivisada ou multiangulares (*multiviewing sensors*) e serão abordados oportunamente.

Outra lei interessante é a lei do cosseno e do inverso do quadrado da irradiância. Na Figura 2.15 podemos observar uma fonte pontual P, com intensidade radiante I. Sabemos que a normal à área **dA** encontra-se a um ângulo θ da linha **PQ**. Sabemos também que **s** é a extensão da linha **PQ**. Por definição, temos que o fluxo radiante dϕ que incide sobre a área **dA** é IdΩ.

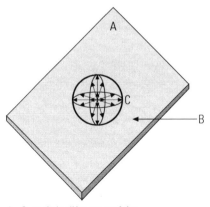

A - Superfície difusora perfeita
B - Feixe de radiação incidente
C - Radiação difundindo-se em todas as direções, conforme a lei dos cossenos

Figura 2.14 Difusão do fluxo radiante por uma superfície difusora, segundo a lei dos cossenos (Slater, 1980).

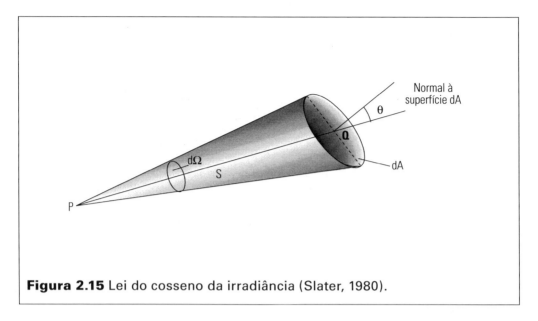

Figura 2.15 Lei do cosseno da irradiância (Slater, 1980).

O valor de dΩ pode ser expresso por:

$$d\Omega = dA \cos\theta /s^2 \qquad (2.9)$$

onde s é a distância da fonte à superfície de área dA.

Por definição, temos que a irradiância sobre a área dA é:

$$E = d\phi/dA \qquad (2.10)$$

Fazendo as substituições necessárias, temos que:

$$E = I\cos\theta/s^2 \qquad (2.11)$$

Com isso, pode-se dizer que a irradiância sobre a área **dA** é proporcional ao cosseno do ângulo entre a normal e o raio central **PQ**, e inversamente proporcional ao quadrado da distância entre a fonte e área irradiada **dA**. Isto significa que quanto mais próxima à fonte, maior a irradiância sobre a superfície considerada.

Estas ideias são mais facilmente compreendidas através da análise da Figura 2.16. Nela podemos observar graficamente como o fluxo incidente por unidade de área diminui com a distância da fonte.

Não podemos deixar de lembrar que esta lei se aplica às fontes pontuais. Entretanto, podemos admitir, em termos práticos, que uma fonte pode ser considerada pontual quando o seu diâmetro (d) é muitas vezes menor que a distância R entre a fonte e o alvo Irradiado. Cálculos apresentados por Slater (1980) demonstram que, para R cinco vezes maior que d, o erro em se adotar a lei do inverso do quadrado da distância é em torno de 1%. Estas informações são extremamente úteis quando se deseja tomar medidas radiométricas para calibragem de sensores.

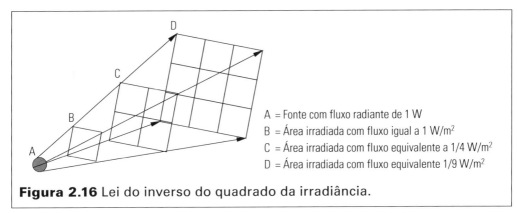

Figura 2.16 Lei do inverso do quadrado da irradiância.

Embora a Irradiância seja afetada pela distância entre a fonte e a superfície, a Radiância não é afetada pela distância entre o sensor e o alvo. Este fato é importante, porque em Sensoriamento Remoto, a grandeza radiométrica medida por um grande número de sensores é a Radiância. Isto permite admitir que, na ausência de atenuação atmosférica, a radiância do alvo na superfície é igual à radiância registrada na imagem. Ou seja, a distância entre o alvo e o sensor não altera o valor de radiância.

Para compreender melhor esse conceito podemos considerar as relações alvo e sensor expressas na Figura 2.17. Inicialmente, temos que considerar que o alvo (fonte de radiação): a) é muito maior que a área ΔA_1 da abertura de entrada do sensor; b) o fluxo radiante distribui-se de modo uniforme pela superfície; c) obedece à lei de Lambert, ou seja, o fluxo radiante por unidade de ângulo sólido em qualquer direção varia com o cosseno do ângulo entre a normal e aquela direção.

Devemos considerar também que o sensor (detector): a) tem uma resposta linear; b) tem uma área maior que a da segunda abertura ΔA_2. O sinal registrado pelo sensor (detector) é a potência do feixe de radiação, conforme a geometria definida pelo tamanho das duas aberturas e sua distância D. Se nós

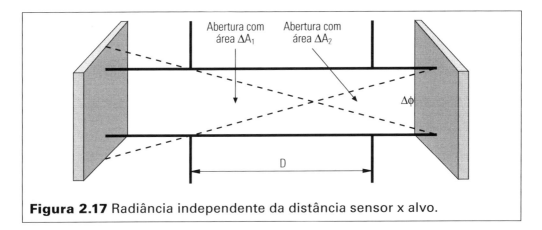

Figura 2.17 Radiância independente da distância sensor x alvo.

realizássemos um experimento no qual os parâmetros ΔA_1, ΔA_2 e D variassem, verificaríamos que o sinal registrado pelo sensor seria sempre proporcional a:

$$\Delta\phi = (\Delta A_1 \times \Delta A_2)/D^2 \qquad (2.12)$$

Podemos demonstrar também que $\Delta\phi$ é proporcional à radiância da superfície (fonte):

$$\Delta\phi = L(\Delta A_1 \times \Delta A_2)/D^2 \qquad (2.13)$$

Se mudássemos a orientação de ambas as aberturas segundo os ângulos θ_1 e θ_2 em relação ao eixo que une o centro da superfície ao centro do sensor (detector), poderíamos dizer que o fluxo $\Delta\phi$ pode ser expresso por:

$$\Delta\phi = L \left\{ [(\Delta A_1\cos\theta_1) \times (\Delta A_2\cos\theta_2)]/D^2 \right\} \qquad (2.14)$$

Ao isolarmos o valor da radiância L, teríamos que determinar seu valor no limite de $\Delta\phi$, tal que:

$$L = \lim \frac{\Delta\phi}{\dfrac{[(\Delta A_1 \cos\theta_1) \cdot (\Delta A_2 \cos\theta_2)]}{D^2}} \qquad (2.15)$$

$$L = \frac{\delta^2\phi}{\dfrac{\delta A_1 \delta A_2 (\cos\theta_1 \cos\theta_2)}{D^2}} \qquad (2.16)$$

Pelo conceito de ângulo sólido (Figura 2.11) podemos verificar que $[\delta A_2 \cos\theta_2)/D^2]$ nada mais é do que o ângulo sólido, ao qual chamamos de $d\Omega$, subentendido entre a primeira e a segunda abertura. Isto permite escrever 2.16 como:

$$L = \frac{\delta^2\phi}{\delta A \cos\theta \, d\Omega} \qquad (2.17)$$

Como já mencionado, os objetos que compõem a superfície terrestre, em geral, comportam-se como *superfícies difusoras*, daí a importância de se compreender o conceito de reflectância difusa (Figura 2.18).

Dada a definição de L em 2.17, para se conhecer o fluxo total integrado em todas as direções, teremos que medir o fluxo radiante no hemisfério ($d\phi_h$), ou a reflectância hemisférica. Seu cálculo é feito, integrando-se $d\Omega$ de 0 a $\pi/2$, o que resulta em:

$$d\phi_h = \pi \, LdA \qquad (2.18)$$

A razão entre o fluxo total refletido num hemisfério ($\pi \, LdA$) e o fluxo total incidente na superfície (EdA) define a reflectância difusa da superfície:

$$\rho = \frac{\pi L}{E} \qquad (2.19)$$

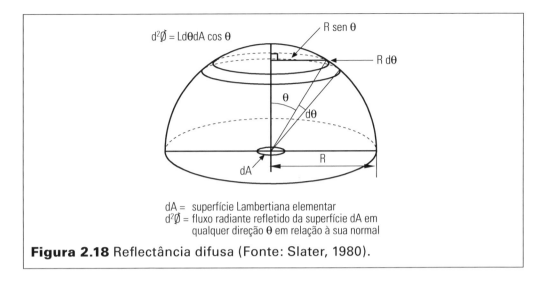

Figura 2.18 Reflectância difusa (Fonte: Slater, 1980).

De forma análoga, podemos definir a Excitância radiante (M) de uma superfície lambertiana como:

$$M = \pi L \qquad (2.20)$$

2.2. Interações na Região Visível e Infravermelha do Espectro Eletromagnético

A grandeza radiométrica mais utilizada para caracterizar as interações energia-matéria na região visível e infravermelha do espectro eletromagnético é a reflectância espectral. A reflectância espectral pode ser expressa por:

$$\rho_\lambda = \frac{\pi L_\lambda}{E_\lambda} \qquad (2.21)$$

A distribuição espectral da radiância de uma superfície L_λ dependerá tanto da reflectância espectral da superfície (ρ_λ) como da distribuição espectral da irradiância incidente (E_λ). A reflectância espectral depende dos processos de interação entre a energia e a matéria. De acordo com Hunt (1980), tais interações podem realizar-se em dois níveis: um nível macroscópico, cujos processos podem ser descritos pelas leis da óptica geométrica; e um nível microscópico, cujos processos são mais bem descritos pela espectroscopia e pela física atômica e molecular.

Quando uma onda eletromagnética interage com os materiais da superfície terrestre, sofre alterações em suas propriedades em função dos processos que desencadeia. Os mecanismos de interação entre a onda e os objetos podem atuar em regiões estreitas do espectro (provocando bandas finas de absorção) ou podem atuar em toda a região compreendida entre 0,3 μm e 2,5 μm. As in-

60 Sensoriamento Remoto

terações não associadas a bandas estreitas estão vinculadas a processos não ressonantes que afetam o índice de refração dos materiais. As interações que provocam bandas estreitas geralmente são associadas à ressonância molecular e a processos eletrônicos. As primeiras interações podem ser consideradas didaticamente como interações macroscópicas, e as últimas, interações microscópicas. Alguns tipos de processos de interação entre a radiação e os objetos da superfície encontram-se exemplificados na Tabela 2.7.

Tabela 2.7 Exemplos de mecanismos de interação entre a REM e os constituintes da superfície terrestre

Processo físico	Mecanismo de interação específico	Exemplo
Processos ópticos	Refração	Formação do arco-íris
	Espalhamento	Cor azul do céu
	Reflexão	Reflexo de superfícies espelhadas
Excitação vibracional	Vibração molecular	Absorção pela molécula de água
	Vibração iônica	Absorção pelo íon OH
Excitação eletrônica	Efeitos de campo cristalino na transição de compostos metálicos	Absorção por compostos metálicos, materiais fluorescentes, e pigmentos
	Transferência de carga entre orbitais	Processos de absorção pela magnetita
	Ligações conjugadas	Absorção pelas plantas

(Adaptado de Elachi, 1987)

2.2.1. Reflexão, Transmissão e Espalhamento

Quando a onda eletromagnética incide sobre a interface entre dois materiais, alguma energia é refletida na direção especular, alguma energia é espalhada em todas as direções do meio incidente, e alguma energia é transmitida através da interface entre os dois meios. A energia transmitida através da interface é geralmente absorvida pelo material e reemitida por processos termais ou eletrônicos e/ou dissipada na forma de calor (Figura 2.19).

Quando a interface é lisa em relação ao comprimento de onda (ou seja $\lambda >>>$ rugosidade da interface), a radiação incidente é refletida na direção especular. Essa interação é descrita pela Lei de Snell que permite calcular o coeficiente de reflexão da superfície. O coeficiente de reflexão é função do índice complexo de refração da superfície e do ângulo de incidência da radiação.

O coeficiente de reflexão é dado por:

$$[R_h]^2 = \frac{\text{sen}^2(\theta-\theta_t)}{\text{sen}^2(\theta+\theta_t)} \tag{2.22}$$

para uma onda polarizada horizontalmente;

Para uma onda polarizada verticalmente, o coeficiente de reflexão é expresso por:

$$[R_v]^2 = \frac{\tan^2(\theta-\theta_t)}{\tan^2(\theta+\theta_t)} \tag{2.23}$$

onde θ_t é o ângulo de transmissão da radiação através de interface;
θ é o ângulo de incidência.

O índice de refração n é dado por:

$$n = \text{sen}\theta_t/\text{sen}\theta \tag{2.24}$$

Para incidência normal à superfície, o coeficiente de reflexão é dado por:

$$R_h = R_v = R = \frac{(n-1)}{(n+1)} \tag{2.25}$$

Para grande parte dos materiais, a superfície é rugosa em relação ao comprimento de onda incidente e geralmente constituída de partículas. Este fato faz com que o espalhamento e a granulometria do material sejam fundamentais para o comportamento espectral dos objetos da superfície. De uma forma simplificada, o espalhamento se relaciona com o tamanho das partículas da seguinte maneira:

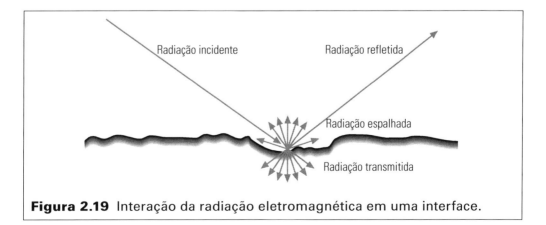

Figura 2.19 Interação da radiação eletromagnética em uma interface.

- Para partículas muito menores que o comprimento de onda, o espalhamento obedece à lei de Rayleigh, segundo a qual a quantidade de energia espalhada do feixe incidente é igual à quarta potência da razão entre o tamanho da partícula (a) e o comprimento de onda (λ), ou seja, o espalhamento Rayleigh é inversamente proporcional à quarta potência do comprimento de onda. Quanto menor o comprimento de onda, maior o espalhamento por partículas pequenas, tais como as formadas pelas moléculas da atmosfera. Este processo explica a cor azul do céu, uma vez que os comprimentos de onda azul são muito mais espalhados pelos gases atmosféricos que os demais comprimentos de onda (mais longos) do espectro de luz visível.

No caso de superfícies opacas compostas por partículas, parte da radiação incidente sofre espalhamento múltiplo (em várias direções e a partir de diversas partículas simultaneamente) e parte penetra a partícula. Se o material da partícula possuir alguma banda de absorção, a energia refletida pela superfície não conterá radiação nos comprimentos de onda referentes àquela banda. Geralmente, quanto maior o tamanho da partícula, mais pronunciadas serão as bandas de absorção, mesmo que a quantidade total de energia refletida seja bem menor.

A Figura 2.20 ilustra o efeito da rugosidade da superfície sobre o espectro de reflexão das superfícies terrestres. Pode-se observar que para as superfícies polidas a presença de uma banda de absorção provoca um aumento da reflexão da superfície, enquanto para uma superfície rugosa, a presença de uma banda de absorção provoca uma diminuição significativa da reflexão próxima ao comprimento de onda em questão.

- Para partículas maiores que o comprimento de onda: o espalhamento obedece à lei de Mie, segundo a qual o espalhamento torna-se independente do comprimento de onda (não seletivo), sendo proporcional apenas ao número de partículas. Como as partículas em geral são muito maiores que o comprimento de onda, a composição das partículas pode afetar o espectro da radiação espalhada nas regiões em que ocorram bandas de absorção significativas.

Um aspecto importante a ser ressaltado é que a reflexão da luz visível e infravermelha pelas superfícies ocorre nos primeiros milímetros superiores e que, portanto, a cobertura da superfície, se altamente reflexiva, impedirá que sejam obtidas informações sobre os objetos subjacentes. A presença de areia, por exemplo, sobre um depósito mineral pode mascarar completamente a existência de bandas de absorção nele presentes.

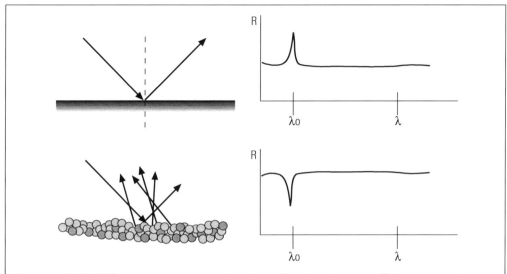

Figura 2.20 Diferenças no espectro de reflexão de superfícies especulares e superfícies rugosas (Adaptado de Elachi, 1987).

2.2.2. Processos Vibracionais

Os processos vibracionais se caracterizam por pequenas variações na posição dos átomos em relação à sua posição de equilíbrio. Numa molécula composta de N átomos há 3N modos possíveis de movimentação, porque cada átomo tem 3 graus de liberdade. Dos modos de movimentação possível, 3 representam translações, 3 representam rotações e 3N-6 representam vibrações independentes. A Figura 2.21 mostra o exemplo para a molécula de água. A molécula de água possui 3 átomos (N=3) e 3 frequências clássicas, ν1, ν2, ν3, as quais correspondem a 3 comprimentos de onda:

- λ1 = 3,106 μm, que corresponde ao estiramento simétrico da molécula (estiramento simétrico OH).
- λ2 = 6,08 μm, que corresponde à torção da molécula HOH.
- λ1 = 2,903 μm, que corresponde ao estiramento assimétrico da molécula (estiramento assimétrico OH).

Esses três comprimentos de onda correspondem a vibrações da molécula no estado fundamental. As transições entre o estado fundamental para excitado vão dar origem a outras frequências de absorção, tais como a combinação das frequências ν2 + ν3, que corresponde ao comprimento de onda de 1,87 μm, por exemplo.

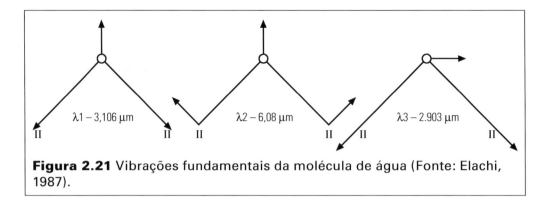

Figura 2.21 Vibrações fundamentais da molécula de água (Fonte: Elachi, 1987).

2.2.3. Processos Eletrônicos

Os processos eletrônicos estão associados com os níveis de energia eletrônica. Os elétrons em um átomo podem ocupar somente órbitas com níveis específicos de energia. Os componentes mais comuns das rochas, como a sílica, o alumínio e o oxigênio não possuem níveis de energia que permitem transições eletrônicas. Consequentemente, não é possível derivar informações diretas sobre a composição geológica desses materiais, pois não produzem feições de absorção. Entretanto, podem ser derivadas informações indiretas pelo efeito que a estrutura molecular impõe sobre os níveis de energia de alguns íons específicos.

2.2.4. Fluorescência

A Fluorescência é vista por muitos autores como um processo de espalhamento inelástico (Mobley, 1994) caracterizado pela absorção de radiação em um dado comprimento de onda, e emissão em outro comprimento de onda distinto, porque o resultado da fluorescência é a transferência rápida de radiação incidente em um comprimento de onda, para outro comprimento de onda, o qual é espalhado pelo meio.

O grande problema da detecção da fluorescência é a separação entre a radiação emitida da radiação refletida. Este problema pode ser contornado pelo fato de que o espectro solar apresenta finas bandas de absorção atmosférica conhecidas por Linhas de Fraunhofer. Essas linhas possuem larguras de banda que variam entre 0,01 e 0,1 μm, com intensidade central inferior a 10% da intensidade das bandas adjacentes. As técnicas de detecção de fluorescência baseiam-se em analisar o quanto as linhas de Fraunhofer são alteradas pela energia emitida no processo. A comparação da "profundidade" das linhas de absorção de Fraunhofer em relação ao continuum de energia refletida pelo Sol permite detectar e quantificar o processo de fluorescência.

Uma das características da fluorescência por substâncias puras é a de que o comprimento de onda de emissão independe do comprimento de onda de excitação. Assim sendo, a clorofila **a** sempre fluoresce em 683 nm, independentemente do comprimento de onda de excitação. A magnitude da emissão, entretanto, depende do comprimento de onda de excitação, porque este comprimento de onda é absorvido pelo material antes de ser emitido, e a absorção depende do comprimento da onda. A radiação absorvida em 450 nm produzirá sinal maior em 683 nm do que a absorvida em 533 nm porque a absorção pela clorofila é muito maior em 450 nm do que em 533 nm.

2.3. Interações na Região do Infravermelho Termal

Como vimos anteriormente, no espectro eletromagnético há uma região compreendida entre o visível e as micro-ondas (0,7 – 1.000 µm) que se denomina infravermelho. Essa região é dividida em três porções: infravermelho próximo (0,7 – 3,0 µm), o infravermelho termal (3,0 µm – 20,0 µm) e o infravermelho distante (20,0 µm – 1.000 µm). A região do infravermelho próximo, em termos de interação da REM com os objetos da superfície terrestre, é modelada de modo semelhante à radiação visível. O tratamento da radiação termal, entretanto, exige uma abordagem bastante distinta. A região do infravermelho distante não é usada para sensoriamento remoto da superfície terrestre devido à sua pequena disponibilidade na superfície terrestre decorrente dos processos de absorção atmosférica.

A energia envolvida na porção de 3,0 a 20,0 µm é proveniente basicamente de vibrações moleculares decorrentes da temperatura dos corpos. Como já vimos anteriormente, todos os materiais com uma temperatura superior a 0 K emitem radiação eletromagnética. Essa radiação é função basicamente da temperatura do corpo e de sua emissividade (ε).

As relações entre a temperatura do corpo (T), sua emissividade (ε) e a quantidade total de energia radiante emitida por um corpo (ω) pode ser expressa pela Equação 2.26:

$$\omega = \varepsilon\, \sigma\, T^4\; (W \cdot m^{-2}), \qquad (2.26)$$

onde:

ω = energia radiante total emitida pelo corpo ($W \cdot m^{-2}$);

ε = emissividade;

σ = constante de Boltzman ($5{,}67 \times 10^{-8}\, W \cdot m^{-2} \cdot K^{-4}$);

T = temperatura absoluta do corpo (K).

Pela análise da Equação 2.26 podemos deduzir que para um corpo formado por um dado material, a energia radiante só depende de sua temperatura. Assim sendo, quanto maior for a energia radiante detectada pelo sensor, maior a sua temperatura.

66   Sensoriamento Remoto

Para o sensoriamento remoto das propriedades térmicas dos objetos, nossa preocupação é interpretar medidas de radiação de uma fonte distante do sensor, em relação à sua temperatura cinética (ou seja, medida por um termômetro). Para isso, inicialmente precisamos admitir que o corpo imageado se comporte como um **corpo negro perfeito**. O relacionamento entre a energia que deixa um dado corpo e sua temperatura é expressa pela *lei de Planck* descrita pela Equação 2.27:

$$B_\lambda = \frac{C_1}{\lambda^5 \left(e^{\frac{C_2}{\lambda T}} - 1 \right)} \tag{2.27}$$

onde B_λ é a radiância espectral em unidades de $Wm^{-2}\,\mu m^{-1}$, no comprimento de onda λ (expresso em micrômetros), C1 e C2 são constantes físicas determinadas experimentalmente ($C_1 = 3{,}74 \times 10^8$; $C_2 = 1{,}439 \times 10^4$), e T, a temperatura física do objeto medida em graus Kelvin.

Para a interpretação de dados de sensoriamento remoto, nós precisamos utilizar a função inversa porque o que o sensor mede é a radiância espectral (B_λ) e o que queremos determinar é a Temperatura. Como a Equação de Planck foi desenvolvida para o corpo negro (*Black Body*) a temperatura que é estimada pelo sensor é por convenção chamada de T_{bb}, que é a temperatura aparente (temperatura de brilho) ou de radiação, oposta à temperatura real do objeto (Equação 2.28).

$$T_{bb} \frac{C_2}{\log\left(1 + \frac{\lambda^5 B_\lambda}{C_1}\right)} \tag{2.28}$$

Nos corpos reais, a radiância (B_λ) é reduzida pela emissividade do material conforme a Equação 2.29:

$$L_\lambda = \varepsilon\lambda\, B_\lambda \tag{2.29}$$

onde L_λ é a radiância medida pelo sensor. A emissividade depende do tipo de material e do comprimento de onda, mas varia entre 0,5 e 1,0 no range de materiais conhecidos e das regiões adequadas ao sensoriamento remoto termal.

As fontes de radiação termal podem se distinguir em três tipos no tocante à emissividade: a) as que se comportam como corpos negros, e cuja emissividade é igual a 1; b) as que se comportam como corpos cinza e cuja emissividade é uma constante menor do que 1; c) as fontes seletivas, cuja emissividade varia espectralmente. A Figura 2.22 ilustra o comportamento desses três tipos de fontes no tocante à Emitância (ou Radiância) e quanto à Emissividade.

Quando a energia radiante incide sobre um objeto espesso, uma fração dessa energia é refletida pela interface (ρ) e uma fração é transmitida (τ). Para

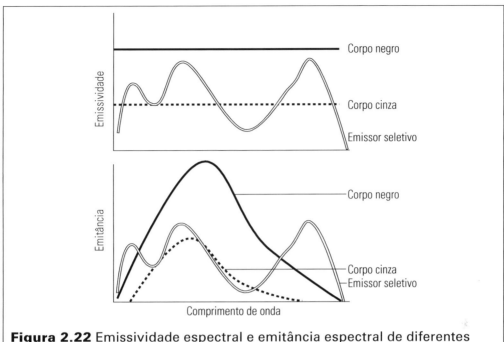

Figura 2.22 Emissividade espectral e emitância espectral de diferentes tipos de corpos.

satisfazer a lei de conservação de energia, a soma dessas frações deve ser igual a 1. Num corpo negro, a energia é totalmente absorvida, portanto, ρ é igual a 0 e τ é igual a 1 (que é o mesmo que dizer que toda a energia transmitida pela interface é depois absorvida). Pela lei de Kirchoff, a absortância de um corpo negro é igual à sua emitância à mesma temperatura. Em outros termos, isso equivale a dizer que a transmitância é igual em ambas as direções conforme expresso na Equação 2. 30.

$$\alpha = \varepsilon = \tau \tag{2.30}$$

como

$$\rho + \tau = 1 \tag{2.31}$$

então:

$$\varepsilon = \tau = 1 - \rho \tag{2.32}$$

A refletividade (ρ) também é conhecida pelo nome de Albedo, A.

A emissividade de uma superfície também é função da direção de emissão. As expressões prévias referem-se à emissividade hemisférica, ou seja, à emissividade que é integrada em todas as direções. A emissividade direcional $\varepsilon(\theta)$ é a emissividade na direção θ em relação à normal à superfície.

Os metais possuem baixa emissividade, e esta diminui na medida em que a rugosidade da superfície diminui (metais polidos, por exemplo) porque a refletividade da superfície aumenta. A emissividade dos metais, entretanto, aumenta rapidamente com o aumento da temperatura e com a formação de camadas de oxidação. Para os não metais a emissividade é geralmente alta, maior do que 0,8, e diminui com o aumento da temperatura.

A radiação termal emitida por um objeto da superfície se origina nos primeiros milímetros mais superficiais. Isto significa que a emissividade depende muito do estado da superfície ou de sua cobertura. A presença de uma fina camada de água no solo irá mudar drasticamente sua emissividade.

Deve-se tomar bastante cuidado ao se tentar deduzir a emissividade de um material a partir de sua aparência visual, ou de sua refletância na região visível. A neve é um bom exemplo dos equívocos que podem resultar ao se analisar a refletividade do visível. A neve é um excelente refletor, e pela lei de Kirchoff, poder-se-ia deduzir que sua emissividade é baixa. Entretanto, a 273 K, a máxima emissão de energia se dá em 10,5 μm, o que faz da neve um perfeito corpo negro nesta região do infravermelho. Para mais informações consultar Elachi (1987).

2.4. Interações na Região de Micro-ondas

2.4.1. Radiação Emitida

A maior parte da radiação emitida pelos objetos da superfície terrestre ocorre na região termal. Entretanto, ocorrem emissões também na região das micro-ondas. Essas emissões podem ser modeladas pela lei de Rayleigh-Jeans que representa uma aproximação da lei de Planck para os casos em que a razão ch/λ é muitas vezes menor que k T. Neste caso, a emitância espectral é dada por:

$$S(\lambda) = 2\pi ckT\lambda^{-4} \tag{2.33}$$

onde $S(\lambda)$ é expressa em $W \cdot m^{-3}$; c é a velocidade da luz, h é a constante de Planck, k é a constante de Boltzman e π é temperatura.

Geralmente, em radiometria de micro-ondas, $S(\lambda)$ é expressa em termos de energia por unidade de frequência. A transformação para frequência é dada por:

$$v = \frac{c}{\lambda} -> dv - \frac{c}{\lambda^2} d\lambda \tag{2.34}$$

e

$$S(v)dv = S(\lambda)d(\lambda) -> S(v) = \frac{\lambda^2}{cS(\lambda)} \tag{2.35}$$

o que pode ser expresso por:

$$S(v) = \frac{2\pi kT}{\lambda^2} = \left(\frac{2\pi kT}{c^2}\right)v^2 \tag{2.36}$$

onde $S(v)$ é expresso em $W\ m^2\ Hz$.

Capítulo 2 — Princípios Físicos

A radiância termal $B(\theta,\nu)$ na faixa de micro-ondas é também conhecida por Brilho (*brightness*) e se relaciona com $S(\nu)$ através da Equação:

$$S(\nu) = \iint B(\theta,\nu)\cos\theta \text{ sen } d\theta d\phi \tag{2.37}$$

Se o brilho for independente de θ, a superfície é lambertiana e:

$$S(\nu) = \pi B(\nu) \tag{2.38}$$

e $B(\nu)$ (brilho da superfície) em W/m^2 Hz esferorradiano é dado por

$$B(\nu) = \frac{2kT}{\lambda^2} = \left(\frac{2kt}{E^2}\right)\nu^2 \tag{2.39}$$

A temperatura equivalente à potência detectada na faixa de micro-ondas pode ser determinada pela Equação:

$$t_{eq} = \frac{T}{4\pi} \int \varepsilon(\theta)g(\theta,\phi)d\Omega \tag{2.40}$$

onde:

$$\Omega_o = \frac{\lambda^2}{A} \text{ (ângulo sólido da antena)} \tag{2.41}$$

e

$$g(\theta,\phi) = \frac{4\pi A}{\lambda^2} \quad G(\theta,\phi) \quad \left(\begin{array}{c}\text{ganho da}\\\text{antena}\end{array}\right) \tag{2.42}$$

A temperatura medida por um receptor é, portanto, igual à temperatura da superfície multiplicada por um fator que depende da emissividade angular da superfície e do padrão da antena receptora do sinal.

A Temperatura de uma superfície natural pode ser expressa por:

$$Ti(\theta) = \rho i(\theta)Ts + \varepsilon i (\theta) Tg \tag{2.43}$$

onde Ts é a temperatura do céu e pode variar com θ e Tg é a temperatura do solo, e i indica a polarização da onda incidente;

Se a relação entre reflectividade e emissividade for expressa por $\varepsilon i = 1 - \rho I$, a Equação pode ser definida como:

$$Ti(\theta) = Tg + \varepsilon i(\theta)(Tg - Ts) \tag{2.44}$$

onde:

Ti(θ) é a temperatura da superfície;

Ts é a temperatura do céu;

Tg é a temperatura do solo;

ε i é a emissividade da superfície.

Para maiores informações consultar Elachi (1987).

2.4.2. Radiação Retroespalhada

Um aspecto importante quando se estuda a interação entre a radiação de micro-ondas refletida ou retroespalhada pela superfície terrestre é o de que esta radiação é produzida pelo próprio sensor, no caso, o RADAR. O termo RADAR é um acrônimo de RAdio Detection And Ranging (Detecção e Determinação de Distância por Ondas de Rádio). A radiação utilizada pelos sistemas RADAR possui comprimento de onda entre 1 mm e 1 metro, ou seja, comprimentos de onda geralmente na faixa dos sistemas de comunicação, daí o nome "Rádio". Como os sistemas de RADAR possuem sua própria fonte de radiação, na interação entre a energia incidente e a superfície terrestre temos que levar em conta os parâmetros do sistema de imageamento bem como as caracterísitcas da superfície.

Os RADARES registram "ecos", ou seja, ondas de REM refletida pela cena. A intensidade dos ecos que retornará para a antena de RADAR dependerá de algumas variáveis, dentre as quais a rugosidade da superfície é uma das mais importantes.

Qualquer interface separando dois meios com propriedades elétricas ou magnéticas distintas imporá mudanças na trajetória da radiação eletromagnética incidente. Se a superfície for perfeitamente plana, a onda incidente excitará os componentes dielétricos do meio de tal forma que serão formados dois campos de energia: 1) um campo formado pela onda refletida; 2) um campo formado pela onda transmitida. Se a interface for rugosa, a energia incidente será irradiada em todas as direções, formando um campo de radiação espalhada. A quantidade de energia espalhada em cada direção distinta da direção de reflexão especular depende da magnitude da rugosidade da superfície em relação ao comprimento de onda (Figura 2.23). No caso mais extremo, em que a rugosidade da superfície é muito maior do que o comprimento de onda, a energia será espalhada igualmente em todas as direções. No caso dos RADARES, o que é detectado pelo sensor é a energia retroespalhada em direção ao sensor. Esta energia é descrita pelo coeficiente de retroespalhamento da superfície. Esse coeficiente é definido como a razão entre a energia retroespalhada pela superfície e a energia retroespalhada por um alvo isotrópico (de igual espalhamento em todas as direções). O coeficiente de espalhamento é expresso em dB(decibéis) e é dado por:

$$\sigma = 10\log\left(\frac{P_s}{P_{ai}}\right) \tag{2.45}$$

onde:

σ = Coeficiente de espalhamento;
P_s = Potência retroespalhada pela superfície;
P_{ai} = Potência retroespalhada por um alvo isotrópico.

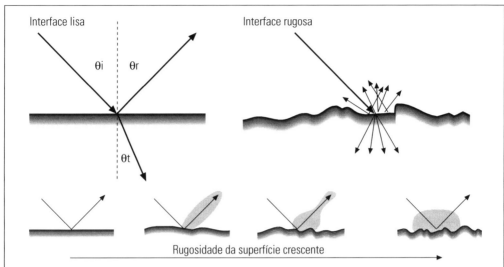

Figura 2.23 Interações da radiação de micro-ondas com superfícies de diferentes graus de rugosidade (Adaptado de Elachi, 1987).

2.4.2.1. Modelos de Espalhamento

A forma geométrica de pequena escala (também chamada rugosidade) de um objeto pode ser descrita estatisticamente pelo desvio padrão da diferença entre a rugosidade no ponto e a média da rugosidade da superfície do objeto se ela fosse lisa e pelo "comprimento de correlação" (*correlation length*) da superfície. O "comprimento da correlação" da superfície é a distância a partir da qual dois pontos são estatisticamente independentes. Matematicamente é a distância a partir da qual a função de autocorrelação se torna menor do que 1/e.

Uma superfície natural pode ser matematicamente descrita como séries de grandes facetas (vertentes), sobre as quais a rugosidade de pequena escala é superposta (Figura 2.24).

A maior parte dos modelos de espalhamento usa esse tipo de simplificação matemática para explicar a interação entre a onda e a superfície natural. É relativamente simples estimar o retroespalhamento derivado de um conjunto de facetas. A onda incidente induz um campo de radiação na superfície da faceta. Parte deste campo é refletida segundo a lei de Fresnel. Entretanto, devido ao tamanho limitado da faceta, o campo reirradiado assume um padrão similar ao padrão de uma antena de dimensões similares à da faceta. O modelo de facetas

Figura 2.24 Superfície natural rugosa, decomposta em facetas lisas e o componente rugoso superimposto (Adaptado de Elachi, 1987).

72   Sensoriamento Remoto

assume que o campo total que retorna à antena é dado pela soma dos campos de cada uma das facetas (Figura 2.24). Como na maioria dos casos encontrados na natureza a declividade média das superfícies está em torno de 30°, o modelo de facetas é aplicável somente a ângulos em que a incidência do pulso está próxima à vertical.

Para casos de ângulos grandes de incidência, o espalhamento é dominado pela rugosidade de pequena escala. Esse espalhamento é explicado por dois modelos: o modelo de espalhadores pontuais (*point scatter model*) e pelo modelo de Bragg.

No caso do modelo de espalhadores pontuais, a superfície é descrita como sendo composta por um conjunto de pontos independentes (ou pequenas esferas) que irradiam energia de modo isotrópico. Nesse modelo admite-se que os N espalhadores estão distribuídos de modo homogêneo sobre uma área unitária. Com base nesse modelo, o espalhamento da superfície pode ser expresso por:

$$\sigma(\theta) = N\sigma_0 \cos\theta \tag{2.46}$$

onde σ_0 é o espalhamento de um único ponto da superfície.

O termo $\cos\theta$ resulta do fato de que a superfície do objeto deve ser projetada na direção do pulso de micro-ondas nela incidente. Assim sendo, admitindo-se que os espalhadores irradiam segundo a lei do cosseno, o espalhamento pode ser então melhor expresso por:

$$\sigma(\theta) = N\sigma_0 \cos^2\theta \tag{2.47}$$

No caso do modelo de Bragg, uma superfície aleatória é dividida em seus componentes espectrais (espectro de variação espacial); o pressuposto é de que o retroespalhamento é devido principalmente ao componente que provoque o fenômeno de ressonância Bragg com a onda incidente (Figura 2.25). Esta condição ocorre quando:

$$\Lambda = \frac{n\lambda}{2 \operatorname{sen} \theta}, \quad n = 1, 2, 3 \dots \tag{2.48}$$

onde Λ é comprimento de onda de ocorrência de ressonância Bragg

O primeiro termo ($n = 1$) leva ao mais forte espalhamento. Admitindo-se que a perturbação da superfície h é relativamente pequena em relação ao comprimento de onda λ (o critério de Rayleigh requer que h < 1/8 $\cos\theta$), o retroespalhamento pode ser dado por:

$$\sigma_{tr} = 8k^4 h^2 \cos^4\theta \; |\alpha_{tr}| W \, (2k \operatorname{sen}\theta) \tag{2.49}$$

onde W(K) é a transformada de Fourrier da função de autocorrelação da superfície (ou seja, uma medida que traduz matematicamente a rugosidade da superfície) e α_{tr} um fator que depende da polarização da onda transmitida e recebida.

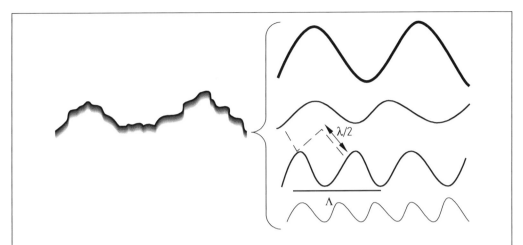

Figura 2.25 Superfície rugosa dividida em seus componentes espectrais derivados da aplicação de uma transformada de Fourrier. (Λ = comprimento de onda de ocorrência da ressonância Bragg) (Fonte: Elachi, 1987).

Em geral, o retroespalhamento de uma superfície natural pode ser descrito como a superposição do modelo das facetas com o modelo Bragg. O primeiro modelo predomina quando a onda incidente atinge a superfície quase verticalmente, enquanto o outro predomina em ângulos de incidência maiores (Figura 2.26).

2.4.2.2. Perdas por Absorção e por Espalhamento no Volume

Todos os materiais da superfície possuem uma propriedade conhecida por constante dielétrica que descreve o comportamento do material em presença do campo elétrico. A constante dielétrica pode ser descrita por:

$$\varepsilon = \varepsilon' + i\,\varepsilon'' \tag{2.50}$$

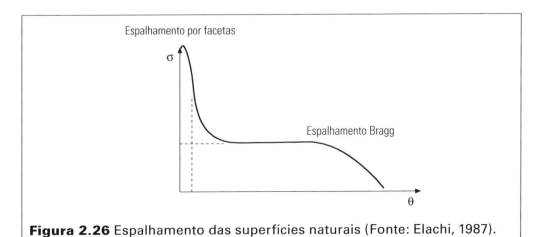

Figura 2.26 Espalhamento das superfícies naturais (Fonte: Elachi, 1987).

onde a parte imaginária ($i\varepsilon''$) corresponde à capacidade do meio de absorver a radiação incidente. Essa componente da constante dielétrica é conhecida por tangente de perda (*loss tangent*) que é dada por:

$$\tan \delta = \frac{\varepsilon''}{\varepsilon'} \tag{2.51}$$

Em geral um valor pequeno de $\tan\delta$ ($\tan\delta<<1$) indica uma baixa perda dielétrica. Um elevado valor de $\tan\delta$ indica que o material é um bom condutor de eletricidade. A tangente de perda afeta a profundidade de penetração (Lp) da radiação no material. A profundidade de penetração é definida como a profundidade na qual a potência da onda incidente decresce por um fator equivalente a e^{-1}, e pode ser descrita por:

$$Lp = \frac{\lambda}{2\pi}\sqrt{\varepsilon}\tan\delta \tag{2.52}$$

Um solo seco, por exemplo, tem um valor de ε' igual a 3, para uma $\tan\delta$ igual a 10^{-2}, o que resulta numa profundidade de penetração (Lp) de 9,2 λ. Isto significa que, mantidas as propriedades dos materiais, a profundidade de penetração da onda no meio dependerá do comprimento de onda, e quanto maior o comprimento de onda, maior sua profundidade de penetração.

Capítulo 3

Sistemas Sensores

3.1. Generalidades

Os sensores são os sistemas responsáveis pela conversão da energia proveniente dos objetos em um registro na forma de imagem ou gráfico que permita associar a distribuição da radiância, emitância, ou retroespalhamento com suas propriedades físicas, químicas, biológicas ou geométricas. No processo de conversão e registro dessa energia, esta se encontra sujeita a um conjunto de transformações radiométricas, geométricas e espaciais. Geralmente o sensor degrada o sinal de interesse, sendo necessário compreender a natureza dessas degradações para que se possa empregar algoritmos adequados às correções.

Os sistemas sensores podem ser classificados de diferentes maneiras. Quanto à fonte de energia, os sistemas sensores podem ser classificados em sensores passivos e sensores ativos.

Os sensores passivos são aqueles que detectam a radiação solar refletida ou a emitida pelos objetos da superfície. Dependem, portanto, de uma fonte de radiação externa para que possam gerar informação sobre os alvos de interesse.

76　　Sensoriamento Remoto

Os **sensores passivos** que detectam radiação refletida pelo Sol ou emitida pela Terra, e possuem espelhos, prismas lentes em sua configuração, são classificados de **sensores ópticos**. Existem, entretanto, sensores passivos que operam na região de micro-ondas, e utilizam-se de antenas parabólicas refletoras como componente básico para coletar a radiação e direcioná-las para os subsistemas de processamento e gravação. Esses sensores são conhecidos por **radiômetros de micro-ondas** (medidores de radiação de micro-ondas).

Os sensores ativos são aqueles que produzem sua própria radiação. Os radares e *lasers* são exemplos de sistemas ativos, uma vez que produzem a energia radiante que irá interagir com os objetos da superfície.

A Figura 3.1 apresenta as diferentes regiões do espectro com os nomes pelos quais são conhecidas, as fontes de radiação e os componentes básicos dos sensores utilizados para sua detecção.

A região entre 0,38 e 3,00 µm é chamada de **região de energia refletida** do espectro, porque a energia que os sensores detectam nessa região é basicamente originada da reflexão da energia solar pelos objetos da superfície. Atualmente, entretanto, já existem vários sensores que atuam nessa região produzindo sua própria energia, como é o caso dos sensores baseados em LASER (*Light Amplification by Stimulated Emission of Radiation*) que pemitem a amplificação da luz por emissão estimulada e sua utilização em sensores remotos. Esses sistemas já são bastante utilizados em plataformas aerotransportadas para o sensoriamento remoto da superfície terrestre, e mesmo a bordo de satélites para observação de propriedades da atmosfera.

O espectro de energia refletida divide-se ainda, em três sub-regiões: **visível**, **infravermelho próximo** e **infravermelho médio**. Entre 0,38 e 0,72 µm, o espectro recebe o nome de visível porque corresponde à região de sensibilidade do olho humano à radiação eletromagnética. Entre 0,72 µm e 1,3 µm, o espectro eletromagnético é conhecido como infravermelho próximo e, entre 1,3 µm e 3,0 µm, como infravermelho de ondas curtas. Notar que o limite dessas regiões não é rígido, e que pode variar de autor para autor, dependendo de sua origem. Como os diferentes campos do conhecimento evoluiram na primeira metade do século XX bastante isolados entre si, é comum que a nomenclatura (jargão) utilizada para descrever processos seja diferente. Os **sensores termais** operam 7 µm e 15 µm, que é uma região também conhecida por infravermelho distante.

Os **sensores de micro-ondas** diferem-se dos anteriores por operarem numa região do espectro caracterizada por ondas de comprimento longo, entre 1mm e 1 metro. Os sensores de micro-ondas existentes, entretanto, operam, geralmente, em canais localizados entre 1mm e 30 cm. Em relação aos sensores de micro-ondas, é interessante notar que os canais de operação dos sensores passivos ou ativos não imageadores (mais utilizados pela comunidade ligada aos estudos astronômicos e meteorológicos) são caracterizados pela frequência da radiação (Hz), enquanto que os canais ou bandas dos sensores ativos de micro-

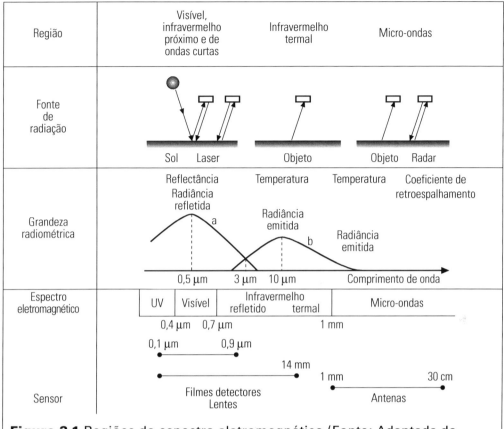

Figura 3.1 Regiões do espectro eletromagnético (Fonte: Adaptada de Swain e Davis, 1978; Schowengerdt, 1997).

ondas e imageadores (radares) são caracterizados pelo comprimento de onda dado em centímetros.

Didaticamente, os sistemas sensores podem ainda ser classificados como **imageadores** e **não imageadores**. A característica básica de um sistema imageador é a de que ele produz uma imagem bidimensional da radiância, emitância ou retroespalhamento do terreno e, portanto, é apto a produzir informações espaciais.

Os sensores não imageadores permitem medir a intensidade da energia proveniente de um objeto de estudo sem necessariamente produzir uma imagem do terreno. Os exemplos mais comuns de sensores não imageadores são as sondas atmosféricas, que permitem obter perfis verticais de sua composição, ou os altímetros, por exemplo, que permitem obter dados de altitude ao longo de um perfil da superfície.

Outro exemplo de sensores não imageadores seriam os espectrorradiômetros, cuja saída é em forma de gráficos com a distribuição da reflectância espectral do terreno, ou perfis com a reflectância espectral da superfície.

78 Sensoriamento Remoto

Os sistemas **sensores imageadores** fornecem como resultado uma imagem da superfície observada, ou seja, registram a variação espacial da energia eletromagnética resultante da interação com os objetos da superfície.

Os sistemas sensores imageadores podem ser ainda classificados em função do processo utilizado na formação da imagem. Os **sistemas de quadro** (*framing systems*) adquirem a imagem da cena em sua totalidade num mesmo instante. Nos **sistemas de varredura** (*scanning systems*), a imagem da cena é formada pela aquisição sequencial de imagens elementares do terreno ou "elementos de resolução", também chamados "*pixels*". Os sistemas de varredura podem ser mecânicos, ou seja, a imagem é formada pela oscilação de um espelho (ação mecânica do espelho) ao longo da direção perpendicular ao deslocamento da plataforma, ou eletrônica, a partir de uma matriz linear de detectores, cuja projeção no solo é uma linha formada por tantos *pixels* quantos forem os detectores. Esses sistemas são chamados também de sistemas de varredura eletrônica no plano do objeto, porque a "varredura" é feita pelo deslocamento da plataforma, que permite que a imagem do terreno seja construída linha a linha. Em inglês, esses sistemas são chamados de *pushbroom* por analogia ao processo de formação da imagem que produz efeito parecido ao de uma vassoura (*broom*) perpendicular à órbita (em que as cerdas seriam os detectores) sendo "empurrada" (*pushed*) ao longo da direção de deslocamento do satélite.

Antes de tratarmos dos diferentes tipos de sensores, é necessário definir operacionalmente alguns termos que serão utilizados na descrição desses sistemas.

Independentemente do tipo de sensor, ele é caracterizado por alguns elementos básicos, que indicam o que o usuário pode esperar dos dados por ele coletados. As características intrínsecas de um sistema sensor podem ser classificadas em: geométricas, espectrais e radiométricas. A Tabela 3.1 resume os principais elementos relevantes para definir o sensor em termos de cada uma destas características. As características geométricas vão definir a qualidade geométrica da imagem adquirida em termos de posição e forma dos objetos imageados em relação à sua posição e forma no terreno. As características radiométricas indicam a capacidade do sensor de discriminar objetos na cena em função das diferenças de energia que refletem ou emitem, e as características espectrais indicam as regiões do espectro eletromagnético em que o sensor opera, e com que rigor e detalhe ele recupera as propriedades espectrais dos objetos detectados.

Antes de tratarmos dos sensores, precisamos, portanto, entender como essas características se relacionam entre si, e como influem na escolha do sensor para uma dada aplicação. Para isso, temos que definir alguns conceitos básicos.

Tabela 3.1 Características básicas dos sensores	
Características geométricas	Campo de visada (FOV) — largura da faixa imageada
	Campo de visada instantâneo (IFOV) — resolução espacial
	Registro entre bandas
	Alinhamento
	Função de transferência de modulação (MTF)
	Distorção óptica
Características espectrais	Range de observação dentro do espectro eletromagnético
	Resolução espectral
	Sensibilidade à polarização
	Sensibilidade entre as bandas
Características radiométricas	Precisão de detecção do sinal (resolução radiométrica)
	Amplitude de variação do sinal detectado
	Nível de quantização do sinal
	Razão sinal/ruído
	Potência equivalente ao ruído

3.2. Conceitos Básicos

Independentemente do tipo de sensor, quando recebemos uma tabela com as especificações dos dados desse sensor, temos uma lista de características fornecidas pela agência fornecedora do dado. Dentre elas, destacam-se as resoluções espacial, espectral e radiométrica. Precisamos, portanto, ter bem sólidos esses conceitos.

3.2.1. Resolução Espacial

As minúcias que podem ser distinguidas em uma imagem dependem da **resolução espacial** do sensor, e representam a menor feição passível de detecção pelo instrumento em questão.

Nos sensores ópticos a resolução espacial depende do *campo de visada* do sensor (*Field of View*) e do *campo de visada instântaneo* do inglês Instantaneous Field of View (IFOV). A Figura 3.2 ilustra o conceito de FOV e IFOV e da importância desses elementos para suas características geométricas.

O IFOV é o ângulo de visibilidade instantânea do sensor e determina a área da superfície terrestre que é "vista" por ele. O tamanho da área vista no terreno é determinada pelo IFOV e pela distância do sensor à superfície imageada.

O IFOV pode ser utilizado para calcular a resolução espacial da imagem a partir da Equação 3.1:

$$D = H\beta \qquad (3.1)$$

onde:
D = diâmentro do elemento de amostragem no terreno (em metros);
H = altura da plataforma (em metros);
β = IFOV (em radianos).

O IFOV" por sua vez, pode ser obtido através da Equação(3.2):

$$\text{IFOV} = \frac{D}{f} \text{ radianos} \qquad (3.2)$$

onde:
D = dimensão do detector (metros);
f = distância focal do sistema óptico (metros).

A Figura 3.3 permite aprofundar o conceito de IFOV, para que possamos perceber a relação entre as propriedades do sensor e a resolução espacial na superfície.

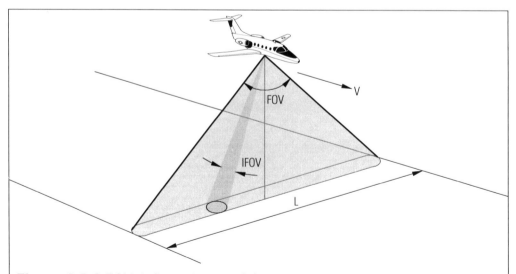

Figura 3.2 O FOV define a largura (L) da faixa imageada pelo sensor que se desloca na direção V. O IFOV define o campo de visada que projeta sobre a superfície a dimensão mínima detectada em cada posição da faixa imageada.

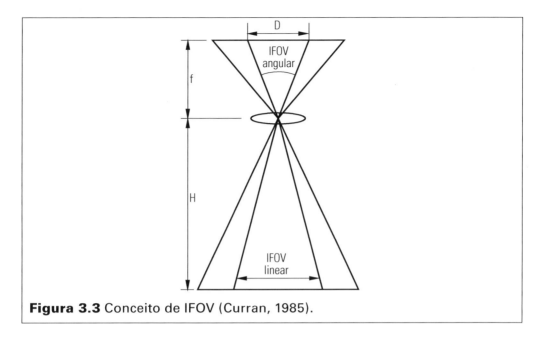

Figura 3.3 Conceito de IFOV (Curran, 1985).

Pelas equações 3.1 e 3.2, podemos verificar que a resolução espacial, ou seja a dimensão da menor área imageada no terreno depende da dimensão dos detectores (quanto menor o tamanho do detector, menor o IFOV). Mas a resolução espacial também depende da distância focal do sistema óptico do sensor, e nesse caso, quanto maior a distância focal, também, menor é o IFOV. Como a distância focal tem um impacto sobre a largura da faixa imageada, a configuração final de um sensor é sempre resultado de um balanço entre a resolução espacial e a largura da faixa imageada, a qual, por sua vez, afeta o custo unitário da informação a ser adquirida, e no caso dos satélites, a frequência de imageamento.

A dimensão linear do IFOV pode ser determinada pela Equação 3.3:

$$\text{IFOV} = \frac{HD}{f} \text{ metros} \qquad (3.3)$$

onde:
 D= dimensão do detector (metros);
 H= altura da plataforma (metros);
 f = distância focal (metros).

No terreno, a área vista pelo IFOV é chamada de **elemento de resolução do terreno**. Para um objeto homogêneo ser detectado na superfície terrestre, ele terá que ter dimensões iguais ou maiores do que as dimensões do elemento de resolução no terreno. Se o objeto for menor que esse tamanho, ele pode não ser detectado.

Entretanto, muitas vezes, feições menores do que o elemento de resolução são passíveis de detecção, se sua reflectância média for maior do que a dos objetos vizinhos. Mas também há casos em que dois objetos de dimensões equivalentes ou maiores do que o IFOV não são discriminados.

Segundo Showengerdt (1997) o fato é que os vários componentes de um sensor (lentes, espelhos, detectores, eletrônica) modificam as propriedades espaciais dos objetos da cena em pelo menos dois aspectos: 1) "borrando" (*blurring*) o limite entre alvos distintos; 2) distorcendo as propriedades geométricas dos alvos.

Um dos componentes importantes na definição da resolução final de um sensor é o **poder de resolução** (*resolving power*) do sistema óptico. O poder de resolução é um indicador da menor distância entre dois pontos de igual intensidade luminosa em que estes possam ser identificados como distintos. Dois objetos da superfície podem estar posicionados em dois IFOVs distintos e adjacentes, mas só serão resolvidos se a intensidade luminosa for distinta ou se o poder de resolução do sistema óptico for suficiente para discriminá-los como pontos distintos.

Teoricamente, se o sistema óptico não produzisse nenhuma alteração na radiação antes de focalizá-la sobre o detector, o IFOV seria igual ao poder de resolução. Entretanto, ao passar pelo sistema óptico, há o processo de difração, e com isso, o ponto imageado se apresentará borrado. A Figura 3.4 ilustra esse conceito. As imagens dos objetos **a** e **b** de igual intensidade luminosa, e separados por uma distância **d**, no terreno, ao passarem pelo sistema óptico do sensor, são percebidas como um único objeto. Para que pudessem ser discriminadas, como pontos distintos, a distância entre os objetos no terreno precisaria ser maior do que o poder de resolução do sensor.

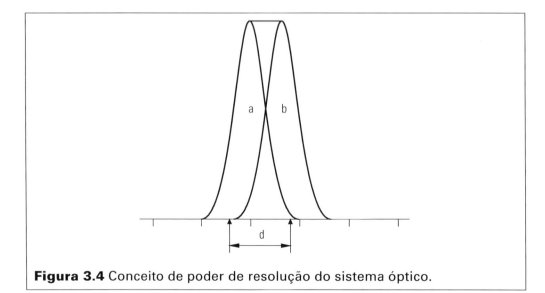

Figura 3.4 Conceito de poder de resolução do sistema óptico.

Figura 3.5 Resolução espacial X tamanho do *pixel*.

É importante distinguir entre o elemento de resolução no terreno e o tamanho do *pixel*. A grande maioria das imagens de sensores remotos é formada por matrizes de elementos de imagem (*picture element*) ou *pixels*. Os *pixels* das imagens são geralmente quadrados e representam certa área no terreno.

Se um sensor tem uma resolução espacial de 20 metros e uma porção da imagem é visualizada em resolução plena, o *pixel* (o elemento de imagem) e a resolução são termos equivalentes. Neste caso, o tamanho do *pixel* e a resolução espacial são os mesmos. Entretanto, é possível visualizar uma imagem com o tamanho do *pixel* maior do que a resolução espacial do sensor, se a imagem for reamostrada. Esse conceito pode ser melhor ilustrado pela Figura 3.5.

A mesma cena foi imageada com o sensor TM-Landsat. A cena da direita foi reamostrada para que os *pixels* originais fossem equivalentes a 100 m × 100 m. Assim, para recobrir a mesma área é necessário um menor número de *pixels*, o que faz com que a imagem reproduzida apresente menos detalhes.

As imagens que permitem a visualização de grandes objetos ou feições do terreno possuem baixa resolução espacial, ou seja o tamanho da área mínima detectada pelo sensor é grande. Imagens de alta resolução permitem detectar objetos de dimensões pequenas. A Figura 3.6 permite avaliar o impacto da resolução espacial no processo de reconhecimento de feições da superfície terrestre.

Como pode ser visto na Figura 3.6, com sensores de alta resolução espacial (menor do que 4 metros) é possível indentificar unidades habitacionais, prédios e veículos num setor urbano. Na medida em que a resolução espacial se torna mais baixa, com tamanho mínimo de 20 metros no terreno, pode-se identificar blocos de residência, grandes instalações urbanas, as vias e o traçado das ruas. Com resolução espacial de 30 m, é apenas possível reconhecer o arruamento, permitindo a identificação da mancha urbana.

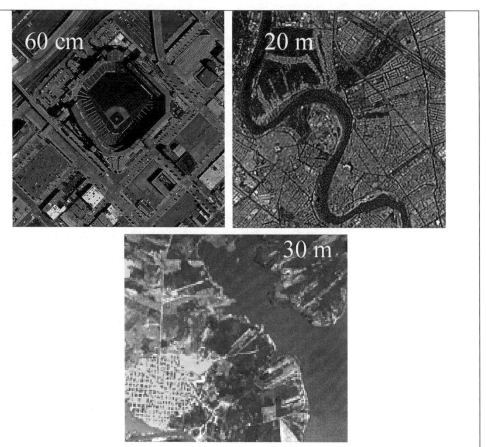

Figura 3.6 Efeito da resolução espacial do sensor sobre a identificação de feições da superfície.

3.2.2. Resolução Espectral

A resolução espectral é uma medida da largura das faixas espectrais e da sensibilidade do sistema sensor em distinguir entre dois níveis de intensidade do sinal de retorno (resolução radiométrica). Por exemplo, um sistema sensor que opera na faixa de 0,4 a 0,5 µm tem uma resolução espectral maior que um sensor que opera na faixa de 0,4 a 0,6 µ m. Este sensor será capaz de registrar pequenas variações no comportamento espectral em regiões mais estreitas do espectro eletromagnético.

A Figura 3.7 ilustra o conceito de Resolução espectral. Nela podemos observar o espectro de energia refletica por vários alvos ao longo da região compreendida entre 400 e 900 nm de comprimento de onda. Sobre esses espectros contínuos estão superpostas as bandas 1, 2 e 3 do sensor ETM (*Enhanced Thematic Mapper*) a bordo do satélite Landsat e as bandas H1 até Hn do sensor Hyperion a bordo do satélite EO-1 (cujas características serão tratadas oportu-

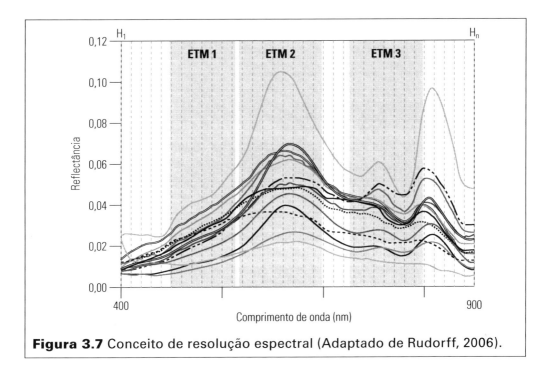

Figura 3.7 Conceito de resolução espectral (Adaptado de Rudorff, 2006).

namente). Pode-se verificar que as bandas do ETM incluem um grande número de comprimentos de onda em sua faixa de sensibilidade, enquanto as bandas do Hyperion incluem um número bem menor de comprimento de ondas. Isso significa que a resolução espectral do sensor Hyperion é mais fina, ou ele consegue detectar variações mais sutis da reflectância dos alvos ao longo do espectro, enquanto o sensor ETM$^+$ integra as informações espectrais em amplas bandas, tendo portanto uma pior resolução espectral.

A consequência do desenvolvimento de sensores com melhor resolução espectral é poder aumentar o número de bandas disponíveis para a análise das interações entre a radiação eletromagnética e os materiais que compõem a superfície terrestre.

3.2.3. Resolução Radiométrica

A resolução radiométrica de um sensor descreve sua habilidade de distinguir variações no nível de energia refletida, emitida ou retroespalhada que deixa a superfície do alvo. Esta energia apresenta diferenças de intensidade contínuas, as quais precisam ser detectadas, registradas e reproduzidas pelo sensor.

Quanto maior for a capacidade do sensor de distinguir diferenças de intensidade do sinal, maior será sua resolução radiométrica. A Figura 3.8 ilustra o conceito de resolução radiométrica. Pode-se observar que a diferença de in-

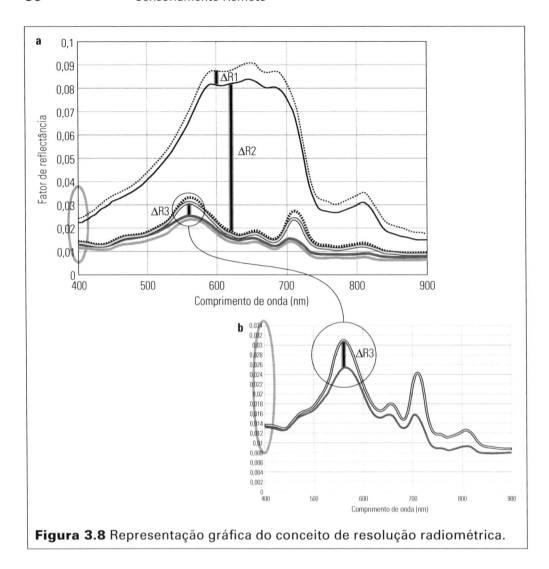

Figura 3.8 Representação gráfica do conceito de resolução radiométrica.

tensidade de energia refletida entre os objetos ΔR1, ΔR2 é muito maior que em ΔR3. A escala de representação adotada no gráfico torna difícil "resolver" as curvas de reflectância representadas pela linha filetada e pela linha cheia no gráfico a. Com a mudança de escala de representação no eixo Y do gráfico b, pode-se verificar que a intensidade refletida pelos objetos representados pelas linhas filetadas e cheias podem ser mais bem "resolvida" ou distinguida. A resolução radiométrica portanto descreve a capacidade de um sensor de discriminar diferenças entre intensidades de sinais provenientes dos alvos detectados. Quanto menor a diferença entre sinais detectados, maior a resolução radiométrica de um sensor.

Para uma análise mais profunda desses tópicos consultar Fonseca (1988), Schowengerdt (1997) e Boggione (2003).

3.3. Sensores Não imageadores

Os sensores não imageadores se caracterizam por não serem configurados para fornecer uma imagem bidimensional do terreno. Dentre os sensores não imageadores podem se destacar os espectrorradiômetros, os altímetros a *laser*, os radares altímetros, os escaterômetros e as sondas.

No caso dos espectrorradiômetros, o sensor privilegia a informação espectral, permitindo que se adquira a energia refletida em cada comprimento de onda ao longo de um espectro contínuo.

Outro tipo de sensor não imageador de grande importância são os altímetros. Um altímetro é um instrumento que permite obter medidas sobre a altura da superfície.

Os radares altímetros consistem em um sistema em que um pulso de micro-ondas é enviado à superfície terrestre. Esse pulso ao incidir sobre a superfície retorna ao sensor e é registrado. Nesse processo, o sistema calcula o tempo despendido entre o envio e o retorno do pulso. Esse tempo, multiplicado pela velocidade da luz (que é constante), fornece a informação da distância existente entre a plataforma em que se encontra o sensor e a superfície imageada. O princípio é o mesmo para os sensores de altimetria a *laser*. Nesse caso, ao invés de ser utilizada radiação na faixa de micro-ondas, é utilizada a radiação na faixa do visível.

Esses sensores permitem que sejam obtidas informações da altitude ao longo da faixa de imageamento, em pontos sucessivos. Essas medidas de altura podem posteriormente ser interpoladas para se obter uma imagem tridimensional do terreno.

Um exemplo de configuração de radar altímetro é aquele oferecido pelo RA-2, a bordo do satélite europeu ENVISAT. Na Figura **3.9 a**, pode-se ver a região do espectro em que ele opera e na Figura **3.9 b**, a configuração de sua antena.

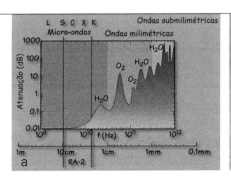

Figura 3.9 Sistema RA-2 a bordo do satélite ENVISAT. a) região do espectro de micro-ondas em que opera o radar altímetro; b) configuração básica da antena de transmissão e recepção de um sistema radar altímetro (Fonte: adaptado de <http://envisat.esa.int/object/index.cfm?fobjectid=3774&contentid=3793>, 16/06/2007.

O RA2 é um radar altímetro que transmite pulsos em frequência modulada. A modulação de frequência permite que um pulso breve de energia seja transmistido num intervalo de tempo maior. Os pulsos são transmitidos em duas frequências (Ku e S) antes de serem enviados para as antenas, eles são amplificados (Figura 3.9a). Como o radar altímetro opera com duas frequências, a antena parabólica (Figura 3.9b) que transmite o pulso é uma antena de transmissão de frequência dupla (*dual frequency antenna*).

O eco (sinal de retorno do radar) é composto por um grande conjunto de réplicas do sinal transmitido, resultante da reflexão do pulso incidente pela superfície. O processamento do sinal de retorno permite que o eco seja analisado tanto no domínio do tempo quanto da frequência. O processamento do sinal é feito de tal forma que é possível adaptar a resolução altimétrica do sensor à amplitude de variação de altitude da superfície.

Outros sensores não imageadores que operam na faixa de micro-ondas são os escaterômetros (*scatterometers*) ou difosômetros. Os escaterômetros são construídos em várias configurações em função da direção de iluminação do feixe da antena (visada lateral, frontal ou inclinado) ou do formato do campo iluminado (circular ou oval). A Figura 3.10 ilustra a configuração básica de um escaterômetro.

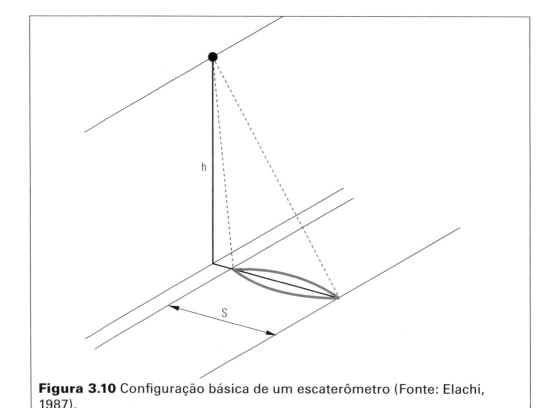

Figura 3.10 Configuração básica de um escaterômetro (Fonte: Elachi, 1987).

Os escaterômetros são configurados para determinar o coeficiente de retroespalhamento da superfície. A aplicação principal dos escaterômetros a bordo de satélites é a obtenção de informações sobre os campos de ventos dos oceanos a partir do uso de modelos geofísicos que relacionam a velocidade do vento ao coeficiente de retroespalhamento da superfície.

Como se observa na Figura 3.10, o escaterômetro de visada lateral permite adquirir informações numa faixa de largura S. Para que os sinais provenientes dos diferentes pontos do terreno sejam separados,utiliza-se o chamado efeito *doppler*. O efeito *doppler* permite diferenciar alvos a partir da detecção de mundanças (shifts) na frequência da onda refletida. Filtros *doppler* são utilizados para dividir eletronicamente a área recoberta pela antena em células de resolução de 50 km para largura de faixa (S) de até 750 km, com ângulos de incidência variando entre 25 e 65 graus da vertical.

3.4. Sensores Imageadores

O que distingue os sensores não imageadores dos sensores imageadores é que esses últimos permitem que seja gerada uma imagem bidimensional e, em alguns casos, tridimensional da superfície imageada. Nos demais aspectos, pode-se dizer que todos os sensores, independentemente da região do espectro em que operem, são compostos por um subsistema de colimação da energia proveniente da superfície (lentes, antenas), um subsistema de detecção e registro dessa energia, e um subsistema de processamento do sinal detectado, para transformá-lo em dado passível de ser transmitido, gravado ou transformado em produto passível de análise.

Os sistemas sensores imageadores podem ser melhor compreendidos através de sua analogia com o sistema visual humano, analogia esta sugerida por Slater (1980). Segundo esse autor, o olho humano desempenha um papel muito importante na atividade de sensoriamento remoto, não só por sua semelhança com os sistemas sensores desenvolvidos a partir de analogias com a visão humana, mas também pelo fato de que toda a análise das imagens de sensoriamento remoto e todas as atividades de extração de informações dessas imagens repousam no processo de interpretação de cores, padrões e texturas.

Segundo Slater (1980), os olhos são o derradeiro sensor pelo o qual os demais são calibrados. Existem grandes semelhanças entre o olho humano, os sensores em geral, e a câmara fotográfica em particular. Embora as câmaras fotográficas sejam hoje sensores ultrapassados pelas novas tecnologias, elas ainda representam um modelo bastante útil de sensor. A analogia entre a câmara fotográfica e o olho humano pode ser observada na Figura 3.11. Em ambos os sistemas, os raios luminosos são refratados e focalizados através de sistemas de lentes sobre uma superfície sensível. Na câmara fotográfica, esta superfície sensível é a película fotográfica. No olho humano, esta superfície sensível é a retina.

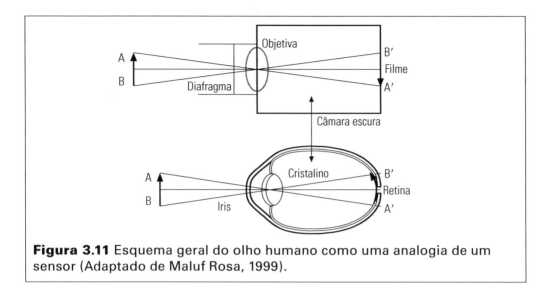

Figura 3.11 Esquema geral do olho humano como uma analogia de um sensor (Adaptado de Maluf Rosa, 1999).

O meio refringente na câmara fotográfica são as lentes; nos sensores de varredura, são lentes e espelhos; e no olho humano, é o cristalino, a córnea e, em menor grau, o humor aquoso e o humor vítreo.

Como pode ser observado na Figura 3.11, a imagem de um objeto sofre uma inversão ao atingir a película. O mesmo ocorre com a imagem retiniana. É o processamento no cérebro que determina o reposicionamento da imagem. Da mesma forma, para que a imagem formada sobre a película fotográfica corresponda à imagem real, o filme é submetido a processamento fotográfico.

Para que as medidas radiométricas feitas por sensores que operam em faixas do espectro não visível (termal e micro-onda) possam ser visualizadas, elas necessitam ser processadas de modo que a intensidade de radiação de cada ponto imageado module uma fonte de radiação visível. É assim que podemos "ver" uma composição colorida de radiação, à qual o olho humano não é sensível.

3.4.1. Sistemas Fotográficos

Os sensores fotográficos foram inicialmente desenvolvidos para vigilância e reconhecimento de locais de difícil acesso (locais remotos). Pouco a pouco, seu uso foi sendo focalizado em aplicações cartográficas, que passaram a exigir o desenvolvimento de imagens com alta qualidade geométrica. Com isso, os sensores fotográficos podem ser classificados como **câmaras métricas**, que empregam sistemas ópticos com baixa distorção geométrica (distorção radial menor que 10 µm) localizados em posição fixa em relação ao plano do filme, e **câmaras de reconhecimento,** cujo sistema óptico é mais simples, porque sua aplicação não é cartográfica.

Outro componente fundamental dos sistemas fotográficos são os filmes, que funcionam como detectores. Historicamente, os sistemas fotográficos foram utilizados com uma grande variedade de tipos de filmes, definidos em função da aplicação das fotografias a serem obtidas. Os filmes fotográficos podem ser, didaticamente, classificados em:

Pancromáticos: a maior parte das fotografias aéreas para aplicação cartográfica e com recobrimento estereoscópico é obtida com filmes pancromáticos, ou seja, sensíveis a uma ampla faixa de radiação que se estende do visível ao infravermelho, e permitindo a produção de fotografias preto e branco de alta resolução espacial.

Coloridos: estes filmes são usados muitas vezes em missões de inteligência em câmaras de reconhecimento com o objetivo de identificar objetos da superfície.

Infravermelho preto e branco: este filme é sensível à radiação infravermelha e foi usado pela primeira vez para o reconhecimento de camuflagem.

Infravermelho colorido: este filme é sensível à radiação visível e infravermelha, produzindo fotografias em que a vegetação aparece com a cor vermelha e a camuflagem em verde.

Tendo em vista que os sistemas fotográficos são abordados com detalhe, em manuais de aerofotogrametria, com ampla documentação na língua portuguesa (Garcia, 1982; Marquetti e Garcia, 1977), e que muitas de suas aplicações estão sendo feitas a partir de dados gerados por sensores não fotográficos de alta resolução com menor custo e tempo (Machado e Silva *et al.*, 2003; Ramirez *et al.*, 2003; Souza, 2003; Pinho, 2005; Batista e Bortoluzzi, 2007; Canavesi e Kirchner, 2005), eles não serão tratados no contexto. Para os interessados em conhecer um pouco mais sobre o processo de formação de cores em sistemas fotográficos consultar Slater (1983).

3.5. Sistemas de Imageamento Eletro-óptico

A principal diferença entre os sistemas fotográficos e os sistemas imageadores eletro-ópticos reside no fato de que estes podem produzir um sinal elétrico, o qual pode ser gravado e transmitido a estações remotas.

Enquanto os sensores fotográficos possuem um detector fotoquímico (o filme) não reutilizável uma vez que se forme a imagem, os sensores imageadores eletro-ópticos possuem detectores capazes de transformar a radiação eletromagnética em um sinal elétrico, e portanto, registrar "infinitas" imagens sucessivamente.

Se for abstraída a diferença entre os tipos de detectores, os sistemas imageadores eletro-ópticos possuem basicamente os mesmos componentes de um sistema fotográfico, ou seja, um sistema coletor de energia composto por lentes e espelhos, cuja principal função é concentrar a radiação proveniente do objeto sobre um detector.

Independentemente do tipo (se sensor fotográfico, imageadores eletro-ópticos, ou radares imageadores), eles possuem as mesmas características básicas: a resolução espacial, a resolução espectral e a resolução radiométrica.

Todo sistema de imageamento eletro-óptico tem dois componentes básicos: o sistema óptico e o detector. O sistema óptico tem função de focalizar a energia proveniente da cena sobre o detector. O sinal elétrico produzido pelo detector é então processado e cada nível de radiância é alocado a um conjunto de coordenadas espaciais, de modo a gerar uma imagem do terrreno.

Apesar destas semelhanças, os sensores de imageamento eletro-ópticos podem ser classificados em três grandes grupos quanto ao processo de formação de imagens: sistemas de imageamento de quadro ou *frame system*; sistemas de varredura eletrônica e sistemas de varredura mecânica.

a) Sistemas de Imageamento de Quadro

Nesse sistema, um subsistema óptico grande-angular adquire uma imagem instantânea de uma área da superfície, a qual é projetada sobre um arranjo de detectores, ou sobre um tubo fotossensível com um sistema de varreduda por feixe de elétrons.

Esses sistemas de imageamento foram levados a bordo das primeiras missões dos satélites da série Landsat, e ficaram conhecidos pelo nome de câmaras RBV (Return Beam Vidicon) muito semelhantes às antigas câmaras de televisão. Um sistema vidicon nada mais é do que um tubo das antigas câmaras de vídeo compostas por uma superfície fotossensível e que operavam de tal forma que a imagem era formada por um padrão de densidade de cargas sobre a superfície fotocondutiva, a qual era varrida por um feixe de elétrons. A flutuação de voltagem era então amplificada e usada para reproduzir a cena imageada. Esse conjunto é colocado imediatamente atrás de um sistema óptico formado por lentes grande-angulares. Isso significa que a imagem total de uma cena é formada no plano do sistema óptico, sendo posteriormente amostrada por um feixe de elétrons que percorre linha a linha toda a imagem, transformando-a em sinal eletrônico que é gravado de modo sincronizado com o deslocamento da plataforma ou satélite, registrando uma faixa contínua do terreno.

Como a imagem da cena é coletada de forma instantânea, a imagem produzida é menos sujeita a oscilações da plataforma de aquisição de dados. A Figura 3.12 apresenta de forma esquemática a estrutura de um sistema de imageamento plano-imagem.

A aquisição de imagens multiespectrais a partir desses sistemas de imageamento é semelhante à dos sistemas fotográficos. Utilizam-se sistemas de lentes

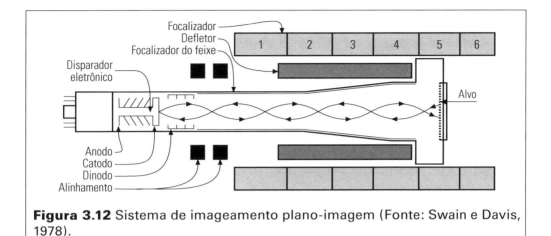

Figura 3.12 Sistema de imageamento plano-imagem (Fonte: Swain e Davis, 1978).

múltiplas com tubos fotossensíveis individualizados para cada faixa espectral (Figura 3.13). Como a superfície fotossensível não discrimina a radiação espectral, na entrada de cada sistema óptico coloca-se um filtro com curva espectral que permita a passagem de radiação em determinados comprimentos de onda. Esse fato representou uma limitação para que essa tecnologia avançasse na direção de sistemas com melhor resolução espacial, espectral e radiométrica. Assim sendo, já na década de 1970 esses sistemas passaram a ser subistituídos por sistemas de varredura mecânica.

Mais informações sobre esses sistemas podem ser encontradas em Slater (1980) e Norwood e Lansing Jr. (1983).

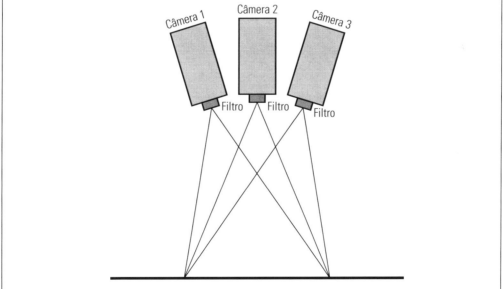

Figura 3.13 Esquema de aquisição de dados multiespectrais nos sistemas de imageamento plano-imagem (Fonte: Swain e Davis, 1978).

b) Sistemas de Varredura Mecânica

A Figura 3.14 representa, de forma esquemática, um sistema de varredura mecânica. Este sistema é formado por um telescópio, em cuja abertura encontra-se um espelho plano, que oscila perpendicularmente ao deslocamento da plataforma. Através deste movimento oscilatório, a cena é imageada linha por linha. Esse sistema foi utilizado pelos sensores MSS e TM a bordo dos satélites da série Landsat, mas representa uma tecnologia já superada, e que já foi substituída por sistemas de varredura eletrônica nas cargas úteis levadas a bordo das missões mais recentes de sensoriamento remoto da superfície terrestre.

Os espelhos para varredura mecânica podem ser também colocados no interior do sistema óptico e, por, isso são conhecidos por sistemas de varredura quase no plano da imagem (*near-image plane*). Este nome é dado, porque o espelho que executa a varredura posiciona-se na parte anterior do plano da imagem.

O sistema óptico deve focalizar toda a cena imageada de forma simultânea, o que cria a necessidade de serem utilizadas lentes grande-angulares. Isto faz com que este sistema fosse apenas recomendável para aplicações com requisitos de boa resolução espacial em pequenas porções do terreno.

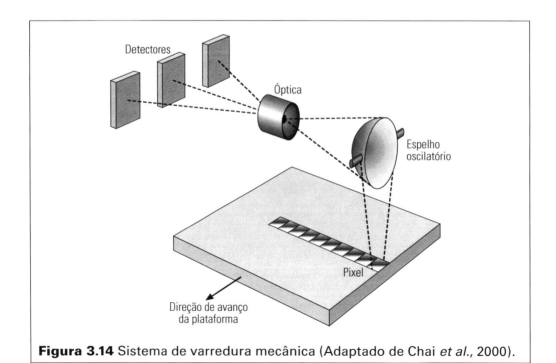

Figura 3.14 Sistema de varredura mecânica (Adaptado de Chai *et al.*, 2000).

c) Sistemas de Varredura Eletrônica

Este tipo de sensor utiliza um sistema óptico grande-angular, através do qual a cena é imageada em sua totalidade através de um arranjo linear de detectores. Esses detectores são do tipo CCD (*charge-coupled detector*).

Um CCD nada mais é do que um *chip* de metal semicondutor que, ao detectar a radiação, produz uma carga proporcional ao número de fótons recebidos. Cada *chip* tem dimensões de décimos de micrômetro e é feito de material sensível à radiação tal como o silício. Normalmente esses *chips* são montados em matrizes lineares ou bidimensionais. Se uma matriz linear de 2.000 *chips* ou 2.000 detectores for colocada na saída de uma lente, cada detector receberá radiação de uma pequena parte da cena.

Cada *chip*, da matriz linear de detectores corresponde a um *pixel* o qual define a resolução espacial do sensor. Essa resolução depende da dimensão do *chip* (*detector*) e da altura do sensor em relação à superfície imageada. Após um certo tempo de integração sobre a cena, todos os *chips* da matriz descarregam sequencialmente suas cargas em um sistema de gravação, e são zerados para receber a radiação de outra região do terreno, na medida em que a plataforma se desloca. A esse processo de formação da imagem em que uma linha é registrada após a outra pelo avanço da matriz linear de detectores pelo movimento da plataforma ao longo de sua trajetória dá-se o nome de *pushbroom*, porque é semelhante a uma vassoura que empurrada vai cobrindo a superfície. A Figura 3.15 representa, de forma esquemática, a estrutura de um sistema de varredura eletrônica.

O lapso de tempo entre duas linhas sucessivas é igual ao tempo que a plataforma leva para deslocar-se na distância subentendida pelo ângulo instantâneo de visada. Este aspecto faz com que, nos sistemas de varredura eletrônica, o tempo de integração do sinal seja diferente de um sistema de varredura mecânica. Num sistema de varredura eletrônica, como cada ponto do terreno é imageado instantaneamente por um detector da barra de detectores, o tempo de integração do sinal é muito maior, com isso, o sinal detectado torna-se mais intenso, melhorando a qualidade final da imagem do terreno.

Um sensor que usa detectores CCD pode registrar informações em várias regiões do espectro eletromagnético usando várias matrizes lineares de detectores, cada uma dedicada a uma banda espectral.

Os sistemas de varredura eletrônica começaram a ser utilizados a partir de 1980 nas cargas úteis dos satélites da série SPOT e rapidamente foram aperfeiçoados com a construção de arranjos com número crescente de detectores, o que permitiu a melhoria contínua da resolução espacial, espectral e radiométrica das imagens adquiridas sobre a superfície terrestre. A Tabela 3.2 permite comparar os vários tipos de sistemas de imageamento utilizados para o registro de radiação na região do espectro visível e infravermelho.

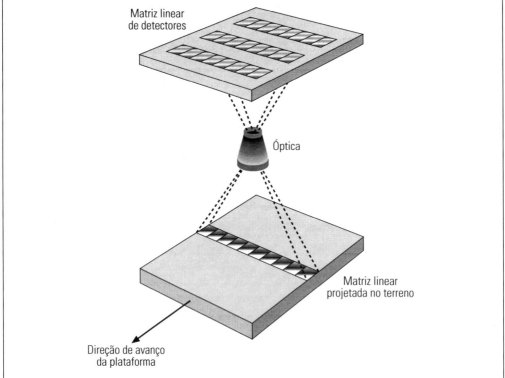

Figura 3.15 Esquema de um sistema de varredura eletrônica (Adaptado de Chai *et al.*, 2000).

A evolução da tecnologia de sensoriamento remoto ao longo dos últimos trinta anos permitiu o desenvolvimento de sistemas sensores muito mais sofisticados, abrindo espaço para novas classificações de sensores em função: 1) do número de bandas; 2) do número de ângulos de visada; 3) da resolução espacial; 4) do tipo de polarização da radiação.

Tabela 3.2 Comparação entre os diferentes sistemas de imageamento na região óptica do espectro eletromagnético

Tipo	Vantagem	Desvantagem	Observação
Câmaras fotográficas	Recobrimento de grande área geográfica por cena adquirida. Elevada densidade de informação. Elevada precisão cartográfica.	Informação não transmitida telemetricamente. Qualidade da imagem dependente do processamento do filme e sujeita a perda ou dano irrecuperável em caso de falha.	As câmara fotográficas foram substituídas pelas câmara digitais. Os programas de sensoriamento remoto baseados em sistemas fotográficos foram descontinuados.
Sistemas de varredura de quadro	Sensibilidade a um amplo range de comprimentos de onda. Fornecimento de dados em formato digital. Boa fidelidade geométrica da cena imageada, devido a sua aquisição instantânea e posterior varredura.	Dificuldade de construção de grandes matrizes sensíveis. Dificuldade de produzir filtros de radiação para a decomposição do sinal em estreitas faixas de comprimento de onda.	Sistemas de varredura de quadro (Vidicon) foram descontinuados na década de 1980, quando os sistemas de varredura mecânica se mostraram mais adequados à geração de imagens em várias bandas espectrais simultaneamente.
Sistemas de varredura eletrônica	Maior tempo de integração para cada detector. Maior fidelidade na geometria ao longo da linha de varredura.	Necessidade de um sistema óptico de grande campo de visada.	A necessidade de um sistema óptico de amplo campo de visada implica em maior complexidade na construção da câmara com aumento dos requisitos de tamanho e potência das plataformas de suporte aos sensores.
Sistema de varredura mecânica	Detectores simples. Subsistema óptico com pequeno campo de visada. Capacidade de varredura de faixas mais amplas. Fácil utilização com múltiplos comprimentos de onda.	Pequeno tempo de integração do sinal proveniente de um ponto da cena. Partes móveis, sujeitas a desgaste mecânico. Menor fidelidade geométrica devido a variações da plataforma ao longo da linha de varredura.	Os sistemas de varredura mecânica foram usados amplamente em todo o programa Landsat, e foram responsáveis pela aquisição de um volume imenso de imagens do planeta Terra ao longo de 3 décadas. O sistema ainda encontra-se em operação de forma mais ou menos precária nos satélites da série Landsat e seus dados, apesar da degradação que vêm sofrendo, ainda são usados para várias aplicações.

3.5.1. Sensores Multiespectrais

Os primeiros avanços na concepção dos sensores foi no sentido de permitir que eles pudessem registrar o sinal proveniente de regiões distintas do espectro simultaneamente. Os primeiros sensores fotográficos eram pancromáticos, no sentido de que toda a energia proveniente do alvo era integrada em todos os comprimentos de onda de sensibilidade do filme. Com isso, informações específicas sobre as interações de um objeto com um determinado comprimento de onda da radiação incidente eram perdidas. Foi daí que surgiu a ideia de se obter imagens simultâneas de uma mesma cena, em várias regiões do espectro, e isso deu origem aos sensores multiespectrais.

A maior parte dos programas operacionais e mesmo experimentais de sensoriamento remoto usa sensores multiespectrais baseados no princípio da varredura eletro-óptica apesar de o programa espacial soviético ter persistido por mais tempo com o desenvolvimento de sistemas sensores fotográficos orbitais.

Os sensores multiespectrais hoje disponíveis representam avanços em relação ao primeiro sensor MSS (*Multi-Spectral-Scanners* — sistemas de varredura multiespectral) desenvolvido pela Hugues Santa Barbara Research Center (Califórnia) e testado em 1970 na região do parque nacional de Yosemite. A Figura 3.16 ilustra os componentes básicos de um sistema de varredura multiespectral.

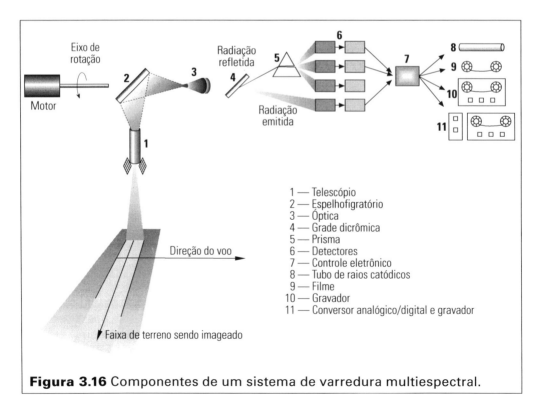

Figura 3.16 Componentes de um sistema de varredura multiespectral.

O sistema MSS permitia que a superfície da terra fosse "varrida" por um espelho plano giratório montado em uma haste conectada a um segundo espelho que oscilava em relação ao eixo óptico primário sem sofrer vibrações. A imagem formada em cada posição instantânea pelo conjunto de espelhos oscilatórios era focalizada em sistema de difração que permitia que a radiação proveniente do alvo fosse decomposta em vários comprimentos de onda antes de incidir sobre uma matriz de detectores. Esse sistema foi levado a bordo de todos os satélites da série Landsat, sendo aperfeiçoado na concepção do sensor Thematic Mapper (TM) que permitiu melhorar suas características de resolução radiométrica, espectral e espacial em relação ao sensor MSS. Maiores informações sobre esses sensores serão dadas oportunamente.

A maior parte dos programas espaciais em operação e planejados para esta década tem como sensor básico os sistemas de imageamento multiespectral, com bandas no visível (VIS) e infravermelho próximo (NIR), infravermelho de ondas curtas (MWIR) e infravermelho termal (TIR), conforme pode ser visto na Tabela 3.3. Os sensores multiespectrais são sistemas que podem ser utilizados operacionalmente para um grande número de aplicações que necessitem de informações espaciais. Para maiores informações sobre os sensores a bordo dos satélites dessas missões, consultar PREVIEW project — FP6 http://www.space-risks.com/SpaceData/.

Sensoriamento Remoto

Tabela 3.3 Programas espaciais em operação e previstas para a década de 2010

Programas Espaciais	VIS	NIR	MWIR	TIR
ALOS	x	x		
CBERS	x	x		
DMC ALSAT	x	x		
ENVISAT				
EO 1	x	x	x	
EROS A	x	x		
FORMOSAT	x	x		
GEOEYE	x	x		
HJ	x	x		
IKONOS	x	x		
IRS	x	x	x	
KOMPSAT	x	x		
LANDSAT	x	x	x	x
METOP	x		x	x
NOAA	x		x	x
ORBVIEW	x	x		
PLEIADES	x	x		
QUICKBIRD	x	x		
RAPIDEYE	x	x		
SAC	x	x		
SPOT	x	x		
TERRA	x	x	x	x
THEOS	x	x		
TOPSAT	x			

(Fonte: http://www.space-risks.com/SpaceData/, consultado em 20/06/2007)

3.5.2. Sensores Hiperespectrais

Os sensores hiperespectrais são sensores que permitem a aquisição de espectros contínuos para cada *pixel* da imagem. Eles começaram a ser desenvolvidos a partir de 1980 pela National Aeronautics and Space Administration.

A definição do que seja um sensor hiperespectral não é muito precisa. Alguns autores consideram que todo sensor que permita a aquisição de medidas em pelo menos 100 bandas contíguas, na região compreendida entre o visível e infravermelho, é um sensor hiperespectral. Por esse critério, apenas alguns sistemas como o AVIRIS (*Visible/Infrared Imaging Spectrometer* — Espectrômetro Imageador no Visível e Infravermelho Aerotransportado); o CASI (*Compact Airborne Spectrographic Imager* — Imageador espectrográfico compacto aerotransportável); o Hymap (*Hymap Airborne Hyperspecctral Scanner* — Varredor hiperespectral aerotransportado); o PHI (*Pushbroom Hyperspectral Imager* — Imageador Hyperspectral de Varredura Eletrônica); o Hyperion, a bordo do satélite EO-1, lançado pela NASA em 2002, e o CHRIS (*Compact High Resolution Imaging Spectrometer* — Espectrômetro Imageador Compacto de Alta Resolução), a bordo do satélite experimental PROBA, lançado pela ESA em 2001, podem ser considerados sensores hiperespectrais (Barmsley *et al.*, 2004).

As características desses sistemas podem ser observadas na Tabela 3.4 Nessa tabela, não se encontram incluídos os sistemas mais antigos ou protótipos como o sensor HIRIS (*High Resolution Imaging* – Imageador de Alta Resolução), cuja utilização foi descontinuada em decorrência das inovações tecnológicas introduzidas no campo.

Tabela 3.4. Características técnicas de sensores hiperespectrais operacionais, com mais de 100 bandas espectrais contíguas

Nome	Região espectral (mm)	Número de bandas	Resolução espectral (nm)	Origem	Data inicial de operação
AVIRIS	0,38 — 2,50	224	10	JPL, USA	1987
CASI	0,40 — 1,00	288	2,9	ITRES Research, CA	1989
PHI	0,40 — 1,00	244	5	Shangai Int. Technology, China	1997
Hymap	0,45 — 2,48	126	13 a 17	Integrated Spectronics, Austrália	1997
Hyperion	0,40 — 2,50	220	10	TRW Inc, USA	2000
CHRIS		200		ESA, Europa	2001

(Fonte: Adaptado de Rollim *et al.*, 2002; Krame, 1994)

Outros autores têm uma definição menos restritiva (Moreira *et al.*, 2007), e consideram como sistemas hiperepsctrais aqueles que são caracterizados por um número suficiente de bandas espectrais estreitas que permita uma boa amostragem do espectro. Segundo esse critério, poderiam ser considerados como sensores hiperespectrais vários outros sensores. Aqui adotamos o conceito mais restrito de sensores hiperespectrais.

O componente fundamental de um sensor hiperespectral ou espectrômetro imageador é o sistema de dispersão da radiação eletromagnética que permite decompô-la em pequenos intervalos de comprimento de onda, para que cada intervalo possa incidir sobre uma matriz de detectores.

O sistema mais simples de difração é o prisma. Nos sensores hiperespectrais são utilizadas grades de difração que dispersam luz de acordo com diferentes mecanismos.

Essas grades são construídas em metal ou vidro, na forma de sulcos paralelos, estreitos e finamente espaçados (cerca de 6.000 sulcos por cm), de tal modo que o espaçamento entre um par de sulcos seja aproximadamente equivalente aos comprimentos de onda do visível e do infravermelho. Cada linha da grade, ao ser irradiada pelo feixe de radiação incidente, provoca sua difração (curvatura). Como sabemos, o ângulo de difração depende do comprimento de onda. Com isso, a radiação é espalhada em vários ângulos de acordo com os comprimentos de onda neles existentes. Alguns comprimentos de onda possuem mais fótons do que outros em função da intensidade da radiação que chega, e, dessa forma, pode-se reconstituir para cada posição da grade de difração a energia que chega em cada região do espectro. A Figura 3.17 mostra o processo de dispersão da luz visível por uma grade de difração.

Na Figura 3.18, pode-se observar a configuração do sistema óptico de um sensor hisperespectral. Nessa configuração, a radiação proveniente da superfície é direcionada por um sistema de lentes (1) para o espelho oscilatório (2) que, ao girar, transfere a imagem do terreno para um conjunto de espelhos côncavos (3). Um dos espelhos redireciona a radiação proveniente do terreno sobre a grade de difração (4). A radiação dispersa incide sobre o outro espelho

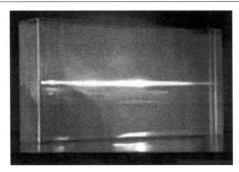

Figura 3.17 Processo de dispersão da luz por uma grade de difração.

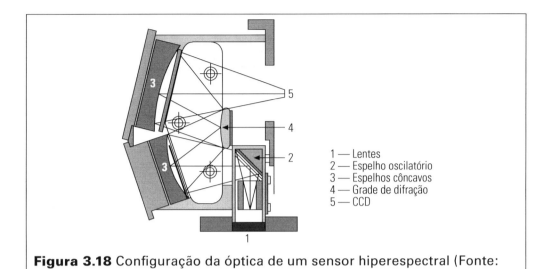

Figura 3.18 Configuração da óptica de um sensor hiperespectral (Fonte: Burger, 2006).

que finalmente a projeta sobre a matriz de detectores CCD (5). Existem muitas outras configurações possíveis. Um quadro geral dessas configurações pode ser encontrado em Burger (2006).

Enquanto nos sistemas multiespectrais podem ser usadas matrizes lineares de detetores para gerar um imagem, nos sistemas hiperespectrais, o detector deve ser formado por linhas paralelas de *chips*, cada uma dedicada a uma região estreita e específica de comprimentos de onda.

Nesse caso, o sistema de detecção seria formado por uma matriz bidimensional de detectores. A radiação, ao ser coletada pelo telescópio ou sistemas de lentes focalizadoras, incide sobre um espelho oscilante, e é direcionada para a grade de difração, a qual dispersa a radiação em vários comprimentos de onda em direção à dimensão longitudinal da matriz (direção de movimentação do sensor ou paralela ao deslocamento da plataforma).

Numa dada posição instantânea do espelho, a radiação proveniente da superfície ativa o *chip* do primeiro *pixel* da matriz de detectores ao longo da linha de varredura e, simultaneamente, ativa os chips na dimensão espectral. A informação referente ao primeiro *chip* da linha de varredura é registrada eletronicamente, e o espelho gira para registrar a radiação proveniente do segundo *chip*, a qual é novamente dispersa e registrada na dimensão espectral. O espelho continua o processo, sucessivamente, até que se complete uma linha de varredura. Enquanto isso acontece, a plataforma se desloca para amostrar a próxima linha de varredura, e assim sucessivamente até que se tenha o registro do que se convenciona chamar um "cubo" de imagem, ou seja, uma estrutura tridimensional de dados, em que nos eixos x e y encontram-se registradas as informações espaciais da cena, e na coordenada z, as informações espectrais.

A Figura 3.19 ilustra a configuração de imageamento de um sensor hiperespectral.

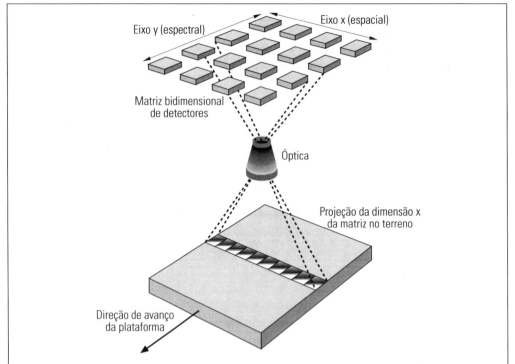

Figura 3.19 Configuração do processo de imageamento eletrônico de um sensor hiperespectral (Adaptado de Chai *et al.*, 2000).

Na Figura 3.20 podemos observar a representação gráfica do conceito de cubo de imagem. Para cada *pixel* da imagem é possível recuperar a informação espectral em um espectro contínuo.

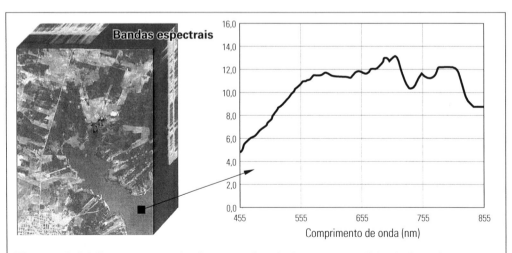

Figura 3.20 Representação de um cubo de imagem, exibindo bandas espectrais adjacentes da cena, de tal modo que para cada *pixel* pode-se recuperar um espectro contínuo.

3.5.3. Sensores Multiangulares

A grande maioria dos sensores multiespectrais e hiperespectrais disponíveis são construídos a partir da suposição de que os objetos da superfície terrestre têm comportamento lambertiano, ou seja, que refletem e/ou emitem radiação eletromagnética de forma isotrópica em todas as direções. Entretanto, a ampliação do conhecimento sobre as interações entre a REM e os objetos da superfície tem demonstrado que a reflectância dos objetos da superfície não depende apenas de suas propriedades espectrais e espaciais, mas também do que se convenciona chamar de geometria de imageamento, que inclui tanto o ângulo de iluminação do alvo quanto o ângulo de visada do sensor (Goel, 1988).

Estudos realizados a partir de imagens adquiridas em órbitas sucessivas de sensores com sistemas ópticos com grande campo de visada foram utilizados para avaliar o potencial dos dados multiangulares para a extração de informações sobre os objetos da superfície terrestre.

A partir da constatação do potencial da assinatura angular dos dados, começaram a ser desenvolvidos sistemas com o objetivo de adquirir imagens multiangulares da superfície terrestre. Vários instrumentos foram projetados para a obtenção de dados multiangulares. A Tabela 3.5 modificada de Liesenberg (2005) apresenta as características dos principais sensores multiangulares desenvolvidos.

A análise da Tabela 3.5 permite observar que há uma complexidade crescente no tocante ao número de ângulos e ao processo de imageamento desses sensores. Sistemas sensores como o CHRIS incorporam tanto capacidade para imageamento hiperespectral quanto multiangular.

Outro aspecto interessante revelado na descrição das características é que o número de ângulos também apresentou um incremento crescente com o avanço tecnológico, o que permite a recuperação de informações sobre a reflectância hemisférica dos alvos.

Esses instrumentos foram desenvolvidos para responder às necessidades das aplicações, e têm aplicações específicas como veremos oportunamente.

O sensor POLDER (*Polarization and Directionality of the Earth's Reflectance* — Polarização e Direcionalidade da Reflectância da Superfície Terrestre), por exemplo, foi desenvolvido com o objetivo de ampliar o conhecimento das propriedades microfísicas e radiativas das nuvens e dos aerossóis a partir da análise de suas propriedades angulares e polarimétricas. Esse sistema sensor foi desenvolvido pela França, sob responsabilidade do CNES (*Centre National d'Etudes Spatiales* — Centro Nacional de Estudos Espaciais). Por meio de uma cooperação entre o CNES e a antiga NASDA (Agência Espacial Japonesa – atual JAXA), esse sensor foi incluído como uma das cargas úteis colocadas a bordo do satélite ADEOS-I (*Advanced Earth Observing Satellite*), lançado em agosto de 1996.

106 Sensoriamento Remoto

Tabela 3.5 Características de sistemas sensores multiangulares: ATSR (*Along Track Scanning Radiometer*); POLDER (*Polarization and Directionality of the Earth's Reflectance*); MISR (*Multi-angle Imaging Spectroradiometer*); CHRIS (*Compact High Resolution Imaging Spectrometer*).

Características	ATSR	POLDER	MISR	CHRIS
Número de ângulos de visada	2	14	9	19
Ângulo máximo de visada	56	60	70,5	60
Tipo de visada	Para frente	Para frente e para trás	Para frente e para trás	Para frente e para trás
Máximo tempo de aquisição entre visadas extremas	2	4	7	7
Centro das bandas espectrais (nm)	555; 659 865; 1600	443; 490 565; 670 763; 765 865; 910	446; 558 672; 8.666	19 ou 62 (410-1.050 nm)
Resolução espacial na visada nadir	1 km	6 x 7 km	275 m; 1,1 km	25 m ou 50 m
Resolução Radiométrica	10 bits	12 bits	14 bits; 12 bits	12 bits
Data inicial de aquisição	1995	1996	1999	2001

Fonte: Liesenberg, 2005

O POLDER é um sistema sensor multiespectral com capacidade de medir a energia refletida da superfície terrestre não apenas em várias bandas espectrais, mas também em catorze diferentes ângulos de observação e em três distintas polarizações.

O satélite ADEOS teve sua operação suspensa em agosto de 1997, devido a falhas no suprimento de energia. Nesse período, o sensor POLDER permitiu a aquisição de informações que foram consideradas úteis a tal ponto que um segundo sensor foi lançado a bordo do ADEOS-II em dezembro de 2002, e adquiriu sua primeira imagem em fevereiro de 2003. A operação do satélite foi interrompida sete meses após o lançamento. Atualmente, o sensor POLDER encontra-se a bordo do microssatélite Parasol, lançado pelo próprio CNES em dezembro de 2004 (http://smsc.cnes.fr/PARASOL/index.htm).

O instrumento é baseado numa óptica telecêntrica, com uma roda giratória contendo 15 filtros espectrais e polarizadores. Essa óptica é acoplada a uma matriz bidimensional de detectores CCD. A Figura 3.21 mostra a configuração do sensor e do processo de imageamento. Devido ao amplo campo de visada, cada ponto da superfície é imageado em até 14 ângulos de observação distintos antes que saia fora do alcance do sistema óptico. Se for aliado ao fato de que o mesmo objeto pode ser observado a partir de órbitas adjacentes, os dados adquiridos pelo sensor permitem a aquisição de medidas de reflectância da superfície em múltiplos ângulos e a reconstituição da reflectância hemisférica de cada *pixel* do terreno.

Outra concepção de sistema sensor multiangular é a oferecida pelo MISR (*Multi-angle Imaging Spectroradiometer* — Espectrorradiômetro imageador multiangular) a bordo do satélite TERRA (EOS-AM1) da NASA desde dezembro de 1999. Esse sensor utiliza sistemas com tecnologia CCD, dispostos em nove configurações angulares.

Essas câmaras permitem que simultaneamente sejam obtidas imagens do terreno com visada à frente (*forward*), a nadir e para trás (*backward*), ao longo da direção de avanço da plataforma (Figura 3.22). O ângulo máximo de visada alcançado pelo sensor nessa configuração é de 70,5°. O sensor é formado por um conjunto de câmaras multiespectrais (quatro bandas centradas nos comprimentos de onda relativos à região do azul, verde, vermelho e infravermelho próximo) dispostas segundo um arranjo fixo de visadas: uma câmara com visada nadir (N), quatro câmaras apontadas para a frente (F1, F2, F3, F4) e quatro câmaras apontadas para trás (T1, T2, T3, T4). As imagens são adquiridas com um ângulo nominal relativo à superfície do elipsoide terrestre de 0°; 26,1°; 45,6°; 60°; e 70,5°.

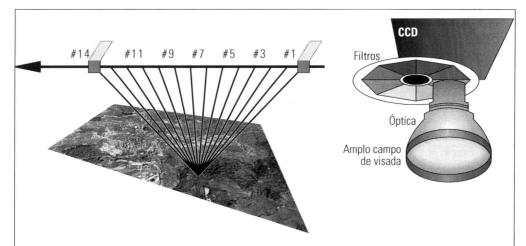

Figura 3.21 Configuração do sensor multiangular e multipolarimétrico – POLDER (Adaptado de Mukai e Sano, 1999).

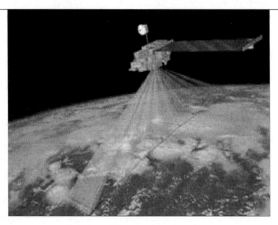

Figura 3.22 Configuração de operação do sensor MISR a bordo do satélite Terra (Fonte: http://www-misr.jpl.nasa.gov/).

Devido às diferenças angulares, as câmaras não possuem resolução espacial constante. De fato, a resolução espacial dos dados deste sensor varia de 275 m × 275 m na câmara nadir, até 707 m × 275 m no ângulo mais distante do nadir, visto que a resolução espacial se degrada ao longo da direção de avanço da plataforma, na medida em que o ângulo de imageamento aumenta. Todas as câmaras têm a mesma resolução espacial no sentido perpendicular ao avanço da plataforma (275 m), mas no sentido do avanço a resolução varia de 236 m (para as duas câmaras mais próximas do nadir, com ângulo de 26,1°) até 707 m (câmaras com ângulo de visada 70,5°).

A sensor MISR pode adquirir imagens em diferentes modos. No modo chamado local (*Local Mode*), alguns alvos selecionados com comprimento máximo de 300 km são observados com máxima resolução em todas as câmaras. Entretanto, as limitações das taxas de transmissão dos dados para as estações de recepção de solo não permitem que o sensor opere continuamente no modo de máxima resolução. Assim sendo, exceto por esses alvos selecionados, o instrumento opera no modo global (*Global Mode*), em que a superfície terrestre é observada constantemente em baixa resolução. Esta menor resolução é obtida a partir da obtenção da média de *pixels* adjacente tanto na direção perpendicular ao avanço da plataforma, quanto na direção de avanço da plataforma. Essa média pode ser de 4 × 4 *pixels*, 1 × 4 *pixels*, ou 2 × 2 *pixels*, e pode ser selecionada individualmente para cada câmara e banda espectral. A Figura 3.23 mostra um configuração típica de aquisição de dados pela câmara MISR.

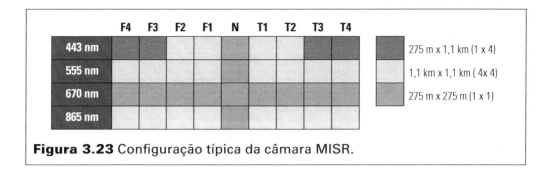

Figura 3.23 Configuração típica da câmara MISR.

3.6. Sensores Termais

Os sensores termais possuem componentes semelhantes àqueles que operam no visível e no infravermelho próximo. A diferença fundamental é que o sinal a ser detectado é relativamente mais fraco nessa região do espectro, e que os detectores de radiação termal disponíveis são menos sensíveis do que os detectores de radiação no visível e infravermelho próximo.

Os detectores utilizados em sensores termais são o telureto de mercúrio e cádmio (HgCdTe), os quais se comportam como fotocondutores em resposta aos fótons incidentes no range da radiação termal. Outro dectetor também utilizado em sensores termais é o composto de germânio-mercúrio (Mercury-doped germanium — (Ge(Hg))).

Outro aspecto dos sensores termais é que sua configuração depende de sistemas de refrigeração dos detectores para que eles mantenham sua temperatura entre 30 e 77 K, em função do tipo de detector utilizado. Os sistemas de refrigeração são baseados em nitrogênio líquido ou hélio. Em sensores transportados a bordo de satélites, os sistemas de refrigeração podem utilizar também a baixa temperatura do espaço.

Os detectores dos sensores termais precisam de sistemas de refrigeração para melhorar a taxa sinal-ruído (S/N), pois a incidência de radiação tende a aumentar a temperatura do detector, de tal modo que o seu ruído pode se interpor ao sinal que se deseja detectar.

Outro componente fundamental de um sensor termal é o sistema de calibração. Esse sistema consiste de fontes de calibração (termistores) com diferentes temperaturas variando dentro dos extremos que se pretende detectar na superfície terrestre.

O sistema de varredura tem também um componente que produz uma corrente proporcional à temperatura. Essa corrente provoca a emissão de energia radiante. Dessa forma, é estabelecida uma relação entre temperatura e radiância, a qual é posteriormente utilizada para converter a radiância medida pelo sensor em temperatura de brilho. Posteriormente, como foi visto no item

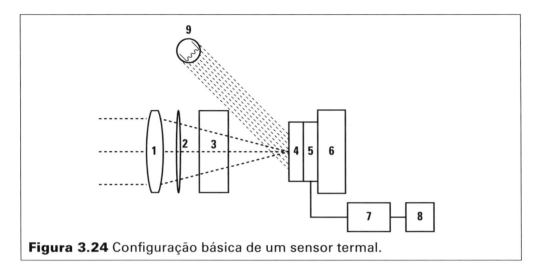

Figura 3.24 Configuração básica de um sensor termal.

2.3, esses dados podem ser transformados em temperatura cinética a partir do conhecimento das propriedades de emissividade dos objetos da superfície terrestre.

A Figura 3.24 mostra a configuração básica de um sensor termal compreendido por um telescópio (1), lentes (2), amostrador de radiação incidente (*chopper*) (3), matriz de detectores (4), circuito integrado (5), sistema de refrigeração (6), eletrônica para o processamento do sinal (7) e visualizador (8 e 9).

Alguns sensores ópticos que operam na região do visível e infravermelho próximo também possuem canais específicos para a aquisição de dados termais. Esse é o caso, por exemplo, do sensor AVHRR (*Advanced Very High Resolution Radiometer*) que possui três canais no infravermelho termal (3,7 μm, 10,8 μm mm e 12 μm m) com resolução espacial de 1,1 Km (nadir)e encontra-se a bordo dos satélites da série NOAA.

3.7. Sistemas Passivos — Radiômetros de Micro-ondas

Como já mencionado no capítulo anterior, a superfície da terra emite radiação na faixa de micro-ondas. A emissão de radiação na faixa do termal é modelada pela lei de Planck para os corpos negros. No caso da radiação de micro-ondas, a emissão é modelada pela lei Rayleigh Jeans para os corpos negros. Os corpos ditos cinzas (corpos e objetos reais) caracterizam-se por sua emissividade, que é sempre menor do que a do corpo negro. Assim sendo, a grandeza radiométrica detectada pelo imageador na faixa de micro-ondas é a chamada temperatura de brilho, expressa por:

$$T_B = \varepsilon\, T \tag{3.4}$$

onde T é temperatura física do objeto e ε sua emissividade (0 < ε < 1). Como vimos anteriormente, a emissividade de um objeto depende tanto de suas propriedades quanto da radiação emitida, tais como sua frequência, polarização e geometria de imageamento.

O componente-chave de um radiômetro de micro-ondas é a antena. Há vários tipos de antenas de micro-ondas, sendo que as antenas refletoras são as mais usadas pelos sistemas de varredura. No caso de ângulos amplos de varredura, toda a antena oscila; no caso de sistemas com pequeno ângulo de varredura, o sistema possui, à semelhança dos sistemas ópticos, um espelho oscilante.

Os radiômetros de micro-ondas, em geral, operam em vários canais e em várias polarizações, de modo a ampliar sua capacidade de discriminar componentes da atmosfera. Existem dois tipos básicos de radiômetros de micro-ondas: a) radiômetro de varredura perpendicular ao deslocamento da órbita, em que a imagem é formada pela oscilação da antena, na medida em que a plataforma avança; b) radiômetro de varredura cônica. A Figura 3.25 mostra a configuração básica do processo de varredura perpendicular ao deslocamento da plataforma e a Figura 3.26 o sistema com varredura cônica.

Os sistemas de varredura na faixa de micro-ondas, em geral, são utilizados em aplicações oceanográficas e atmosféricas, uma vez que, devido à baixa

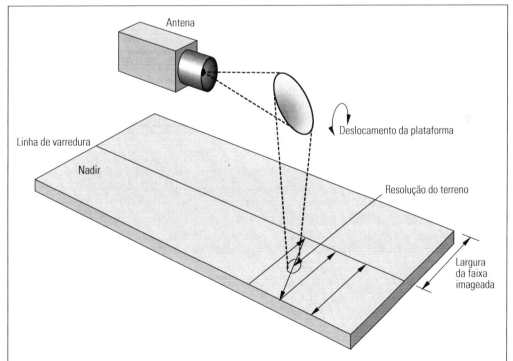

Figura 3.25 Configuração básica do processo de varredura perpendicular à órbita.

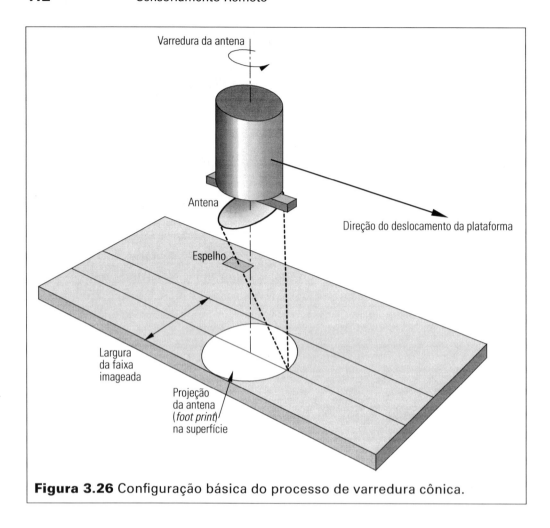

Figura 3.26 Configuração básica do processo de varredura cônica.

emissão pelos alvos terrestres na faixa de micro-ondas e à necessidade de operar em múltiplos canais e polarizações, os dados produzidos por esses sensores possuem resolução espacial muito baixa.

O primeiro sistema de varredura multicanal operando na faixa de micro-ondas foi o sensor SMMR (*Scanning Multichannel Microwave Radiometer*) lançado a bordo do satélite Nimbus-7, pela NASA, em 1978, permanecendo ativo até 1987. O SMMR possuía 10 canais e possibilidade de receber radiação polarizada vertical e horizontalmente.

Sua concepção se baseou no aperfeiçoamento de radiômetros multicanais não imageadores e de sistemas de varredura em canais específicos lançados a bordo de satélites anteriores da série Nimbus, para monitorar principalmente propriedades da atmosfera.

A Figura 3.27 mostra os componentes do SMMR: uma antena parabólica, com 79 cm de diâmetro, responsável pela reflexão da energia de micro-onda em

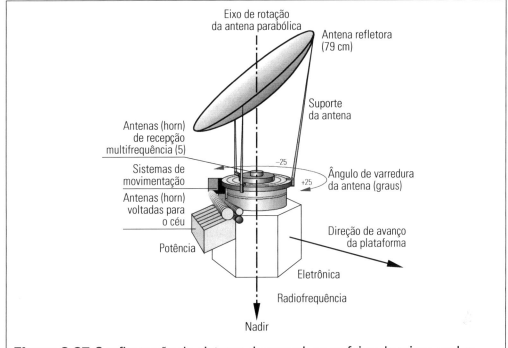

Figura 3.27 Configuração do sistema de varredura na faixa de micro-ondas (Fonte: http://nsidc.org/data/docs/daac/smmr_instrument.gd.html, 16/06/2007).

um conjunto de cinco antenas do tipo corneta (*horn*). A vantagem desse tipo de arranjo de antenas é que possibilita um ângulo de varredura constante para todos os canais de micro-ondas. No caso do SMMR, o feixe de imageamento definido pela antena parabólica (refletora) em relação ao nadir era de 42 graus.

A antena tinha uma visada frontal, com capacidade para rotacionar ± 25 graus em relação à direção de deslocamento da plataforma. Essa configuração resultava em uma faixa de imageamento de 780 km no terreno, sendo que o tempo de varredura era de 4,096 segundos.

Os componentes do SMMR são: a) a antena refletora; b) as antenas de recepção (*feedhorn*); c) o mecanismo de varredura que inclui componentes para compensação de momentum; d) módulo de radiofrequência contendo sistemas para mixagem do sinal e pré-amplificação; e) módulo contendo a eletrônica do sistema, com amplificadores e toda a eletrônica responsável pela detecção posterior do sinal, e também para controlar o suprimento de potência para a varredura e para o subsistema de aquisição de dados; f) um módulo para suprimento de potência e regulação do instrumento; g) um conjunto de antenas direcionadas para o espaço exterior (céu) para calibração.

Os sensores passivos de micro-ondas também sofreram considerável evolução nos últimos anos, conforme pode ser observado ao se comparar as caracte-

114　Sensoriamento Remoto

rísticas do SMMR e dos que foram desenvolvidos posteriormente (Tabela 3.6). Para maiores informações sobre esses sensores e suas aplicações consultar (Gloersen *et al.*, 1977, 1978, 1992; Lobl, 2001, Sippel *et al.*, 1994; Melack *et al.*, 2004).

Tabela 3.6 Comparação das características de sensores imageadores de microondas

Parâmetro	SMMR (Nimbus-7)	SSM/I (DMSP-F08, F10, F11, F13)	AMSR-E (Aqua)	AMSR (ADEOS-II)
Operação	1978 — 1987	1987 — presente	2001	2002
Frequência (GHz)	6,6	19,3	6,9	6,9
	10,7	22,3	10,7	10,65
	18	36,5	18,7	18,7
	21	85,5	23,8	23,8
	37		36,5	36,5
			89,0	89,0
				50,3
				52,8
Resolução espacial (km)	148 x 95 (6,6 GHz)	37 x 28 (37 GHz)	74 x 43 (6,9 GHz)	74 x 43 (6,9 GHz)
	27 x 18 (37 GHz)	15 x 13 (85,5 GHz)	14 x 8 (36,5 GHz)	14 x 8 (36,5 GHz)
			6 x 4 (89,0 GHz)	6 x 4 (89,0 GHz)

(Fonte:http://nsidc.org/data/docs/daac/amsre_instrument.gd.html, consultado em 17/06/2007)

3.8. Sistemas Ativos de Microondas – Radares de Visada Lateral (SLAR – Side Looking Airborne RADAR)

Os sistemas de imageamento de RADAR evoluíram a partir dos PPI (*plan position indicators*) que serviam para auxiliar a navegação aérea. Este sistema não produzia uma imagem do terreno, mas indicava a posição de certos objetos no plano de deslocamento da aeronave.

Os sistemas de RADAR constituem uma técnica totalmente diferente de registro das interações entre a radiação eletromagnética e os objetos da superfície por várias razões: 1) os sistemas de radar são sistemas ativos que transmitem um feixe de radiação eletromagnética (REM) centrado na região de micro-ondas; 2) permitem observar interações em uma região do espectro não percebida por todos os outros tipos de sensores ópticos; 3) por serem um sistema ativo permitem que as atividades de imageamento sejam feitas de dia e de noite, aumentando, portanto, a capacidade de observação da superfície em diferentes condições ambientais; 4) por operarem na região de micro-ondas, as imagens não são afetadas por cobertura de nuvens, neblina, precipitação, permitindo que a aquisição de dados seja feita praticamente em quaisquer condições de tempo.

Os Radares de Visada Lateral surgiram a partir da década de 1950, quando se tentou pela primeira vez substituir a antena giratória fixa do PPI para o monitoramento de uma região restrita por uma antena móvel que pudesse ser fixada na fuselagem de um avião. A essa nova configuração de RADAR foi adicionado um sistema que permitia que a imagem gerada pelo tubo de raios catódicos fosse registrada em um filme. Essas versões primitivas do SLAR (*Side-Looking RADAR*) eram utilizadas basicamente para aplicações militares.

Foi apenas a partir da década de 1960 que as primeiras imagens de radar de visada lateral de alta resolução (10 a 20 m) foram disponibilizadas para uso civil nos Estados Unidos. O valor dessas imagens para uso científico foi reconhecido imediatamente, e passaram a ser realizadas missões de aerolevantamento usando esses sistemas de visada lateral, principalmente nas regiões tropicais, sujeitas a intensa cobertura de nuvem, onde o uso de sistemas ópticos era bastante ineficiente.

Um RADAR executa três funções básicas: 1) ele transmite um pulso de micro-ondas em direção a um alvo; 2) ele recebe a porção refletida do pulso transmitido após este haver interagido com o alvo (a porção refletida recebe o nome de energia retroespalhada); 3) ele registra a potência, a variação temporal e o tempo de retorno do pulso retroespalhado. A configuração básica de um sistema RADAR pode ser observada na Figura 3.28.

O sistema RADAR transmite um pulso de micro-ondas numa direção perpendicular ao deslocamento da plataforma. A direção de transmissão do pulso é conhecida como "range". O sensor é capaz de determinar as distâncias relativas dos objetos da superfície ao longo dessa direção a partir da análise do tempo que o pulso emitido leva para "viajar" até o objeto e retornar ao sensor. O sinal proveniente de um objeto localizado mais próximo ao sensor levará menos tempo para retornar que um objeto localizado mais distante.

A imagem de RADAR é construída à medida que a plataforma avança e sucessivos pulsos são transmitidos e recebidos pela antena, como pode ser observado na Figura 3.29.

O Sistema RADAR é composto basicamente por: uma antena que permite a transmissão e a recepção da radiação eletromagnética, um guia de onda, um transmissor de alta potência e de alta frequência, um sistema de recepção que permite a decodificação, processamento e visualização dos dados.

O transmissor fornece a radiação para a antena e é composto por um oscilador e um modulador. O oscilador é o dispositivo do sistema RADAR responsável pela geração da radiação de micro-ondas a ser transmitida pela antena. O modulador é o componente que permite variar o sinal a ser transmitido tanto em frenquência quanto em amplitude.

Nos sistemas RADAR, o pulso é enviado a intervalos regulares, o que implica que o sinal de saída do oscilador é continuamente ligado e desligado para que produza pulsos independentes. O modulador é assim um componente fundamental do sistema, pois ele permite que o sinal transmitido pela antena seja estável em termos de frequência e amplitude. O transmissor também responde pela amplificação do sinal gerado pelo oscilador, porque o sinal transmitido deve ter potência suficiente para atingir a superfície e produzir um eco ou pulso retroespalhado suficientemente potente para ser decodificado e processado.

Nos sistemas de imageamento, geralmente é a mesma antena que transmite e recebe o sinal de retorno. Para que isso ocorra, há a necessidade de um comutador, que permite alternar o estado da antena entre transmissão e recepção.

Os sistemas SLAR são sistemas de radar de abertura real, em oposição aos atuais sistemas de abertura sintética. Como foi visto anteriormente, os sistemas sensores operam interceptando a radiação proveniente da superfície por

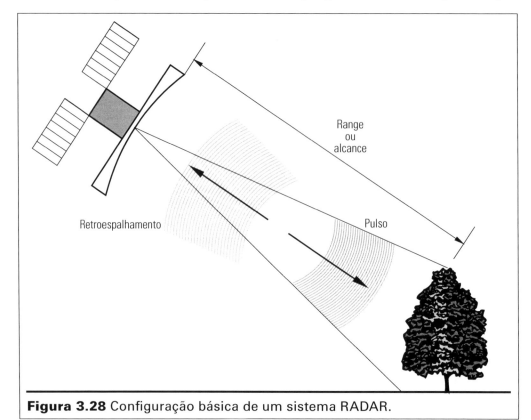

Figura 3.28 Configuração básica de um sistema RADAR.

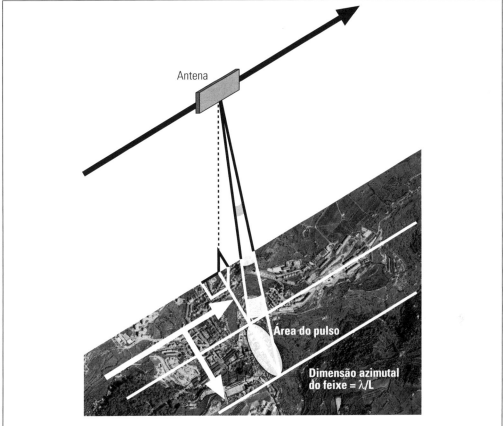

Figura 3.29 Processo de imageamento através de um sistema RADAR (Adaptado de http://solidearth.jpl.nasa.gov/insar).

meio de uma abertura com uma dada dimensão física. Nos sensores ópticos, a resolução angular é determinada pela razão entre o comprimento de onda da REM e a abertura do sistema coletor da radiação. A resolução espacial da imagem é a resolução angular definida pelo sistema de entrada de energia multiplicada pela distância entre sensor e objeto. Portanto, na medida em que a altitude do sensor aumenta, a resolução espacial da imagem diminui, a menos que o tamanho físico do sistema coletor aumente. Na região do visível e infravermelho próximo, pode-se obter imagens com alta resolução espacial a partir de plataformas orbitais com sistemas coletores de dimensões modestas.

Entretanto, em sistemas de micro-ondas, em que o comprimento de onda é tipicamente cerca de cem mil vezes maior do que o da luz, não é possível a aquisição de imagens com resolução espacial alta, com o aumento do tamanho da abertura da antena. Para que um sistema de radar pudesse produzir imagens com resolução espacial equivalente às obtidas pelos sensores ópticos, a abertura da antena teria que ser da ordem de 8 km, para uma plataforma posicionada a 800 km de distância da Terra (Curlander e McDonough, 1991).

118   Sensoriamento Remoto

O fato de serem sistemas de abertura real limitou o uso dos radares de visada lateral a aeronaves, pois o aumento da altitude da plataforma provocava degradação na resolução espacial da imagem obtida.

A geometria de imageamento, ou geometria entre o radar de visada lateral e a superfície, pode ser descrita pelos seguintes parâmetros ilustrados na Figura 3.30.

Altura: representa a distância vertical entre a plataforma e um ponto da superfície terrestre imediatamente abaixo dela. A altura nominal dos satélites de sensoriamento remoto se refere à altura acima do elipsoide de referência que representa o nível médio do mar.

Nadir: representa o ponto imediatamente abaixo da plataforma.

Azimute: representa a direção no terreno paralela ao movimento da plataforma (satélite ou aeronave).

Vetores de range: representam vetores que conectam o radar aos elementos do terreno correspondentes a cada medida de distância, cada instante em que o pulso de micro-ondas é transmitido.

Distância inclinada (*slant range*): representa a distância do sensor ao alvo ao longo da direção de range, também conhecida por "distância percebida pelo RADAR".

Distância no terreno (*ground range*): representa a distância inclinada projetada sobre a superfície terrestre, também conhecida por distância real ou distância geográfica.

Near range: região mais próxima ao ponto nadir.

Far range: região mais distante do ponto nadir.

Largura da faixa (*swath width*): representa a largura da faixa imageada na direção de range.

Comprimento da faixa (*swath length*): representa a distância imageada na direção de range.

Ângulo de iluminação: representa o ângulo entre o vetor normal à Terra e o vetor de range medido na posição do RADAR. Este ângulo determina a distribuição da iluminação do radar através da faixa imageada. À medida que a altura do radar aumenta, o ângulo de iluminação que corresponde à largura da faixa (*range*) diminui.

Ângulo de incidência: representa o ângulo entre os vetores de range e vertical local.

Os radares de abertura real são configurados de tal modo que a resolução espacial na direção azimutal seja proporcional à distância entre o sensor e a superfície. A largura do feixe da antena (B) determina a resolução espacial na

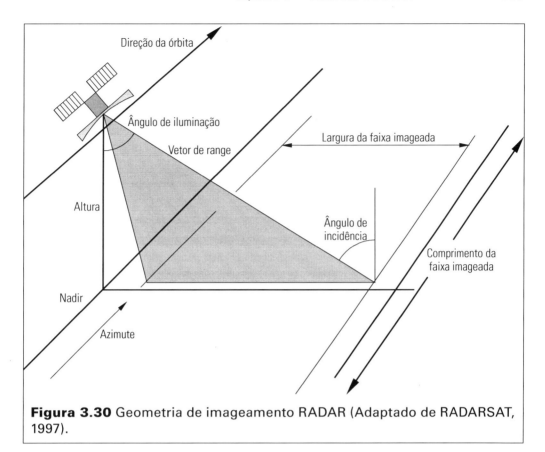

Figura 3.30 Geometria de imageamento RADAR (Adaptado de RADARSAT, 1997).

direção azimutal. Assim sendo, a dimensão do *pixel* varia do **near range** para o **far range**. Nos sistemas de abertura real a resolução diminui com a diminuição da distância do pulso à antena. A Figura 3.31 ilustra o efeito da distância em range sobre a resolução azimutal nos sistemas de abertura real.

A largura do feixe produzido pela antena (β) determina a resolução espacial na direção Azimutal (Ra). Esta resolução é calculada a partir da Equação 3.5.

$$Ra = GD\ \beta \qquad (3.5)$$

onde: GD = distância em range;
β = ângulo da antena.

O grande problema dos radares de abertura real é o de que o ângulo β dependia do tamanho físico da antena, conforme pode ser deduzido pela Equação 3.6.

$$\beta = \frac{\lambda}{AL} \qquad (3.6)$$

onde: β = ângulo de abertura da antena;
λ = comprimento de onda da radiação transmitida pela antena;
AL = comprimento da antena.

Como se pode deduzir da Equação 3.6, para haver uma redução do ângulo de abertura da antena, é necessário aumentar o comprimento da antena, o que é fisicamente impossível a partir de uma certa dimensão.

A resolução espacial em range depende da duração do pulso transmitido. Esta resolução representa a metade da duração do pulso. Se dois campos estão distanciados entre si na direção de range por uma distância menor que a metade da duração do pulso, o primeiro pulso transmitido pela antena terá alcançado o campo mais distante e estará retornando, ao mesmo tempo que o pulso emitido pela antena e refletido pelo alvo estará retornando também. Com isso, os dois sinais se misturarão e não será possível "resolver" os dois campos como alvos distintos.

A resolução espacial na direção de range é dada por (Rr) conforme Equação 3.7.

$$Rr \frac{c\tau}{2\cos\gamma} \quad (3.7)$$

onde γ = é o ângulo de depressão da antena;
τ = é o comprimento ou duração do pulso transmitido pela antena;
c = velocidade do pulso de micro-ondas, que é a velocidade da luz.

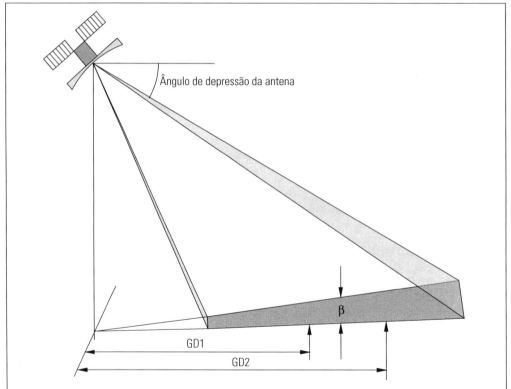

Figura 3.31 Dependência da resolução espacial em azimute da largura do feixe.

Com o desenvolvimento tecnológico, o sistema RAR (Radar de Abertura Real) foi substituído pelos modernos SAR (*Sinthetic Aperture Radar – SAR*) ou Radares de Abertura Sintética.

3.8.1. Sistemas Ativos – Radares de Abertura Sintética (*SAR – Sinthetic Aperture Radar*)

Para que a resolução de uma imagem obtida por um sistema ativo de micro-ondas possa aumentar, sem que seja necessário aumentar o tamanho físico da abertura da antena, foram desenvolvidos os **sistemas de radar de abertura sintética**. O radar de abertura sintética é um sistema coerente que mantém (registra) a fase e a magnitude do sinal retroespalhado (eco) pela superfície imageada. O aumento da resolução espacial é obtido sintetizando em um processador de sinal uma antena com tamanho extremamente grande. Esta síntese é realizada digitalmente em um computador. Com isso, o sistema SAR permite o aumento da resolução espacial da imagem obtida do terreno independentemente da altitude da plataforma.

O SAR representa um modo engenhoso de se superar o problema do tamanho físico da antena a partir da "síntese" de uma antena virtual pelo registro acumulado dos sinais de retorno de cada objeto da antena durante o período em que ela se desloca sobre uma dada região do terreno. Uma vez que o pulso tenha passado sobre um ponto do terreno, toda a informação de fase sobre aquele ponto é armazenada em uma matriz bidimensional (range e azimute). Toda a "história" de fase de todos os pontos da imagem é combinada numa série temporal que forma o dado sintético. Através de um processamento complexo, esta "assinatura de fase" de cada ponto é transformada em informação de azimute e range. Mais informações sobre o processamento de sinal de um radar de abertura sintética podem ser encontradas em Oliver e Quegan (1998).

Segundo Mura (2000), o princípio básico do imageamento SAR é a presença de um sistema de radar instalado em uma plataforma que se desloca na velocidade V, um transmissor que envia pulsos de micro-ondas modulados linearmente em frequência, em intervalos regulares.

Os sinais que retornam ao receptor de radar são gravados a bordo, e posteriormente processados para a geração da imagem SAR. A alta resolução da imagem SAR na direção de range é dada pelo uso de pulsos com grande largura de banda. Essa largura de banda é determinada pela variação de frequência transmitida pelo pulso. A alta resolução da imagem SAR na direção de azimute é obtida pela técnica de abertura sintética. Segundo Mura (2000), para se entender mais adequadamente a técnica de abertura sintética utiliza-se como modelo o comportamento de um alvo pontual. Esse modelo encontra-se esquematizado na Figura 3.32. Nela pode-se observar o ponto P, desde sua entrada no campo visual da antena no instante azimutal τe, até a sua saída do campo visual da antena, no instante τs. No intervalo de tempo (τs-τe), o radar envia um certo número N de pulsos, o que permite que sejam coletados N amostras de ecos do ponto P nesse intervalo de tempo. Durante o intervalo de tempo em que o ponto P é observado, a plataforma se desloca V (τs-τe), dando origem ao conceito de abertura sintética, que nada mais é do que o comprimento virtual da antena definido pelo tempo em que as informações sobre o objeto P puderam ser registradas.

O eco recebido de cada pulso enviado sofre uma modificação de frequência e fase, devido à velocidade da plataforma (V) e à variação de distância durante o intervalo (τs-τe). A essa variação de frequência dá-se o nome de efeito Doppler. A largura da banda Doppler (B_D) definida pela variação de frequência define a resolução da imagem SAR na direção de azimute (Raz), conforme a Equação 3.8:

$$Raz = \frac{V}{B_D} \tag{3.8}$$

onde: Raz = resolução azimutal da imagem SAR;
V = velocidade de deslocamento da plataforma;
B_D = Banda Doppler.

Para que os dados de cada ponto da cena sejam transformados em informações sobre a superfície, a imagem bruta gerada pelo sistema deve ser submetida a um processamento bastante complexo. O objetivo desse processamento é transformar a imagem bruta em uma imagem que represente a distribuição da reflectividade complexa do terreno. Uma descrição didática dos passos essenciais desse processamento pode ser encontrada em Mura (2000).

A implementação de sistemas operacionais de radar orbital envolveu um grande número de desafios tecnológicos nos últimos cinquenta anos, dentre eles Curlander e McDonough, (1991) ressaltam:

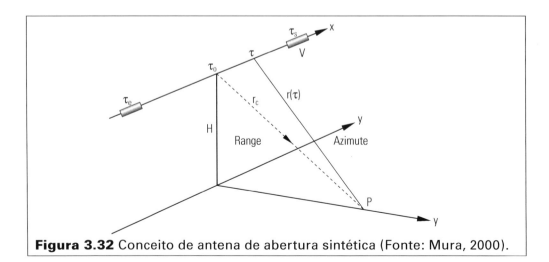

Figura 3.32 Conceito de antena de abertura sintética (Fonte: Mura, 2000).

a) A especificação e o desenvolvimento de estações terrenas com sistemas de processamento de dados de alta velocidade e alta confiabilidade.

b) O desenvolvimento de técnicas e tecnologia para a calibração de dados em todo o ciclo do processo de aquisição das imagens.

Qualquer sistema sensor configurado para a obtenção de cobertura global com imagens de alta resolução gera um grande volume de dados. No caso dos sistemas SAR, há o fato adicional de que para se formar uma imagem a partir de um sinal enviado pelo satélite, há a necessidade de que sejam executadas literalmente centenas de operações matemáticas para cada amostra do terreno. Segundo Curlander e McDonough (1991), 15 segundos de imageamento pelo satélite SeaSat recobrindo uma área de 100 km × 100 km implicaram na aquisição de várias centenas de milhões de amostras. Para que essas amostras sejam processadas digitalmente e transformadas em uma imagem em tempo real, há a necessidade de sistemas computacionais capazes de realizar vários bilhões de operações por segundo.

Devido às limitações de potência dos computadores nas fases iniciais dos sistemas SAR, muito do processamento dos dados de radar era realizado opticamente usando fontes de laser, óptica Fourier e filmes. Os antigos processadores digitais permitiam que apenas uma pequena parte dos dados adquiridos fosse processada, o que resultava em imagem de qualidade degradada sem condições de uma calibração adequada dos dados. Com isso, houve pouco progresso no uso eficiente das imagens SAR até que essas barreiras tecnológicas fossem vencidas, a partir da década de 1980.

Para que as imagens SAR pudessem ser mais bem utilizadas na extração de informações sobre a superfície foi preciso que ocorressem avanços nos procedimentos de calibração geométrica e radiométrica dos dados coletados por este tipo de sensor. A calibração geométrica de uma imagem se refere à precisão com que um *pixel* da imagem pode ser referenciado em relação a um par de coordenadas geográficas no terreno. A calibração radiométrica se refere à precisão com que as propriedades de espalhamento de um alvo da superfície podem ser relacionadas ao sinal registrado em um *pixel* da imagem.

Atualmente, existem numerosos sistemas orbitais que levam a bordo sensores de radar de abertura sintética, com potencial para o completo aproveitamento de todas as informações em decorrência do avanço nos tipos de processadores de sinal. As principais bandas de operação dos sistemas disponíveis encontram-se resumidas na Tabela 3.7.

124   Sensoriamento Remoto

Tabela 3.7 Bandas de operação de sistemas RADAR e suas aplicações

Banda	Comprimento de onda (cm)	Frequência (GHz)	Principal aplicação
X	2,4 − 3,8	8,0 − 12,5	Reconhecimento militar, reconhecimento de terreno
C	3,8 − 7,5	4,0 − 8,0	Monitoramento de gelo e aplicações oceanográficas
S	7,5 − 15,0	2,0 − 4,0	Reconhecimento de terreno
L	15,0 − 30,0	1,0 − 2,0	Mapeamento de cobertura vegetal
P	75,0 − 133,0	0,225 − 0,400	Mapeamento de cobertura vegetal

(Fonte: RADARSAT, 1997)

3.8.2. Sistemas Ativos – Radares Interferométricos de Abertura Sintética (InSAR – Interferometric Sinthetic Aperture Radar)

O termo InSAR é a abreviação de Interferometric Synthetic Aperture Radar. Esse termo inicialmente foi aplicado ao uso de imagens SAR obtidas a partir de vários satélites (ERS-1, ERS-2, JERS, IRS e Radarsat) para obter informações sobre as variações de altitude da superfície terrestre. As características e especificações desses satélites serão apresentadas oportunamente.

Segundo Mura (2000), as primeiras medidas de altura da superfície a partir de imagens de radar aerotransportado foram feitas ainda na década de 1970. A partir dessa época, houve um contínuo e progressivo aperfeiçoamento não só dos sistemas ativos de micro-ondas como da capacidade de processamento dos dados de radar, pavimentando, assim, a aplicação bem-sucedida da interferometria SAR.

A Interferometria SAR (Mura, 2000) é a técnica que utiliza um par de imagens SAR em formato complexo (amplitude e fase) para gerar uma terceira imagem complexa, denominada imagem interferométrica. Nessa imagem, cada *pixel* contém informação sobre a fase interferométrica, ou seja, sobre a diferença de fase entre os *pixels* correspondentes nas duas imagens originais. A fase de cada *pixel* está relacionada à elevação da superfície terrestre, o que permite que sejam gerados modelos numéricos do terreno.

Com o lançamento de vários satélites carregando sistemas SAR, ampliou-se o interesse pelo uso dessa técnica, pois a partir de órbitas distintas torna-se possível obter imagens separadas pela distância de base. A geometria de aquisição de um par de imagens a partir de duas passagens é ilustrada na Figura 3.33.

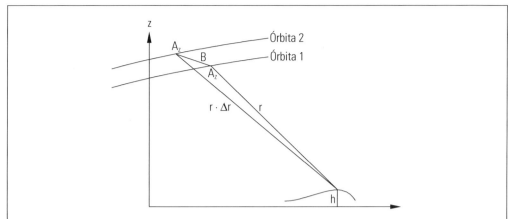

Figura 3.33 Aquisição de um par de imagens SAR para a geração de imagem interferométrica a partir de duas passagens (Fonte: Mura, 2000).

As duas antenas SAR A1 e A2 estão separadas pela linha-base B entre as órbitas sucessivas do satélite. Cada antena encontra-se a uma dada distância r e r+Δr do ponto imageado. Os sinais recebidos pelas antenas A1 e A2 possuem uma diferença de fase proporcional à diferença de distância dr, a qual está relacionada à elevação do terreno (h). Esse conceito fica mais fácil de ser entendido com o auxílio da Figura 3. 34

O uso de órbitas distintas para a geração das imagens interferométricas, entretanto, demanda um grande volume de processamento do sinal para a correção de erros de posicionamento do satélite entre órbitas sucessivas. Além disso, entre duas passagens sucessivas podem ocorrer modificações na atmos-

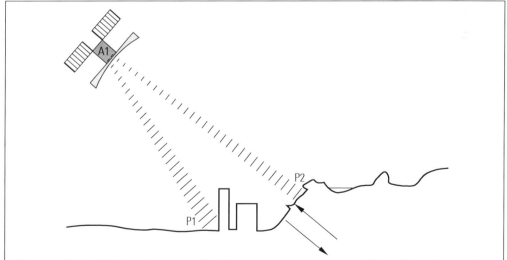

Figura 3.34 Efeito da elevação do terreno nos pontos P1 e P2 sobre a fase do sinal de retorno (eco) recebido pela antena A1 (Adaptado de http://solidearth.jpl.nasa.gov/insar).

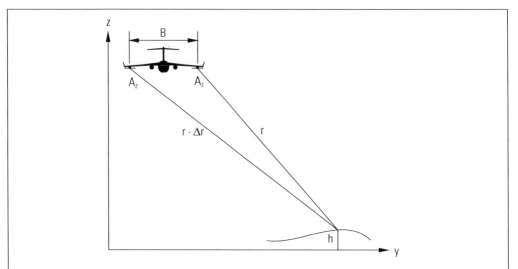

Figura 3.35 Aquisição de um par de imagens SAR para a geração de imagem interferométrica a partir de um sistema com duas antenas em uma única passagem (Fonte: Mura, 2000).

fera e na superfície imageada que aumentam o ruído, o que reduz a precisão da imagem interferométrica gerada.

Para contornar esse problema, foram desenvovidos sistemas SAR com duas antenas distanciadas entre si de tal forma a se garantir, numa mesma passagem, a distância-base necessária para a geração da imagem interferométrica. A Figura 3.35 mostra de forma esquemática um sistema baseado em duas antenas e uma só aquisição ou passagem.

O principal exemplo de SAR configurado para maximizar a aquisição de dados interferométricos é o do sistema utilizado na missão SRMT (Shuttle Radar Mapping Mission). Essa missão foi a primeira vez em que se utilizou um sistema SAR com duas antenas (única passagem) em órbita. Para mapear toda a superfície da Terra, foram realizadas 159 órbitas, cujos dados foram armazenados a bordo do ônibus espacial, uma vez que o volume de dados produzidos pelo sistema excedia à capacidade do sistema de transmissão do ônibus espacial.

Para obter duas imagens a partir de duas posições diferentes, o sistema SAR a bordo do ônibus espacial possuía uma antena no compartimento de carga útil e uma outra antena secundária presa a um mastro de 60 metros. A Figura 3.36 ilustra de forma esquemática a configuração do SAR interferométrico da missão SRTM.

Como pode ser observado na Figura 3.36, o sistema SAR foi adaptado para que fosse reproduzida uma réplica das antenas principais para a recepção de dados em banda X e banda C. O sistema SAR, na banda X, já utilizado em experimentos anteriores, foi modificado para incluir uma antena externa para a

Capítulo 3 — Sistemas Sensores   **127**

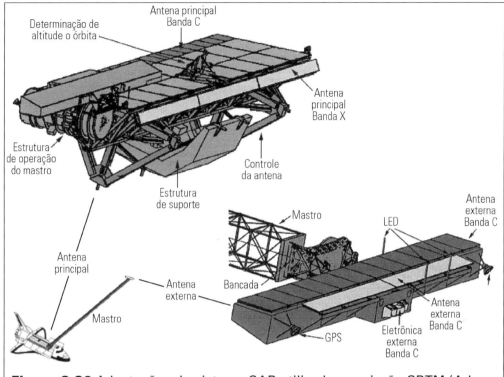

Figura 3.36 Adaptações do sistema SAR utilizado na missão SRTM (Adaptado de: http://www2.jpl.nasa.gov/srtm/instr.htm).

recepção dos dados numa distância adequada da antena principal de recepção e transmissão alojada no compartimento de carga útil da plataforma. Esse sistema SAR, desenvolvido através de uma cooperação entre as agências espaciais alemã e italiana, já fora utilizado em experimentos anteriores e tem uma faixa de cobertura de 50 km por órbita, o que não possibilitaria o recobrimento total da superfície terrestre no prazo de duração da missão. Por isso, também se utilizou um SAR na banda C, com largura de faixa imageada de 225 quilômetros. Os dados na banda X permitiram melhorar a resolução vertical das informações altimétricas, embora sem recobrimento completo da superfície terrestre (Rodrigues *et al.*, 2005).

3.9. Sensores de Alta Resolução

A expressão "sensores de alta resolução" foi cunhada para se referir a sensores que, colocados em órbita, permitem adquirir imagens da superfície terrestre com resolução espacial menor que 5 metros.

Essa tecnologia já era amplamente utilizada e desenvolvida para aplicações militares, mas não se encontrava disponível para aplicações civis até meados da década de 1990. A dissolução do bloco soviético e a redução das tensões geopolíticas a partir da última década do século 20 permitiram que o governo americano autorizasse empresas privadas (WorldView Imaging Corporation, predecessora da atual empresa DigitalGlobe, primeiro e a Space Imaging, atual *GlobEye*) a construir e operar satélites para obter imagens digitais de alta resolução espacial com objetivos comerciais.

O primeiro satélite transportando a bordo um sensor de alta resolução foi o EarlyBird, da EartWatch (fusão das empresas Ball Aerospace e WorldView), lançado em 1997, que levava a bordo um sensor com capacidade para adquirir imagens pancromáticas com resolução de 3 m, e multiespectrais com resolução de 15 metros.

Embora o satélite tenha sido lançado com sucesso, houve problemas de potência e, em abril de 1998, os esforços para corrigir os problemas de transmissão foram abandonados, e a empresa considerou o sistema perdido, passando a se dedicar à construção de novos satélites.

Como a janela comercial para sistemas de alta resolução da ordem de 3 metros já estava sendo ocupada por outras empresas, a EarthWatch passou a focalizar o desenvolvimento de sistemas sensores capazes de detectar alvos centimétricos. Em novembero de 2000, a EarthWatch lançou o primeiro satélite (*QuickBird* 1) com capacidade de identificar alvos centimétricos, mas, novamente, não teve sucesso.

Paralelamente, havia o esforço da Space Imaging para a construção do satélite Ikonos. O sistema foi concebido para adquirir imagens com 1 m de resolução espacial, no modo pancromático, e 3 metros, no modo multiespectral.

O lançamento do primeiro satélite da série em 1999 também falhou, mas em setembro de 1999, o segundo satélite, rebatizado de Ikonos, foi lançado com sucesso, tendo se transformado no primeiro satélite comercial de imagens de alta resolução.

Em 2001, finalmente, a DigitalGlobe (formada com a parceria entre a EarthWatch, a Eastman Kodak Company e a Fokker Space) lançou o segundo satélite da série QuickBird com sucesso, com resolução espacial de 61 cm, no modo pancromático, e 2,44, m no modo multiespctral.

O sensor de alta resolução (*Optical Sensor Assembly*) utilizado na missão Ikonos foi configurado e construído pela companhia Kodak. O instrumento é formado por um telescópio com 70 cm de diâmetro e 10 m de distância focal.

O telescópio (*Optical Telescope Assembly — OTA*) captura uma imagem do terreno numa largura de faixa de 11 a 13 km. Ele utiliza um conjunto de cinco espelhos para refletir a imagem capturada sobre arranjos de detectores colocados na saída do telescópio.

Três dos espelhos são curvos, construídos com tecnologia TMA (*Three Mirror Anastigmatic*) que produz lentes capazes de formar imagens pontuais de alvos pontuais. Os dois outros espelhos do conjunto são planos, e servem para ampliar a imagem para toda a largura do telescópio.

Os detectores colocados na saída do telescópio são de tecnologia CCD (*Coupled Charged Device*) ou *pushbroom*. A matriz de detectores forma um plano focal amplo, e permite a geração de 6.500 linhas/s no modo pancromático. O imageamento nos modos pancromático e multiespectral é feito simultaneamente. O tamanho dos detectores é de 12 µm para o modo pancromático e 48 µm para o modo multiespectral. As bandas multiespectrais correspondem àquelas do sensor ETM do Landsat no range do visível e infravermelho (Tabela 3.8).

Tabela 3.8 Características das imagens do sensor de alta resolução a bordo do satélite Ikonos

Bandas espectrais	Faixas espectrais	Resolução espectral (nm)	Resolução espacial (m)	Resolução radiométrica	Largura da faixa imageada (nadir) km
Pan	445 — 900 nm	455	1	11 bit	11,3
Azul	450 — 520 nm	70 nm	4	11 bit	
Verde	520 — 600 nm	80 nm			
Vermelho	630 — 690 nm	60 nm			
Infravemelho	760 — 900 nm	140 nm			

(Adaptado de Pinho, 2005)

A entrada de luz no sensor é regulada por uma abertura de 70 cm, com a possibilidade de escolha de diferentes tempos de integração do sinal (*Time Delay Integration*) de 10, 13, 18, 24 e 32 para o imageamento pancromático. A matriz de detectores usa o conceito de exposição cumulativa no processo de imageamento pancromático para melhorar a resolução espacial.

O sistema eletrônico faz a compressão dos dados adquiridos com resolução radiométrica de 11 bit, usando uma técnica que permite uma pequena perda de informação (*ADPCM — Adaptative Differential Pulse Code Modulation*).

130 Sensoriamento Remoto

O sensor conta ainda com um sistema que permite seu apontamento segundo ângulos de até ±30° em qualquer direção. A velocidade de movimentação angular é suficientemente elevada para permitir que sejam adquiridos na mesma passagem tanto dados monoscópicos como pares estereoscópicos.

A precisão de localizaçao na imagem é de 2 m na horizontal (relativa), ou seja, com pontos de controle no terreno, e de 12 m (absoluta).

O sensor de alta resolução foi construído com material leve e de dimensões relativamente reduzidas (se comparado aos sistemas de imageamento a bordo dos sensores de média resolução). A Tabela 3.9 resume as características técnicas do sensor de alta resolução a bordo do satélite Ikonos. Essas características são basicamente as mesmas do sensor a bordo do Quickbird, e as modificações de resolução (Tabela 3.10) se devem ao tamanho das matrizes de detectores, e a parâmetros orbitais distintos de cada uma das missões.

Tabela 3.9 Características técnicas do sensor OSA	
Sistema óptico	Tamanho: 1.524 m x 0.787 m (volume = 1 m³) Sistema sem o plano focal: 109 kg Distância focal: 10 m Diâmetro do espelho primário de entrada: 0.70 m
Sistemas de detectores e eletrônica	Tamanho do plano focal: 25 cm x 23 cm x 23 cm Matriz de detectores: 13,500 pixels (PAN) Matriz de detectores: 3375 pixels (MS) Tamanho do detector: 48 x 48 µm
Unidade de processamento	Tamanho: 46 cm x 19 cm x 31 cm Compressão dos dados — 4:25 : 1
Unidade de geração de potência	Tamanho: 18 cm x 20 cm x 41 cm
Peso e potência total do instrumento	171 kg, 350 W

Em termos espectrais, os dois sistemas apresentam as mesmas características. O sensor a bordo do satélite Quickbird tem a vantagem de recobrir uma faixa de imageamento maior, o que permite obter, em uma única cena, uma região geográfica maior, e uma resolução espacial que aproxima suas imagens à dos sistemas fotográficos.

Tabela 3.10 Características das imagens do sensor de alta resolução a bordo do satélite Quickbird

Bandas espectrais	Faixas espectrais	Resolução espectral (nm)	Resolução espacial (m)	Resolução radiométrica	Largura da faixa imageada (nadir) (km)
Pan	445 − 900 nm	455	0,61	11 bit	16,5
Azul	450 − 520 nm	70 nm	2,4	11 bit	
Verde	520 − 600 nm	80 nm			
Vermelho	630 − 690 nm	60 nm			
Infravemelho	760 − 900 nm	140 nm			

(Adaptado de Pinho, 2005; Taylor, 2005)

3.10. Vantagens e Limitações dos Diferentes Sistemas Sensores

A escolha de um tipo de sensor está vinculada sempre às necessidades de informação e a seu custo unitário. As câmaras fotográficas, não obstante sua alta resolução espacial, flexibilidade de utilização em diferentes tipos de plataformas, têm sido substituídas por sistemas de varredura eletrônica (CCD) devido à possibilidade de transmissão telemétrica das informações adquiridas e à disponibilização dos dados em tempo quase real. Muitas das aplicações anteriormente dependentes de levantamentos aerofotográficos estão sendo desenvolvidas com dados obtidos a partir de sensores de alta resolução.

A grande vantagem dos sistemas fotográficos era a elevada resolução espacial, que permitia a identificação de feições menores do que 50 cm. Essa vantagem está sendo paulatinamente superada pelo advento dos sensores eletrônicos de alta resolução. A tendência, portanto, é que os sensores fotográficos deixem de ser usados operacionalmente na medida em que os novos sensores se tornem mais difundidos, e na medida em que haja recursos humanos com experiência para utilizá-los adequadamente. Outra limitação dos sensores fotográficos é a necessidade de processamento dos filmes, um processo caro e irreversível, e a dependência de métodos analíticos para a extração de informações, de difícil automação. Os dados de sensores não fotográficos podem ser processados de várias formas e para várias aplicações, sem que se percam as medidas orginais em formato de cena bruta.

Os sistemas fotográficos também são limitados no tocante à região do espectro em que atuam. Os filmes fotográficos disponíveis são sensíveis à radiação compreendida entre 0.3 μm e 0.9 μm, cobrindo apenas a região do ultravioleta (UV), visível e infravermelho próximo (NIR). Aplicações fotogramétricas baseadas no uso de filmes pancromáticos podem ser preferíveis em regiões montanhosas em que as deformações decorrentes da visada lateral de radares limitam seu uso. O custo de processamento e de produção de fotografias aéreas coloridas também tem tornado seu uso inadequado para aplicações operacionais de reconhecimento.

Os sistemas fotográficos multiespectrais, por sua vez, foram rapidamente superados tendo em vista principalmente as limitações técnicas para se analisar simultaneamente as diferentes bandas. Além disso, as bandas disponíveis se caracterizavam pela resolução espectral grosseira.

Isto não significa que os recobrimentos com fotografias aéreas não devam ser utilizados. Esses dados são extremamente importantes para estudos voltados à evolução das paisagens sob impacto da ação do homem, pois trazem o registro das condições instantâneas da paisagem no momento da aquisição.

O uso de sistemas da alta resolução espectral (como o Hyperion) ou espacial (como o Ikonos)também é limitado para muitas aplicações que demandem visão sinóptica de grandes áreas, pois a alta resolução espectral e/ou espacial é obtida pela redução da faixa imageada pelo sensor.

Além disso, são sensores cuja aquisição de dados não é contínua sobre a superfície terrestre, ou seja, a aquisição de dados precisa ser programada, para uma data em que o sensor esteja passando sobre a área de interesse e esta esteja sem cobertura de nuvens (no caso do Hyperion) ou em que a área esteja sem cobertura de nuvem e que, simultaneamente, não haja uma solicitação de aquisição prioritária de dados, quando os dados são de sistemas que exijam o apontamento do sensor para outras órbitas.

Outro aspecto importante a ser considerado na definição de um sensor é a disponibilidade futura de dados. Alguns sensores estão a bordo de programas comerciais de sensoriamento remoto, como, por exemplo, a série de satélites SPOT, satélite RADARSAT e os satélites de alta resolução.

Outros programas são experimentais, como o ENVISAT e os satélites Terra e Aqua do programa americano de observação da Terra, cujos objetivos são voltados para missões científicas e/ou tecnológicas e que, portanto, não garantem a disponibilidade operacional dos dados a longo prazo.

O uso de dados de sensores a bordo de plataformas experimentais, entretanto, tem a grande vantagem da obtenção gratuita dos dados ou a custo reduzido.

Capítulo 3 — Sistemas Sensores

O fato é que a diversidade de sensores e de missões aumentou exponencialmente na última década, e com isso a necessidade de reflexão contínua sobre as melhores estratégias de obtenção de informações relevantes a baixo custo. A Tabela 3.11 mostra a relação de sensores operando entre 1976 e 1986, enquanto a Tabela 3.12 lista missões e sensores entre 1987 e 1997. O objetivo dessas tabelas não é entrar nos detalhes dos sensores carregados a bordo das várias missões, mas chamar a atenção para o aumento do número de instrumentos desenvolvidos, e para o aumento do número de países envolvidos em programas nacionais de uso de sensores remotos para o levantamento de recursos naturais e monitoramento da superfície terrestre. Alguns desses sensores serão tratados nos próximos capítulos. Outros não serão tratados, pois excedem ao caráter introdutório deste livro, mas os interessados podem consultar o site <http://www.space-risks.com/SpaceData>, para maiores informações. Sobre o significado dos acrônimos, consultar Lista de Acrônimos na página 17.

Tabela 3.11 Sensores em operação em missões espaciais de observação da Terra, entre 1976 e 1986 (exceto bloco soviético)

Missão	Agência	Lança-mento	Instrumentos	Principais aplicações.
Landsat-5	NASA	1984	MSS, TM	Levantamento de recursos naturais.
NOAA 9	NASA	1984	ARGOS AVHRR, ERBE, HIRS, MSU, S&R, SBUV, SEM,SSU	Meteorologia, agricultura, floresta, monitoramento ambiental, climatologia, oceanografia física, monitoramento de erupção vulcânica, busca e resgate.
SPOT 1	CNES	1986	HRV	Cartografia, modelos de elevação do terreno, agricultura, floresta, ambiente.
NOAA 10	NASA	1986	ARGOS AVHRR, ERBE, HIRS, MSU, S&R	Meteorologia, agricultura, floresta, monitoramento ambiental, climatologia, oceanografia física, monitoramento de erupção vulcânica, busca e resgate.

134 Sensoriamento Remoto

Tabela 3.12	Sensores em operação em missões espaciais entre 1986 e 1996			
Missão	Agência	Lançamento	Instrumentos	Principais aplicações
ERS-1	Agência Espacial Europeia	1991	SAR-AMI SAR-WM Wind-Scat ATSR RA	Levantamento de recursos naturais, oceanografia, monitoramento ambiental, monitoramento de gelo.
ERS-2	Agência Espacial Europeia	1995	SAR-AMI SAR-WM Wind-Scat ATSR, GOME RA	Levantamento de recursos naturais, oceanografia, monitoramento ambiental, monitoramento de gelo.
JERS-1	Agência Espacial Japonesa (JAXA)	1992	OPS SAR	Levantamento de recursos naturais.
Landsat-5	NASA	1984	MSS, TM	Levantamento de recursos naturais.
METEOR3N5	Agência Espacial Russa	1991	174K MR2000 MR 900 RMK-2 MSK-2 TOMS	Levantamento de recursos naturais, meteorologia, oceanografia.
METEOR3N5	Agência Espacial Russa	1991	174K MR2000 MR 900 RMK-2 MSK-2 TOMS	Levantamento de recursos naturais, meteorologia, oceanografia.
METEOR3N7	Agência Espacial Russa	1994	ISP MR-2000M PRARE ISR	Levantamento de recursos naturais, meteorologia, oceanografia.
MOS	Agência Espacial Japonesa (JAXA)	1990	DCS MESSR MSR VTIR	Levantamento de recursos naturais, oceanografia, monitoramento ambiental.

Tabela 3.12 *Continuação*

Missão	Agência	Lança-mento	Instrumentos	Principais aplicações
NOAA 11	NASA	1988	ARGOS AVHRR, ERBE, HIRS, MSU, SEM,SSU, SBU	Meteorologia, agricultura, floresta, monitoramento ambiental, climatologia, oceanografia física, monitoramento de erupção vulcânica, busca e resgate, estudos sobre o ozônio.
NOAA 12	NASA	1991	ARGOS AVHRR, ERBE, HIRS, MSU, SEM	Meteorologia, agricultura, floresta, monitoramento ambiental, climatologia, oceanografia física, monitoramento de erupção vulcânica, busca e resgate, estudos sobre o ozônio.
RESOURCES-01N2	Agência Espacial Soviética	1988	MSU-E MSU-SK	Levantamento de recursos naturais, meteorologia, oceanografia.
RESOURCES-F1M series	Agência Espacial Russa	1994	KFA-1000 KFA-200	Levantamento de recursos naturais, meteorologia, oceanografia, geodésia.
RESOURCES-F2 series	Agência Espacial Russa	1994	MK4	Levantamento de recursos naturais, oceanografia.
RESOURCES-F3 series	Agência Espacial Russa	1994	KFA-3000	Cartografia 1:25000 e menores.
SPOT 2	Agência Espacial Francesa (CNES)		HRV DORIS	Cartografia, modelos de elevação do terreno, agricultura, floresta, ambiente.

136 Sensoriamento Remoto

Tabela 3.12 *Continuação*

Missão	Agência	Lança-mento	Instrumentos	Principais aplicações
SPOT 3	Agência Espacial Francesa (CNES)	1993	HRV DORIS POAM	Cartografia, modelos de elevação do terreno, agricultura, floresta, ambiente.
IRS-1a	Agencia Espacial Índia (ISRO)	1988	LISS 1 LISS 2	Levantamento de recursos naturais.
IRS-1b	Agência Espacial Índia (ISRO)	1993	LISS 1 LISS 2	Levantamento de recursos naturais.
ISR-1c			LISS 3 WFIS PAN	Levantamento de recursos naturais, cartografia, modelos de elevação do terreno.
IRS-P2	Agência Espacial Índia (ISRO)	1994	LISS 2	Levantamento de recursos naturais.
IRS-P3	Agência Espacial Índia (ISRO)	1995	WFIS, MOS	Levantamento de recursos naturais.
TOPEX/ POSEIDON	NASA	1992	DORIS ALT GPSDR LLA TMR SSALT	Oceanografia física, geodésia.
OCEAN01-N7	Agência Espacial Russa	1994	KONDOR-2 MSU-M MSU-S RLSBO RM06	Levantamento de recursos naturais.
SeaSTAR	NASA	1995	SeaWiffs	Oceanografia física, oceanografia biológica.
RADARSAT	CCRS	1995	SAR	Oceanografia física.

Capítulo 4

Níveis de Aquisição de Dados

Os níveis de aquisição de dados de sensoriamento remoto dependem do veículo ou sistema de suporte para a operação de um sistema sensor. Este veículo ou sistema de suporte recebe o nome genérico de **plataforma**.

As plataformas mais comuns são os satélites e aeronaves, mas há também outros tipos que vão desde os pombos-correios que transportaram as primeiras câmaras fotográficas, até os ônibus espaciais e mesmo as estações espaciais.

Mas o conceito de plataforma não se limita apenas a sistemas mais sofisticados de suporte de sensores. Aeromodelos movimentados por controle remoto, balões dirigíveis, caminhões com escadas, tripés e vários tipos de embarcações são usados para a aquisição de dados nas chamadas missões de campo ou solo (Tabela 4.1).

Sensoriamento Remoto

Tabela 4.1 Tipos de plataformas utilizadas para a aquisição de dados de sensoriamento remoto e suas características

Plataforma	Altitude	Característica	Exemplo de missão
Satélite geo-estacionário	36.000 km	Observação a partir de um ponto fixo. Alta frequência de aquisição com baixa resolução espacial.	Satélites meteorológicos Satélites da série GOES
Satélite de órbita polar	500 — 1.000 km	Observação a intervalos regulares de um mesmo ponto, sob condições controladas de iluminação.	Satélites de recursos naturais. Satélites da série Landsat
Estações espaciais	400 — 400 km	Observações em períodos limitados e com objetivos específicos ou experimentos.	Estação Skylab/ sensores para estudos astronômicos, fotografias http://www.xmission. com/~skylab/skylab. html
Ônibus espacial	250 — 350 km	Observações com frequência irregular, por períodos limitados e com objetivos específicos.	SRTM/Space Shuttle Endeavour
Aviões de alta altitude	10 a 20 km	Levantamento de áreas extensas com objetivos específicos.	AVIRIS/ER2 http://aviris.jpl.nasa. gov/
Aviões de média altitude	1 km a 8 km	Levantamento de áreas específicas com objetivos específicos.	AVIRIS/Twin Otter http://aviris.jpl.nasa. gov/
Aviões de baixa altitude	150 m a 800 m	Levantamento de áreas limitadas com objetivos específicos.	Videografia/ Bandeirante
Aviões ultra leves	Até 500 m	Levantamento de áreas pequenas, missões de reconhecimento.	Aplicações específicas http://journals. cambridge.org/

Tabela 4.1 (*Continuação*)

Helicópteros	100 – 2.000 m	Aquisição de perfis e dados pontuais.	SADA/INPE http://www.dsr.inpe.br/
Aeromodelos	Abaixo de 50 m	Aquisição de dados em poucos minutos sobre áreas limitadas.	Experimentos com agricultura de precisão http://journals.cambridge.org/
Caminhões com escadas	Até 30 metros	Aquisição de dados para levantamento do comportamento espectral de alvos.	http://rst.gsfc.nasa.gov
Torres fixas em campo	Até 30 metros	Aquisição de dados para levantamento do comportamento espectral de alvos.	http://www.dsr.inpe.br/
Embarcações		Aquisição de dados para levantamento do comportamento espectral de alvos.	http://www.dsr.inpe.br/

A seleção da plataforma também depende do objetivo, para o qual os dados são adquiridos. Algumas aplicações têm requisitos mais rigorosos de estabilidade, e com isso precisam de sistemas de controle de atitude para garantir que os desvios sejam corrigidos. As plataformas que operam sensores que registram diferenças de fase e polarização do campo eletromagnético precisam ter um controle de atitude mais rigoroso do que plataformas que suportam a operação de sensores meteorológicos.

A atitude da plataforma pode ser alterada em decorrência de sua rotação em três eixos (Figura 4.1). Os ângulos de rotação: *roll* (ω), *pitch* (Φ) e *yaw* (κ)(rolagem, arfagem e deriva, respectivamente) são definidos em relação à direção de voo, as asas (painéis solares) e a linha vertical. Outro tipo de fator que pode alterar a atitude do satélite é a sua vibração (*jitter*).

O impacto da estabilidade da plataforma sobre a qualidade dos dados varia com o tipo de sensor transportado por ela. Uma câmara fotográfica, por exemplo, tem um único valor de atitude associado a uma cena. Um sistema de varredura, entretanto, terá mudanças de atitude em cada linha imageada.

As mudanças de atitude em plataformas orbitais são mais contínuas. Em aeronaves, entretanto, elas podem ser abruptas devido a efeitos de turbulência atmosférica, o que torna mais complexa a correção geométrica de imagens aéreas, principalmente se adquiridas por sistemas de varredura.

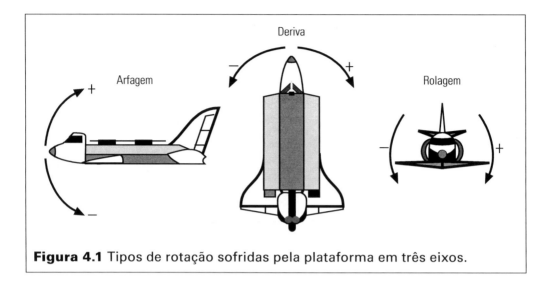

Figura 4.1 Tipos de rotação sofridas pela plataforma em três eixos.

Para a correção dos erros introduzidos pelas mudanças de atitude, que são inevitáveis muitas vezes, as plataformas aéreas e os satélites possuem sensores de atitude, que registram todos os movimentos sofridos por elas. Os sensores típicos para a correção de atitude de aeronaves são: velocímetro, altímetro, giroscópio, GPS, radar, entre outros mais sofisticados.

O controle de atitude dos satélites varia com o tipo de órbita. Os satélites de órbita geossíncrona têm apenas o controle de giro (*spin control*). Os satélites de órbita polar tem o controle em três eixos. Existem vários sensores de controle de atitude de satélites, tais como o giroscópio (*gyro-compass*) usado para medir variações de atitude em curtos intervalos de tempo.

Atualmente, os sistemas de controle de atitude mais sofisticados utilizam-se de sensores de estrela (**star sensors**). A partir do Landsat 5, os satélites da série Landsat passaram a ter sistemas de controle de atitude baseados no imageamento de estrelas e sua comparação com um catálogo de referência contendo 300 estrelas de até sexta grandeza armazenado no computador de bordo. O sistema de busca de estrelas (*standard star tracker*) armazena o resultado dessa comparação constantemente, podendo assim determinar diferenças de atitude com uma precisão de ± 0,03 grau.

O tipo de plataforma também interfere no efeito que a atmosfera possa ter sobre a qualidade dos dados. Quanto maior a altitude da plataforma maior será a interferência da atmosfera naquelas regiões do espectro em que sua transmitância é baixa. Nesse caso, os dados adquiridos com plataformas de alta altitude precisam ser corrigidos para os efeitos da atmosfera.

Como visto anteriormente, independentemente do tipo de sensor passivo, sua resolução no terreno, ou seja, a menor área discernida individualmente depende da altura da plataforma que o transporta.

A altura da plataforma também de certa forma define o ângulo de imageamento (*FOV — Field of View*). Tipicamente, sensores a bordo de aeronaves possuem amplos ângulos de imageamento (90 a 120 graus) enquanto a bordo de satélites, devido à sua maior altura, os mesmos sensores podem imagear uma ampla região com pequenos ângulos (10-20 graus).

Se a altura da plataforma interfere na geometria de imageamento, ela também necessariamente interfere na intensidade do sinal registrado. Com isso, a altura do sensor em relação à superfície imageada também é um fator de grande interferência na qualidade final dos dados, e consequentemente no esforço requerido para seu processamento e análise até que seja convertido em informação relevante.

A altura do sensor em relação ao alvo define o que se convencionou chamar de nível de aquisição de dados. Existem basicamente três níveis de coleta de dados por Sensoriamento Remoto, como pode ser observado na Figura 4.2. Esses níveis de observação podem ser genericamente chamados de: nível de laboratório/campo; nível de aeronave; nível orbital.

Pela análise da Figura 4.2, observamos que, ao passar de um nível para outro, modificam-se as dimensões da área observada. Até o início da última década do século XX, o nível de aquisição tinha um forte impacto sobre a resolução espacial dos dados adquiridos.

Os dados coletados ao nível de aeronave eram necessariamente mais adequados para aplicações com requisitos de alta resolução espacial. Atualmente, apesar da influência da altura sobre a resolução espacial, existem sensores que permitem adquirir dados de alta resolução independentemente do nível de aquisição. A distinção maior entre os níveis de aquisição se dá entre o tipo de dado que se obtém em laboratório e campo, em relação aos dados obtidos ao nível de aeronave e orbital.

No nível de laboratório trabalhamos com porções reduzidas da matéria e estudamos seu comportamento espectral quase que sem interferência de fatores ambientais. A área passível de ser analisada por estes métodos é reduzida, muitas vezes, da ordem de milímetros. Quando trabalhamos com dados ao nível de aeronave, e orbital, a energia registrada pelo sensor não se refere a um determinado objeto, mas a um arranjo de objetos da cena e dependendo da resolução no terreno, da integração da resposta espectral de diferentes objetos presentes no campo instantâneo de visada.

Essas diferenças de níveis de aquisição de dados determinam diferenças nas formas de análise dos dados e, consequentemente, no nível de informação deles derivada.

Vamos supor que tenhamos um sistema de varredura multiespectral colocado a bordo de uma plataforma a certa altura. Considerando que o campo instan-

Sensoriamento Remoto

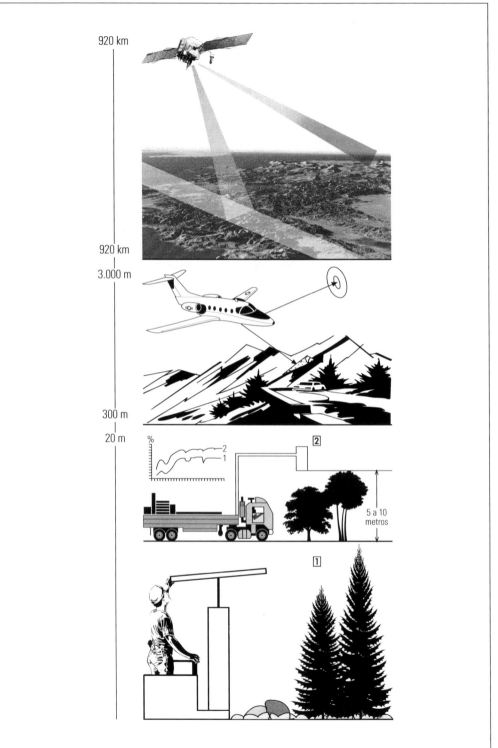

Figura 4.2 Níveis de aquisição de dados por sensoriamento remoto.

Capítulo 4 — Níveis de Aquisição de Dados **143**

tâneo de visada do sensor (determinado pelo seu sistema óptico) é de 2,0 milir-
radianos, o diâmetro do elemento de resolução para o terreno será dado por:

$$D = Hg \qquad (1)$$

onde:

D = diâmetro do elemento de resolução;
H = altura da plataforma;
g = campo instantâneo de visada.

Pela análise da Equação (1), vemos que, quando variamos a altura (H), variamos o diâmetro do menor elemento imageado no terreno. Se a plataforma estiver a 1.000 metros, a imagem resultante do processo de varredura terá uma
resolução de 2 metros. Objetos tão pequenos quanto um automóvel em uma rua
poderão ser "vistos" pelo sensor e registrados. Os produtos resultantes em forma
de imagens fornecerão informações tanto sobre a forma do objeto, permitindo o
seu pronto reconhecimento, como sobre a energia refletida por ele em cada uma
das regiões do espectro em que opera o sensor.

Se colocarmos a nossa plataforma a 10.000 metros, a resolução do produto será de 20 metros. Isto significa que, num mesmo elemento de resolução,
poderão estar contidos diversos objetos de dimensões variáveis, como casas,
veículos, cuja resposta espectral específica será integrada em um sinal único
proveniente de cada porção do terreno englobada pelo campo de visada instantâneo do sensor.

Como dito anteriormente, com o desenvolvimento de matrizes de detectores mais sensíveis, menores, de sistemas ópticos com maior eficiência na colimação da energia que chega ao detector, a altura da plataforma tornou-se
menos crítica, mas a mesma lógica se aplica ao se analisar o efeito da resolução
espacial final sobre os métodos de análise.

Como mencionado anteriormente, as medidas obtidas por sensores produzem informações espaciais, espectrais e radiométricas. Se o sensor observa a
cena ao longo do tempo, pode-se incluir no processo de extração de informações
a análise da variação das propriedades espaciais, espectrais e radiométricas da
cena ao longo do tempo. Atualmente, como vimos, já existem sensores que permitem observar a superfície em diferentes ângulos de observação, e nesse caso,
a nova dimensão de análise será incorporar a variação das propriedades espaciais, espectrais e radiométricas dos objetos da cena, em diferentes ângulos.

Isto significa que a extração de informações dos dados de Sensoriamento
Remoto depende basicamente da resolução espacial, da resolução espectral e
da resolução radiométrica dos dados.

A resolução espacial resulta da divisão da cena imageada em um grande
número de elementos discretos de informação. Na Figura 4.3 temos um exemplo da forma pela qual a resolução espacial interfere na extração de informações dos dados de Sensoriamento Remoto.

144   Sensoriamento Remoto

Vamos imaginar que temos um sensor que opere numa faixa qualquer do espectro. Chamaremos a esta faixa de Canal Z. Vamos supor que esse sensor possa ser ajustado para obter resoluções espaciais de 2 metros, 10 metros e 100 metros. Na Figura 4.3a, temos a grade de informações para uma resolução de 2 metros; na Figura 4.3b, a grade de informações para a resolução de 10 metros e na Figura 4.3c, a grade de informações para a resolução de 100 metros.

Ao analisarmos as imagens resultantes (Figuras 4.3a', 4.3 b' e 4.3c'), verificamos que, quanto maior o número de elementos discretos de informações (*pixels*) possui a imagem do objeto, mais fiel é essa imagem, e mais facilmente conseguimos reconhecer o objeto na cena. Na Figura 4.3a', "vemos" apenas dois objetos e na Figura 4.3 c' "vemos" apenas um objeto.

Se pudéssemos dispor de um sensor operando apenas nesse canal Z, para obtermos informações sobre a superfície teríamos que nos restringir a imagens com alta resolução espacial, ou seja, com um elevado número de *pixels*.

A imagem da Figura 4.3 b, por exemplo, não fornece informações sobre a natureza dos dois objetos. Poderíamos, então, dividir a faixa espectral do Canal Z em duas ou mais faixas espectrais mais estreitas. Estaríamos obtendo informações sobre o objeto, melhorando a resolução espectral do sensor.

Desta maneira, para cada elemento de resolução no terreno com coordenadas x, y, vamos ter sua resposta em duas ou mais regiões do espectro. Quanto maior o número de "canais" com que se imageará a cena, maior o volume de informações.

Vamos novamente considerar um exemplo hipotético. Na Figura 4.4 temos novamente a casa com o coqueiro ao lado, imageada com um sensor que permite uma resolução no terreno de 20 metros. Apenas esse sensor estará operando em três faixas do espectro: Canal X, Canal Y e Canal W. O resultado é que teremos uma "imagem" da cena em cada canal. Na Figura 4.4, pela tomada com o canal Z que abrange uma faixa ampla do espectro, não percebemos diferenças na intensidade de energia refletida pelos diferentes componentes da casa (tijolo, telhas, etc.) e do coqueiro.

A energia refletida que é registrada pelo sensor é uma integração da energia refletida em cada comprimento de onda. Com o sensor ajustado para obter informações em 3 canais estreitos, teremos para cada faixa do espectro uma intensidade de sinal refletido diferente para cada objeto. Se o canal X for sensível à radiação vermelha, o telhado da casa aparecerá com um "brilho" maior na imagem do canal X (Figura 4.4b). De fato, podemos observar na Figura 4.4b que, em 2 *pixels* correspondentes ao telhado, temos um "registro" diferente da energia proveniente da cena. Nesse canal X teremos um sinal menos intenso, indicando menos energia refletida nos *pixels* que se referem à copa do coqueiro, porque há *estudos* que demonstram que a presença da clorofila nas folhas verdes provoca uma redução na reflectância da vegetação verde na faixa espectral correspondente à cor vermelha.

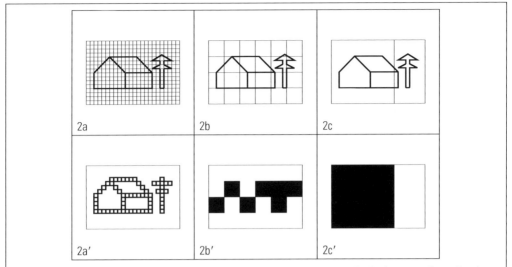

Figura 4.3 Efeito da resolução espacial na extração de informações de dados de sensoriamento remoto.

O canal Y corresponde hipoteticamente à região do infravermelho próximo. A imagem resultante (Figura 4.4c) terá um sinal menos intenso nos *pixels* correspondentes à casa como um todo e um sinal intenso nos *pixels* correspondentes ao coqueiro.

Finalmente, no canal W, vamos supor uma faixa espectral correspondente a um sinal de baixa intensidade na região correspondente ao telhado da casa. As paredes da casa, como são de cimento, terão nessa faixa do espectro uma alta reflectância e um sinal de alta intensidade. O coqueiro nessa banda apresenta um sinal de intensidade média.

Já podemos concluir das análises anteriores que, se compusermos as informações dos 3 canais utilizando filtros coloridos, poderemos reconstruir a nossa cena com maior nível de informação.

Se utilizarmos um filtro vermelho no canal X, um filtro verde no canal Y e um filtro azul no canal W, teremos a imagem resultante da Figura 4.5

Pela análise da Figura 4.5 podemos observar que quando melhoramos a resolução espectral dos nossos dados de Sensoriamento Remoto, aumentamos o nível de informação de imagens de baixa resolução espacial.

No exemplo das Figuras 4.4 e 4.5 trabalhamos com um sinal cuja intensidade foi classificada em alta, média e baixa. O intervalo de intensidade do sinal poderia ser dividido em vários níveis discrimináveis, de modo que se pudesse registrar pequenas variações na porcentagem de reflectância da cena. Esta divisão em níveis discretos de intensidade do sinal traduz a resolução radiométrica do sensor. Ao invés de tratarmos os dados qualitativamente como nos casos ilustrados nas Figuras 4.3 e 4,4, poderíamos dividir o sinal em 10 níveis. Desta

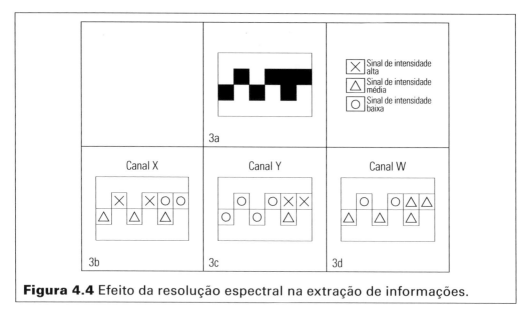

Figura 4.4 Efeito da resolução espectral na extração de informações.

maneira, chegaríamos a uma imagem final como a ilustrada na Figura 4.6 na qual, embora não tenhamos recuperado a informação espacial do alvo de interesse, conseguimos ampliar nossa percepção do objeto identificando "informações" novas só perceptíveis pela decomposição do seu espectro de reflexão.

Como dissemos anteriormente, podemos também ampliar nossa análise, acompanhando a variação das propriedades espectrais e radiométricas dos objetos da cena ao longo do tempo. Muitos sensores se encontram a bordo de plataformas que permitem a aquisição de dados a intervalos fixos ou variáveis.

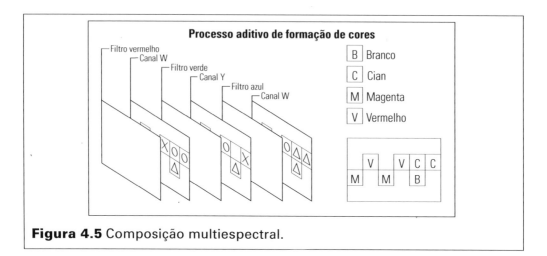

Figura 4.5 Composição multiespectral.

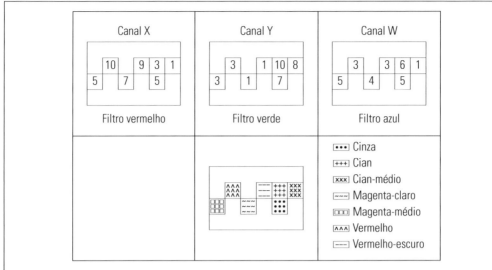

Figura 4.6 Efeito da resolução radiométrica na extração de informações.

No caso de nosso exemplo hipotético, se tivéssemos dificuldades em classificar os objetos como casa e coqueiro apenas melhorando a resolução espectral e radiométrica dos dados, poderíamos fazer um acompanhamento das mudanças sofridas pela resposta dos objetos da cena no tempo.

O intervalo de aquisição de dados expressaria a "resolução temporal" do sistema, ou a frequência de aquisição, cuja importância aumenta com o caráter dinâmico do objeto em estudo.

Como na natureza os objetos organizam-se de modo complexo e sofrem inúmeras interferências aleatórias, torna-se frequentemente necessário criar um conjunto de "amostras" das respostas espectrais dos alvos de nosso interesse, que nos permitirão fazer generalizações sobre suas características físico-químicas, biológicas etc.

A importância relativa de cada um desses aspectos na extração de informações a partir de dados de Sensoriamento Remoto varia com o nível de aquisição desses dados, sendo que, em geral, são utilizadas as informações coletadas a nível de campo/laboratório como suporte para a extração de informações de dados orbitais.

4.1. Nível de Laboratório e Campo

A caracterização de um material em laboratório a partir de suas propriedades de reflectância e transmitância é, em princípio, simples. À medida que o sensor é colocado mais distante do objeto de interesse, a caracterização espectral deste objeto torna-se mais complexa.

Desta maneira, em laboratório podemos conhecer o comportamento espectral de um objeto sob condições controladas. Podemos fixar variáveis, tais como ângulo de incidência do iluminante, potência do fluxo incidente, resolução espectral do sensor, altura do sensor etc.

Em condições de laboratório podemos manter controlada a "atmosfera" que se interpõe entre o alvo e o sensor e compreender, desta maneira, como são processadas as interações energia *versus* matéria para um determinado componente da superfície terrestre.

A Figura 4.7 mostra a curva espectral de folhas de algodão obtidas em condições de laboratório (Gausman *et ali*., 1970). Estas curvas representam a reflectância espectral difusa da parte superior da folha de algodão, medida com o auxílio de um espectrofotômetro operando no intervalo de 0,5 μm a 2,5 μm.

Nesse experimento puderam ser variadas as condições de cultivo do algodão e verificada a influência da salinidade no comportamento espectral da parte superior da folha de algodão.

À medida que saímos do laboratório, no qual todas as condições encontram-se controladas, e vamos para o campo, outros fatores que influenciam a resposta espectral do objeto devem ser considerados.

No caso específico da resposta espectral de determinado cultivo, temos que considerar: a) a altura do radiômetro em relação ao dossel da planta; b) a direção do apontamento radiométrico em relação ao plano de iluminação e à direção do plantio; c) o horário de aquisição dos dados, d) as condições de tempo (vento, nebulosidade etc.).

Outros fatores que estarão interferindo são: a) a densidade de cobertura do solo pela cultura; b) as propriedades físico-químicas do solo etc. Além destes fatores há, ainda a influir na resposta da cultura, o ângulo de incidência solar, que em condições de campo não pode ser mantido constante.

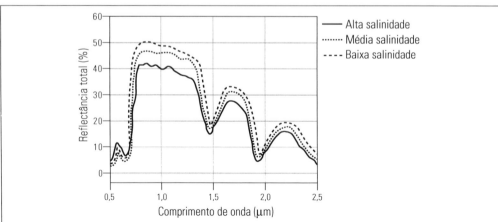

Figura 4.7 Curva espectral da folha de algodão sob condições de laboratório (Fonte: Gausman *et al.,* 1970).

Como vemos, a complexidade de fatores que devem ser considerados quando tentamos compreender o comportamento espectral de um objeto aumenta com o aumento da distância entre o objeto e o sensor.

Em laboratório medimos a resposta de uma folha. Em campo vamos medir uma resposta combinada de muitas folhas cuja posição em relação ao Sol é totalmente variável. Se estivermos operando com um radiômetro que defina um elemento de resolução no terreno de 20 cm × 20 cm, ele estará registrando a resposta das folhas e suas respectivas sombras. Se a cultura possuir um dossel pouco compacto, o sinal registrado terá ainda informações sobre o solo ou sobre os estratos inferiores. A Figura 4.8 permite observar o arranjo experimental testado por Londe (2007) para estudar o comportamento espectral de gêneros fitoplanctônicos em laboratório.

Na Figura 4.9, observa-se a configuração usada para a obtenção de medidas de comportamento espectral da água em campo. Nesse caso, fatores como nebulosidade, horário do dia, velocidade e direção do vento devem ser levados em conta na análise dos resultados (Barbosa, 2005).

Dessas observações podemos concluir que a aquisição de dados a nível de laboratório e campo é fundamental à compreensão do efeito de fatores ambientais e/ou propriedades inerentes dos objetos sensoriados sobre os sinais registrados pelos sensores.

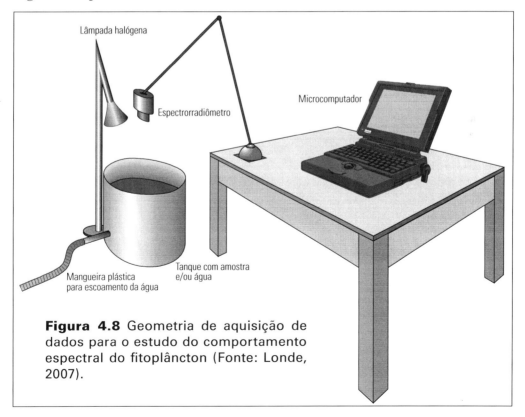

Figura 4.8 Geometria de aquisição de dados para o estudo do comportamento espectral do fitoplâncton (Fonte: Londe, 2007).

Figura 4.9 Aquisição de medidas sobre o comportamento espectral da água em condições de campo.

4.2. Nível de Aeronave

Muitas vezes, para a extração de dados obtidos a partir do nível orbital não basta o conhecimento do comportamento espectral dos componentes individuais da cena. Por isso, muitas vezes, dados adquiridos ao nível de aeronave são utilizados para identificar os alvos presentes em classes espectrais discernidas em imagens orbitais. Um exemplo da integração de dados em nível de aeronave e orbital para a identificação de objetos da superfície pode ser oferecido pelo trabalho de Graciani (2002). O objetivo do estudo realizado por Graciani (2002) era avaliar o impacto do início do enchimento do Reservatório Hidrelétrico de Serra da Mesa sobre a composição e dimensão da comunidade de plantas aquáticas do Reservatório Hidrelétrico de Tucuruí, localizado a jusante.

Para realizar esse estudo, Graciani (2002) usou imagens do sensor RADARSAT e do sensor TM do satélite Landsat adquiridas em dois anos sucessivos: 1996 e 1997. Na Figura 4.10 pode ser observado que a fusão da imagem RADARSAT permite discriminar vários padrões na área de estudo, mas não permite distinguir ou identificar a que esses padrões correspondem no terreno. Para essa identificação Graciani (2002) utilizou fotografias aéreas coloridas adquiridas simultaneamente à aquisição das imagens e do trabalho de campo numa faixa amostral da área de estudo. Com isso, foi capaz de associar os diferentes padrões aos gêneros de plantas aquáticas de seu interesse.

Outro exemplo do uso de imagens adquiridas ao nível de aeronave para a validação de dados orbitais é oferecido pelo trabalho de Hess *et al,*. (2002), no qual foram usados dados de videografia digital para avaliar a precisão de mapeamento dos limites da área alagável da região amazônica.

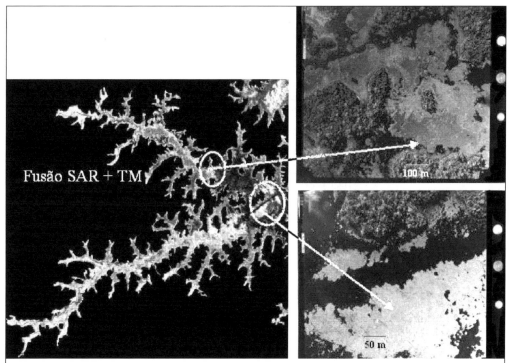

Figura 4.10 Uso de dados ao nível de aeronave para dar suporte à análise de dados adquiridos ao nível orbital (Fonte Graciani, 2002).

Outro importante uso de sensores a bordo de aeronaves é voltado à simulação de dados para avaliação prévia de sua utilidade e qualidade antes que este seja colocado a bordo de plataformas orbitais. Para maiores informações sobre o uso de aeronaves para a simulação de dados de sensores a ser colocados a bordo de plataformas orbitais, consultar (Crosta *et al.*, 2007a, Paradella *et al.*, 1998).

As aquisições de dados ao nível de aeronave ainda são feitas para o levantamento de informações específicas, principalmente quando não há a necessidade de monitoramento frequente, devido ao elevado custo. Ainda existe mercado para esse tipo de nível de aquisição, embora os sensores fotográficos estejam sendo substituídos por sistemas de radar (Gama *et al.*, 2001, 2007), sistemas de vídeo (Hess *et al.*, 2002) e sistemas *laser*.

Apesar de a resolução espacial das câmaras de vídeo ser muito menos fina do que a dos sistemas fotográficos, elas permitem que sejam adquiridos dados de modo rápido. O canal de áudio das câmaras pode ser usado para registrar o posicionamento de cada imagem por sistema de posicionamento global (GPS), de tal modo que possam ser facilmente localizadas e integradas a sistemas de informação geográfica.

Esse tipo de informação é particularmente útil em aplicações que visem uma rápida avaliação de danos causados por desastres, tais como enchentes

152 Sensoriamento Remoto

e incêndios. Um sistema de videografia digital foi utilizado pelo Instituto Nacional de Pesquisas Espaciais (INPE) para dar suporte à avaliação dos danos causados pelo incêndio florestal de Roraima (Shimabukuro *et al.*, 1999). A Tabela 4.2 mostra as características da missão de aquisição dos dados de videografia.

Tabela 4.2 Características da missão de Videografia Digital	
Tempo de voo de translado	31h20min
Tempo de voo de aerolevantamento	23h20min
Altura do aerolevantamento	3.000 a 3.500 pés
Número aproximado de imagens brutas obtidas	1.200.000 cenas (30 cenas/seg.)
Número aproximado de imagens úteis obtidas	4.500 cenas (destas, foram analisadas 2.895)
Superposição longitudinal (a cerca de 2.800 pés de altitude)	20%
Intervalo médio de captura	5 segundos
Área total imageada	3.600 km^2

(Fonte: Shimabukuro *et al.*, 1999)

A análise das imagens de vídeo permitiu identificar vários níveis de danos à floresta. A Figura 4.11 mostra um exemplo de padrão de incêndio florestal caracterizado pela queimada do sub-bosque florestal. Esses dados foram posteriormente integrados a informações extraídas de vários outros sensores para produzir uma avaliação final dos danos causados pelo incêndio. Maiores informações sobre a metodologia utilizada e sobre os dados utilizados podem ser encontradas em Shimabukuro *et al.* (1999).

Outro tipo de sensor muito utilizado para o monitoramento e prevenção de incêndios florestais a bordo de aviões de média altitude e helicópteros, principalmente, são os sistemas infravermelho de visada frontal (Forward Looking InfraRed — FLIR) que operam de modo similar aos sensores termais, mas obtêm os dados segundo uma visada oblíqua, de tal forma que a plataforma possa se manter à distância, e atrás da área do incêndio. As imagens produzidas pelo sistema tem alta resolução espacial, e podem ser utilizadas também para aplicações militares, vigilância de fronteiras etc.

Outro sensor que tem sido muito utilizado em aeronaves atualmente são os sistemas LIDAR, cujo nome é o acrônimo de Light Detection And Ranging (Detecção de Luz e Distância). Os sistemas LIDAR são sensores ativos de imageamento semelhantes ao RADAR, com a diferença fundamental em relação

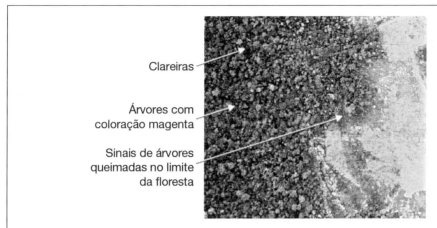

Figura 4.11 Exemplo de padrão de floresta queimada por fogo de superfície (Fonte: Shimabukuro *et al.*, 1999).

ao comprimento de onda da radiação emitida. Nos sistemas LIDAR, pulsos de luz são emitidos e a energia refletida dos objetos da cena é detectada (*active imaging*). O tempo necessário para o pulso atingir o objeto e retornar ao sensor é utilizado para determinar sua altura relativa. Esses sistemas também são utilizados para analisar a composição da atmosfera.

4.3. Nível Orbital

Como nível orbital considera-se a aquisição de dados de Sensoriamento Remoto através de equipamentos sensores colocados a bordo de plataformas em órbita da Terra. Curran (1985) propôs uma classificação dessas plataformas, em plataformas civis ocidentais, para indicar aquelas cujos dados eram de acesso livre para aplicações civis, e plataformas militares e soviéticas, para indicar os sistemas cujos dados eram de difícil acesso. Essa classificação não mais se aplica para o conjunto de plataformas disponíveis atualmente, embora em todo o mundo ainda haja sistemas específicos dedicados a aplicações militares aos quais não se tem acesso.

As plataformas orbitais podem ainda ser classificadas em plataformas tripuladas (espaçonaves como as da série Gemini e os ônibus espaciais) e não tripuladas (satélites). Os primeiros satélites foram testados para a aquisição de dados meteorológicos porque, por não serem tripulados, permitiam longa permanência no espaço, se prestando, portanto, a missões de monitoramento.

As primeiras missões que permitiram a aquisição de imagens orbitais da superfície terrestre foram tripuladas e ligadas ao objetivo de chegar à Lua, como parte da corrida espacial travada entre as duas potências hegemônicas de pós-guerra no século XX, os Estados Unidos da América (EUA) e a União das Repúblicas Socialistas Soviéticas (URSS).

154　Sensoriamento Remoto

A primeira plataforma tripulada que obteve fotografias da superfície terrestre a partir do espaço foi a Mercury, em 1961. As fotografias espaciais tomadas na 4ª missão da Mercury mostraram tal potencial de aplicações no reconhecimento de recursos terrestres que foram programadas novas missões com a utilização de fotografias coloridas.

É interessante notar que estas missões não eram voltadas para o Sensoriamento Remoto de recursos terrestres, mas despertaram a atenção para esta importante aplicação da tecnologia espacial.

Durante as missões da série Gemini foi, também, solicitado aos astronautas que tirassem fotografias de áreas de interesse da superfície terrestre. Nestas missões foram tiradas milhares de fotografias da superfície terrestre, testando inclusive o uso de filmes infravermelho falsa-cor.

O primeiro experimento formal, visando a utilização de sensores para levantamento de recursos terrestres, foi realizado em 1967 quando se tinha em mente obter fotografias coloridas por meio de câmaras acionadas automaticamente a bordo da espaçonave Apollo 6 (Fisher, 1975).

O programa de Sensoriamento Remoto de recursos terrestres, realizado durante as missões da série Apollo, tinha ainda como objetivo avaliar a qualidade de tais dados colocados em órbita através de sua comparação com informações coletadas no campo e em fotografias aéreas obtidas simultaneamente à obtenção das fotografias orbitais.

Durante a missão Apollo 9, foram analisados dados multiespectrais cujo desempenho fortaleceu o desenvolvimento do Programa ERTS (atual LANDSAT), que deu origem ao mais antigo e bem-sucedido sistema de Sensoriamento Remoto orbital existente.

Em 1973, a NASA também lançou um importante programa de Sensoriamento Remoto a bordo da estação espacial Skylab, colocada em uma órbita de 435 km acima da superfície terrestre. Sobre aplicações no Brasil, consultar Herz, 1977.

Esta estação espacial, por meio de um conjunto de experimentos em Sensoriamento Remoto conhecido como EREP (*Earth Resources Experiment Package*), permitiu a coleta de dados ao nível orbital através de diferentes sistemas sensores: 3 tipos de câmaras fotográficas, um espectrômetro infravermelho, um imageador multiespectral com 13 canais, um radiômetro-escaterômetro de microondas e um radiômetro na banda L (200 mm).

O mais recente sistema orbital tripulado é o *Space Shuttle*, que constitui um conjunto de espaçonaves (ônibus espacial) com capacidade para executar missões espaciais e retornar à Terra. A primeira missão espacial foi realizada em 1981 e, desde então, já se realizaram diferentes experimentos, principalmente com o objetivo de simular o desempenho de novos sistemas sensores e testar novas tecnologias espaciais. Em 1994 durante a missão SIR-C, por exemplo, foi testada com sucesso a transferência de imagens adquiridas em órbita, em tempo quase real para os pesquisadores que se encontravam em campo, de modo que os dados pudessem ser analisados e validados quase simultaneamente à aquisição. Devido à flexibilidade do tipo de órbita de lançamento, foi possível desenvolver uma série de experiências sobre as condições mais favoráveis à coleta de dados orbitais.

Em decorrência dos riscos envolvidos em missões tripuladas, houve, principalmente nos EUA, um maior investimento em adaptar as plataformas não tripuladas (satélites) já utilizadas desde a década de 1960 para observação meteorológica, de modo a incluir sensores que permitissem a observação da Terra.

O primeiro satélite de Sensoriamento Remoto de recursos terrestres não tripulado foi o Earth Resources Technology Satellite 1 (ERTS-1) que, em 1975, passou a chamar-se Landsat 1. Este primeiro satélite foi construído a partir de uma modificação do satélite meteorológico NIMBUS e inicialmente levou a bordo 2 tipos de sensores: um sistema de varredura multiespectral, conhecido como MSS (Multispectral Scanner Subsystem) e um sistema de varredura constituído por três câmaras de televisão (Return Beam Vidicon), conhecido como RBV.

A partir do êxito obtido pelos satélites da série Landsat, foram lançados outros satélites com sensores operando nas regiões do visível, do infravermelho e de micro-ondas.

Existem atualmente diversos sistemas orbitais de sensoriamento remoto em operação e eles podem ser classificados didaticamente no tocante à sua principal aplicação como:

- satélites ambientais (meteorológicos e oceanográficos);
- satélites de recursos naturais;
- satélites de aplicação híbrida.

A principal diferença entre os satélites tipicamente meteorológicos e os demais é o tipo de órbita, que neste caso é **geossíncrona**, posicionada no Equador, e com velocidade angular igual à velocidade de rotação da Terra. Com isto, o sensor observa constantemente uma mesma área da superfície terrestre. Os satélites não especificamente meteorológicos possuem órbitas polares que permitem o recobrimento contínuo de toda a superfície terrestre.

Como representante dos **satélites híbridos** com aplicações meteorológicas, oceanográficas e terrestres pode-se citar o satélite NOAA, que é um satélite de órbita polar, que carrega vários sensores a bordo, dentre os quais o AVHRR (*Advanced Very High Resolution Radiometer*).

Esta família de satélites foi projetada para adquirir informações meteorológicas. Foram desenvolvidos a partir de 1960 com o lançamento do satélite TIROS-1. Posteriormente, a partir do lançamento do sexto satélite em 1979, eles passaram a ser denominados NOAA (*National Oceanic and Atmospheric Administration Satellite*).

O sensor AVHRR a bordo deste satélite permite a aquisição de uma imagem a cada 12 horas. Ele encontra-se inserido numa órbita com altitude que varia de

156 Sensoriamento Remoto

830 a 870 km e recobre uma faixa com largura de aproximadamente 3.000 km. Mais informações sobre esse satélite e suas aplicações podem ser encontradas em (Gurgel, 2003; Ferreira, 2004, Carvalho *et al.*, 2004).

O terceiro grupo de satélites são os **satélites de recursos terrestres**, dos quais, como já mencionado, o mais antigo é o Landsat, lançado em 1972.

Em 1978, a NASA lançou o satélite SEASAT com um sensor ativo na região de micro-ondas. Este satélite manteve-se em órbita durante 100 dias, até que ocorreram falhas nos circuitos eletrônicos do sensor, interrompendo-se a aquisição de dados.

Este satélite ocupava uma órbita de 800 km de altitude em relação à superfície terrestre. Os dados foram coletados por meio de estações de recepção de dados (3 localizadas nos EUA, 1 no Canadá e 1 na Inglaterra). Como a operação do sistema ativo de micro-ondas (*SAR — Seasat Synthetic Aperture radar*) esteve limitada ao período em que o satélite se encontrava no campo de visão daquelas estações, os dados por ele coletados restringem-se à América do Norte, América Central, Europa Ocidental, ao Atlântico Norte, ao Pacífico Norte e ao Mar Ártico. Mais informações sobre este sistema podem ser encontradas em Elachi (1987).

Outro satélite experimental de Sensoriamento Remoto lançado pela NASA em 1978 foi o da missão HCMM (*Heat Capacity Mission Mapping* — Missão de Mapeamento Termal). O sensor a bordo do HCMM operava na faixa de infravermelho termal (10,5 — 12,5 um) e no visível (0,55 — 1,1 um).

Com órbita polar a 620 km da superfície terrestre, ele permitiu a aquisição de dados da superfície a cada 12 horas e em horários que permitissem a determinação da inércia termal de vários tipos de materiais. O satélite esteve em operação até 1980 e seus dados foram coletados em tempo real quando se encontrava no alcance das estações de recepção da NASA. Maiores informações sobre as características dessa plataforma orbital de coleta de dados podem ser encontradas em Elachi (1987).

A partir da década de 1980 vários países passaram a desenvolver programas espaciais que contemplavam missões de sensoriamento remoto. A Figura 4.12 resume as principais missões de sensoriamento remoto realizadas a partir da década de 1980 e projetadas até o ano de 2020.

A análise da Figura 4.12 permite verificar que a última década do século 20 e o início do século 21 assistiram a uma verdadeira proliferação de missões e novos dados de sensoriamento remoto. O número de países com programas espaciais e missões programadas de sensoriamento remoto cresceu bastante. Países como a China, Índia e Coreia, passaram a ter seus próprios satélites de recursos naturais.

O fim da guerra fria e a liberação de grande contingente de pessoal especializado dos setores de defesa americano e soviético para o setor privado deram origem a uma série de iniciativas de empresas privadas que passaram a atuar na prestação de serviços de sensoriamento remoto, envolvendo não apenas o pro-

Capítulo 4 — Níveis de Aquisição de Dados

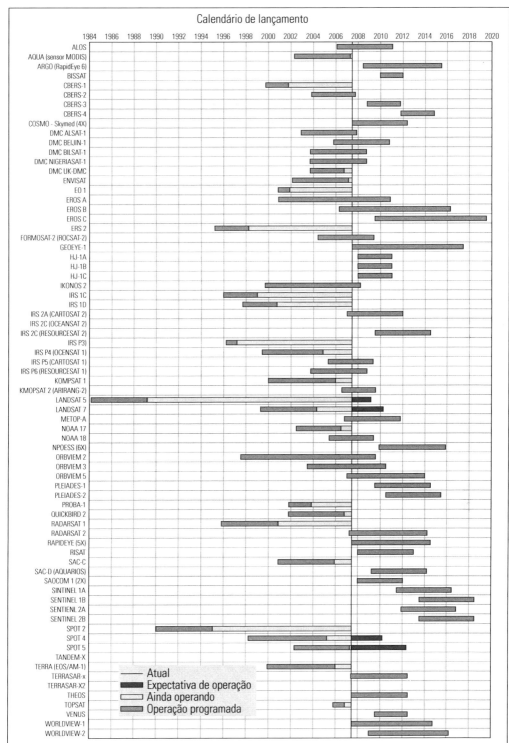

Figura 4.12 Satélites e sensores em operação a partir da década de 1980 e projetados para lançamento até 2020.

cessamento dos dados, mas também o desenvolvimento das plataformas e dos sensores.

Uma tendência atual, principalmente entre os países europeus, é o desenvolvimento de consórcios entre países visando o lançamento e operação de constelações de satélites. A Figura 4.13 mostra os satélites em operação a partir de 2000.

A análise da Figura 4.13 mostra que grande parte dos programas de sensoriamento remoto em operação atualmente já estão operando além do tempo previsto. Isto significa que muitos poderão deixar de operar brevemente.

Muitos dos programas atualmente em operação como o RADARSAT, Ikonos, Quickbird, IRS, DMC são programas comerciais, cujos dados não são de livre acesso.

No próximo capítulo trataremos de alguns desses programas com maior detalhe.

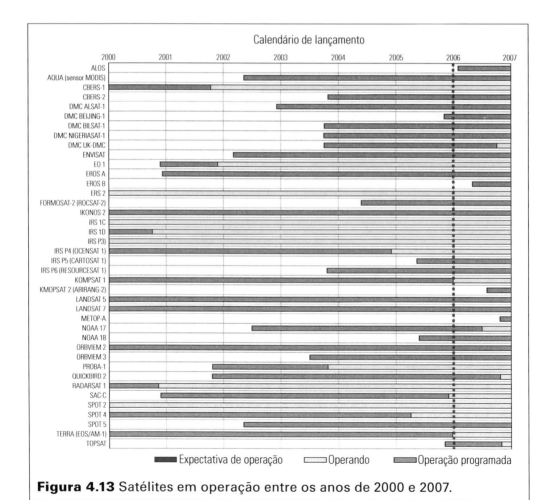

Figura 4.13 Satélites em operação entre os anos de 2000 e 2007.

Capítulo 5

Sistemas Orbitais

5.1. Programa Landsat

O Programa Landsat representou no século XX um modelo de missão de sensoriamento remoto de recursos naturais, principalmente porque permitiu incorporar, em seus sucessivos satélites, características requeridas pelos usuários dos dados. Para o Brasil, esse programa foi de fundamental importância, porque possibilitou consolidar e capacitar uma ampla comunidade de usuários.

Além disso, os dados do sistema **Landsat** são recebidos no Brasil desde 1973, que contou com toda a infraestrutura para sua recepção, processamento e distribuição, através do Instituto Nacional de Pesquisas Espaciais. Atualmente, não existe garantia de que essa missão prossiga, pelo menos com as características atuais, principalmente porque muito da tecnologia utilizada na construção e operação do satélite se encontra ultrapassada.

O Programa Landsat constitui-se em uma série de 7 satélites desenvolvidos e lançados pela National Aeronautics and Space Administration NASA a intervalos médios de 3 a 4 anos. O primeiro satélite da série recebeu inicialmente o nome de Earth Resources Technology Satellite — 1 (ERST-1) passando a ser chamado de Landsat em janeiro de 1975. Embora os satélites da série Landsat tenham sido concebidos para terem uma vida média útil de 2 anos, eles se mantiveram em operação durante muito mais tempo, como é o caso do Landdsat 5, que lançado em 1984 se manteve ativo até a data de conclusão deste capítulo em 2007.

160 Sensoriamento Remoto

O Programa Landsat permitiu, por cerca de 35 anos (1972 a 2007), a aquisição de imagens da superfície terrestre para atender uma ampla comunidade de usuários, incluindo os setores agrícola, florestal, entre outros.

A missão do Programa Landsat foi proporcionar a aquisição repetitiva de dados multiespectrais calibrados, com resolução espacial relativamente alta, se comparada à dos satélites para aplicações meteorológicas e oceanográficas, de modo global, para permitir comparações do estado da superfície terrestre ao longo do tempo.

Os dados Landsat são o mais longo e completo registro das superfícies continentais do planeta Terra a partir do espaço, de grande valor para os estudos sobre mudanças globais do planeta. A Tabela 5.1 resume a cronologia de operação dos satélites do programa, bem como algumas características de órbita e carga útil.

Tabela 5.1 Satélites do Programa Landsat

Sistema	Operação	Sensores	Resolução (m)	Comunicação	Altura de órbita (km)	Revisita (dias)	Taxa de dados
Landsat 1	23/07/72 01/06/78	RBV MSS	80 80	Telemetria Gravador de bordo	917	18	15
Landsat 2	22/01/75 25/02/82	RBV MSS	80 80	Telemetria Gravador de bordo	917	18	15
Landsat 3	05/05/78 31/03/83	RBV MSS	30 80	Telemetria TDRS	917	18	15
Landsat 4*	16/07/82	MSS TM	80 30	Telemetria TDRS	705	16	85
Landsat 5	01/03/84	MSS TM	80 30	Telemetria TDRS**	705	16	85
Landsat 6	10/05/93 10/05/93	ETM +	15 (pan) 30 (ms)	Telemetria Gravador de bordo	705	16	150
Landsat 7	04/04/99 a 2007 ***	ETM +	15 (pan) 30 (ms)	Telemetria Gravador de bordo	705	16	150

* A transmissão de dados TM via satélites de telecomunicação foi interrompida em agosto de 1993, mantendo-se apenas a telemetria direta para as antenas de recepção terrenas para os dados MSS.
** A transmissão dos dados TM do Landsat 5 apenas por telemetria.
*** O sistema já teve várias falhas e tem funcionado precariamente.

Como pode ser observado pela análise da Tabela 5.1, a carga útil evoluiu no sentido de melhorar a resolução espacial através da introdução de novos sensores, embora baseados em sistemas de varredura. Pode-se observar também que, a partir do terceiro satélite da série, sempre foram incorporadas modificações da carga útil em resposta às demandas dos usuários. Apesar da tecnologia datada, considero interessante que sua evolução e funcionamento sejam detalhados, porque fornecem a base para a compreensão de outras missões subsequentes. Assim sendo, veremos em detalhe as características desse programa.

5.1.1. A origem do Programa Landsat

A ideia de se desenvolver um sistema de coleta de dados sobre a superfície terrestre a partir de satélites surgiu com as primeiras fotografias orbitais do programa Mercury e Gemini. Estas fotografias demonstraram a viabilidade de serem utilizadas plataformas espaciais como base para a coleta de dados sobre os recursos da superfície terrestre.

Como as primeiras imagens da Terra a partir de uma plataforma espacial foram tomadas por câmaras fotográficas, concebeu-se que o sistema sensor a ser transportado pelo satélite deveria ser capaz de produzir uma imagem instantânea do terreno de forma semelhante aos sistemas fotográficos. Entretanto, para que a imagem pudesse ser transmitida a partir de um satélite para uma estação terrena, essa imagem deveria ser registrada eletronicamente. Desta maneira, foi definido, tendo em vista a tecnologia já existente de produção e transmissão de sinais de televisão, que o sensor a ser colocado no satélite seria baseado no aperfeiçoamento daquela tecnologia. Assim sendo, o sistema RBV (*Return Beam Vidicon*), que é um sistema semelhante a uma câmara de televisão e permite o registro instantâneo de uma certa área do terreno (cena), foi escolhido como a principal carga útil do satélite experimental de sensoriamento remoto de recursos terrestres.

Nesse sensor, a energia proveniente de toda a cena imageada impressiona a superfície fotossensível do tubo da câmara e, durante certo tempo, a entrada de energia é interrompida por um obturador, para que a imagem do terreno seja varrida por um feixe de elétrons. O sinal de vídeo pode então ser transmitido telemetricamente, ou seja, pode ser enviado como sinal a uma antena de recepção terrestre.

A definição final dos sensores a serem colocados a bordo do primeiro satélite da série Landsat foi feita a partir de pesquisas realizadas pela United States Geological Survey (USGS) e pelo United States Department of Agriculture (USDA), que seriam, em princípio os principais usuários dos dados. O USGS, entretanto, estava testando um novo sensor baseado num sistema de varredura mecânica no plano do objeto, denominado sistema de varredura multiespectral (*Mustispectral Scanner System — MSS*) como um sensor alternativo ao RBV.

162 Sensoriamento Remoto

Esse sistema foi incluído como carga útil do satélite para ser testado, mas sem grandes expectativas por parte da comunidade de usuários.

Outro aspecto que mereceu um cuidadoso estudo por parte da NASA foi a definição da órbita do satélite, que deveria atender: 1) ao tipo e frequência de recobrimento desejado; 2) às limitações impostas pelos sensores; 3) às limitações impostas pelas leis da mecânica orbital.

Algumas premissas básicas foram definidas: 1) a Órbita deveria ser circular, para garantir que as imagens tomadas em diferentes regiões da Terra tivessem a mesma resolução e escala; 2) deveria permitir o imageamento cíclico da superfície, para garantir a observação periódica e repetitiva dos mesmos lugares; 3) deveria ser síncrona com o Sol, para que as condições de iluminação da superfície terrestre se mantivessem constantes; 4) e o horário da passagem do satélite deveria atender às solicitações de diferentes áreas de aplicação, mas prioritariamente, às aplicações agrícolas e geológicas.

Foi selecionado o horário de passagem em torno de 9:30 da manhã, para satisfazer aplicações que necessitassem do efeito de sombreamento (Geologia, Geomorfologia) e aplicações que necessitassem de iluminação plena da cena (Agricultura). O período da manhã foi selecionado, porque se considerou a maior probabilidade de ocorrência de cobertura de nuvens em grande parte da superfície da Terra durante o período da tarde.

A partir destas definições preliminares, iniciadas em 1967, pôde-se chegar ao lançamento do primeiro satélite de Sensoriamento Remoto de recursos terrestres em julho de 1972. Ao longo da operação dos satélites e seus sensores, ocorreram modificações de prioridades em termos de parâmetros, tais como resolução espacial, faixas espectrais, resoluções radiométricas, como um resultado do avanço científico e tecnológico.

O Landsat 1 e o Landsat 2 carregaram a bordo sensores multiespectrais com a mesma resolução espacial, mas com diferentes concepções de imageamento: o sistema RBV, com imageamento instantâneo de toda a cena e o sistema MSS, com imageamento do terreno por varredura de linhas (*line-scanner*).

Embora ambos os sistemas sensores (RBV e MSS) fossem multiespectrais, o desempenho do MSS, em termos de fidelidade radiométrica, fez com que o terceiro satélite da série tivesse seu sistema RBV modificado, de modo a prover dados com melhor resolução espacial em uma única faixa do espectro. Por outro lado, foi acrescentada uma faixa espectral ao sistema MSS, para operar na região do infravermelho termal.

A partir do Landsat 4, ao invés do sensor RBV, a carga útil do satélite passou a contar com o sensor TM (*Thematic Mapper*), operando em 7 faixas espectrais. Esse sensor conceitualmente é semelhante ao MSS pois é um sistema de varredura de linhas (*line-scanner*). Incorpora, entretanto, uma série de aperfeiçoamentos, quer em seus componentes ópticos, quer em seus componentes eletrônicos. Esses aspectos serão discutidos com mais minúcia quando tratarmos de cada um dos sensores. A partir do sexto satélite, o sensor MSS foi descontinuado, e o sensor TM substituído por uma versão melhorada dele, denominada Enhanced Thematic Mapper (ETM+), com as mesmas bandas do TM, mas incorporando uma banda pancromática com 15 metros de resolução espacial.

5.1.2. Componentes do Sistema Landsat

O sistema Landsat, como qualquer outro sistema de sensoriamento remoto orbital, compõe-se de 2 subsistemas: o Subsistema Satélite e o Subsistema Estação Terrestre, também conhecido atualmente, pelo aumento de complexidade, como o "Segmento Solo".

O Subsistema Satélite tem a função básica de adquirir os dados, transformá-los em sinais passíveis de transmissão, coletar informações sobre a atitude e posição da plataforma para auxiliar o processamento dos dados em terra, suprir a energia necessária para todas as operações da carga útil, e do próprio satélite, fazer as atividades de manutenção do satélite e comunicação com a estação terrestre.

O Segmento Solo tem a função de dar suporte à operação do satélite, a partir da análise dos dados de telemetria, rastear o satélite, ativar o processo de recepção e gravação dos dados de carga útil e telemetria. Além disso, faz parte das atividades do segmento solo, processar os dados, arquivá-los e torná-los utilizáveis por especialistas em extração de informações de interesse para a agricultura, para a ecologia, geologia etc.

Atualmente, como parte das atividades do Segmento Solo, estão incluídos também o desenvolvimento de produtos (índices biofísicos e geofísicos, modelos digitais de terreno, mapas de temperatura derivados das imagens) e sua disponibilização na Internet. O Segmento Solo atualmente é espacialmente distribuído por uma rede de estações de recepção e laboratórios, tanto nos Estados Unidos da América, como em outras regiões do mundo.

5.1.2.1. Satélites Landsat 1, 2, 3

a) Principais Características do Landsat 1, 2, 3

A Figura 5.1 apresenta os principais componentes do modelo de satélite utilizado nas 3 primeiras missões da série Landsat. Podemos observar que ele possui um conjunto de subsistemas com funções específicas de ajuste da órbita, controle da posição do satélite em relação ao plano orbital, medição constante da posição do satélite, suprimento de energia, controle térmico, telemetria etc.

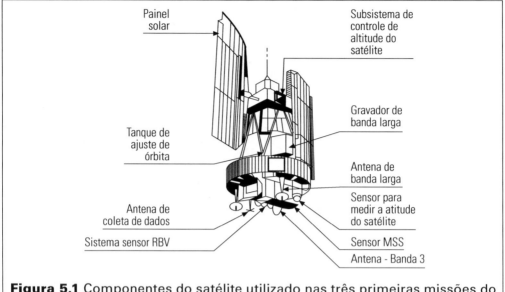

Figura 5.1 Componentes do satélite utilizado nas três primeiras missões do Landsat (Fonte: NASA, 1976).

O subsistema de ajuste de órbita, conhecido como OAS (*Orbit Adjust Subsystems*), tem duas funções básicas: corrigir a órbita do satélite após o lançamento e manter ou restabelecer a órbita durante seu período de vida útil. O ajuste de órbita é feito por um sistema de motores a jato que utiliza hidrazina como monopropulsor. Maiores informações sobre sua operação podem ser encontradas em Freden e Gordon Jr. (1983).

Outro componente importante do satélite é o seu subsistema de controle de atitude. Na Figura 5.2 podemos observar que o satélite em órbita está sujeito a pelo menos três tipos de movimentos que interferem na aquisição de dados de Sensoriamento Remoto.

Um tipo de deslocamento do satélite é conhecido por *pitch* (arfagem), que traduz a movimentação do satélite no plano horizontal, provocando a oscilação de sua base em relação ao eixo longitudinal da espaçonave. Outro tipo de oscilação em relação ao plano horizontal é conhecido como *roll* (rolamento) e provoca a movimentação da base perpendicularmente àquela provocada pelo *pitch*. Finalmente, há um movimento a que está sujeito o satélite, que recebe o nome de *yaw* (deriva) e que representa a rotação da espaçonave em relação ao seu eixo vertical, o que determina um desvio da direção de órbita.

O subsistema de controle de atitude do satélite (*Attitude Control Subsystem — ACS*) tem a função de manter essas oscilações de posição dentro de limites toleráveis. A manutenção da estabilidade da base do satélite em relação ao plano horizontal é fundamental para que os subsistemas sensores estejam numa posição paralela à cena imageada.

Capítulo 5 — Sistemas Orbitais **165**

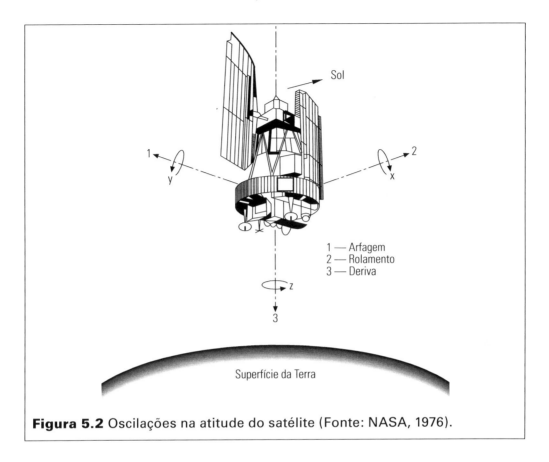

Figura 5.2 Oscilações na atitude do satélite (Fonte: NASA, 1976).

Outro aspecto fundamental do subsistema de controle de atitude do satélite é garantir que os painéis solares sejam orientados em relação ao Sol. Para adquirir o máximo suprimento de energia para a espaçonave, as células solares devem ser mantidas, o mais próximo possível, da posição perpendicular ao vetor Sol-satélite. Mais informações sobre este subsistema podem ser encontradas em Freden e Gordon Jr. (1983) e em NASA (1976).

Além de o satélite possuir um subsistema de controle de atitude que detecta desvios e os corrige automaticamente, ele possui um subsistema capaz de medir esses desvios a cada instante, de modo que os dados coletados sob certas condições fora do padrão de oscilação aceitável sejam corrigidos. Esse subsistema chama-se Sistema de Medidas da Atitude (Posição) do Satélite (*Attitude Measurement Subsystem — AMS*).

Essas medidas são tomadas independentemente do subsistema ACS e enviadas para as estações terrenas para serem incorporadas a um banco de dados conhecido por SLAT (*Spacecraft Location and Attitude Tape*), que poderíamos chamar de "dados para localização e determinação da posição dos satélites". Estes dados são usados na fase de processamento para geração de imagens de satélite.

166 Sensoriamento Remoto

Outro subsistema importante do satélite é o seu sistema de energia. Este subsistema tem a função de gerar, armazenar e distribuir a energia elétrica necessária para operar todos os demais subsistemas componentes da espaçonave.

A energia elétrica é gerada por um conjunto de células solares montadas nos painéis solares. A armazenagem da energia é realizada através de baterias. Tanto as baterias quanto os painéis são controlados telemetricamente, de modo a manter a temperatura e o suprimento de energia dentro de níveis ótimos.

O controle térmico do ambiente é feito através de um sistema de controle que provê temperaturas entre 20° e 10°C para o perfeito funcionamento dos subsistemas sensores e demais subsistemas de controle.

Para a atividade de sensoriamento remoto orbital, os subsistemas de transmissão e processamento de dados (*Communications and Data-Handling Subsystems*) são fundamentais. Estes subsistemas são responsáveis por todo o fluxo de informações interno e externo à espaçonave, incluindo a telemetria, a armazenagem de dados a bordo, e a comunicação interna entre os diferentes subsistemas que compõem o satélite. São formados por dois componentes: um subsistema de telemetria de banda larga e um subsistema de telemetria de banda estreita.

O subsistema de banda larga (Banda X) é responsável pelo processamento e pela transmissão dos dados coletados pela carga útil enquanto o subsistema de banda estreita é responsável pela coleta e pela transmissão dos demais dados do satélite para as estações de recepção (Banda S). Este subsistema recebe comandos da Space Flight Tracking and Data Network (STDN) e os implementa a bordo do satélite. Ele provê também a transmissão dos dados coletados pelas PCDs ou Plataformas de Coleta de Dados.

b) Características da Órbita dos Satélites Landsat 1, 2, 3

Os três primeiros satélites da série Landsat estiveram inseridos numa órbita circular, quase polar, síncrona com o Sol, a uma altitude aproximada de 920 km.

Durante seu período de operação, os satélites realizavam uma órbita completa em torno da Terra a cada 103 minutos e 27 segundos, de modo a recobrir 14 faixas da superfície terrestre por dia (Figura 5.3a). A configuração da órbita dos satélites 1, 2 e 3 foi estabelecida de tal modo que a cada 18 dias eles passavam sobre a mesma região da superfície terrestre.

O ângulo de inclinação da órbita do satélite em relação ao plano do Equador (99°1') fazia com que tivesse uma trajetória quase polar em torno da Terra, garantindo o imageamento entre as latitudes de 81°N e 81°S. Esta inclinação também garantia que a órbita fosse "síncrona com o Sol", permitindo que os dados fossem coletados sob condições de iluminação local similares.

Outra característica importante é que o plano de órbita desloca-se em torno da Terra à mesma velocidade do deslocamento da Terra em relação ao Sol. Desta forma, cada vez que o Satélite cruza o Equador em direção ao Sul (órbita descendente), ele o faz durante o mesmo horário local, durante todo o ano. O horário médio de passagem dos satélites pelo Equador é 9h30, variando conforme a longitude.

Pela análise da Figura 5.3b podemos observar que a inclinação do satélite é de 9°1' em direção contrária à inclinação de uma órbita polar. Isto faz com que o plano orbital antecipe-se em quase 1° de longitude em direção ao leste, para compensar o movimento de translação da Terra.

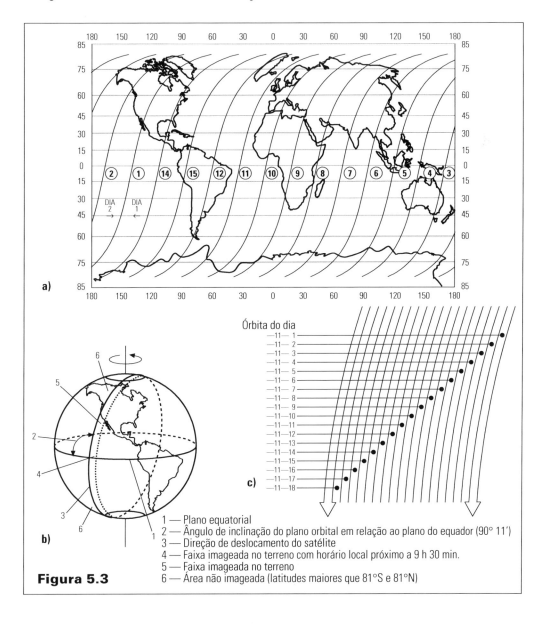

Figura 5.3

168 Sensoriamento Remoto

Esses parâmetros orbitais que envolvem o período orbital do satélite e o movimento de rotação da Terra fazem com que cada órbita sucessiva seja deslocada em 25,8 graus em direção a oeste. Isto significa que, no caso dos satélites 1, 2 e 3, se a órbita 1 do dia 1 passasse por São Paulo, a órbita sucessiva estaria deslocada para oeste e assim sucessivamente de tal modo que, no dia 2, a linha de trajetória do satélite teria se deslocado em 1° e 43' de longitude em direção a oeste, ou cerca de 159 km ao longo do Equador. No 19° dia ou na 251ª revolução do satélite, ele já terá se deslocado 25°7' (18 × 1°43') em longitude, de tal modo que sua posição seria coincidente com a órbita 1 do dia 1 (Figura 5.3c).

Devido à antecipação da órbita e às variações na altitude do satélite, entre passagens sucessivas sobre uma mesma área, pode-se registrar variações de até 30 km em relação ao ponto central da cena imageada.

Essa geometria de imageamento também faz com que, entre órbitas sucessivas, haja um recobrimento que varia de, aproximadamente, 14% na região equatorial a 34% a 40° de latitude. Esta característica, na prática, representa um aumento da resolução temporal do sistema nas regiões de recobrimento.

c) A Carga Útil a Bordo dos Landsat 1, 2, 3

Como carga útil (*payload*), devemos entender aqueles instrumentos que estão a bordo do satélite exclusivamente para a coleta de informações sobre a superfície terrestre.

Como já mencionamos anteriormente, os três primeiros satélites levaram a bordo dois tipos de sensores: um subsistema de câmaras de televisão RBV e um subsistema de varredura (MSS). Além desses sensores, a carga útil era composta por um subsistema de gravação de dados a bordo (wideband tape recorders — WBVTRs) responsável pela armazenagem dos dados coletados pelos sensores durante os períodos em que o satélite se encontrava fora do alcance das estações terrestres de recepção. Além destes instrumentos, os satélites carregavam a bordo os componentes para recepção e transmissão de dados coletados por plataformas remotas e automáticas, conhecidas como PCD (Plataformas de Coleta de Dados) ou PCM (Plataformas de Coleta de Dados Meteorológicos). Este subsistema é conhecido como subsistema de Coleta de Dados.

A Figura 5.4 apresenta, de forma esquemática, os componentes da carga útil a bordo dos satélites Landsat 1, 2 e 3.

Vamos agora estudar com mais cuidado os subsistemas que faziam parte da carga útil destes três primeiros satélites.

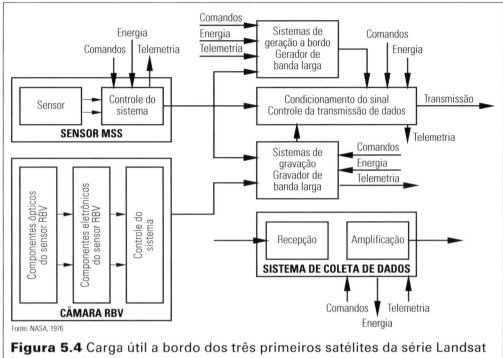

Figura 5.4 Carga útil a bordo dos três primeiros satélites da série Landsat (Fonte: NASA, 1976).

d) **Imageador Multiespectral — MSS (*Multispectral Scanner Subsystem*)**

Os subsistemas de varredura a bordo dos Landsat 1, 2 e 3 eram equipamentos que permitiam o imageamento de linhas do terreno numa faixa de 185 km, perpendicularmente à órbita do satélite. A varredura do terreno era realizada com o auxílio de um espelho que oscilava perpendicularmente ao deslocamento da plataforma. A Figura 5.5 apresenta de forma resumida as principais características do processo de imageamento do MSS.

Na Figura 5.5a podemos observar que, para cada faixa do espectro, eram "varridas" seis linhas do terreno simultaneamente, durante uma oscilação do espelho. No caso específico do MSS a bordo do Landsat 3, o canal referente à região termal registrava duas linhas de varredura a cada oscilação do espelho.

Durante a oscilação do espelho, a imagem do terreno, ao longo de uma faixa de 185 km, é focalizada sobre uma matriz de detectores (Figura 5.5b). Esta matriz de seis detectores para cada faixa do espectro determina o imageamento de seis linhas (uma para cada detector) simultâneas do terreno.

O sistema óptico do MSS e as dimensões de cada detector que compõe a matriz de detectores são responsáveis pelo seu campo instantâneo de visada (*angular instantaneous field of view — IFOV*), que é de 0,086 m Rad (milir-

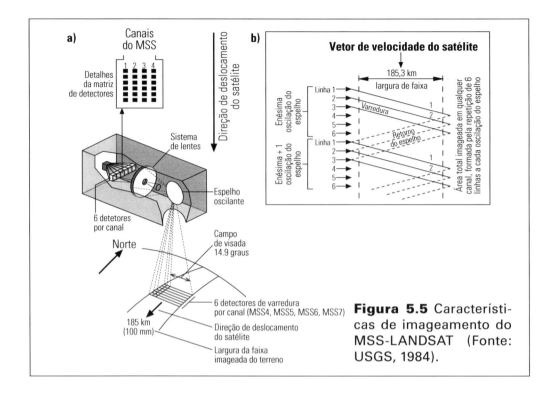

Figura 5.5 Características de imageamento do MSS-LANDSAT (Fonte: USGS, 1984).

radianos). Esse ângulo de visada faz com que a resolução nominal do sistema MSS seja de 79 m × 79 m, se for admitida uma altitude média de 913 km para a órbita do satélite.

Pela Figura 5.5a, observamos que o espelho oscila de oeste para leste. A frequência de oscilação do espelho é tal, que permite o imageamento de 5,6 m do terreno por microssegundo (5,6 μs^{-1}).

A energia proveniente de cada elemento de resolução é transformada em um sinal elétrico. Este sinal é registrado a cada 9,9 microssegundos. O tempo necessário para que o sinal elétrico produzido em cada detector seja amostrado é de 0,3 microssegundos.

Estas características do sistema de registro do sinal fazem com que, ao serem novamente amostrados, os detectores individuais tenham a imagem do terreno deslocada em apenas 56 metros. Como o campo de visada do sistema é de 79 metros, os detectores individuais estarão sempre recebendo radiação proveniente de 11 m do *pixel* precedente, ao longo da linha de varredura. Desta forma, o tamanho efetivo do *pixel* imageado é de 56 m (ao longo da linha de varredura) por 79 m (perpendicularmente à linha de varredura).

Outra característica do processo de imageamento e amostragem do sinal registrado pelo detector é a defasagem entre as bandas. Como o tempo de amostragem do sinal elétrico é finito, o mesmo *pixel* no terreno é amostrado em tempos diferentes em cada canal. O arranjo da matriz de detectores faz com que, ao se levar em conta o tempo da amostragem, cada detector "observe" uma área dois *pixels* a oeste daquela observada pelo detector do canal que o precede. Desta forma, quando os dados registrados são organizados numa matriz, aqueles referentes ao primeiro canal (MSS 4) devem ser deslocados em 6 *pixels* para corresponderem à mesma matriz de dados do último canal (MSS 7).

O processo de imageamento pelo sistema MSS também determina diferenças de localização entre linhas de um mesmo canal em função da taxa de registro do sinal. Entre a linha 1 e a linha 6 há um deslocamento no terreno de aproximadamente 22 metros ao longo da linha de varredura.

A cada oscilação do espelho, o satélite desloca-se ao longo da órbita, para proporcionar o imageamento contínuo do terreno. Entretanto, o movimento de rotação da Terra provoca um pequeno deslocamento do ponto inicial da varredura para oeste a cada oscilação do espelho, ou seja, a cada seis linhas imageadas. Se considerarmos o deslocamento de 185 km ao longo da órbita do satélite, há um deslocamento de 12,5 cm entre a primeira e a última coluna de *pixels*.

Tais distorções geométricas derivadas do processo de imageamento são posteriormente corrigidas nas estações terrenas. Trataremos mais cuidadosamente desse tópico na seção referente ao processamento de dados.

Os detectores utilizados no MSS são tubos fotomultiplicadores, para os canais 4, 5 e 6 e diodos de silício, para o canal 7. No caso do MSS a bordo do Landsat 3, havia ainda o canal termal onde os detectores eram de Telureto de Mercúrio-Cádmio (HgCdTe).

Quando a energia refletida ou emitida pela superfície atinge os detectores, estes produzem um sinal elétrico (analógico). Este sinal é função da potência que chega ao detector e de sua sensibilidade à radiação incidente numa dada faixa do espectro. Este sinal de saída do detector entra num multiplexador (sistema de transmissão simultânea de sinais), que é responsável por todo o fluxo de dados digitais que é enviado do satélite às estações terrenas.

Por meio da Figura 5.6, verificamos que o sinal elétrico produzido pelo sensor é dirigido a um multiplexador analógico, programado para operar de acordo com os parâmetros determinados pelo processo de imageamento. Estes sinais são enviados para um conversor de sinal analógico em sinal digital a intervalos de tempo que são controlados por um oscilador de circuitos.

Antes da conversão do sinal de analógico para digital, há duas opções de fluxo da informação. A primeira opção, usada apenas ocasionalmente, faz com que o sinal seja amplificado conforme diferentes valores de ganho (alto ou baixo) nos canais 4 e 5.

A segunda opção, normalmente utilizada, faz com que o sinal seja amplificado com valor de ganho baixo. Após optar pelo tipo de amplificação a ser sofrida pelo sinal, há um dispositivo que permite também que se escolha a forma

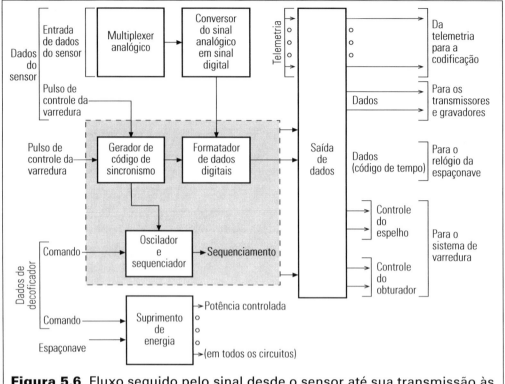

Figura 5.6 Fluxo seguido pelo sinal desde o sensor até sua transmissão às estações terrenas (Fonte: USGS, 1984).

de amplificação do sinal referente aos canais 4, 5 e 6. Pode-se, então, proceder a uma amplificação linear do sinal ou a uma amplificação não linear.

No caso dos canais cujos detectores são fotomultiplicadores (4, 5, 6), o seu desempenho é limitado pela elevada taxa de ruído que ocorre quando neles incidem níveis de radiação extremamente elevados ou extremamente baixos. Nessas circunstâncias, um tipo de amplificação logarítmica faz com que o desempenho da conversão do sinal de analógico para digital, seja otimizado. No caso do MSS7, que opera com um detector de diodo de silício, a melhor forma de amplificação é a linear. Explicações mais detalhadas sobre este procedimento podem ser encontradas em USGS (1984).

Após a amplificação, o sinal é digitalizado em 64 níveis. Estes 64 níveis podem ser posteriormente expandidos nas estações terrestres até 128 ou 256 (Freden e Gordon Jr, 1983).

A calibração dos valores de radiância detectados pelo MSS é feita a cada linha de varredura no terreno, no período correspondente a duas linhas sucessivas. Durante esse intervalo de tempo, é interrompido o fluxo radiante proveniente da cena e os detectores focalizam uma lâmpada de calibração. Estes valores de calibração são adicionados ao fluxo de dados ao término de cada linha de varredura. Outras informações que são fornecidas a cada linha são o número de *pixels* da linha e um código de tempo que permite a operação sincronizada dos detectores.

e) Sistema RBV (*Return Beam Vidcom System*)

O sistema RBV é um tipo de sensor que permite observar a cena imageada como um todo de forma instantânea à semelhança de uma câmera fotográfica. A Figura 5.7 representa o sistema RBV que operou a bordo dos dois primeiros satélites da série Landsat.

Como pode ser observado na Figura 5.7, o sistema RBV a bordo desses 2 satélites era concebido para proporcionar informações espectral e espacial. Consistia de três câmaras independentes que operavam simultaneamente, sensoriando a mesma superfície, em três faixas do espectro determinadas através de filtros espectrais. A cena terrestre imageada pela câmara representava uma área de 185 km. A energia proveniente dessa área impressionava um tubo fotossensível. Um obturador fechava, então, a entrada de energia proveniente da cena e a imagem do terreno no tubo era varrida por um feixe de elétrons, produzindo um sinal proporcional à intensidade da energia incidente. O tempo de varredura eletrônica para cada faixa espectral era de 3,5 segundos e o intervalo entre duas exposições sucessivas era de 25 segundos, a fim de serem produzidas com superposição ao longo da linha de deslocamento do satélite.

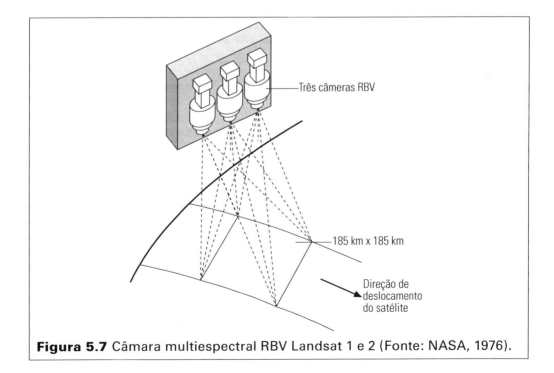

Figura 5.7 Câmara multiespectral RBV Landsat 1 e 2 (Fonte: NASA, 1976).

Para o satélite Landsat 3, a concepção do sistema RBV foi totalmente revista. Optou-se pela operação de duas câmaras RBV em uma faixa do espectro apenas e com melhor resolução espacial em relação ao MSS.

A Figura 5.8 representa, de forma esquemática, o sistema RBV a bordo do Landsat 3. Foram feitas algumas modificações no sistema óptico e no sistema eletrônico das câmaras, que se transformaram em câmaras pancromáticas com resolução nominal de aproximadamente 25 m × 25 m (Freden e Gordon Jr., 1983).

Ao contrário do sistema MSS, os dados RBV não são transformados de analógicos para digitais antes de serem transmitidos às estacões terrestres.

A Tabela 5.2 mostra as características dos sensores a bordo dos satélites 1 e 2. Sua análise permite verificar que o sensor MSS apresentava uma vantagem sobre a câmara RBV que era a de atuar na faixa do infravermelho próximo. Com isso, a comunidade de usuários passou a aumentar sua demanda sobre os dados do sensor MSS, havendo pequeno desenvolvimento de aplicações para os dados RBV.

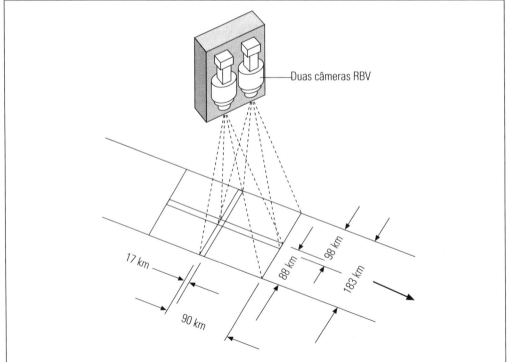

Figura 5.8 Esquema das câmaras RBV a bordo do Landsat 3 (Fonte: Freden e Gordon Jr., 1983).

Tabela 5.2 Características da carga útil do Landsat 1 e 2

Satélites	Sensores	Banda	Intervalo (µm)	Resolução (m)
Landsat 1 e 2	RBV	1	0,48 — 0,57	80
	RBV	2	0,58 — 0,68	80
	RBV	3	0,70 — 0,83	80
	MSS	4	0,50 — 0,60	79*
	MSS	5	0,60 — 0,70	79*
	MSS	6	0,70 — 0,80	79*
	MSS	7	0,80 — 1,10	79*
* resolução efetiva no solo = 80 m				

A alternativa adotada, como foi mencionado, foi modificar a carga útil para o terceiro satélite da série. O sensor RBV passou a operar em uma única banda pancromática, produzindo imagens com melhor resolução espacial, e o sensor MSS teve uma banda adicionada para operar na região do infravermelho termal (Tabela 5.3).

Essas mudanças na carga útil não demandaram alterações nas características da plataforma, que permaneceu a mesma.

Tabela 5.3 Características da carga útil do Landsat 3

Satélites	Sensores	Banda	Intervalo (µm)	Resolução (m)
Landsat 3	RBV	1	0,505 — 0,705	40
	MSS	4	0,50 — 0,60	79*
	MSS	5	0,60 — 0,70	79*
	MSS	6	0,70 — 0,80	79*
	MSS	7	0,80 — 1,10	79*
	MSS	8	10,4 — 12,6	240
* resolução efetiva no solo = 80 m				

f) Sistema de Gravação a Bordo (WBVTR)

Quando o primeiro satélite da série Landat foi lançado, existiam somente 4 estações terrenas (3 nos EUA e 1 no Canadá) aptas a receberem os dados cole-

176 Sensoriamento Remoto

tados a bordo. Desta maneira, apenas os dados coletados na área de influência destas estações poderiam ser transmitidos às estações terrenas imediatamente após sua detecção (transmissão em tempo real). Os dados coletados nas demais regiões da Terra precisavam, portanto, ser armazenados a bordo até que o satélite se aproximasse da esfera de influência das estações de rastreamento e recepção de dados.

O equipamento responsável pela armazenagem dos dados é conhecido por WBVTR. Esse sistema pode armazenar simultaneamente os dados coletados pelos dois sistemas sensores.

Um dos maiores problemas envolvidos com a armazenagem de dados a bordo é a sua susceptibilidade a falhas de operação desde o lançamento do 1.º satélite. No Landsat 1, um dos sistemas de gravação a bordo teve duração de apenas 10 dias. No Landsat 3, um dos sistemas de gravação a bordo tornou-se inútil para o MSS após cerca de uma semana de operação, enquanto o outro continuou em operação até a desativação do satélite.

g) Subsistema de Coleta de Dados (SCD)

O subsistema de coleta de dados faz parte da carga útil do sistema Landsat, embora não seja um sensor e sim um sistema de comunicação.

Cada SCD tem dois componentes principais: um subsistema de retransmissão a bordo do satélite e as plataformas de coleta de dados propriamente ditas, que se encontram no solo (PCD ou PCM). Tais plataformas terrestres permitem a coleta e a transmissão de dados de 8 sensores que mostram condições locais de temperatura, umidade etc.

5.1.2.2. Satélites Landsat 4 e 5

a) Principais Características dos Landsat 4 e 5

Houve mudanças substanciais na configuração dos satélites do programa Landsat a partir do lançamento do Landsat 4.

De acordo com o Landsat 4 Data Users Handbook (USGS 1984), o sistema Landsat, a partir de seu quarto satélite, foi concebido para melhorar a capacidade de aquisição de dados orbitais através de inclusão de sensores mais eficientes e com tecnologia que permitisse o processamento rápido da informação. Um dos maiores óbices para o uso operacional dos dados era o tempo decorrido entre a aquisição dos dados e sua disponibilização para uso em formato de imagens.

O Landsat 4 e o 5 representaram, portanto, uma ponte entre as antigas e as novas gerações de sistemas orbitais de sensoriamento remoto da superfície terrestre (Freden e Gordon Jr., 1983).

Em primeiro lugar, o subsistema satélite foi concebido como uma espaçonave modular (Multimission Module Spacecraft) muito maior que as anteriores, tendo as seguintes funções: adquirir imagens da superfície terrestre através de dois sistemas sensores (MSS e TM); fornecer meios de transmissão das imagens diretamente às estações terrestres através de satélites de telecomunicações (*Tracking and Data Relay Satellite System — TDRSS*); proporcionar energia para a operação dos instrumentos sensores, equipamentos sensores e equipamentos de suporte; manter estabilidade de altura das estações terrestres; interagir com os ônibus espaciais.

Na Figura 5.9 observamos que a forma do subsistema satélite utilizado nas missões Landsat 4 e Landsat 5 é totalmente diferente dos satélites anteriores. A característica mais marcante é a presença de um mastro com 3,7 metros de altura, cuja função era sustentar a antena de transmissão via TDRSS. Outra diferença visível entre as duas configurações é que os satélites posteriores tinham um único painel solar.

O corpo principal do satélite é formado por dois módulos, um correspondente à estrutura do satélite e outro correspondente aos instrumentos.

As Figuras 5.9 e 5.10 permitem observar que os principais componentes do subsistema satélite são basicamente os mesmos das missões precedentes, porém concebidos para melhor desempenho.

O módulo correspondente ao satélite propriamente dito é composto por quatro subsistemas: subsistema de suprimento de energia, subsistema de controle de atitude, subsistema de transmissão e processamento de dados e um subsistema de propulsão. Estes subsistemas estão montados numa estrutura triangular (Figura 5.9).

Cada um destes subsistemas é um módulo formatado em recipientes com dimensões de 122 cm por 122 cm por 33 cm, com exceção do sistema de propulsão, que é acoplado na parte posterior do satélite.

O subsistema de comunicação e processamento a bordo permite a transmissão telemétrica de dados de dois modos: um modo adequado à transmissão normal, com uma taxa de transmissão de 8 mil bits por segundo e um modo de transmissão para alívio imediato da memória do computador e correção da transmissão de dados da carga útil. Este sistema inclui ainda dois gravadores de bordo para dados de telemetria.

Toda a comunicação entre o satélite e as estações terrenas (com exceção dos instrumentos de banda larga) é feita através deste subsistema, que possui ainda um computador de bordo com uma capacidade de memória de 64.000 palavras. Este computador pode ser utilizado para diferentes funções, tais como controle de atitude, orientação da antena, controle da espaçonave, controle da antena TDRSS, cálculo das efemérides solares, detecção e correção de falhas de sensores e monitoramento da telemetria. O sistema previa também que esse computador possa ser operado telemetricamente a partir das estações terrenas.

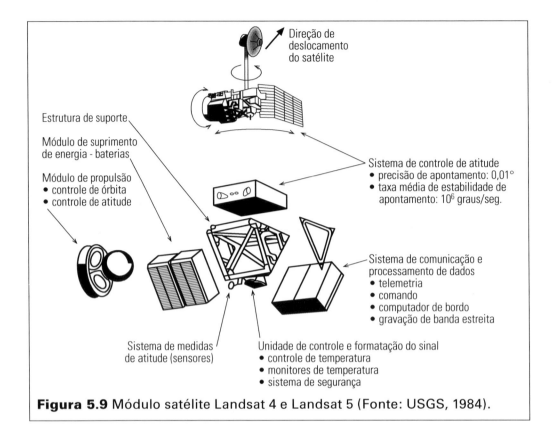

Figura 5.9 Módulo satélite Landsat 4 e Landsat 5 (Fonte: USGS, 1984).

O subsistema de controle de atitude é um sistema considerado de alta precisão para a época em que foi desenvolvido, com uma tolerância de variação da posição nos três eixos de 0,01° e com uma estabilidade de 10° graus por segundo.

Essa precisão era adquirida através de um sistema de referência que atualizava a posição do satélite a partir do rastreamento de duas estrelas. Os algoritmos necessários para o controle de atitude foram implementados no computador de bordo anteriormente mencionado.

Há ainda um subsistema alternativo (*safe-hold mode*) que permitia o controle de atitude sem o auxílio do computador de bordo e que operava de modo semelhante ao dos primeiros satélites da série Landsat.

O subsistema de propulsão é utilizado para fazer os ajustes da órbita do satélite, necessários para manter constante o padrão de cobertura do solo. É, também, utilizado para o controle de atitude, quando o subsistema de controle de atitude apresenta alguma falha de operação.

A Figura 5.10 apresenta, de forma esquemática, os principais componentes do módulo de instrumentos. Podemos observar que o sensor TM encontrava-se localizado na base do módulo, enquanto o MSS localizava-se na porção anterior do satélite.

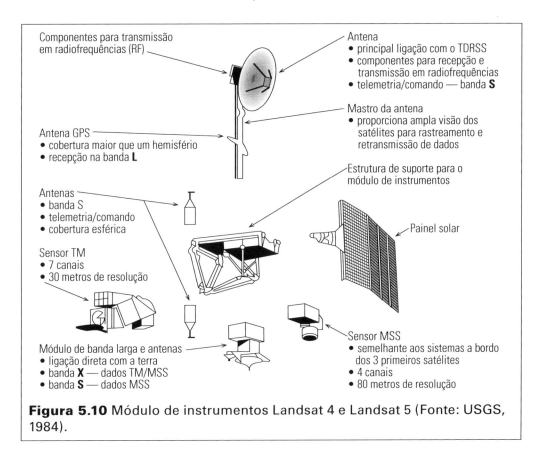

Figura 5.10 Módulo de instrumentos Landsat 4 e Landsat 5 (Fonte: USGS, 1984).

O mastro montado para o sistema TDRSS teve a função de proporcionar um amplo campo de visada. Além disto, servia de suporte para uma antena que recebesse continuamente informações para o cálculo da posição e a velocidade do satélite. Esta antena era conhecida como Global Position System (GPS) e seus dados alimentavam os algoritmos para controle de atitude implementados no computador de bordo. Estes dados permitem controlar a direção da antena TDRSS e, transmitidos telemetricamente para as estações terrestres, podem ser utilizados para a correção geométrica das imagens TM e MSS. Esse foi, portanto, o primeiro satélite a utilizar um sistema de posicionamento global, uma tecnologia de ponta, para a década de 1980, em que o satélite estava sendo construído.

O subsistema de comunicação em banda larga foi concebido para possibilitar a transmissão de dados MSS (banda S) e TM (banda X), via TDRS ou diretamente às estações terrestres. Nesse módulo de instrumento encontra-se, também, o painel solar responsável pela transformação de energia solar em energia elétrica necessária à operação do satélite.

b) Características da Órbita dos Landsat 4 e 5

A órbita dos satélites Landsat 4 e 5 é semelhante à dos satélites anteriores. É repetitiva, circular, Sol-síncrona e quase polar. Sua altura é inferior a dos primeiros satélites, estando posicionada a 705 km em relação à superfície terrestre no Equador. A Tabela 5.4 permite identificar as principais diferenças entre as órbitas dos satélites 1, 2, 3 e a dos satélites 4 e 5 da série Landsat.

Tabela 5.4 Parâmetros orbitais dos satélites da série Landsat

Parâmetros orbitais	Landsat 1,2,3	Landsat 4, 5
Altitude (km)	920	705
Inclinação (graus)	99,4	98,20
Período (minutos)	103	98,20
Horário de passagem pelo Equador	9,15	9,45
Duração do ciclo de cobertura (dias)	18	16

A órbita mais baixa do satélite determinou um padrão de cobertura da superfície bastante diferente daquele apresentado pelos primeiros satélites da série. A Figura 5.11 apresenta o padrão de cobertura do terreno proporcionado pelos satélites 4 e 5 da série Landsat. Os sensores a bordo do satélite coletam dados de uma faixa de 185 km (Figura 5.11a). O sistema de recobrimento da superfície a cada 16 dias determina o padrão segundo o qual a faixa adjacente à 1ª órbita do dia 1 será recoberta pelo satélite apenas na órbita do oitavo dia.

A porcentagem de recobrimento entre faixas adjacentes no terreno para os satélites 4 e 5 é bem menor que para os satélites 1, 2 e 3.

c) Carga Útil dos Satélites Landsat 4 e 5

Os sensores a bordo dos satélites 4 e 5 são o MSS (*Multispectral Scanner Subsystem*) e o TM (*Thematic Mapper*).

O sensor MSS é semelhante aos utilizados nos três primeiros satélites da série Landsat. Entretanto, devido às modificações na altura de órbita do satélite, o sistema óptico do sistema MSS teve de ser adaptado para que mantivesse a resolução de 80 m × 80 m no terreno. A resolução efetiva do sensor também é um pouco diferente do sensor MSS a bordo dos satélites 1, 2 e 3. Entretanto, como para fins de utilização os produtos têm características equivalentes ao longo da série Landsat, não entraremos em pormenores sobre as adaptações sofridas pelo MSS a bordo dos satélites 4 e 5. Maiores informações podem ser encontradas em USGS (1984).

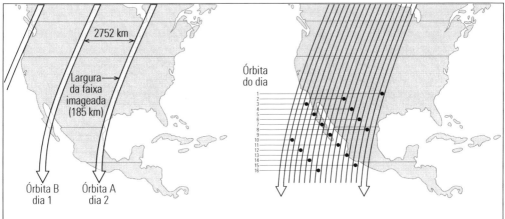

Figura 5.11 Padrão de cobertura pela órbita dos satélites Landsat 4 e 5 (Fonte: USGS, 1984).

O sensor TM foi um sistema avançado de varredura multiespectral, na época em que o satélite foi lançado pela primeira vez, há um quarto de século. Foi concebido para proporcionar: resolução espacial mais fina, melhor discriminação espectral entre objetos da superfície terrestre, maior fidelidade geométrica e melhor precisão radiométrica em relação ao sensor MSS. A Tabela 5.5 apresenta as características principais da carga útil dos sensores Landsat 4 e 5.

Tabela 5. 5 Características dos sensores a bordo dos satélites 4 e 5

Satélites	Sensores	Banda	Intervalo (µm)	Resolução (m)
Landsat 4 e 5	MSS	4	0,50 — 0,60	82
	MSS	5	0,60 — 0,70	82
	MSS	6	0,70 — 0,80	82
	MSS	7	0,80 — 1,10	82
	TM	1	0,45 — 52	30
	TM	2	0, 52 — 60	30
	TM	3	0,63 — 69	30
	TM	4	0,76 — 0,90	30
	TM	5	1,55 — 1,75	30
	TM	6	10,40 — 12,50	120
	TM	7	2,08 — 2,35	30

182 Sensoriamento Remoto

A análise da Tabela 5.5 mostra que o sensor TM apresentou várias características inovadoras. Foram incluídas uma banda na região do azul e duas bandas na região do infravermelho de ondas curtas, além da banda termal. A resolução espectral também melhorou, uma vez que as bandas ficaram mais estreitas. Além disso, com base no conhecimento do comportamento espectral dos alvos que se tinha em mente discriminar, essas bandas foram mais bem posicionadas. Com isso, o potencial teórico de aplicação das imagens foi ampliado. A Tabela 5.6 resume a aplicação teórica de cada uma das bandas incluídas no sensor TM.

Tabela 5.6 Principais aplicações das bandas do sensor TM	
TM	Aplicação
1	Diferenciação solo/vegetação em virtude da absorção de pigmentos das plantas nessa região do espectro/diferenciação entre espécies decíduas e coníferas.
2	Permite diferenciar o vigor da vegetação pela maior sensibilidade à reflectância no verde.
3	Diferenciação de espécies de plantas em função da presença de pigmentos da clorofila. Também permite discriminar solo exposto e vegetação.
4	Permite avaliar a biomassa da cobertura vegetal, e também mapear corpos d´água devido ao contraste entre a alta reflectância da vegetação no infravermelho e a alta absorção dessa faixa pelas superfícies líquidas.
5	Permite detectar a umidade da cobertura vegetal, pois essa região do espectro é sensível à presença de água no tecido foliar.
6	Permite avaliar diferenças de temperatura entre alvos da superfície.
7	Útil para a identificação de áreas sujeitas a alterações hidrotermais.

d) Imageador TM (Thematic Mapper)

O Sistema TM é composto por um conjunto de subsistemas configurados para permitir o imageamento do terreno com fidelidade geométrica. A energia proveniente da cena atinge o espelho de varredura após passar por um sistema de proteção contra radiação solar direta (*sun shade*). O espelho de varredura é conectado a um sistema eletrônico que controla sua oscilação.

O espelho de varredura oscila perpendicularmente à direção de deslocamento do satélite em sentido leste-oeste e oeste-leste, segundo um ângulo de varredura de 7,7°. A frequência com que o espelho oscila é de 7 Hz, sendo necessários 10,7 microssegundos para que este complete uma varredura. O início e o término de cada período de varredura anterior são controlados por um monitor de ângulo de varredura.

O sinal coletado pelo espelho é direcionado para um telescópio com um diâmetro de abertura de 41,15 cm e uma distância focal de 243,8 cm.

O sinal que atravessa o telescópio atinge um segundo sistema óptico constituído basicamente por espelhos, cuja função principal é corrigir o sinal coletado pelo espelho de varredura. Este sistema e composto por um par de espelhos, cuja oscilação é programada de modo a compensar o efeito do deslocamento da espaçonave sobre o processo de varredura.

A Figura 5.12 ilustra o efeito do subsistema óptico de correção de varredura sobre o sinal registrado pelo sensor TM. Na Figura 5.12a, observamos o padrão de varredura, que seria formado se não houvesse um subsistema de correção para o efeito resultante do deslocamento da espaçonave. Após a correção (5.12b), as linhas de varredura tornam-se paralelas, não havendo situações de superposição ou não recobrimento entre linhas sucessivas.

Enquanto o espelho oscila de oeste para leste (ou vice-versa), o subsistema de correção das linhas de varredura movimenta o campo de instantâneo de visada (IFOV) em direção ao norte. O resultado é que cada varredura torna-se perpendicular às direções de deslocamento do satélite. Para produzir essas correções, o espelho corretor oscila a uma taxa duas vezes maior que a frequência de oscilação do espelho de varredura.

Outro componente do subsistema TM é o seu subsistema de calibração. Ele se encontra colocado na parte anterior do plano focal e é formado por lâmpadas de tungstênio, para calibração dos canais TM1 a TM5 e TM7, por um corpo

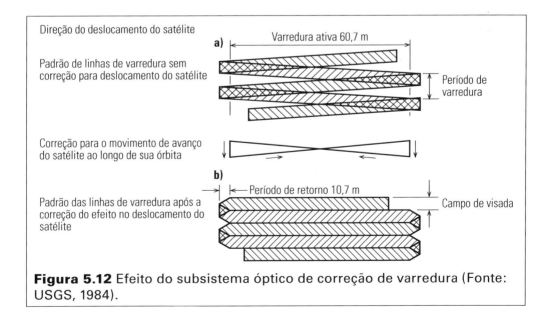

Figura 5.12 Efeito do subsistema óptico de correção de varredura (Fonte: USGS, 1984).

184 Sensoriamento Remoto

negro, para a calibração do canal TM6, e por um obturador que oscila à mesma frequência do espelho de varredura. Desta maneira, a radiação das fontes de calibração é introduzida no campo de visada do detector durante o período da varredura.

A radiação do alvo e da fonte de calibração incide, alternadamente, sobre a matriz de detectores do Plano Focal Principal, que representa o subsistema responsável pela transformação de energia radiante em um sinal elétrico.

O Plano Focal Principal contém uma matriz de 16 detectores de silício referentes aos 4 canais espectrais da região visível, bem como os componentes de amplificação do sinal elétrico. Tendo em vista o aquecimento provocado pela radiação infravermelha, esta é focalizada num outro plano focal, resfriado (*Cooled Focal Plane*), que contém uma matriz de 16 detectores de antimoneto de índio (InSb) para os canais TM5 e TM7 e uma matriz de 4 detectores de telureto de mercúrio-cádmio (HgCdTe) para o canal TM6. Esse plano focal possui um sistema de controle de temperatura que permite manter três temperaturas selecionadas (90 K, 95 K, 105 K).

Desta maneira, o sinal detectado em cada canal é transferido para um multipexer e convertido em sinal digital através de um sistema A/D (Analógico/Digital). A saída de dados é, então, sequenciada por um multipexer digital que transmite os dados via telemetria.

A Tabela 5.7 apresenta, de forma resumida, as principais características do processo de varredura do sensor TM; para os usuários dos dados, a característica mais relevante é a largura de faixa imageada e o período de varredura. A largura de faixa imageada indica a dimensão máxima da área imageada instantaneamente, e o período de varredura informa o tempo de duração da aquisição do dado. Essas informações para algumas aplicações não são críticas, mas para outras podem interferir na análise e interpretação dos dados. Na geração de modelos empíricos, em que são estabelecidas regressões entre dados coletados no campo e dados espectrais da cena, é sempre útil ter em mente que a cena é obtida num dado instante do tempo, como um "piscar de olhos", enquanto a aquisição de informações de campo pode levar horas e até mesmo dias, e isto afetará o tipo de interpretação que se dá aos resultados.

Em relação à largura da faixa imageada, ela interfere no tamanho da região que podemos estudar usando uma única cena. Embora existam procedimentos para normalização de dados, se a região for maior que o limite da área imageada, a utilidade dos dados será mais restrita para algumas aplicações.

A Figura 5.13 representa o padrão de imageamento no terreno, proporcionado pelo sensor TM. Cada ponto (*pixel*) irá produzir um sinal proporcional à sua energia radiante, o qual será transformado em sinal digital para ser armazenado a bordo e/ou transmitido via telemetria.

Capítulo 5 — Sistemas Orbitais

Tabela 5.7 Características do sensor TM	
Largura da faixa imageada	185 km
Período de varredura	142,9 µseg
Frequência de varredura	6,9 Hz
Tempo de varredura ativa	60,7 µseg
Tempo de retorno do espelho	10,7 µseg
Tempo de permanência do IFOV	9,6 µseg
Extensão da linha de varredura	6320 IFOV
Tamanho do espelho	53 x 41 cm

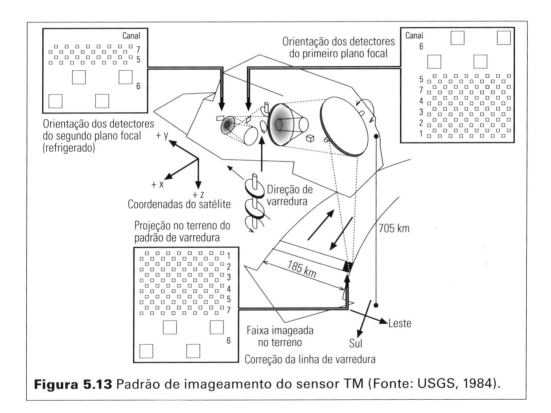

Figura 5.13 Padrão de imageamento do sensor TM (Fonte: USGS, 1984).

5.1.2.3. Satélites Landsat 6 e 7

Com o sucesso do Programa Landsat e crescente uso das imagens, o governo americano, em meados de 1984 obrigou a NASA e a NOAA a transferirem para o setor privado o programa Landsat, incluindo a construção, lançamento, recepção e distribuição de dados dos satélites Landsat 4 e 5. Entre 1985 e 1994, os direitos exclusivos de comercialização dos dados dos satélites Landsat 4 e 5 eram da empresa EOSAT (Earth Observation Satellite Company). Por volta de 1992 ficou claro que o alto custo dos dados fornecidos comercialmente havia restringido sua utilização pelo setor público.

Em resposta a isso, o Congresso Nacional aprovou lei estabelecendo uma nova política para o sensoriamento remoto da superfície terrestre: 1) fim da comercialização de dados a partir do lançamento de novos satélites do Programa Landsat; 2) retorno do programa à administração governamental, 3) estabelecimento de uma política de preços dos dados que atendesse às demandas dos usuários; 4) implementação dessa política a partir dos futuros satélites da série; 5) estímulo ao desenvolvimento de sistemas avançados de sensoriamento remoto e criação de novas oportunidades de comercialização.

A perda do Landsat 6 em outubro de 1993 fez com que essa política fosse implementada mais rapidamente. O Landsat 7 foi desenvolvido a partir da cooperação entre a NASA, NOAA e USGS. A NASA era responsável pelo desenvolvimento e lançamento do satélite e pelo desenvolvimento do sistema de recepção terrestre (segmento solo). Para isso, ela contratou a Hughes Santa Barbara Remote Sensing para a construção do sensor e a Lockheed Marting Missiles and Space, para a construção do satélite.

A NOAA ficou responsável pela operação e manutenção do satélite em órbita e pela operação das estações terrenas durante a vida útil do satélite. O USGS é o órgão que executa para a NOAA as atividades de aquisição, processamento, arquivo e distribuição dos dados.

Os objetivos da missão Landsat 7 foram: 1) proporcionar a continuidade de aquisição de dados da superfície continental da terra para atender à demanda da comunidade científica voltada para a agenda de mudanças globais; 2) construir e manter atualizado um arquivo global de imagens sem cobertura de nuvens; 3) fornecer imagens da superfície terrestre a baixo custo para os usuários; 4) melhorar a calibração absoluta dos dados de modo a torná-la melhor do que 5%, transformando-se em uma referência para outras missões; 5) automatizar o sistema de distribuição de dados, de modo que esta se dê num prazo de 48 horas entre a aquisição e a distribuição.

A continuidade do programa Landsat que permitiu a construção do Landsat 7, fez parte do Programa americano de pesquisa em mudanças globais (*US Global Change Research Program*) e do programa da NASA conhecido por Earth Sciences Enterprise, que representa um esforço de longo prazo voltado para o estudo das mudanças globais do ambiente terrestre.

O Landsat 7 foi construído para ter uma vida útil de 5 anos, e para dar continuidade aos satélites Landsat 4 e 5, integrando o sistema de observação da Terra, que envolvia as novas plataformas, tais como os satélites Terra e Aqua (Rudorff *et al.*, 2007a).

A Figura 5.14 mostra os componentes dos satélites Landsat 6 e 7.

A comparação da Figura 5.14 com a Figura 5.10 mostra que o satélite em sua sexta e sétima versão possui basicamente a mesma configuração e componentes dos dois anteriores, mas a operação dos sistemas foi bastante inovada.

Para o comando e operação do satélite é utilizada a banda S, enquanto a banda X é usada para a transmissão de dados para as estações terrenas. O sistema também recebeu como inovação um gravador de bordo (Solid State Recorder — SSR) com capacidade para armazenar 378 gigabits ou o equivalente a 42 minutos de dados coletados pelos sensores e 29 horas de dados de telemetria de manutenção.

Os satélites Landsat 6 e 7, ao contrário dos anteriores, foram configurados para ter como carga útil um único sensor, o Enhanced Thematic Mapper Plus (ETM$^+$).

O sensor ETM$^+$ foi desenvolvido a partir do TM, ou seja, é um sistema de varredura mecânica, que opera de forma idêntica ao TM. A principal distinção entre o TM e o ETM$^+$ foi a inclusão de uma banda pancromática e o aumento de ganho na banda termal que permitiu a melhoria de resolução espacial. Além disso, foram adicionados dois sistemas de calibração solar. A Figura 5.15 mos-

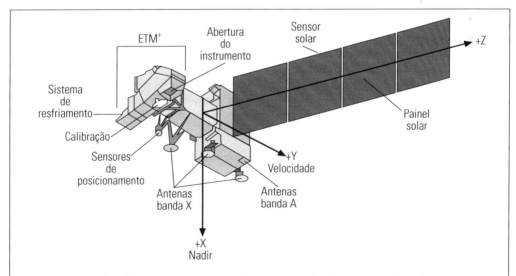

Figura 5.14 Configuração dos satélites 6 e 7 do Programa Landsat (Fonte: Adaptado de http://landsat.usgs.gov/resources/project_documentation.php).

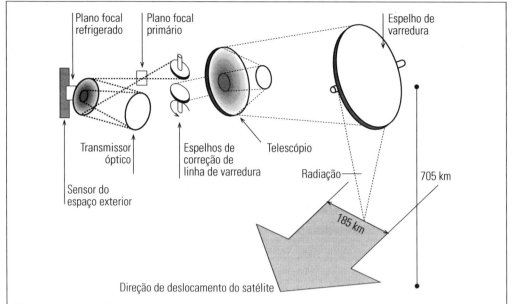

Figuras 5.15 Componentes do sensor ETM⁺ a bordo do Landsat 7 (Fonte: Adaptado de http://landsat.usgs.gov/resources/project_documentation.php).

tra os componentes básicos do sensor ETM⁺. Da mesma forma como o sensor TM, o ETM⁺ coleta, filtra e detecta a radiação numa faixa com largura de 185 km, a partir da oscilação de um espelho de varredura perpendicular (*cross-track scan*) à direção de deslocamento do satelite. O movimento do satélite permite a varredura ao longo da órbita (*along-track scan*), formando-se assim uma imagem contínua do terreno.

Conforme pode ser observado na Figura 5.15, a radiação proveniente da cena passa através de vários subsistemas do ETM⁺ antes que seja coletada pelos detectores localizados nos planos focais. O espelho giratório bidirecional varre a linha de visada do detector de oeste para leste e de leste para oeste perpendicularmente à órbita do satélite, enquanto a plataforma proporciona o movimento na direção norte-sul.

O telescópio focaliza a energia sobre espelhos de compensação de movimento (*scan line corrector* — correção de linha de varredura), onde ela é redirecionada para o plano focal. O sistema de correção de linha de varredura é necessário, devido ao efeito composto do movimento orbital e da varredura que leva a considerável sobreposição e lacunas de imageamento entre varreduras sucessivas. Este sistema é semelhante ao usado para o sensor TM e encontra-se descrito com mais detalhe naquele tópico.

A energia alinhada atinge o Plano Focal Primário, onde se encontram os detectores de silício para as bandas 1-4 e 8 (pancromática). Parte da energia é redirecionada para o Plano Focal Refrigerado, onde se localizam os detectores das bandas 5, 7 e 6. A temperatura desse plano focal é mantida em 91 K usando um sistema de resfriamento radiativo. Os filtros espectrais para cada uma das bandas são localizados em frente aos detectores.

O Sistema de Varredura (*Scan Mirror Assembly — SMA*) faz a varredura perpendicular ao longo de uma faixa de 185 km de largura. Esse sistema consiste de um espelho plano mantido por pivôs flexíveis em cada um dos lados, componentes para monitorar o ângulo de varredura, dois sistemas para amortecer a parada do espelho antes da mudança da direção de varredura e um sistema de compensação de torque, e toda a eletrônica de controle do processo de varredura pelo espelho. Com isso, a movimentação do espelho em cada direção é interrompida pelo sistema de amortecimento e reiniciada pelo torque durante o período de retorno. A intensidade de torque é controlada por um microprocessador a partir de informação sobre o ângulo espelho. A eletrônica do sistema de varredura é redundante, para que possa ser substituída em caso de falha.

A Tabela 5. 8 mostra as bandas do sensor ETM+, as quais, com exceção da banda pancromática, correspondem àquelas do sensor TM. A grande vantagem da banda pancromática de 15 m é a sua utilização como entrada para algoritmos que permitem, através de métodos de processamento digital, uma melhoria da resolução espacial das bandas multiespectrais de 30 m. Nesse sentido, o sensor ETM+ representou um avanço em relação ao TM. A Figura 5.16 permite comparar a qualidade de uma subcena ETM+ com a resolução original e após o processo de fusão com a imagem pancromática (Adami *et al.*, 2007).

Tabela 5. 8 Características do sensor ETM+				
Satélites	Sensores	Banda	Intervalo (μm)	Resolução (m)
Landsat 7	ETM+	1	0,45 − 52	30
	ETM+	2	0, 52 − 60	30
	ETM+	3	0,63 − 69	30
	ETM+	4	0,76 − 0,90	30
	ETM+	5	1,55 − 1,75	30
	ETM+	6	10,40 − 12,50	120
	ETM+	7	2,08 − 2,35	30
	ETM+	Pan	0,50 − 0,90	15

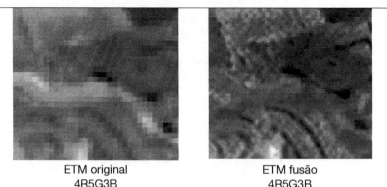

Figura 5.16 Melhoria da qualidade final dos dados ETM⁺ a partir da fusão das imagens de 30 metros com a imagem pancromática com resolução de 15 m (Fonte: Adaptado de Adami *et al.*, 2007).

As imagens do sensor ETM⁺ têm sido amplamente utilizadas pela comunidade de usuários de dados de sensoriamento remoto para as mais diversas aplicações como pode ser observado na Tabela 5.9.

5.1.2.4. O Segmento Solo

Como mencionado anteriormente, o Programa Landsat foi desenvolvido desde sua concepção como um sistema composto de dois subsistemas: o subsistema satélite e o subsistema de recepção, gravação, processamento, arquivo e distribuição de dados. Esse último sistema é conhecido como Segmento Solo, e inclui estações terrenas com antenas parabólicas de rastreio e recepção de dados de telemetria e carga útil, estações de controle e operação dos satélites, com a responsabilidade de identificar problemas e enviar comandos de terra para corrigi-los a bordo.

O funcionamento do segmento solo foi tornando-se mais complexo ao longo da evolução da tecnologia, ao mesmo tempo em que a importância relativa dos diferentes componentes também foi se alterando. Até o fim da década de 1980, os laboratórios fotográficos eram um componente relevante do segmento solo, porque grande parte dos usuários de dados tinha interesse na utilização de produtos no formato analógico, principalmente. As imagens eram fornecidas como composições coloridas em diferentes escalas. Essa demanda foi se modificando na medida em que os produtos disponibilizados em formato digital se tornaram de melhor qualidade, demandando menor conhecimento técnico dos usuários para o seu processamento. Além disso, a partir dessa data, os computadores pessoais passaram a ter maior capacidade de processamento e armazenamento de dados, e paralelamente os aplicativos para extração de informações se tornaram mais fáceis de serem utilizados pela comunidade de usuários.

No caso do Programa Landsat que atualmente opera o Landsat-7, o Segmento Solo é formado pelo Centro de Operações da Missão (*Mission Operations Center — MOC*), pela rede de Estações de Recepção de Dados Landsat ou Estações Terrenas do Landsat (*Landsat Ground Station — LGS*), o Sistema de Processamento Landsat (*Landsat Processing System — LPS*), o Sistema de Avaliação de Imagens (*Image Assessment System*), o Sistema de Geração de Produtos Nível 1 (*Level 1 Product Generation System — LPGS*), o Arquivo e Distribuição de Dados do Centro de Pesquisa e Observação dos Recursos da Terra (*EROS Data Center Distributed Active Archive Center — LP-DAAC*) e as Estações Terrenas Internacionais (*International Ground Stations — IGS*).

O Centro de Operações de Missão localizado no Space Flight Center (GSFC) em Greenbelt, MD é o centro de operação de todas as plataformas espaciais. Nesses centros há todas as instalções, equipamentos, aplicativos e recursos humanos necessários para controlar o Landsat 7 em seu desempenho em órbita, dando manutenção para os aplicativos dos computadores de bordo e das estações terrenas. Este centro também é responsável pela identificação, investigação e correção de anomalias que ocorram no satélite. O MOC também detecta, investiga e resolve anomalias de navegação. As Estações Terrenas do Landsat estão distribuídas em vários locais e têm diferentes funções. A estação localizada em Sioux Falls, SD é responsável pela recepção de banda X que transmite os dados da carga útil do satélite. As estações terrenas do Alaska e da Noruega também recebem dados da carga útil. Esses dados de carga útil são gravados e enviados para as estações terrenas com estrutura para processamento final dos dados. Tais estações terrenas têm capacidade para recepção de dados de telemetria da banda S diretamente do satélite e dados de carga útil. Esses dados são repassados para o sistema de processamento do Landsat localizado em Sioux Falls responsável pelo arquivamento dos dados brutos.

O sistema de processamento separa os dados em vários tipos, carga útil, dados de calibração, dados de correção do movimento do espelho, dados de correção de atitude, para gerar imagens do Nível 0R, em que as imagens já estão corrigidas de seus erros mais grosseiros. Essas imagens são duplicadas e utilizadas para gerar uma base de dados sobre a cobertura de nuvem de cada cena, por quadrante. Além disso, são gerados dados para correção geométrica, calibração e todo o conjunto de metadados para ser arquivado no LP-DAAC.

As imagens de Nível 1 são geradas apenas em resposta à solicitação dos usuários de dados encaminhada ao LP-DAAC. As informações para calibração e correção geométrica são aplicadas aos dados de Nível 0R para gerar os produtos Nível 1. Os produtos de Nível 1 podem ser, a pedido do usuário, corrigidos apenas radiometricamente, ou podem ser corrigidos tanto radiometrica quanto geometricamente. Os produtos com correção geométrica podem ser corrigidos segundo diversos níveis de precisão demandados pelos usuários. Basicamente, a correção geométrica pode ser baseada em pontos de controle ou em dados de sistema e modelos de elevação de terreno quando disponíveis (ortorretificação). No Brasil, os produtos disponíveis são basicamente de três níveis conforme Tabela 5.10.

Sensoriamento Remoto

Tabela 5.9 Principais aplicações dos dados do sensor ETM⁺

Recursos Agrícolas e Florestais	Mapeamento de Uso da Terra	Geologia
Discriminação de culturas, tipos de vegetação, tipos de florestas cultivadas.	Classificação do uso da terra.	Mapeamento de grandes unidades geológicas.
Determinação de área plantada por diferentes tipos de culturas e de produção de madeira.	Cartografia e atualização de mapas.	Revisão de mapas geológicos.
Determinação da produção agrícola.	Determinação do uso potencial da terra.	Reconhecimento de certos tipos de litologia.
Monitoramento de corte florestal.	Monitoramento do crescimento urbano.	Identificação de rochas inconsolidadas e solos.
Determinação da qualidade das pastagens e de sua biomassa.	Planejamento regional.	Mapeamento de depósitos vulcânicos recentes.
Determinação das condições dos solos.	Mapeamento de redes de transporte.	Mapeamento de formas de relevo.
Avaliação de danos de fogo em campos e florestas.	Mapeamento do limite terra-água.	Identificação de indicadores superficiais de mineralização.
Avaliação de habitats.	Determinação de locais para redes de transporte e telecomunicações.	Determinação de estruturas regionais.
	Manejo de áreas alagáveis.	

Como parte do segmento solo, o Programa Landsat conta também com um sistema de avaliação da qualidade de imagens. Esse sistema é responsável por estar periodicamente realizando a atualização dos parâmetros de calibração geométrica e radiométrica, tendo em vista os desgastes naturais dos sensores. Esses dados são enviados a todas as estações de recepção tanto nos Estados Unidos da América quanto para as estações de outros países.

Um componente importante do segmento solo é a rede internacional de estações terrenas de recepção de dados Landsat, que garante a cobertura global da superfície terrestre. A Figura 5.17 mostra a distribuição das estações de recepção de imagens Landsat no mundo.

Recursos Hídricos	Recursos Costeiros	Ambiente
Determinação dos limites dos corpos d´água.	Determinação de padrões de turbidez e de circulação costeira.	Monitoramento dos impactos humanos sobre o ambiente (eutrofização desfolhação etc.).
Mapeamento de enchentes e de planícies de inundação.	Mapeamento de mudanças na linha de costa.	Mapeamento e monitoramento da poluição da água.
Determinação da extensão de áreas cobertas por neve e gelo.	Mapeamento de áreas rasas e de cordões arenosos.	Avaliação dos efeitos de desastres naturais.
Medidas de feições glaciais.	Mapeamento de gelo.	Monitoramento de mineração e atividades de recuperação ambiental.
Medidas de concentração de sedimentos e de padrões de turbidez.	Delineamento de erosão de praias.	Avaliação do impacto de secas.
Delimitação de campos irrigados.	Mapeamento de derrames de óleos e de outros poluentes.	Identificação de locais apropriados para a colocação de rejeitos industriais e lixo.
Inventário de lagos.		Identificação de locais adequados para a instalação de usinas nucleares e hidrelétricas.
Estimativa de escoamento devido ao derretimento de gelo.		

Tabela 5.10 Níveis de correção das imagens ETM+	
Nível 0R	Dados brutos com as bandas espectrais alinhadas espacialmente.
Nível 1R	Imagem com correção radiométrica sem associação com sistema de projeção.
Nível 1G	Imagem com correções radiométrica e geométrica associada a um sistema de projeção.

(Fonte: (http://www.dgi.inpe.br/html/produtos-tm7.htm)

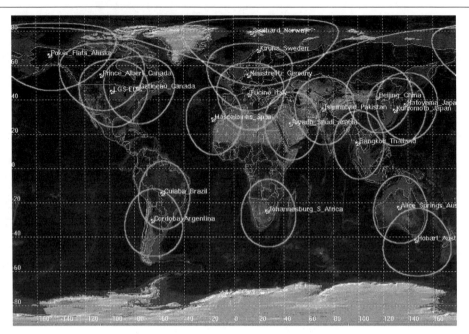

Figura 5.17 Rede de estações terrenas de recepção de dados do satélite Landsat (Fonte: http://edc.usgs.gov/).

No Brasil, os dados Landsat são recebidos na Estação Terrena de Cuiabá (ETC) que foi a terceira estação no mundo a ser instalada para receber e gravar os dados do primeiro satélite da série em 1973. Essa estação tem capacidade para gravar continuamente dados do Brasil e de parte da América do Sul.

Atualmente, a ETC faz parte do Centro de Rasteio e Controle de Satélites (CRC), cuja função é controlar em órbita seus satélites desenvolvidos em cooperação com outros países; dar apoio durante a fase de lançamento e órbitas iniciais de satélites de outros organismos nacionais ou estrangeiros; receber dados de carga útil específica de satélites nacionais e estrangeiros, transmitindo os mesmos aos centros de processamento adequados.

À semelhança do segmento solo implantado pela NASA, a ETC tem como principais funções rastrear o satélite durante sua passagem sobre a área de abrangência da estação e adquirir os dados transmitidos por ele. Os dados de telemetria de operação e de carga útil são processados, formatados e enviados para a Divisão de Geração de Imagens para processamento e distribuição de imagens adquiridas.

5.1.2.5. Disponibilidade de Dados

O Ministério da Ciência e Tecnologia, através do INPE, colocou à disposição dos usuários os dados históricos de imagens dos satélites Landsat-1/2/3 do sensor MSS desde o ano de 1973 até 1983. As imagens deste período poderão ser transferidas sem custo pelos interessados no seguinte endereço: http://www.dgi.inpe.br/CatalogoMSS/.

O acervo de imagens Landsat (MSS, TM e ETM) é um dos maiores patrimônios do INPE, pois fornece um registro histórico valioso sobre as transformações da paisagem do Brasil nos últimos 30 anos.

Esses dados fazem parte do **Centro de Dados de Sensoriamento Remoto (CDSR)** que inclui não apenas a base de imagens dos satélites do programa Landasat, mas também de outros satélites e de sensores aerotransportados. A partir de 2008 todas as imagens adquiridas sobre o Brasil, pelo satélite Landsat-5 encontram-se disponíveis via internet, sem custo algum para a comunidade de usuários de produtos de sensoriamento remoto.

5.2. O Programa SPOT (Système Probatoire d'Observation de la Terre)

5.2.1. Características Gerais do Programa SPOT

Os satélites da série SPOT fazem parte do programa espacial francês. A principal diferença entre o Programa SPOT (*Système Probatoire d'Observation de la Terre*) e o programa Landsat é o de concepção. O sistema Landsat foi planejado para adquirir imagens continuamente sobre a superfície da terra, com a possibilidade de distribuir os dados para quem possuísse uma antena e ou se dispusesse a comprar. O sistema SPOT (também grafado como Spot) foi concebido como um sistema comercial, no qual as imagens são adquiridas (gravadas e processadas) apenas sob encomenda. Embora existam antenas de recepção distribuídas pelo mundo, o planejamento das aquisições e a colocação dos pedidos de imagem são feitos de forma centralizada, para que não haja conflito na programação dos modos de aquisição e operação da carga útil.

Para atender à comercialização e à difusão dos dados foi criada uma empresa, a Société Spot Image, que possui filiais em diversos países. A SPOT Image é uma companhia privada com sede na França e foi formada em 1982 para cuidar da distribuição comercial das imagens SPOT, promover o sistema e gerar e processar os dados. Ela estabeleceu uma rede de distribuidores em mais de 20 países. No Brasil, a comercialização destes produtos é feita através da Intersat. Atualmente, a construção e o lançamento dos satélites são financiados pelo governo francês, mas está previsto que, no futuro, a nova geração de satélites seja totalmente financiada pelo setor privado.

O programa SPOT teve o seu início em 1978, na França, sob a gerência da Agência Espacial Francesa — CNES em colaboração com os governos da Suécia e da Bélgica. O objetivo do programa era se capacitar para lançar vários satélites cartográficos e de recursos naturais. O primeiro satélite do programa SPOT, o SPOT-1 foi lançado em 22 de fevereiro de 1986 a bordo de um foguete Ariene, em Kouru, na Guiana Francesa. A Tabela 5.11 resume as características principais do Programa SPOT.

Tabela 5.11 Características gerais do programa SPOT			
	SPOT 1, 2, 3	SPOT 4	SPOT 5
Data de lançamento	1 — Fev. 1986 2 — Jan. 1990 3 — Set. 1993	Março/1998	Maio/2002
Órbita	Sol-síncrona	Sol-síncrona	Sol-síncrona
Passagem pelo Equador (descendente)	10:30	10:30	10:30
Altura da órbita no Equador (km)	822	822	822
Inclinação da órbita	98,7°	98,7°	98,7°
Período orbital	101,4 minutos	101,4 minutos	101,4 minutos
Ciclo da órbita	26	26	26
Controle de atitude	Apontamento para a Terra	Apontamento para a Terra	Apontamento para a Terra e controle de deriva
Peso total do satélite (kg)	1.800	2.760	3.000
Potência do painel solar (W)	1.100	2.100	2.400
Capacidade de armazenamento de dados em órbita	Dois gravadores de 60 Gbit (280 cenas).	Dois gravadores de 90 Gbit (solid-state). 560 cenas/ gravador.	Gravador 90 Gbit (solid-state). 210 cenas.
Processamento a bordo	Aquisição simultânea de duas cenas para transmissão ou gravação, com compressão dos dados pancromáticos.	Aquisição simultânea de duas cenas para transmissão ou gravação, com compressão.	Aquisição simultânea de até cinco cenas; 2 para transmissão e 3 para gravação, com compressão dos dados.
Telemetria (8GHz)	50 Mbps	50 Mbps	2 × 50 Mbps

Os três primeiros satélites da série SPOT levaram a bordo dois sistemas sensores idênticos (HRV — HAUT Resolution Visible), os quais podem ser ativados independentemente, com possibilidade de apontamento perpendicular ao deslocamento do satélite.

Estes sensores operavam no **modo pancromático**, com uma única banda espectral centrada entre 0,51 μm e 0,73 μm e resolução espacial de 10 metros × 10 metros e no **modo multiespectral**, com três bandas espectrais, duas localizadas no visível e uma no infravermelho próximo e resolução espacial de 20 metros por 20 metros (Tabela 5. 12).

Estes sistemas sensores representaram um substancial avanço na área do sensoriamento remoto óptico, porque substituíram a tecnologia de varredura mecânica utilizada pelos sensores MSS, TM e ETM, pela varredura eletrônica no plano do objeto.

Cada câmara possui uma barra linear de detectores que permite imagear, com o avanço do satélite, uma faixa de varredura de 60 km. Quando os dois sensores HRV operam simultaneamente, a faixa total imageada é de 117 km devido ao recobrimento entre faixas. A resolução radiométrica das imagens é de 8 bits.

Tabela 5.12 Características do sensor HRV a bordo dos satélites SPOT 1, 2 e 3			
Banda	Resolução espectral	Resolução espacial	Largura da faixa imageada (km)
XS1	0,50 — 0,59 μm	20 metros	60 (nadir) — 80 (off-nadir)
XS2	0,61 — 0,68 μm	20 metros	60 (nadir) — 80 (off-nadir)
XS3	0,79 — 0,89 μm	20 metros	60 (nadir) — 80 (off-nadir)
P	0,51 — 0,73 μm	10 metros	60 (nadir) — 80 (off-nadir)

Uma das características inovadoras dos instrumentos a bordo do SPOT-1 era a possibilidade de observação off-nadir (apontamento direcional). O sensor podia ser direcionado de modo a observar cenas laterais à órbita em que se encontrava inserido o satélite em dado momento. Esta possibilidade de observação off-nadir tinha como vantagem o aumento da frequência de observação sobre uma mesma área, embora comprometendo a uniformidade de geometria de imageamento. Além do aumento da taxa de revisita, a visada off-nadir também proporcionava a possibilidade de obtenção de pares estereoscópicos, com razão base/altura variando entre 0,5 e 1,1. A aquisição de pares estereoscópicos teve um papel importante em aplicações visando o levantamento de informações topográficas a partir da geração de Modelos Digitais de Elevação do Terreno.

198 Sensoriamento Remoto

Em função da visada lateral, a SPOT IMAGE informa em seus catálogos (www.spotimage.com) que é possível, atualmente, obter dados com freqüência entre 2 e 3 dias (em função da latitude) quando se usa apenas um satélite, ou diária quando se recorre à constelação de satélites do programa (atualmente os satélites SPOT 3, 4 e 5). A partir do SPOT 4 o sensor HRV passou a incluir mais uma banda espectral na região do infravermelho de ondas curtas, e teve a resolução espacial melhorada, podendo atingir 2,5 m tanto no modo Pancromático como no Visível recebendo o nome de HRVIR. Suas características encontram-se resumidas na Tabela 5.13. Pode-se observar que a banda pancromática foi substituída por uma banda no vermelho. As demais características continuaram as mesmas dos modos de operação dos sensores a bordo dos três primeiros satélites.

Tabela 5.13 Características do sensor HRVIR a bordo do satélite SPOT–4

Banda	Resolução espectral	Resolução espacial	Largura da faixa imageada (km)
B1	0,50 − 0,59 µm	20 metros	60 (nadir) − 80 (off-nadir)
B2	0,61 − 0,68 µm	20 metros	60 (nadir) − 80 (off-nadir)
B3	0,79 − 0,89 µm	20 metros	60 (nadir) − 80 (off-nadir)
B4	1,58 − 1,75µm	20 metros	60 (nadir) − 80 (off-nadir)
M	0,61 − 0,68 µm	10 metros	60 (nadir) − 80 (off-nadir)

O satélite SPOT-4, além do sensor HRVIR também levou a bordo como carga útil o sensor Vegetation, cujas características encontram-se descritas na Tabela 5.14. Ele foi construído com a cooperação da Agência Espacial Italiana (*Agencia Spatiale Italiana — ASI*), do Escritório Federal da Bélgica para Assuntos Científicos, Tecnológicos e Culturais (*Belgian Federal Office for Scientific, Technical and Cultural Affairs — OSTC*), do Centro Nacional de Estudos Espaciais da França (*Centre National d'Études Spatiales — CNES*), da Comissão Europeia representada pela Diretoria Geral de Pesquisa e pelo Centro de Pesquisa Europeu e Instituto de Aplicações Espaciais (*Joint Research Centre/Space Application Institute*) e da Comissão Espacial Nacional Sueca (*Swedish National Space Board — SNSB*).

O Vegetation é um sensor com um sistema óptico de amplo campo de visada, que lhe permite imagear uma faixa de 2.250 km a cada passagem do satélite. Ele opera em quatro bandas espectrais selecionadas para o monitoramento da cobertura vegetal (daí o nome *Vegetation* — Vegetação). Ele possui uma banda sensível ao azul, que é utilizada para correção atmosférica, bandas no vermelho sensível à atividade fotossintética, infravermelho próximo para detectar variações na estrutura das células e uma banda no infravermelho de ondas curtas com sensibilidade ao solo e ao conteúdo de água foliar.

O sensor foi configurado para proporcionar resolução espacial de 1 km quase constante ao longo da faixa imageada de 2.250 km. Essa ampla faixa de imageamento proporciona frequência diária de observação. Para mais detalhes das especificações do sensor Vegetation consultar <http://www.spotvegetation.com/>. Este sensor também faz parte da carga útil do SPOT-5.

Tabela 5.14 Características espectrais e radiométricas do sensor Vegetation operando a bordo dos satélites SPOT 4 e 5

Banda	Resolução espectral	Resolução espacial	Faixa imageada (km)	Resolução radiométrica
B0	0,45 − 0, 52 μm	1.000 × 1.000 m	2.250	10 bits
B2	0,61 − 0,68 μm	1.000 × 1.000 m	2.250	10 bits
B3	0,79 − 0,89 μm	1.000 × 1.000 m	2.250	10 bits
B4	1,58 − 1,75μm	1.000 × 1.000 m	2.250	10 bits

A carga útil de alta resolução do satélite SPOT-5 foi totalmente modificada. O sensor HRVIR com apontamento perpendicular à órbita para a produção de pares estereoscópicos foi substituído pelo sensor HRG (*High Geometric Resolution* — Alta Resolução Geométrica).

O HRG, à semelhança do HRV, é composto por duas câmaras que possuem um campo mais amplo de visada do que a distância entre duas órbitas adjacentes, ou seja, a distância entre órbitas é de 108 km no terreno. A área toda vista pelos dois instrumentos HRG observando a superfície verticalmente (nadir) abaixo do satélite é de 117 km.

O HRG também tem a capacidade para observar a superfície, transversalmente à órbita, segundo ângulos ajustáveis até um máximo de ±27º em relação ao plano vertical. As estações terrenas podem comandar o giro do espelho de cada instrumento para selecionar regiões distantes da órbita do satélite, dando flexibilidade de imageamento, repetitivo de uma mesma área, segundo solicitação dos usuários de dados.

O HRG também opera em dois modos de aquisição: O Modo Pancromático (P) e o Modo Multiespectral (XS). A Tabela 5.15 mostra as características espectrais e radiométricas do HRG. As duas câmaras podem operar em qualquer um dos modos, seja de modo autônomo (uma adquirindo dados pancromáticos e outra adquirindo dados multiespectrais), ou conjuntamente (as duas adquirindo dados pancromáticos numa mesma faixa para obter resolução de 2,5 m ou

200   Sensoriamento Remoto

adquirindo dados numa faixa ampla e contígua no modo espectral e pancromático, ou ainda adquirindo pares estereoscópicos).

O sistema de alta resolução esteroscópico, o HRS (*High Resolution Stereocopic*) permite a aquisição simultânea de duas imagens, uma com visada para frente, na direção da órbita, e outra com visada para trás na direção oposta ao deslocamento do satélite. Esta configuração permite a aquisição quase instantânea de pares estereoscópicos. Em uma passagem do satélite, a visada frontal obtém uma imagem do terreno com um ângulo de visada de 20° em relação à vertical. Um minuto depois, o telescópio posterior obtém uma imagem da mesma faixa do terreno com o mesmo ângulo de visada, de 20°.

Tabela 5.15 Características espectrais e radiométricas do sensor HRG operando a bordo do satélite SPOT 5

Bandas	Resolução espectral	Resolução espacial	Faixa imageada	Resolução radiométrica
Pancromática	0,48 — 0,71 µm	2.5 m /5 m	60 a 80 km	8 bits
B1	0,50 — 0,59 µm	10 m	60 a 80 km	8 bits
B2	0,61 — 0,68 µm	10 m	60 a 80 km	8 bits
B3	0,78 — 0,89 µm	10 m	60 a 80 km	8 bits
B4	1,58 — 1,75 µm	20 m	60 a 80 km	8 bits

A possibilidade de aquisição instantânea dos pares esteroscópicos é uma grande vantagem para a aquisição de modelos digitais de elevação do terreno porque torna mais eficiente o uso de processos automáticos baseados em correlação, uma vez que os parâmetros radiométricos da imagem são praticamente idênticos.

Esse novo sistema gera modelos estereoscópicos com razão base/altura de 0,84 (B/A = 0,84 + ou − 20°). O sensor possui uma matriz linear de detectores de 12. 000 *pixels* e cobre uma faixa de 120 km de largura com resolução de 5 metros na direção da órbita. A cena padrão de 12.000 × 12.000 *pixels* cobre uma área de 120 km × 60 km. A especificação de um sistema com tamanho de *pixel* menor ao longo da órbita foi necessária para melhorar a precisão vertical dos pares estereoscópicos. A Tabela 5.16 resume as principais características do sensor HRS.

Tabela 5.16 Características espectrais e radiométricas do sensor HRS				
Banda	Resolução espectral	Resolução espacial	Faixa imageada	Resolução radiométrica
Pancromática	0,49 − 0,69 µm	5 m/10 m	600 x 120 km	8 bits

Desde o segundo satélite da série SPOT, faz parte de sua carga útil o sensor DORIS (*Doppler Orbitography and Radiopositioning Integrated by Satellite* — descrição da órbita e posicionamento por efeito doppler integrado a partir de satélite). Esse sensor foi desenvolvido para determinação precisa da órbita dos satélites Topex/Poseidon e Jason (satélites oceanográficos), para os quais os dados de altura de órbita precisavam ser medidos com precisão de até 3 cm, para dar suporte a missões de altimetria. É, portanto, um sensor auxiliar para fornecer dados de posição do satélite que posteriormente podem ser usados para a correção e melhoramento da qualidade geométrica das imagens. O sistema evoluiu, uma vez que a precisão na determinação da órbita passou de 5 cm no SPOT 2 para 1 cm atualmente. Os dados de sensor podem alimentar em tempo real as atividades de correção de atitude dos satélites melhorando também a qualidade das cenas adquiridas. Esse sensor, além de funcionar como um suporte à operação da carga útil de sensores, também tem várias aplicações em geodésia e geofísica, as quais estão fora do escopo desse livro.

5.2.2. Componentes do Sistema SPOT

À semelhança do Programa Landsat o programa SPOT também é composto por um Satélite e pelo segmento de terra, formado pela Estação de Controle do Satélite, localizada na França, e por várias estações de recepção distribuídas pelo mundo. Atualmente, a recepção de dados SPOT e seu processamento são feitos em vários países diferentes, uma vez que também são comercializadas as antenas de vários tipos para a recepção de dados, bem como terminais de processamento de dados transmitidos pelos satélites. A SPOT Image comercializa o acesso à antena (tempo de gravação e número de imagens gravadas). O Brasil já recebeu dados SPOT, mas suspendeu o contrato devido ao elevado custo da imagem. Existem vários países do mundo que possuem estações de recepção dos dados SPOT, formando uma rede de cobertura quase global. Esses países são: África do Sul, Arábia Saudita, Austrália, Canadá, China, Coreia, Espanha, Estados Unidos, França, Israel, Japão, Malásia, México, Paquistão, Cingapura, Taiwan, Tailândia, Turquia. A Figura 5.18 mostra a configuração do sistema de recepção direta pelas antenas distribuídas nos diferentes países. As antenas disponibilizadas pelo Programa SPOT são de várias dimensões. As menores de 3,4 metros de diâmetro permitem receber dados SPOT e, de forma limitada, dados de alguns outros satélites. Os modelos de antena de 4,5 m e 5,4 m de diâme-

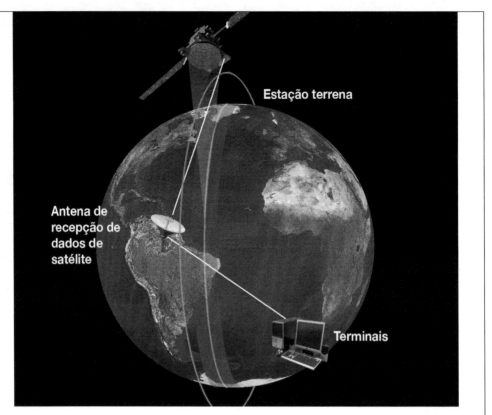

Figura 5.18 Configuração básica de uma estação terrena de recepção de dados de satélite (Fonte: www.spotimage.com).

tro podem receber dados de muitos outros satélites, devido ao maior campo de visibilidade. Esse sistema de recepção também conta com terminais nos quais se encontram implementados os sistemas (conjunto de programas e aplicativos) que permitem a aquisição, o inventário, o arquivo, o tratamento e a produção das imagens transmitidas pelos satélites. Para garantir a produção eficiente de imagens cada terminal é dedicado à recepção de um dado satélite.

5.2.3. Características Orbitais do Satélite SPOT

Conforme pode ser constatado pela análise da Tabela 5.12, as características orbitais dos satélites da série SPOT não se alteraram ao longo das cinco missões.

O plano orbital movimenta-se em relação ao eixo terrestre, de modo a completar uma revolução por ano, garantindo, desta forma, que o ângulo entre o plano orbital e a direção do Sol mantenha-se constante ao longo do ano.

Estas características de órbita garantem que o satélite cruze a linha do Equador sempre à mesma hora solar. A velocidade orbital também é sincronizada com o movimento de rotação da Terra, de tal modo que a mesma área possa ser imageada a intervalos de 26 dias. A Figura 5.19a apresenta o padrão de cobertura pelas órbitas do SPOT num período de 24 horas. Em 5.19b, podemos observar a variação do horário de passagem do satélite em função da latitude.

É importante salientar que os parâmetros orbitais foram concebidos de modo que seja mantida uma precisão de + ou – 15 minutos no horário de passagem do satélite sobre uma mesma área. Esta precisão é estimada em 5 km em termos do deslocamento do centro da órbita no terreno entre passagens sucessivas do satélite.

Como já mencionado, o intervalo de recorrência para um mesmo ponto do terreno é de 26 dias, mas graças à possibilidade de apontamento perpendicular à órbita, esse intervalo pode ser reduzido para 4 ou 5 dias. A desvantagem é que as imagens serão obtidas com apontamento oblíquo e, portanto com menor qualidade radiométrica e geométrica.

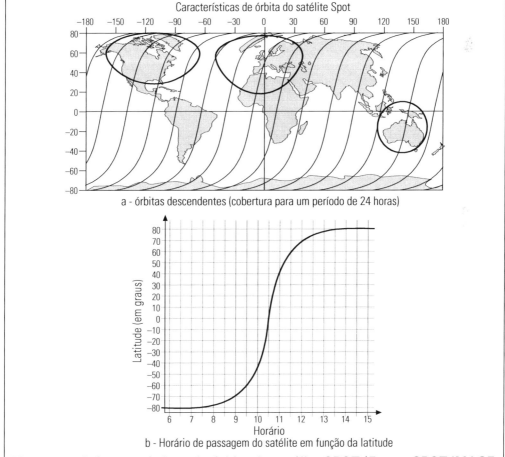

Figura 5.19 Características da órbita do satélite SPOT (Fonte: SPOT IMAGE, 1986).

5.2.4. Os sensores de Alta Resolução e Apontamento Perpendicular à Órbita

Como já mencionamos anteriormente, os sensores HRV, HRVIR e HRG foram planejados para operar em dois modos: um modo pancromático (ou monocromático no caso do HRVIR), que corresponde à observação da cena numa faixa do espectro eletromagnético (ampla no caso pancromático e estreita no modo monocromático, mas sempre produzindo uma imagem preto e branco) e um modo multiespectral, ou seja, produzindo uma composição colorida sempre falsa cor, uma vez que não opera na banda do azul.

A Figura 5.20a representa a configuração básica desses sensores de apontamento perpendicular à órbita. A luz proveniente da cena atinge um espelho plano, que pode ser controlado a partir das estações terrenas. O eixo de visada do espelho pode, então, ser orientado em direções perpendiculares à órbita (visão *off-nadir*), em ângulos que podem variar de 0,6° até 27° em relação ao eixo vertical.

A variação do ângulo de visada *off-nadir* não é contínua, sendo possível a determinação de 45 ângulos de visada entre 0° e 27°, variáveis de 0,6° em 0,6°.

Com a possibilidade de visada *off-nadir*, o sensor pode imagear qualquer porção do terreno compreendida por uma faixa distante de até 475 km em cada um dos lados da órbita em que se encontra o satélite (Figura 5.20b). Devido à curvatura da Terra, o ângulo de 27° *off-nadir* determina que o ângulo efetivo de visada no terreno seja realmente de 33° em relação à vertical.

A energia que atinge o espelho plano é focalizada sobre uma matriz linear de detectores do tipo CCD (*Charge-Coupled Device*). Nos três primeiros satélites da série, o sensor possuía matrizes com 6.000 detectores arranjados linearmente, formando o que se convenciona chamar de *push-broom scanner* ou sistema de varredura eletrônica no plano do objeto. Este sistema permite o imageamento instantâneo de uma linha completa no terreno, perpendicularmente à direção de deslocamento do satélite em sua órbita. Os sistemas posteriores passaram a utilizar matrizes de 12.000 detectores.

Como pode ser observado na Figura 5.20c, o sistema sensor a bordo do SPOT consiste de duas câmaras, de modo que a largura da faixa imageada, quando as duas câmaras estiverem orientadas para o *nadir*, será de 117 km, descontando-se a superposição de seus campos de visada, que será da ordem de 3 km.

A largura da faixa imageada varia, na realidade, com o ângulo de visada, como podemos observar na Figura 5.20b. Na visada nadir, a largura da faixa imageada por uma das câmaras é de 60 km, enquanto, na visada de 27°*off-nadir* esta largura atinge 80 km.

Como já mencionamos anteriormente, uma das características mais importantes apresentadas pelo satélite SPOT é a utilização de sensores com ângulo de visada variável e programável através de comandos da estação terrestre.

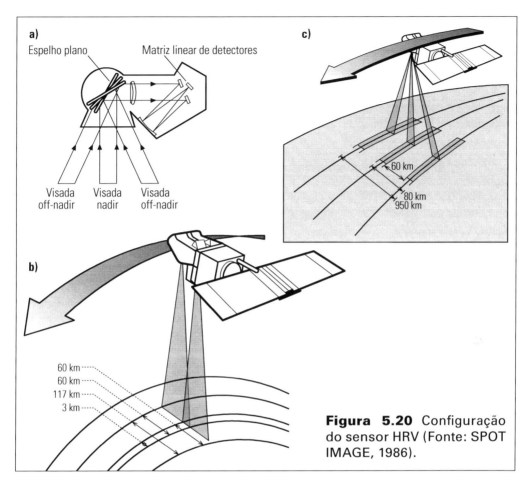

Figura 5.20 Configuração do sensor HRV (Fonte: SPOT IMAGE, 1986).

Através desta característica, o sistema SPOT tem aumentado a capacidade de adquirir dados com melhor resolução temporal. Sem a possibilidade de visada *off-nadir*, a repetitividade de imageamento proporcionada pelos parâmetros orbitais do satélite seria de 26 dias (intervalo mais longo que o do atual sistema Landsat). Este intervalo longo apresenta duas desvantagens: a) diminui a probabilidade de aquisição de dados sem cobertura de nuvens; b) dificulta a aplicação dos dados em estudos de fenômenos dinâmicos.

Através da visada *off-nadir*, durante o período de 26 dias que separa duas passagens sucessivas sobre uma mesma área, esta poderá ser observada de órbitas adjacentes em 7 diferentes passagens, se estiver localizada no Equador. Se a área de interesse estiver localizada nas latitudes médias (45°), a possibilidade de aquisição de dados será aumentada para 11 diferentes passagens.

A Figura 5.21 ilustra a maior frequência de aquisição de dados oferecida pela visada *off-nadir*.

Em 5.21a, temos a situação ilustrada para a latitude de 45°. Se chamarmos de D o dia em que o satélite passa verticalmente sobre nossa área de interesse,

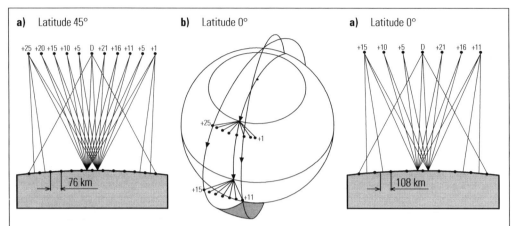

Figura 5.21 Frequência de aquisição de dados proporcionados pela visada *off-nadir* (Fonte: SPOT IMAGE, 1986).

teremos a possibilidade de observá-la novamente nos dias D+11, D+6, D+16, D+21 (visada oeste) e nos dias D+5, D+10, D+15, D+20 e D+25 (visada leste).

Em 5.21b, temos a possibilidade de imageamento reduzida para a latitude 0°. Os dias favoráveis ao imageamento serão então: D+11, D+16, D+21 (visada oeste) e D+5, D+10 e D+15 (visada leste). Na Figura 5.27c, temos a ilustração das diferenças na possibilidade de aquisição repetida de dados em função da latitude.

A visada *off-nadir* não foi, porém, concebida apenas para aumentar a frequência de aquisição de dados. Outra importante possibilidade de aplicação da visada *off-nadir*, como já mencionado, é a aquisição de pares estereoscópicos. A Figura 5.22 ilustra a geometria de imageamento necessária à aquisição de pares estereoscópicos. Pela análise da Figura 5.22, podemos observar que, se a mesma área for imageada segundo ângulos de visada opostos, haverá uma diferença de paralaxe tal que se possa obter uma visão tridimensional do terreno.

5.2.5. O sensor de Apontamento ao Longo da Órbita

Como mencionado anteriormente, o sensor HRS possui telescópios orientados para imageamento anterior e posterior à passagem do satélite ao longo da órbita. A Figura 5.23 mostra a configuração do satélite.

A Figura 5.24 mostra o esquema de aquisição de um par estereoscópico pelo sensor HRS, a partir do deslocamento do satélite SPOT-5 em sua órbita. A região A é recoberta segundo dois ângulos de observação, em pequeno intervalo de tempo, de tal modo que se possa obter um par estereoscópico, a partir do qual se pode gerar um modelo digital de terreno.

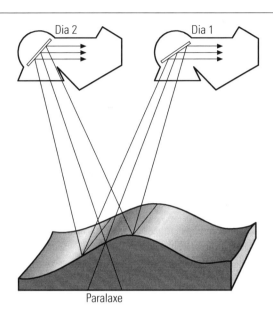

Figura 5.22 Geometria de aquisição de pares estereoscópicos com visada perpendicular à órbita (Fonte: SPOT IMAGE, 1986).

Figura 5.23 Configuração do Sensor HRS — Os telescópios apontam para frente e para trás ao longo da órbita, segundo um ângulo de 20° do plano vertical (Fonte: http://www.cnos.fr/web/881_hrs.php.).

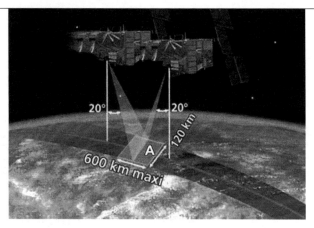

Figura 5.24 Geometria de aquisição de pares estereoscópicos pelo sensor HRS, longitudinalmente à orbita do satélite SPOT5.

5.3. O Programa RADARSAT

O RADARSAT é o primeiro satélite de sensoriamento remoto canadense. Ele foi lançado, com sucesso no dia 4 de novembro de 1995. À semelhança do Programa SPOT, foi concebido para ser um sistema comercial.

O RADARSAT possui um único sensor a bordo, que é um sensor ativo de micro-ondas, Sinthetic Aperture Radar (SAR) operando na banda C (5,3 GHz de frequência ou comprimento de onda de 5,6 cm), e polarização HH.

O sistema RADARSAT foi concebido para responder a diversas necessidades de aplicações descritas na Tabela 5.17, embora sua principal aplicação tenha sido voltada para o suporte à navegação no Ártico.

Uma das características mais relevantes do RADARSAT é que ele pode ser programado para obter imagens em diferentes modos de aquisição, o que permite que o produto adquirido satisfaça de modo personalizado às necessidades do usuário final dos dados.

Cada modo de aquisição dos dados RADARSAT é definido pelo tamanho da área imageada e pelo tipo de resolução espacial do dado.

A Tabela 5.18 resume os principais modos de aquisição dos dados RADARSAT, a área imageada em cada modo, e a resolução espacial dos dados.

Outra característica inovadora do programa RADARSAT é que os diferentes modos de aquisição operam em diferentes ângulos de incidência.

O ângulo de incidência da radiação é um parâmetro de extrema importância para muitas aplicações. O range de ângulos disponíveis pelo RADARSAT pode variar entre 20° e 60°, conforme pode ser observado na Figura 5.25.

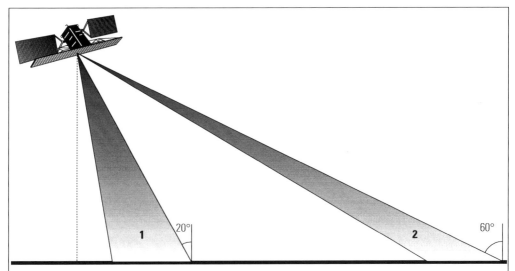

Figura 5.25 Variação dos ângulos de imageamento do RADARSAT (Fonte: RADARSAT, 1997).

A Tabela 5.19 permite observar as diferentes opções de ângulos de incidência em função do modo de operação. Alguns modos de aquisição podem ser obtidos com até 6 diferentes ângulos de incidência, gerando a possibilidade de se obterem composições multiângulos, aumentando assim o volume de informações disponíveis sobre um mesmo alvo. Sobre o impacto do ângulo de incidência sobre a discriminação de alvos a partir de imagens SAR consultar Costa (2000).

Os ângulos de incidência são definidos pela "posição do feixe", que é codificada pela letra inicial do modo de aquisição. Assim, no modo de aquisição Fine (resolução fina), o pulso da antena (ou feixe) pode ocupar 5 posições na faixa, cada uma com um diferente ângulo de apontamento.

A órbita do RADARSAT tem um ciclo de 24 dias, ou seja, o satélite retorna ao mesmo local a cada 24 dias. A antena do RADARSAT, entretanto, pode ser movida, de modo que se possa aumentar a frequência de aquisição de dados. A frequência de aquisição pode variar com a latitude e com o modo de aquisição. No modo ScanSAR, por exemplo, o ciclo pode variar entre 2 e 5 dias no Equador e 1 dia na Latitude de 70 graus.

Os dados de radar também podem ser obtidos em duas diferentes direções de imageamento, ou seja, com a antena direcionada para oeste, e com a antena direcionada para leste. Durante a órbita descendente (do Polo Norte ao Polo Sul), a antena observa a Terra em direção Oeste, enquanto que na órbita ascendente (do Polo Sul para o Polo Norte) a antena observa a Terra em direção Leste.

210 Sensoriamento Remoto

Tabela 5.17 Respostas dos dados RADARSAT a feições de superfície

Parâmetro da superfície	Resposta observada em imagens do RADARSAT
Rugosidade da superfície	A quantidade de energia retroespalhada para o satélite é influenciada pela rugosidade da superfície. Isto permite distinguir diferenças de textura na imagem, as quais permitem diferenciar entre áreas desmatadas, áreas de cultivo, florestas etc.
Topografia	O retorno do radar é maior para as vertentes perpendiculares à incidência da frente de onda. Isto faz com que o efeito de sombreamento provocado pela topografia favoreça o mapeamento de feições de relevo, e a inferência de informações relevantes para a geologia e geomorfologia.
Limite terra/água	Superfícies líquidas lisas provocam a reflexão especular das micro-ondas para fora do campo da antena do radar. Como resultado, os dados do RADARSAT são extremamente úteis para a discriminação de limites entre a terra e água.
Feições antrópicas	Feições antrópicas, tais como prédios, navios etc. refletem fortemente a radiação de micro-ondas. Isto faz com que as imagens sejam extremamente úteis a aplicações que necessitam identificar alvos pontuais (aplicações militares, por exemplo).
Umidade	A quantidade de umidade do solo ou da vegetação afeta fortemente o retorno da radiação de micro-ondas. Diferenças de umidade, portanto, podem ser avaliadas a partir de mudanças tonais nas imagens.

(Fonte: RADARSAT International)

Tabela 5.18 Modos de imageamento e características dos produtos RADARSAT

Modo de imageamento	Área nominal recoberta (km)	Resolução nominal (m)
Modo scansar (Wide)	500 × 500	100 × 100
Modo scansar (Narrow)	300 × 300	50 × 50
Modo estendido (Low)	170 × 170	35 × 35
Modo estendido (Wide)	150 × 150	30 × 30
Modo standard	100 × 100	30 × 30
Modo estendido (High)	75 × 75	25 × 25
Modo fine	50 × 50	10 × 10

(Fonte: RADARSAT International)

Capítulo 5 — Sistemas Orbitais

Tabela 5.19 Características dos diferentes ângulos de aquisição

Modo	Posição do feixe	Ângulo de incidência	Resolução nominal m	Área nominal km	Número de looks
Fine	F1	37 — 40	10 × 10	50 × 50	1 × 1
	F2	39 — 42			
	F3	41 — 44			
	F4	43 — 46			
	F5	45 — 48			
Standard	S1	20 — 27	30 × 30	100 × 100	1 × 4
	S2	24 — 31			
	S3	30 — 37			
	S4	34 — 40			
	S5	36 — 42			
	S6	41 — 46			
	S7	45 — 49			
Wide	W1	20 — 31	30 × 30	165 × 165	1 × 4
	W2	31 — 49		150 × 150	
	W3	39 — 45		130 × 130	
Scansar narrow	SN1	20 — 40	50 × 50	300 × 300	2 × 2
	SN2	31 — 46			
Scansar wide	SW1	20 — 49	100 × 100	500 × 500	2 × 4
Extended high	H1	49 — 52	25 × 25	75 × 75	1 × 4
	H2	50 — 53			
	H3	52 — 55			
	H4	54 — 57			
	H5	56 — 58			
	H6	57 — 59			
Extend low	L1	20 — 23	35 × 35	170 × 170	1 × 4

(Fonte: RADARSAT International, 1997)

Esta característica é extremamente útil quando se trabalha em áreas de relevo montanhoso, porque permite observar feições que se encontram sombreadas quando uma única direção de observação é utilizada. Para conhecer mais profundamente as aplicações desse satélite consultar Costa (2000, 2004), Paradella *et al.*, (1998, 2005, 2007); Novo *et al.*, (1998, 2002).

5.4. O programa JERS

O principal objetivo do Japanese Earth Resources Satellite — 1 (JERS-1) foi o de coletar dados globais sobre a superfície terrestre e realizar observações efetivas sobre os recursos florestais, minerais, o meio ambiente etc. O satélite JERS-1 foi lançado em fevereiro de 1992 através de um veículo lançador H-I, a partir do Centro Espacial de Tanegashima. O período ativo do satélite foi previsto para 2 anos, mas ele só foi descontinuado em 1998.

O satélite JERS-1 possuía dois sensores: um radar de abertura sintética (SAR) e um sensor óptico (OPS), o qual era composto por dois radiômetros (um operando no visível e infravermelho — VNIR, e outro operando no infravermelho médio — SWIR). O satélite JERS-1 ocupava uma órbita polar, sol-síncrona, cujo período orbital permitia uma frequência de aquisição de dados de 44 dias. A Tabela 5.20 resume as principais características do satélite JERS-1.

Tabela 5.20 Características do Satélite JERS-1		
Altitute do satélite	568 km	Sobre o Equador
Período	96 minutos	
Inclinação da órbita	97,67°	
Órbita	Sol-síncrona	Movimento para oeste
Período de retorno	44 dias	659 revoluções
Revoluções por dia	15 − 1/44	
Horário solar local	10:30 − 11:00	
Distância entre órbitas adjacentes	60,7 km	Sobre o Equador
Excentricidade	0,0015 ou menos	

A Tabela 5.21 resume as características do sensor ativo de micro-ondas existente a bordo do satélite JERS-1. Sobre suas aplicações, consultar Hess *et al.*, (2003).

O sensor OPS é um sistema de varredura eletrônica com base em tecnologia CCD. Sobre exemplos de aplicação desses dados não muito difundidos no

Brasil, sua qualidade e aplicações consultar Opdyke *et al.*, (1997), Souza Filho e Drury (1998).

Tabela 5.21 Características principais do SAR a bordo do satélite JERS-1

Característica	Desempenho
Banda	L
Polarização	HH
Ângulo de incidência	35°
Resolução	
Range	18 m (no centro da faixa)
Azimute	18 m (com 3 looks)
Largura da faixa	75 km
Potência transmitida	1.100 — 1.500 W
Largura do pulso	35 ± 5 ms
Frequência de transmissão do pulso	1.505,8 Hz — 1.606 Hz
Sinal equivalente ao ruído	–20,5 dB

A Tabela 5.22 resume as características do OPS. Uma característica interessante do sensor OPS é que as bandas 3 e 4 podem ser usadas para a obtenção de pares estereoscópicos. Tsuchiya e Oguro (2007) reportaram a importância da estereoscopia do sensor OPS no estudo de dunas.

Tabela 5.22 Características do Sensor Óptico (OPS) a bordo do satélite JERS-1

Visível e infravermelho próximo	Banda-1 0,52 to 0,60 µm
	Banda-2 0,63 to 0,69 µm
	Banda-3 0,76 to 0,86 µm
	Banda-4 0,76 to 0,86 µm
Infravermelho de ondas curtas (SWIR)	Banda-5 1,60 to 1,71 µm
	Banda-6 2,01 to 2,12 µm
	Banda-7 2,13 to 2,15 µm
	Banda-8 2,27 to 2,40 µm
Ângulo de visada — estereoscopia	15,3° (Banda 4)
Resolução espacial	18,3 m × 24,2 m (specified value)
Largura da faixa imageada	75 km

5.5. Programa ENVISAT

O Programa ENVISAT foi concebido para substituir o programa ERS (*Earth Resources Satellite*), e representou um avanço em relação a ele. O satélite ENVISAT foi lançado em 2002, com vários sensores a bordo, dentre os quais enfatizaremos os dois sistemas de imageamento na região óptica e de micro-ondas.

O sensor de micro-ondas é o ASAR (*Advanced Synthetic Aperture Radar* — Sensor Avançado de Abertura Sintética) para dar continuidade à missão ERS (1 e 2) operando na banda C. O sensor foi, entretanto, aperfeiçoado incorporando flexibilidade maior no tocante aos ângulos de incidência (e faixa imageada), polarização e modos de operação. Esses avanços permitem que os dados SAR possam ser adquiridos em faixas de diferentes larguras, de 100 km ou 400 km.

O sensor MERIS (Medium Resolution Imaging Spectrometer — Espectrômetro Imageador de Média Resolução) é um sistema de imageamento que mede a energia refletida pelo Sol com a resolução espacial de 300 m, e opera em 15 bandas espectrais, localizadas no visível e infravermelho. Uma característica inovadora desse sensor é que a posição e a resolução espectral dessas bandas podem ser programadas pelo usuário em função da aplicação desejada.

A grande vantagem adicional desse sensor óptico, em relação a seus semelhantes, é de que permite o recobrimento de uma mesma área da superfície terrestre a cada três dias.

Ambos sensores do programa ENVISAT têm como principal aplicação o monitoramento dos oceanos, mas têm também sido usados em outras aplicações, no continente. A Tabela 5.23 lista os demais instrumentos a bordo do ENVISAT e suas principais aplicações.

O sensor MERIS é um sistema de varredura eletrônica, baseado em tecnologia CCD. O sensor tem um campo de visada de 68,5°, obtido pela combinação de cinco módulos ópticos idênticos organizados na forma de um leque. Esse sistema permite que a faixa imageada a cada varredura seja de 1.150 quilômetros na direção transversal à órbita.

Como mencionado anteriormente, esse sensor pode ser programado para adquirir dados de acordo com a aplicação desejada. Assim sendo, para as aplicações oceanográficas (cor do oceano) ele pode operar em bandas típicas para essa aplicação, com uma resolução espacial de 1.040×1.200 m. Em regiões costeiras e continentais essa resolução pode ser melhorada e os dados podem ser adquiridos com resolução espacial de 260×300 m. Em relação aos canais de operação do sensor, eles podem ser escolhidos em número de até 15, no range de 390 nm a 1040 nm, com largura de banda (ou resolução espectral) variável de 2,5 a 30 nm.

Apesar de ser programável, o sistema opera num modo padrão, para a aquisição de dados para aplicações oceanográficas. A Tabela 5.24 resume as carac-

Tabela 5.23 Demais sensores a bordo do ENVISAT e suas aplicações

Sensor	Aplicação
AATSR (*Advanced Along Track Scanning Radiometer* — Radiômetro de Varredura ao Longo da Órbita)	Dá continuidade aos sistemas anteriores (ATSR-1 e 2 da missão ERS) na aquisição de medidas precisas da temperatura da superfície do mar, com precisão de 0,3 K.
RA-2 (*Radar Altimeter* 2 — Radar Altímetro 2)	Medidas altimétricas da superfície do mar.
MWR (*Microwave Radiometer* — Radiômetro de Micro-ondas)	Obter medidas integradas do vapor d´água na atmosfera e determinar seu conteúdo de água líquida.
GOMOS (*Global Ozone Measurement* — medidas globais de ozônio)	Medir a composição da atmosfera a partir de análise espectral em bandas fixas, principalmente o Ozônio.
MIPAS (*Michelson Interferometer for Passive Atmospheric Sounding* — Interferômetro Michelson para a sondagem passiva da atmosfera)	Medidas do espectro de emissão de gases da atmosfera, para estudos de química da atmosfera.
SCIAMACHY (*Scanning Imaging Absorption SpectroMeter for Atmospheric Chartography* — Espectrômetro de absorção imageador de varredura para cartografia da atmosfera)	Sensor para medir gases traços na troposfera e estratosfera.
DORIS (*Doppler Orbitography and Radio-positioning Integrated by Satélite*). Orbitografia e Posicionamento a Rádio Integrado por Satélite)	Fornecer medidas precisas da posição do satélite em órbita.
LRR	Sensor passivo a laser para melhorar informação sobre posicionamento do satélite na órbita.

terísticas espectrais do modo padrão de operação do sensor MERIS. Maiores informações sobre o sensor e características técnicas dos instrumentos podem ser obtidas em (http://envisat.esa.int/).

216 Sensoriamento Remoto

Tabela 5.24 Bandas espectrais do sensor MERIS no seu modo padrão de operação

Banda	Centro da banda (nm)	Largura da banda (nm)	Aplicação Potencial
1	412,5	10	Detecção de matéria orgânica dissolvida e detritos orgânicos.
2	442,5	10	Máximo de absorção pela clorofila.
3	490	10	Detecção de clorofila e outros pigmentos.
4	510	10	Detecção de sedimentos suspensos e de maré vermelha.
5	560	10	Mínimo de absorção pela clorofila.
6	620	10	Detecção de sedimentos suspensos.
7	665	10	Absorção pela clorofila e fluorescência.
8	681,25	7.5	Máximo de fluorescência pela clorofila.
9	708,75	10	Fluorescência e referência para correção atmosférica.
10	753,75	7,5	Vegetação e nuvens.
11	760,625	3,75	Absorção pelo oxigênio.
12	778,75	15	Correção atmosférica.
13	865	20	Vegetação e vapor d'água.
14	885	10	Correção atmosférica e vapor d'água.
15	900	10	Vapor d'água e continente.

O sensor ASAR a bordo do ENVISAT consiste de um sistema SAR, cuja antena é formada por uma matriz coerente de elementos de transmissão e recepção do pulso. Esta antena é montada com o seu eixo maior alinhado na direção de avanço do satélite, o que permite que a porção do terreno à sua direita (em relação à direção de deslocamento) seja imageada. Essa configuração garante conteúdo de informação ilimitado na direção azimutal, mas é limitada na direção de range pela elevação da antena. Essa configuração permite uma representação bidimensional da reflectividade da cena com alta resolução tanto na direção de azimute quando em range.

Uma característica importante do ASAR é que sua antena permite o controle independente da informação de amplitude e de fase proveniente das diferentes regiões da superfície da antena. Além disso, ela permite que o sinal recebido em diferentes porções da antena seja ponderado de forma independente. Isto oferece grande flexibilidade para a geração e para o controle do feixe da antena, o que permite que o ASAR opere em diferentes modos. Esses modos de operação usam dois métodos de medida. Um modo é o convencional, conhecido como *stripmap*, e o outro modo, é o ScanSAR.

Nos chamados modos *stripmap*, a antena permite selecionar a faixa imageada modificando o ângulo de incidência e a elevação do feixe. No modo imagem, o ASAR opera em 7 faixas de imageamento predeterminadas, com polarização VV e HH. Este modo de imageamento é limitado a faixas estreitas para evitar ambiguidade do sinal que retorna à antena. O modo *wave* usa as mesmas faixas e polarizações do modo imagem. Entretanto, como não é necessário imageamento contínuo, pequenas áreas do oceano são imageadas e os dados são armazenados no gravador de bordo. Os dados do modo *wave* são utilizados para determinar a velocidade e direção dos ventos.

Os modos ScanSAR permitem o imageamento de faixa larga (*wide swath mode*), o imageamento de monitoramento global e o imageamento com polarização alternada. O modo ScanSAR permite superar as limitações da ambiguidade do sinal de retorno usando um feixe cuja elevação pode ser modificada eletronicamente. As imagens de radar podem então ser sintetizadas varrendo os ângulos de incidência e sintetizando sequencialmente as imagens de diferentes posições dos feixes da antena. A área imageada para cada feixe particular recebe o nome de subfaixa. O princípio do ScanSAR é compartilhar o tempo de operação do radar entre duas ou mais subfaixas separadas de modo que se obtenha uma cobertura completa de cada uma. Esse modo de operação permite então dois modos de imageamento: o de faixa larga (*wide swath*) e de monitoramento global.

O modo de imageamento de polarização alternada emprega uma técnica ScanSAR diferente. Ao invés de o feixe da antena varrer duas subfaixas, o modo de polarização alternada faz a varredura entre duas polarizações, HH e VV, dentro de uma mesma faixa. A Tabela 5.25 resume as características técnicas do sensor ASAR.

Tabela 5.25 Características do sensor ASAR

Resolução radiométrica	1,5 — 3,5 dB
Resolução espacial	Modo imagem: 30 m × 30 m
	Modo faixa ampla: 150 m × 150 m
	Modo global: 1.000 m × 1.000 m
Largura de faixa	Modo imagem: 100 km
	Modo wave: 5 km
	Modo faixa ampla: 400 km ou mais
Banda	C-band
Polarização	VV, HH, VV/HH, HV/HH, VH/VV

5.6. Programa ALOS (*Advanced Land Observing Satellite* — Satélite Avançado de Observação da Terra)

O programa ALOS faz parte do programa Japonês de Observação da Terra, e tem como principal missão a observação dos processos e fenômenos da superfície terrestre sólida.

O carga útil do satélite ALOS é composta de três instrumentos para o sensoriamento remoto da superfície terrestre: o sensor PRISM (*Panchromatic Remote-sensing Instrument for Stereo Mapping* — Instrumento pancromático de sensoriamento remoto para mapeamento esteoscópico), com a missão de aquisição de dados para o mapeamento digital da elevação do terreno (topografia); o sensor AVNIR-2 (*Advanced Visible and Near Infrared Radiometer type 2* — Radiômetro Visível e Infravermelho Avançado — 2) para o levantamento preciso da cobertura da terra; PALSAR (*Phased Array type L-band Synthetic Aperture Radar* — Radar de abertura sintética do tipo *phased array* na banda L) para observação da terra, independentemente das condições de tempo e da iluminação.

Para que esses sensores pudessem ser amplamente aproveitados, o satélite ALOS incorporou novas tecnologias visando: a) maior capacidade de manipulação de grandes volumes de dados; b) maior precisão na determinação da posição do satélite e de sua atitude. O satélite ALOS foi lançado em janeiro de 2006 e continua em operação até o momento. A Tabela 5.26 resume as características do satélite ALOS.

Capítulo 5 — Sistemas Orbitais

219

Tabela 5.26 Características do satélite ALOS	
Peso	Cerca de 4 toneladas
Potência gerada	Cerca de 7 kW
Vida útil	3 — 5 anos
Características orbitais	Sol-síncrona sub-recorrente
	Ciclo: 46 dias Subciclo: 2 dias
	Altura: 691,65 km (no Equador)
	Inclinação: 98,16 graus
Acurácia de determinação de atitude	2.0×10^{-4} graus com pontos de controle no terreno
Acurácia na determinação de posição	1 m
Taxa de transmissão de dados	240 Mbps (via DRT S) 120 Mbps (transmissão direta)
Gravador de bordo	Gravador com tecnologia de estado sólido (90 Gbytes)

(Fonte: http://www.eorc.jaxa.jp/ALOS/)

O sensor PRISM é um radiômetro pancromático, com resolução espacial de 2,5 m no nadir. O sistema tem três sistemas ópticos independentes com visada nadir, frontal e para trás, o que permite a aquisição de pares estereoscópicos ao longo da direção de deslocamento da plataforma. Cada telescópio consiste de três espelhos e vários detectores CCD. O telescópio posicionado a nadir cobre uma faixa imageada de 70 km, enquanto os telescópios de visada frontal e para trás cobrem faixas de 35 km. Os telescópios estão instalados nas laterais do suporte do sistema óptico e submetidos a controle preciso da temperatura. O ângulo de visada *off nadir* dos telescópios é de 24° de modo a permitir uma razão base/altura igual a 1. O campo de visada (FOV) amplo do PRISM permite a formação de um "*triplet*", ou seja, três imagens estereoscópicas superpostas de 35 km de largura sem que seja necessária varredura mecânica ou movimentação do satélite. Sem o campo de visada amplo, as imagens não teriam superposição, devido ao movimento de rotação da Terra. A Tabela 5.27 resume as características do sensor PRISM.

Sensoriamento Remoto

Tabela 5.27 Características do sensor PRISM

Bandas	1 (Pancromática)
Comprimento de onda	0,52 a 0,77 µm
Número de telescópios	3 (nadir; frontal; para trás)
Razão base/altura	1,0 (entre a visada frontal e para trás)
Resolução espacial	2,5 m (nadir)
Largura da faixa	70 km (nadir)/35 km (triplet)
Razão sinal/ruído	>70
MTF	>0,2
Número de detectores	28.000/(faixa 70 km) 14.000/(faixa 35 km)
Ângulo de apontamento	–1,5 a + 1,5 graus

(Fonte: http://www.eorc.jaxa.jp/ALOS/about/prism.htm)

O sensor PRISM pode operar em vários modos programáveis, os quais se encontram descritos na Tabela 5.28.

Tabela 5.28 Modos de observação do sensor PRISM

Modo 1	Modo triplet (visada frontal, nadir e para trás) com largura de faixa de 35 km
Modo 2	Nadir (70 km) + para trás (35 km)
Modo 3	Nadir (70 km)
Modo 4	Nadir (35 km) + frontal (35 km)
Modo 5	Nadir (35 km) + para trás (35 km)
Modo 6	Frontal (35 km) + para trás (35 km)
Modo 7	Nadir (35 km)
Modo 8	Frontal (35 km)
Modo 9	Para trás (35 km)

O sensor AVNIR-2 é um radiômetro que opera na região do visível e infravermelho próximo para a observação do continente e das regiões costeiras. Ele possui boa resolução espacial para o mapeamento de uso da terra e para o monitoramento ambiental ao nível regional. O AVNIR-2 é o sucessor do AVNIR que operou a bordo do satélite ADEOS (Advanced Earth Observing Satellite), lançado em 1996. O principal avanço do AVNIR-2 em relação ao sistema anterior é o seu campo instantâneo de visada (IFOV) que permite uma resolução espacial de 10 m. O AVNIR-2 também tem uma CCD com maior número de *pixels* (7.000), e uma melhor eletrônica.

Outra modificação importante do AVNIR-2 é que este sensor tem a possibilidade de apontamento lateral para rápida observação de desastres. O ângulo de apontamento *off- nadir* do sensor é de ângulo de +44 e –44 graus, permitindo alcançar uma faixa total de imageamento de 1.500 km. A Tabela 5.29 resume as principais características do sensor AVNIR-2.

Tabela 5.29 Características do sensor AVNIR-2	
Bandas	4
Comprimento de onda	Banda 1: 0.42 a 0.50 µm Banda 2: 0.52 a 0.60 µm Banda 3: 0.61 a 0.69 µm Banda 4: 0.76 ta 0.89 µm
Resolução espacial	10 m (nadir)
Largura da faixa	70 km (nadir)
Razão sinal/ruído	>200
MTF	Bandas 1 a 3: >0.25 Banda 4: >0.20
Número de detectores por banda	7.000
Ângulo de apontamento	–44 a +44 graus

O PALSAR é um sensor ativo de micro-ondas operando na banda L. Ele representa um avanço em relação ao sistema SAR do satélite JERS-1 porque permite resolução espacial mais fina no modo de operação normal. Além disso, o PALSAR possui o modo de operação ScanSAR que permite a aquisição de imagens SAR em larguras de faixas de 250 km a 350 km, com resolução menos fina, naturalmente. As faixas largas proporcionadas pela operação do ScanSAR são de três a cinco vezes mais largas do que as imagens SAR convencionais. A Tabela 5.30 resume as características do sensor PALSAR.

Tabela 5.30 Características do sensor PALSAR

Modo	Faixa estreita		ScanSAR	Polarimétrico (experimental)
Frequência central	1.270 MHz (L-band)			
Polarização	HH ou VV	HH + HV ouVV + VH	HH ou VV	HH+HV+VH+VV
Ângulo de incidência	8 a 60 graus	8 a 60 graus	18 a 43 graus	8 a 30 graus
Resolução em range	7 a 44 m	14 a 88 m	100 m (multi look)	24 a 89 m
Largura da faixa imageada	40 a70 km	40 a 70 km	250 a 350 km	20 a 65 km

5.7. Programa DMC (*Disaster Monitoring Constellation*)

O programa DMC é um programa internacional de satélites de sensoriamento remoto que foi concebido em 1996 e desenvolvido pela Surrey Satellite Technology Ltd (SSTL), localizada em Surrey, Reino Unido. Esse programa visava construir cinco microssatélites de baixo custo.

O objetivo dessa rede ou constelação de microssatélites era proporcionar cobertura global diária do planeta com sensores de média resolução (30 a 40 metros), em três ou quatro bandas do espectro, para responder rapidamente a desastres ambientais e atividades para mitigação de seus efeitos.

Tendo em vista que uma constelação de microssatélites representava na época a alternativa mais barata e prática para a solução desse problema, a SSTL propôs, em 1999, uma constelação de cinco satélites a seus clientes potenciais. A proposta se baseava no acordo mútuo entre os interessados de que cada um dos potenciais compradores dos satélites concordaria em operar como parte de uma constelação, na eventualidade da ocorrência de um desastre natural ou induzido pelo homem. Esta proposta inovadora, em relação aos programas existentes, era particularmente interessante para os países em desenvolvimento que não possuíam seus próprios satélites, uma vez que o programa representava acesso ao espaço a um custo relativamente baixo. A Figura 5.26 mostra o conceito de constelação de microssatélites.

Foi então formado um consórcio entre organizações da Argélia, China, Nigéria, Turquia e Reino Unido. Em cooperação com a SSTL, cada organização

Figura 5.26 Conceito de constelação de microssatélites de observação da Terra.

construiu um microssatélite de observação da Terra, que apesar de barato, é bastante avançado, formando-se a primeira constelação dedicada especificamente ao monitoramento de desastres naturais e induzidos pelo homem. A constelação é formada por cinco satélites: AlSAT-1, BILSAT-1, NigeriaSat-1, UK-DMC, Beijing-1.

O primeiro satélite da série foi o AlSAT-1, da Argélia, lançado em novembro de 2002. Os satélites da Argélia, Turquia e Nigéria foram construídos com acordos de transferência de tecnologia e de treinamento. Os satélites da Turquia e Nigéria foram lançados com sucesso em setembro de 2003. O DMC-4, da China (oficialmente conhecido como Beijing-1) foi lançado em outubro de 2005.

As agências corresponsáveis pela constelação são: 1) o CNTS (*Centre National des Techniques Spatiales* — Centro Nacional de Técnicas Espaciais), Arzew, Argélia, com financiamento da ASAL (*Agence Spatiale Algérienne*- Agência Espacial Argelina) Argel, Argélia. O nome do microssatélite é AlSAT-1 (Algeria Satellite-1); 2) o BNSC (British National Space Center) — Centro Nacional Espacial Britânico), responsável pelo financiamento do microssatélite britânico, o UK-DMC; 3) o governo da Nigéria financiou o microssatélite NigeriaSat-1 em cooperação com a NASRDA (*National Space Research & Development Agency* — Agência de Pesquisa e Desenvolvimento Espacial); 4) o Science Board of Scientific and Technical Research Council (Conselho de pesquisa científica e tecnológica) da Turquia, através do BILSAT que é um programa de demonstração de tecnologia e para a observação da Terra (missão BILTEN TUBITAK — ODTU), com o BILSAT-1; 5) a República Popular Chinesa (*Peoples Republic of China*), representada pelo Ministério da Ciência e Tecnologia

224 Sensoriamento Remoto

(MoST) e pela BLMIT (*Beijing LandView Mapping Information Technology Company Ltd* — Companhia de Tecnologia de Informação e Mapeamento LandView de Pequim).

Os integrantes da constelação estão em negociação com o NCST (*National Center for Science and Technology* — Centro Nacional de Ciência e Tecnologia) do Vietnã, para a construção e lançamento do VnSat-1, e com o MUT (*Mahanakorn University of Technology* — Universidade de Tecnologia Mahanakorn) em Bangkok, Tailândia, para o lançamento do ThaiPaht-2, em construção pela MUT. A Tabela 5.31 mostra as características da constelação DMC.

Tabela 5.31 Características da constelação DMC

Constelação	
Rede de satélites	4-7 satélites em um único plano e 4-7 estações terrenas de membros consorciados.
Órbita da constelação	Circular, polar e Sol-síncrona, com altitude de 686 km, inclinação de 98°, e cruzamento do Equador às 10:30.
Frequência de revisita	Diária (capacidade de imageamento) em qualquer ponto do Equador e com maior frequência nas altas latitudes.
Vida útil do satélite	5 anos.
Carga útil do Satélite	
Carga útil(ESIS)	Câmeras CCD com duas ou três bandas
Características da carga útil	Largura da faixa imageada = 600 km, Resolução especial — 32 m no nadir, 36 m na borda da faixa imageada.
Bandas espectrais	0,52 — 0,62 µm (verde), 0,63 — 0,69 µm vermelho), 0,76 — 0,9 µm (infravermelho próximo).
Resolução	8 bit.
Sistema óptico	Distância focal = 150 mm; abertura = 60 mm.
Armazenamento à bordo	De um mínimo de 2 x 512 MByte SSDR (Solid-State Data Recorder-Gravador de estado sólido), equivalente a 1 Gbyte UK-DMC, por ex., tem um sistema de 512 MByte + 1 GByte SSDR para gravação de imagens e um outro SSDR para gravação de dados de GPS.

Tabela 5.31 *Continuação*

Plataforma do Satélite

Tipo	MicroSat-100 utilizados em missões com peso total entre 70 — 130 kg.
Tamanho da plataforma	60 cm $\times$ 60 cm $\times$ 60 cm e mais as antenas.
Massa de lançamento	Cerca de 90 kg. 4 painéis solares.
Bateria	Células NiCd.
Determinação da órbita	Receptor de GPS — SGR (Space GPS Receiver).
Controle de órbita	Sistema de gás liquefeito.
Determinação de atitude	2 Magnetômetros em 3 eixos; 4 sensores solares em dois eixos.
Controle de atitude	3 sistemas de torque magnético ortogonais duplos (orthogonal dual-wound magnetorquers). Momentum wheel (com controle de yaw e pitch). Sistema de controle de gradiente por gravidade (Gravity-gradient boom).
Sistema e gerenciamento de dados	2 computadores de bordo (OBC) para garantir redundância. Um sistema de controle de rede local (CAN — Controller Area Network) para comunicação a bordo. Funções de comunicação para controle da carga útil e comando, em paralelo com links rápidos para a transferência de imagens.
Propulsão	Todos os DMCs empregam sistemas elétricos de propulsão do tipo low-power resistojet.

Sensoriamento Remoto

Tabela 5.31 *Continuação*

Comunicação

TT&C link, S-band	Uplink: cobertura onidirecional com duas antenas, modulação, taxa de transmissão de dados de 9,6 kbit/s. Downlink: antenas monopolares, modulação CPFSK, taxa de transmissão de dados 38.4 kbit/s.
Downlink da carga útil	Antena helicoidal Quadrifilar, potência RF de 4 W. Transmissão em banda S com modulação B/QPS K, com taxa de transmissão de dados de 8 Mbit/s. As cargas úteis do DMC são concebidas para operar usando protocolos baseados em IP (IP-based protocols) em todas as operações de rotina. Os computadores de bordo das plataformas podem usar IP ou AX.25. O downlink de carga útil também implementou o CFDP (CCSDS File Delivery Protocol — Protocolo de entrega rápida) no IP de 8 Mbit/s. O uso desse sistema (CFDP), entretanto, foi descontinuado em 2004 e substituído por um sistema específico desenvolvido pela SSTL. Os computadores de bordo do UK-DMC e do Beijing-1 OBCs estão no momento operando com IP.

Seguimento Terreno

Rede de estações terrenas de banda- S	Antena parabólica de 3,7 m de diâmetro, suporte para transmissão de comando e de dados da carga útil.
Requisição de dados	Consiste de um conjunto de sistemas distribuídos entre os consorciados baseado em comunicação via provedores e Internet pública.
Distribuição de dados	Entre a rede de estações terrestres e provedores de serviço via Internet.
Produtos	Rápida entrega de imagens multiespectrais orientadas para o Norte.
Provedores de serviços	Fundação Reuters para as agências de mitigação de desastres DMCii (DMC International Imaging Ltd — DMC Imagem Internacional Ltda.), empresa organizada em 2004 por todos os membros do consórcio International Space and Major Disasters Charter desde novembro de 2005.

Capacidade Máxima de Imageamento do Sistema

Capacidade/dia por membro	> 80 arquivos de imagens de: 80 km × 80 km (no modo não cooperativo), varia com a coordenação dos recursos pela constelação.

5.8. Programa EOS (*Earth Observing System*)

Desde sua fundação, em 1958, a NASA tem se dedicado a estudar o planeta Terra e seu ambiente a partir de observações da atmosfera, oceanos, continentes, gelo, neve, e sua influência no clima e nos estados de tempo. A observação da Terra, a partir de uma perspectiva orbital, ampliou a compreensão do ambiente global, e provocou uma mudança no paradigma de estudo do planeta, não mais como um conjunto formado de vários componentes, mas como um sistema integrado, em que os vários componentes tem múltiplas interações e retroalimentações. Essa visão é conhecida como "Ciência do Sistema Terrestre".

Em 1991, a NASA lançou um programa mais amplo para o estudo da Terra como um sistema ambiental, que ficou conhecido como Projeto Ciência da Terra (*Earth Science Enterprise*). Com esse projeto a NASA esperava expandir o conhecimento sobre os processos naturais do planeta, de tal modo que pudessem ser melhoradas as previsões climáticas, bem como outras ferramentas para melhorar a produção agrícola, pesqueira, e o manejo dos recursos hídricos e dos ecossistemas, principalmente dos ambientes polares. A NASA tinha a ambição, com esse programa, de desenvolver modelos que permitissem projetar cenários futuros sobre o funcionamento do planeta.

O projeto Earth Science Enterprise teve três componentes: um conjunto de satélites de observação da Terra, um sistema avançado para manejo dos dados, e um conjunto de cientistas para analisar os dados gerados. As áreas principais de estudo incluíram nuvens, água e ciclos de energia, oceanos, química da atmosfera, superfície terrestre, processos hidrológicos e ecossistêmicos, glaciais, e as áreas continentais. A primeira fase do projeto compreendeu estudos focalizados em dados derivados de sensores a bordo de várias plataformas (satélites, ônibus espaciais, aeronaves, e estudos de campo). A segunda fase da missão começou em 1999 com o lançamento do primeiro satélite de Observação da Terra (EOS), o satélite Terra (anteriomente chamado de AM-1). O programa EOS é o primeiro sistema de observação que permite a aquisição integrada de medidas da superfície terrestre.

Ele é também o principal componente da Missão Terra-Sol da NASA (*NASA's Earth-Sun System Missions*). Essa missão inclui uma série de satélites, um forte componente científico, um sistema de suporte e coordenação de uma série de satélites de órbita polar para observações globais do planeta Terra para a observação da superfície dos continentes, biosfera, atmosfera e oceanos. O objetivo principal desse programa é a aquisição de dados para ampliar a compreensão do planeta como um sistema integrado.

Pesquisas recentes em mudanças globais baseadas no conjunto de dados e modelos existentes mostram que as atividades humanas têm um grande potencial de impacto sobre os processos climáticos e biológicos. Apesar disso, as observações existentes para esse tipo de pesquisa são muito limitadas, devido a um grande grau de incerteza no tocante às conclusões, muitas vezes levando a resultados controversos.

Para esse tipo de estudo, os cientistas necessitam de medidas consistentes de longa duração, e com frequência adaptadas à natureza do fenômeno. A falta dessas medidas torna inadequada a base de dados para a validação dos modelos com previsões globais. Nesse contexto, as observações feitas a partir de satélites são essenciais para o avanço do conhecimento sobre essas mudanças de larga escala, visto que os sensores a bordo dos satélites permitem obter medidas consistentes em uma perspectiva global.

O objetivo do programa EOS foi, portanto, obter variáveis relevantes para a compreensão do Sistema Terrestre, e obter um conhecimento mais profundo dos componentes desse sistema e das interações entre eles. Para definir as variáveis relevantes para essa compreensão, a NASA reuniu cientistas dos diferentes campos do conhecimento, e assim foram identificadas 24 medidas passíveis de serem obtidas por sensoriamento remoto relativas a atmosfera, continente, oceanos, criosfera e o forçante de radiação solar. Para quantificar as mudanças no Sistema Terrestre, o programa EOS provê de forma sistemática e contínua, medidas a partir de satélites de órbita baixa que estarão em operação por pelo menos 15 anos. A Tabela 5.32 resume as principais medidas definidas como relevantes para a compreensão do planeta Terra como um sistema integrado, e lista o conjunto de sensores a bordo de várias plataformas que permitem derivar direta ou indiretamente essas medidas. Os sensores em negrito são os essenciais, e os demais são aqueles que podem contribuir alternativamente.

Esses diferentes sensores encontram-se a bordo de vários satélites já lançados e em operação, e a serem lançados na próxima década. A Tabela 5.33 lista todos os satélites já lançados até 2006 dentro do programa EOS, e sua principal missão. A tabela traz também a página (*site*) de cada programa para que os interessados possam encontrar informações mais detalhadas sobre essas missões.

Tabela 5.32	Principais medidas obtidas pelos satélites/sensores do programa EOS. Fonte: Michael D. King — EOS Senior Project Scientist, 2000.	
Componente	**Medidas**	**Sensores**
Atmosfera	Propriedades das nuvens (quantidade, propriedades ópticas, altura).	**MODIS, GLAS, AMSR-E, ASTER**, SAGE III.
	Fluxos de energia radiante (topo da atmosfera e na superfície).	**CERES, ACRIM III, MODIS, AMSR-E, GLAS, MISR, AIRS**, ASTER, SAGE III.
	Precipitação.	**AMSR-E.**
	Química da troposfera (ozônio e gases precursores).	**TES, MOPITT, SAGE III, MLS, HIRDLS, LIS.**
	Química da estratosfera (Ozônio, OH, gases traços etc).	**MLS, HIRDLS, SAGE III, OMI, TES.**
	Propriedades dos aerossóis (estratosférico e troposférico).	**SAGE III, SAGE III, MODIS, MISR, OMI, GLASS.**
	Temperatura da atmosfera.	AIRS/AMSU_A/HSB, MLS, HIRDLS, TES, MODIS.
	Umidade da atmosfera.	**AIRS/AMSU_A**/B, **MLS, SAGE III, HIRDLS**, Poseidon 2/JMR/DORIS, MODIS, TES.
	Relâmpagos (eventos, área, estrutura da luz).	**LIS.**
Radiação solar	Irradiância solar total.	**ACRIM III, TIM.**
	Irradiância espectral do sol.	**SIM, SOLSTICE.**

Continente	Mudança na cobertura e uso da terra.	ETM+, MODIS, ASTER, MISR
	Dinâmica da vegetação.	MODIS, MISR, ETM+, ASTER
	Temperatura da superfície.	ASTER, MODIS, AIRS, AMSR-E, ETM+
	Ocorrência de fogo (extensão, anomalia térmica).	**MODIS, ASTER, ETM**+
	Efeitos vulcânicos (frequência de ocorrência, anomalia térmica, impacto).	**MODIS, ASTER, ETM+, MIRS**
	Umidade da superfície.	AMSR-E
Oceano	Temperatura da superfície.	**MODIS, AIRS, AMSR-E.**
	Fitoplâncton e matéria orgânica dissolvida.	**MODIS.**
	Campos de vento.	**SeaWINDS, AMSR-E**, Poseidon 2/JMR/DORIS.
	Topografia do oceano (altura, ondas, nível do mar).	**Poseidon 2/JMR/DORIS.**
Criosfera	Gelo terrestre (topografia da camada de gelo, volume da camada de gelo, mudanças nos glaciais).	**GLAS, ASTER, ETM+.**
	Gelo marítimo (extensão, concentração, movimento, temperatura).	**AMSR-E, Poseidon 2/ JMR/DORIS**, MODIS, ETM+, ASTER.
	Neve (extensão, conteúdo de água).	**MODIS, AMSR-E**, ASTER, ETM+.

(http://eospso.gsfc.nasa.gov/eos_homepage/description.php)

Tabela 5.33 Satélites do Programa EOS e suas respectivas missões		
Satélite	Data	Aplicação
Orbview II/SeaWiffs	Agosto, 1997	Possui o sensor SeaWiFS cujo objetivo é medir as propriedades bioópticas das águas oceânicas. *SeaWiFS Website*
TRMM (Tropical Rainfall Measuring Mission – Missão de medida da chuva tropical)	Novembro, 1997	Satélite de cooperação Japão/EUA para monitorar e estudar as chuvas tropicais. *TRMM Website*
Landsat 7	Abril, 1999	Ultimo satélite do programa Landsat passou a integrar o Programa EOS para fornecer dados sobre o estado da superfície da terra e permitir medidas de mudanças da cobertura do solo nos últimos 30 anos, com base nos dados dos satélites anteriores. *Landsat 7 Website*
QuickScat (Quick Scatterometer – Escaterômetro Rápido)	Junho, 1999	Este satélite leva a bordo o sensor SeaWinds, que é um radar configurado para medir a velocidade e a direção dos ventos sobre os oceanos em quaisquer condições de tempo. *SeaWinds on QuikSCAT Website*
Terra	Dezembro, 1999	Primeiro satélite de observação da Terra que permite a aquisição simultânea de dados sobre a atmosfera, oceano, e continentes, bem como de suas interações mútuas e com a radiação solar. *Terra Website*
ACRIMSAT (Active Cavity Radiometer Irradiance Monitor)	Dezembro, 1999	Este satélite leva a bordo o sensor ACRIM3 (Active Cavity Radiometer Irradiance Monitor 3 – Monitor de Irradiância) com o objetivo de medir a irradiância total do sol. *ACRIMSAT Website*
EO-1	Novembro, 2000	Satélite de demonstração tecnológica que levou a bordo um sensor hiperespectral, o Hyperion. Contém outros dois sistemas de observação, um voltado para medidas da atmosfera, e outro com vistas a substituir a tecnologia da série Landsat. *EO-1 Website*

Tabela 5.33 *Continuação*

Jason	Dezembro, 2001	O satélite Jason leva a bordo vários instrumentos com o objetivo de mapear a topografia do oceano. Ele representa uma continuidade da missão Topex/Poseidon. *Jason Website*
Meteor-3M (SAGE III)	Dezembro, 2001	O experimento a bordo do satélite Meteor-3M faz parte da componente russa do programa EOS. O SAGE III (Stratospheric Aerosol and Gas Experiment SAGE III) permite medidas precisas de ozônio, vapor d´água, aerossóis, e outros parâmetros importantes da atmosfera. **SAGE III Website**
GRACE (Gravity Recovery and Climage Experiment — Experimento para medição de gravidade e clima)	Março, 2002	Possui sensores para medidas precisas do campo de gravidade da Terra. *GRACE Website*
Aqua	Maio, 2002	Possui seis sensores voltados à ampliação do conhecimento sobre a água no Sistema Terrestre. *Aqua Website*
ADEOS II (Advanced Earth Observing Satellite-II) (SeaWinds)	Dezembro, 2002	Missão internacional (Japão, França, Estados Unidos da América) com duração de 10 meses com o sensor para medida de ventos sobre os oceanos. *ADEOS II Website*
ICESat (Ice, Cloud,and land Elevation Satellite- Satélite para altimetria do gelo, nuvem e continente)	Janeiro, 2003	Dados altimétricos sobre as camadas do gelo continental e marítimo. *ICESat Website*
SORCE (Solar Radiation and Climate Experiment — Experimento de radiação solar e clima)	Janeiro, 2003	Mede a variabilidade da radiação solar e seu efeito sobre a atmosfera e clima. *SORCE Website*

Tabela 5.33 (*Continuação*)

Aura	Julho, 2004	Possui quatro sensores para medidas da composição química da atmosfera e de sua dinâmica. A*ura Website*
CloudSat	Abril, 2006	Possui um sensor que permite estudar a estrutura vertical das nuvens, determinar seu conteúdo de água, e dessa forma compreender seu papel no clima. *CloudSat Website*
CALIPSO (Cloud-Aerosol Lidar and Infrared Pathfinder Satellite Observation – Satélite de observação de nuvens e aerossóis com sensores laser e infravermelho)	Abril, 2006	Satélite de cooperação França e Estados Unidos da América com um sensor ativo, Lidar, e um sensor passivo que permite medir os aerossóis e as nuvens, analisar a interação entre eles e o seu papel no clima. **CALIPSO Website**

Na Tabela 5.34 encontram-se descritos os principais sensores listados na Tabela 5.32. Maiores informações sobre eles, sua operação e resultados podem ser encontrados nas páginas (*site*) das respectivas missões.

Tabela 5.34 Principais sensores aplicados para atender o programa EOS

Acrônimo	Nome do sensor/função	Satélite
ACRIM III		
AIRS	Atmopheric Infrared Sounder/sonda para medida de temperatura e umidade da atmosfera.	Aqua
AMSR-E	Advanced Microwave Scanning Radiometer/medidas de precipitação, temperatura e umidade.	Aqua
AMSU_A	Advanced Microwave Sounding Unit-A/sonda para medir temperatura e umidade da atmosfera.	Aqua
ASTER	Advanced Spaceborne Thermal Emission and Reflection Radiometer/medidas de temperatura da superfície terrestre.	Terra
CERES	Clouds and the Earth Radiant Energy System/medir a troca de energia radiante entre o Sol e a Terra.	Terra/ Aqua

234 Sensoriamento Remoto

Tabela 5.34 *Continuação*

DORIS	Doppler Orbitography and Retros-positioning Integrated by Satellite/medir posição de órbita do satélite.	Terra/ Aqua
ETM+	Enhanced Thematic Mapper/mapeamento da cobertura da superfície terrestre.	Landsat-7
GLAS	Geoscience Laser Altimeter System/medir a topografia das camadas de gelo continental e oceânico.	ICESat
HIRDLS	High Resolution Dynamics Limb Sounder/sonda que pemite medir a composição química da atmosfera: O_3, H_2O, CH_4, N_2O, NO_2, HNO_3, N_2O_5, CFC11, CFC12, $ClONO_2$.	Aura
LIS	Lightning Imaging Sensor/medir raios e descargas elétricas dentro e fora de nuvens.	TRMM
MISR	Multi-angle Imaging SpectroRadiometer/melhor caracterização da estrutura da vegetação.	Terra
MLS	Microwave Limb Sounder/obtém perfis de temperatura, gases e umidade da atmosfera.	Aura
MODIS	Moderate Resolution Imaging Spectroradiometer/ medidas da biosfera, dos oceanos e da atmosfera.	Terra/ Aqua
MOPITT	Measurement of Pollution in the Troposphere/sensor para medir poluentes da atmosfera.	Terra
OMI	Ozone Monitoring Instrument/sensor hiperespectral no ultravioleta e visível que mede a energia retroespalhada.	Aura
SAGE III	Stratospheric Aerosol and Gas Experiment/ sensor para medir aerossóis e gases da estratosfera	Meteor/ 3M
SeaWINDS	SeaWinds — sensor ativo para medir ventos da superfície do oceano	QuickScat
TES	Tropospheric Emission Spectrometer/espectrômetro na faixa do termal que mede a composição química da troposfera.	Aura
TIM	Tropical Rainfall Measuring Mission Microwave Imager/medir radiação de micro-ondas emitida pela atmosfera para calcular umidade, precipitação, teor da água nas nuvens, usando várias frequências de micro-ondas.	TRMM

5.9. Programa CBERS (*China-Brazil Earth Resources Satellite*

O Programa CBERS é fruto da cooperação científica e tecnológica entre o Brasil e a China na área espacial. Essa cooperação foi motivada pelo alto custo de aquisição de imagens de programas existentes. Para minimizar essa dependência, os governos do Brasil e da China assinaram, em 6 de julho de 1988, um acordo de parceria envolvendo o INPE (Instituto Nacional de Pesquisas Espaciais) e a CAST (Academia Chinesa de Tecnologia Espacial) para o desenvolvimento de dois satélites avançados de sensoriamento remoto como parte do Programa CBERS.

Programa CBERS permitiu, inicialmente, o desenvolvimento e a construção de dois satélites de sensoriamento remoto, com sensores imageadores e um repetidor para o Sistema Brasileiro de Coleta de Dados Ambientais.

Em 2002, em decorrência do sucesso das missões 1 e 2, foi assinado um acordo para a continuação do programa CBERS, visando a construção de mais dois satélites, os CBERS-3 e 4, com sensores mais avançados. Devido à demora de lançamento desses novos satélites, foi também acordado o lançamento do satélite CBERS-2B em 2007.

O primeiro satélite da série, o CBERS-1, foi lançado em outubro de 1999. O CBERS-2 foi colocado em órbita em outubro de 2003. O CBERS-2B foi lançado em 2007.

O satélite é composto por dois módulos. Um módulo de carga útil, onde são alojados os sensores, e um módulo de serviço, onde são colocados os equipamentos para o suprimento de energia, computador de bordo, gravadores, sistemas de telecomunicações e todas as demais funções de operação do satélite.

5.9.1. Características de Órbita

Os satélites do Programa CBERS possuem órbitas polares, síncronas com o Sol, a uma altitude de 778 km, inclinação de 98,504° e período de 100,25 min, o que permite a cobertura completa da Terra a cada 26 dias. O horário de passagem do satélite pelo Equador é sempre às 10h30.

5.9.2. Sensores a Bordo dos Satélites CBERS-1 e 2

5.9.2.1. Imageador de Amplo Campo de Visada (*WFI — Wide Field Imager*)

O WFI é um sensor de amplo campo de visada, que permite imagear instantaneamente uma faixa do terreno de 890 km. Com isso, a cada cinco dias,

236 Sensoriamento Remoto

torna-se possível obter uma cobertura completa do globo. A Tabela 5.35 resume as características do sensor WFI.

Tabela 5.35 Características do sensor WFI	
Bandas espectrais	0,63 — 0,69 µm (vermelho) 0,77 — 0,89 µm (infravermelho)
Campo de visada	60°
Resolução espacial	260 × 260 m
Largura da faixa imageada	890 km
Resolução temporal	5 dias
Frequência da portadora de RF	8.203,35 MHz
Taxa de dados da imagem	1,1 Mbit/s
Potência efetiva isotrópica irradiada	31,8 dBm
Quantização	8 bits

(Fonte: http://www.cbers.inpe.br/pt/programas/cbers1-2_cameras.htm)

5.9.2.2. Câmera Imageadora de Alta Resolução (*CCD — High Resolution CCD Camera*)

A câmara CCD permite o imageamento instantâneo de uma faixa de 113 km de largura, com uma resolução espacial de 20 m. Ela tem também a capacidade de apontamento de ± 32 graus, perpendicularmente à órbita, permitindo a obtenção de pares estereoscópicos para áreas selecionadas. Além disso, qualquer fenômeno detectado pelo sensor WFI pode ser focalizado pela Câmera CCD, para estudos mais detalhados, através de seu apontamento num período de três dias. A Tabela 5.36 descreve as principais características da câmara CCD.

5.9.2.3. Imageador por Varredura de Média Resolução (*IRMSS — Infrared Multispectral Scanner*)

O sensor IRMSS é um sistema de varredura que proporciona uma faixa de recobrimento de 120 km em 4 bandas espectrais. A Tabela 5.37 resume suas características. À semelhança da câmara CCD, este sensor também possui uma banda pancromática. Além de esse sensor operar na região do infravemelho próximo, de ondas curtas e termal, ele se distingue da câmara CCD pela baixa resolução espacial (80 m × 80 m).

Tabela 5.36 Características da câmara CCD

Bandas espectrais	0,51 — 0,73 µm (pan) 0,45 — 0,52 µm (azul) 0,52 — 0,59 µm (verde) 0,63 — 0,69 µm (vermelho) 0,77 — 0,89 µm (infravermelho próximo)
Campo de visada	8,3°
Resolução espacial	20 × 20 m
Largura da faixa imageada	113 km
Capacidade de apontamento do espelho	±32°
Resolução temporal	26 dias com visada vertical (3 dias com visada lateral)
Frequência da portadora de RF	8103 MHz e 8321 MHz
Taxa de dados da imagem	2 × 53 Mbit/s
Potência efetiva isotrópica irradiada	43 dBm
Quantização	8 bits

(Fonte: http://www.cbers.inpe.br/pt/programas/cbers1-2_cameras.htm)

Tabela 5.37 Características do sensor IRMSS

Bandas espectrais	0,50 — 1,10 µm (pancromática) 1,55 — 1,75 µm (infravermelho médio) 2,08 — 2,35 µm (infravermelho médio) 10,40 — 12,50 µm (infravermelho termal)
Campo de visada	8,8°
Resolução espacial	80 × 80 m (160 × 160 m termal)
Largura da faixa imageada	120 km
Resolução temporal	26 dias
Frequência da portadora de RF	8.216,84 MHz
Taxa de dados da imagem	6,13 Mbit/s
Potência efetiva isotrópica irradiada	39,2 dBm
Quantização	8 bits

(Fonte: http// www.cbers.inpe.br/pt/programas/cbers1-2_cameras.htm)

5.9.3. Sensores a Bordo dos Satélites CBERS-2B

O CBERS-2B leva a bordo uma câmara WFI e uma câmara CCD semelhante às dos satélites 1 e 2. O sensor IRMSS foi substituído por um novo sensor.

5.9.3.1. Câmera Pancromática de Alta Resolução (*HRC — High Resolution Camera*)

A câmera HRC opera numa única faixa espectral, que cobre o visível e parte do infravermelho próximo. Produz imagens de uma faixa de 27 km de largura com uma resolução espacial de 2,7 m. Com isso, ela proporcionará uma cobertura global apenas a cada 130 dias. A Tabela 5.38 resume as principais características da câmera HRC.

Tabela 5.38 Características da câmera HRC CCD

Banda espectral	0,50 — 0,80 μm (pancromática)
Campo de visada	2,1°
Resolução espacial	2,7 × 2,7 m
Largura da faixa imageada	27 km (nadir)
Resolução temporal	130 dias na operação proposta
Taxa de dados da imagem	432 Mbit/s (antes da compressão)
Quantização	8 bits

(Fonte: http://www.cbers.inpe.br/pt/programas/cbers1-2_cameras.htm)

5.9.4. Sensores a Bordo dos Satélites CBERS-3 e 4

A carga útil planejada para ser lançada pelos próximos satélites da série CBERS, os satélites 3 e 4, encontra-se resumida na Tabela 5.39. O confronto da Tabela 5.39 com as anteriores permite verificar que a configuração da carga útil representa um avanço significativo em relação aos sistemas anteriores no tocante às aplicações em monitoramento dos recursos terrestres.

Capítulo 5 — Sistemas Orbitais

Tabela 5. 39 Características da carga útil dos satélites CBERS-3 e 4.

	MUXCAM	PANMUX
Bandas espectrais	0,45 — 0,52 µm 1,55 — 1,75 µm (TBC) 0,52 — 0,59 µm (G) 0,63 — 0,69 µm (R) 0,77 — 0,89 µm (NIR)	0,51 — 0,75 µm 0,51 — 0,85 µm (TBC) 0,52 — 0,59 µm (G) 0,63 — 0,69 µm (R) 0,77 — 0,89 µm (NIR)
Resolução	20 m	5 m/10 m
Largura da faixa imageada	120 km	60 km
Apontamento	±32°/Não (TBC)	±32°
Revisita	3 dias (TBC)	5 dias
Revisita real	26 dias	Não
Quantização	8 bits	8 bits
Taxa de dados bruta	68 Mbit/s	140 Mbit/s 100 Mbit/s
	IRMSS	WFI
Bandas espectrais	0,76 — 0,90; 0,76 — 1,10 (C) 1,55 — 1,75 (MIR) 2,08 — 2,35 (SWIR) 10,40 — 12,50 (TH)	0,52 — 0,59 (G) 0,63 — 0,69 (R) 0,77 — 0,89 (NIR) 1,55 — 1,75 (MIR)
Resolução	40 m/80 m (TH)	73 m
Largura da faixa imageada	120 km	866 km
Apontamento	Não	Não
Revisita		
Revisita real	26 dias	5 dias
Quantização	8 bits	10 bits
Taxa de dados bruta	16 Mbit/s	50 Mbit

(Fonte: http://www.cbers.inpe.br/pt/programas/cbers1-2_cameras.htm)

Capítulo 6

Comportamento Espectral de Alvos

6.1. Introdução

Para que possamos extrair informações a partir de dados de sensoriamento remoto, é fundamental o conhecimento do comportamento espectral dos objetos da superfície terrestre e dos fatores que interferem neste comportamento.

O conhecimento do comportamento espectral de alvos não é importante somente para a extração de informações de imagens obtidas pelos sensores. É também importante à própria definição de novos sensores, à definição do tipo de pré-processamento a que devem ser submetidos os dados brutos ou mesmo à definição da forma de aquisição dos dados (geometria de coleta dos dados, frequência, altura do imageamento, resolução limite etc.)

Quando selecionamos, por exemplo, a melhor combinação de canais e filtros para uma composição colorida, temos que conhecer o comportamento espectral do alvo de nosso interesse. Sem conhecê-lo, corremos o risco de desprezar faixas espectrais de grande significância na sua discriminação.

242   Sensoriamento Remoto

O objetivo deste capítulo continua sendo o de dar algumas informações sobre o comportamento espectral de alvos nas regiões do espectro para as quais dispomos de imagens. Até a década de 1980, as informações disponíveis, com raras exceções, foram coletadas em regiões temperadas e semiáridas dos Estados Unidos da América. Atualmente, devido à redução do custo dos equipamentos necessários à realização de experimentos, houve um grande esforço no Brasil de ampliar essa base de dados, para incluir informações de outras regiões geográficas.

A partir da década de 1990 surgiram inovações nos instrumentos utilizados para o estudo do comportamento espectral. A resolução espectral desses equipamentos aumentou, e tornou-se possível adquirir dados com intervalos de até 1 nm, o que favoreceu também a descoberta de novas bandas de absorção e novas aplicações das informações espectrais. Além da melhoria da resolução espectral, houve uma ampliação também da faixa de sensibilidade dos espectrorradiômetros que passaram a operar na região do infravermelho de ondas curtas.

Além disso, a partir daquela década, com a difusão de sistemas computacionais, surgiram também novas técnicas de análise de espectros, e de modelagem numérica do comportamento dos alvos.

É importante salientar, entretanto, que os avanços nesse campo não invalidam, mas complementam o conhecimento existente na década de 1990, porque muitas das informações disponíveis foram obtidas em experimentos altamente complexos e controlados, como é o caso, por exemplo, das missões de coleta de dados radiométricos realizadas pelo Large Area Crop Inventory Experiment (LACIE) que, em 1974, iniciou um intenso programa de aquisição de dados espectrais de culturas e solos, paralelamente à aquisição de dados agronômicos e meteorológicos.

Os dados coletados pelo projeto LACIE representam um dos conjuntos de informações espectrais melhor documentados dentro da pesquisa de comportamento espectral de alvos naturais.

Outra fonte importante de informação sobre o comportamento espectral de alvos da superfície terrestre foi oferecida pelo trabalho de compilação e documentação de dados realizados pelos Willow Run Laboratories do Instituto de Ciência e Tecnologia da Universidade de Michigan. O trabalho de Bowker *et al.*, (1985) ainda continua sendo uma referência relevante para quem deseja atuar nesse campo. Os autores fizeram uma compilação de dados sobre a reflectância de alvos da superfície terrestre, submetendo-os a uma triagem e uniformização, tendo em vista que foram compilados de fontes diversas. Os autores também informam sobre as técnicas de aquisição de tais dados, uma vez que estas interferem nas curvas espectrais dos alvos.

Na década de 1980, a grande ênfase era no conhecimento do comportamento espectral dos alvos na região do visível e infravermelho, visto que era nessa região em que havia maior disponibilidade de imagens. Entretanto, com a perspectiva do lançamento de sensores orbitais de micro-ondas, e até para orientar a definição de missões futuras, houve um grande esforço também na realização de experimentos e de modelagem numérica da interação dos alvos com a radiação eletromagnética na faixa das micro-ondas. Esse esforço está amplamente documentado em Ulaby *et al.*, (1986).

Assim sendo, embora a maior ênfase desse capítulo seja sobre as interações na região do visível e infravermelho, serão também discutidas brevemente as interações na região das micro-ondas.

6.2. Comportamento Espectral de Alvos na Região do Visível e Infravermelho

6.2.1. Conceito de Comportamento Espectral

Teoricamente, se a reflectância de um objeto pudesse ser medida em faixas espectrais adjacentes e estreitas ao longo da região reflexiva do espectro, poder-se-ia construir um gráfico representativo de sua "assinatura espectral". A Figura 6.1 representa, teoricamente, a "assinatura espectral" de uma folha verde.

Se a folha, entretanto, tiver sua posição modificada, essa "assinatura" será diferente. Isso significa que, na prática, o que se mede efetivamente é o comportamento espectral da folha, ou seja, a reação da radiação a diferentes modos de ocorrência da folha em relação ao iluminante. É claro que o comportamento espectral da folha, ou seja, sua resposta espectral numa dada circunstância representa uma "boa aproximação" da assinatura espectral de folhas verdes em geral. O comportamento espectral médio da vegetação terá sempre uma configuração que permitirá distingui-lo de outros tipos de objetos. Mas as medidas de comportamento espectral incorporam variações de forma e estrutura do dossel, não apreendidas pela interação entre a radiação e a vegetação verde.

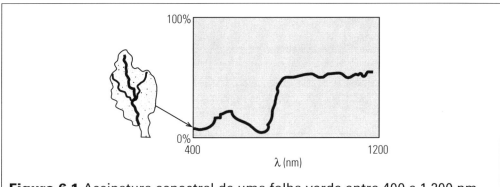

Figura 6.1 Assinatura espectral de uma folha verde entre 400 e 1.200 nm.

244 Sensoriamento Remoto

Portanto, a análise pura e simples de uma curva espectral de determinado objeto da superfície terrestre não fornece informações suficientes sobre ele, a menos que haja informações sobre as condições de aquisição dos dados.

As condições de coleta de dados envolvem o conhecimento não só dos instrumentos utilizados, dos métodos de medição, mas também das condições experimentais em que se realizaram as medidas.

Geralmente, o estudo do Comportamento Espectral dos Alvos é realizado através de métodos experimentais de laboratório e campo, e a grandeza radiométrica utilizada para expressar esse comportamento é uma medida que permite estimar sua reflectância. Mas não existe uma única reflectância. Como vimos anteriormente, o fluxo radiante, ao interagir com um objeto da superfície terrestre pode ser totalmente/parcialmente refletido (ϕr) e pode ser expresso pela Equação 6.1.

$$\rho = \frac{\phi r}{\phi i} \tag{6.1}$$

onde:

ρ = reflectância;
ϕi = fluxo radiante incidente;
ϕr = fluxo radiante refletido.

Essa medida de reflectância, conforme definida pela Equação 6.1, é de *reflectância difusa*, ou seja, pressupõe a radiação incidente em todas as direções e refletida em todas as direções. Não varia, portanto, a distribuição espacial dos fluxos de radiação refletido e incidente.

Na prática, os fluxos considerados na determinação da reflectância estão contidos em dois ângulos sólidos conforme pode ser observado na Figura 6.2, porque os instrumentos de medição, conforme já estudamos, possuem um sistema óptico que restringe a observação a um dado ângulo. O que temos, portanto, é uma amostra angular da reflectância difusa.

A razão entre esses fluxos é conhecida por *reflectância bicônica* do elemento de superfície Δa. Quando os ângulos sólidos envolvidos na determinação da reflectância forem muito pequenos, a razão entre os fluxos é denominada de *reflectância bidirecional*.

Tendo em vista que os fluxos envolvidos na determinação da reflectância podem ter várias configurações, para fins práticos costuma-se admitir a *reflectância bidirecional* como uma medida capaz de caracterizar o comportamento espectral dos objetos em condições de imageamento similares às dos sensores transportados em aeronoves e plataformas orbitais.

Define-se o *Fator de Reflectância Bidirecional (FRB)* de um objeto como a razão entre a radiância (La) da amostra e a radiância de uma superfície lambertiana ideal (Lr), nas mesmas condições de iluminação e observação.

Capítulo 6 — Comportamento Espectral de Alvos

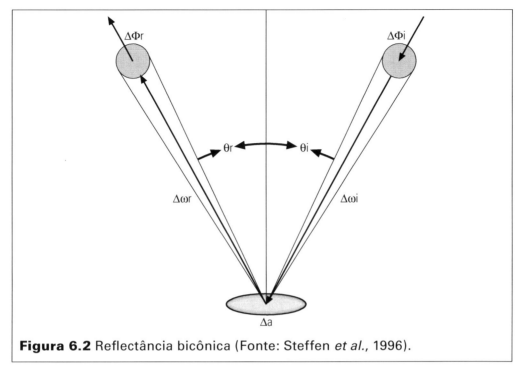

Figura 6.2 Reflectância bicônica (Fonte: Steffen *et al.*, 1996).

Na prática, a superfície de referência é uma placa plana, recoberta com Sulfato de Bário (BaSO4) ou Óxido de Magnésio (MgO), ou de um material conhecido por spectralon, calibrada com um padrão de laboratório cujo espectro de reflectância seja conhecido (Steffen *et al.*, 1996).

A Figura 6.3 ilustra o conceito de *Fator de Reflectância*.

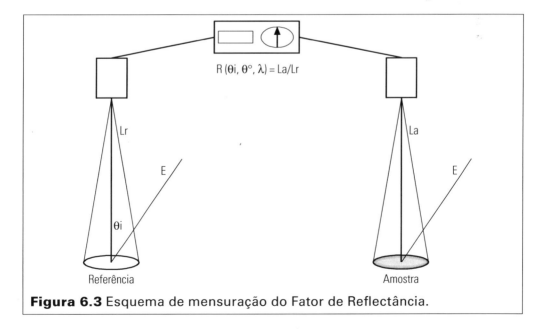

Figura 6.3 Esquema de mensuração do Fator de Reflectância.

246 Sensoriamento Remoto

Como o campo de visada do sensor utilizado para medir a radiância e a irradiância é pequeno (< 150) e a irradiância é predominantemente resultante do fluxo solar direto (e direcional), pode-se considerar que a medida obtida é o Fator de Reflectância Bidirecional, ou seja, as medidas são especificadas para as direções do fluxo incidente e do fluxo refletido em um dado comprimento de onda. Em dias nublados, quando o campo de irradiação é predominantemente difuso, apenas o fluxo refletido pode ser considerado direcional.

O Fator de Reflectância Bidirecional é uma das grandezas radiométricas mais utilizadas para caracterizar o comportamento espectral dos alvos naturais. O desenho experimental utilizado para a obtenção das medidas espectrais, entretanto, pode variar, em função de características específicas dos alvos.

Mas não é apenas o método utilizado para estimar a reflectância que interfere na determinação do comportamento espectral dos alvos. As características dos equipamentos utilizados também podem afetar as medidas, principalmente quando se leva em conta a resolução espectral e radiométrica dos espectrorradiômetros.

Como pode ser observado na Tabela 6.1, há uma grande variedade de equipamentos utilizados para obter informações sobre o comportamento espectral dos alvos. Há equipamentos cuja resolução espectral é de 10 nm, enquanto outros, atingem 1,4 nm em certas regiões do espectro. Um espectrorradiômetro com resolução de 10 nm não permitirá a identificação de bandas de absorção estreitas, impedindo a distinção de materiais, cuja propriedade diagnóstica é a presença de tais feições.

Em função do tipo de espectrorradiômetro utilizado, há diferentes modos de operação. Um equipamento leve com PSII pode ser carregado facilmente de um local para outro, permitindo a aquisição de muitas amostras. Equipamentos mais pesados precisam de sistemas especiais para o transporte e suporte em campo.

Apenas a título de ilustração, podemos analisar a curva espectral de um dossel de floresta (Figura 6.4) obtida com resolução espectral de 10 nm e de 50 nm. As duas curvas são semelhantes, e apresentam as características típicas de cobertura vegetal, com reflectância mais elevada na região do verde e do infravermelho próximo. A análise mais minuciosa dos gráficos, entretanto, revela o deslocamento das bandas de absorção e do máximo de reflectância da região do verde, mostrando o impacto das características do equipamento utilizado sobre o comportamento espectral dos objetos da superfície.

Tabela 6.1 Espectrorradiômetros de campo em uso no estudo do comportamento espectral de alvos naturais			
	Spectron SE590™	ASD PSII™	SpectronScan PR-650™	ASD FieldSpec UV/VNIR™
Data	1984	1989	1992	1994
Janela espectral (nm)	370 — 1.110	350 — 1.050	380 — 780	350 — 1.050
Dispersão (nm)	3	1,4	3	1,4 ou 0,7
Resolução espectral (nm)	11	3	8	3
Resolução radio-métrica (bits)	12	12	14	16
Canais	252	512	128	512 ou 1.024
Campo de visada	$1°, 15°, 2\pi$	$1°, 15°, 2\pi$	$1°, 7°, 12,5°, 2\pi$	$1°, 24°, 2\pi$
Tempo de varredura (s)	0,016 — 1,1	0,044 — 5,6	0,010	0,016 — 240
Peso (kg)	4,5	3,5	2,5	8
Características especiais				
	GER 1500™	Integrated Spectronics PIMA II™	ASD Fields-ped-NIR™	GER IRIS Mk IV™
Data	1994	1989	1994	1986
Janela espectral (nm)	300 — 1.100	1.300 — 2.500	1.000 — 2.500	300 — 3.000
Dispersão (nm)	1,5	2 ou 4	2	2—> 300 a 1.100 nm 4—> 1.000 a 3.000 nm
Resolução espectral (nm)	3	7 a 10	10	Igual à dispersão
Resolução radio-métrica (bits)	16	14	16	12 a 15
Canais	512	600 ou 300	750	< 1.000
Campo de visada	$3° \times 1°$	1 cm de diâmetro	$25°, 1°, 2\pi$	$6° \times 4°$
Tempo de varredura (s)	0,010	20 a 60	30 a 600	30
Peso (kg)	4	3	8	11
Características Especiais		Fonte de luz interna	Fonte de luz interna	

248   Sensoriamento Remoto

Tabela 6.1 *Continuação*

	GER SIRIS ™	ASD FieldSpec-FR ™	GER 2100 ™	GER 2600 ™	GER 3700 TM
Data	1988	1994	1994	1994	1994
Janela espectral (nm)	300 – 3.000	350 – 2.500	400 – 2.500	400 – 2.500	400 – 2.500
Dispersão (nm)	2—> 300 a 1100 nm 4—> 1.000 – 3.000 nm	1,4 ou 0,73 —> 350 a 1.000 nm 2—> 1.000 – 2.500 nm	10—>400— 1.000 nm 24—> 1.000— 2.500 nm 8—> 2.000— 2.500 nm	1,5—> 400 – 1.000 nm 24—> 1.000 – 2.500 nm 8—> 2.000 – 2.500 nm	1,5—>400 —1.050 nm 4,8—>1.050 —1.400 nm 6,25—> 1.400 – 1.800 nm 8—>2.000— 2.500 nm
Resolução espectral (nm)	Igual à dispersão	3—> 350 – 1.050 nm 10—> 1.000 – 2.500 nm	Igual à dispersão	3—> 400— 1.000 nm igual à dispersão no restante	3—> 400— 1.000 nm igual à dispersão no restante
Resolução radiométrica (bits)	12 a 15	16	12 a 15	16	16
Canais	< 1.000	512 ou 1.024 —> 350— 1.000 nm 750—> 1.000— 2.500 nm	140	512 + 128 ou 64	512 + 192
Campo de visada	15° × 5°	25°, 1°, 2π	3° × 5°	3° × 5°	1,4° × 0,3°
Tempo de varredura (s)	30	16 a 240 e 30 a 600	0,03	0,05	0,05
Peso (kg)	11	8	11	11	11
Características especiais					

(Fonte:Milton *et al.*, 1998)

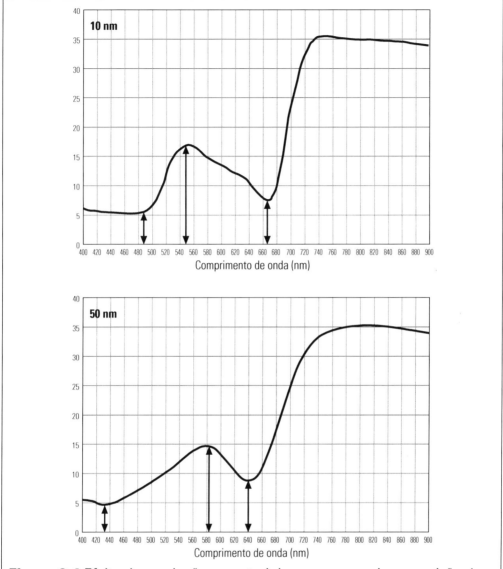

Figura 6.4 Efeito da resolução espectral dos sensores sobre a posição de feições características da cobertura vegetal.

Outro exemplo do impacto de outras variáveis sobre as medidas de reflectância é oferecido pelo comportamento espectral de talhões de trigo apresentado na Figura 6.5. A curva 1 foi obtida a partir de medidas realizadas em Garden City, Kansas, com auxílio do espectrorradiômetro EXOTECH 20D.

Esse equipamento cobre o range espectral de 0,4 μm a 2,4 μm e possui uma resolução espectral de 0,025 μm. A altura de operação do instrumento foi de 6 metros em relação ao objeto sensoriado. A curva 2 foi obtida através do espectrorradiômetro F.S.A.S. (*Field Signature Acquisition System*), que opera na mesma região espectral do EXOTECH 20D, mas possui uma resolução espectral de 0,0064 μm.

Observamos, pela Figura 6.5, que, de 0,70 μm a 2,0 μm, o trigo medido pelo radiômetro EXOTECH 20D apresenta porcentagem de reflectância sempre superior à do trigo medido pelo F.S.A.S. Como não há informações sobre as práticas culturais de um e outro talhão, exceto que apresentam a mesma porcentagem de cobertura do solo (70%), podemos atribuir a variação na porcentagem de reflectância às condições experimentais de tomada dos dados, uma vez que a forma da curva mantém-se praticamente a mesma.

Portanto, para a interpretação dos dados espectrais, é necessário um conhecimento adequado das condições experimentais em que foram tomados. Esta é uma das grandes dificuldades encontradas quando baseamos nossas interpretações em curvas espectrais adquiridas em literatura internacional, visto que raramente as condições experimentais são reportadas em sua totalidade.

Os fatores que controlam o comportamento espectral dos alvos variam amplamente com a região do espectro em estudo e com o tipo de alvo estudado. Entretanto, didaticamente estes fatores podem ser classificados em dois grandes conjuntos: fatores macroscópicos, mais ligados ao estado da superfície do alvo, seu arranjo espacial, e fatores externos ao alvo, como por exemplo, a posição da fonte, natureza da fonte de iluminação, localização do alvo etc.; e fatores microscópicos, mais ligados à natureza e composição do alvo.

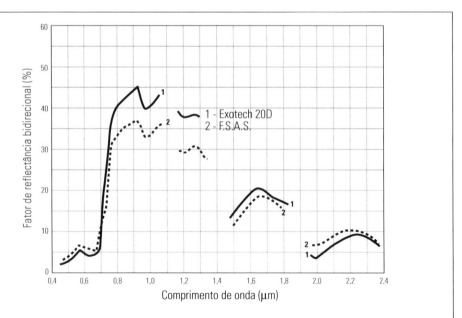

Figura 6.5 Curvas espectrais do trigo, construídas a partir de medidas tomadas em diferentes condições experimentais (Fonte: Hixson *et al.*, 1978).

Os fatores macroscópicos dependem bastante dos métodos de aquisição de medidas de reflectância, por isso vamos discuti-los com um pouco mais de profundidade.

6.2.2. Métodos de Aquisição

Um dos fatores que têm maior influência sobre as curvas espectrais de objetos da superfície terrestre é a própria forma de aquisição da medida da reflectância.

A medida da reflectância de um objeto pode ser feita de três modos: em laboratório, no campo ou a partir de uma plataforma elevada (helicóptero, avião ou satélite). Na Figura 6.6, podemos observar as condições de aquisição de dados espectrais do projeto LACIE. A coleta de dados baseou-se num espectrorradiômetro a bordo de um helicóptero e em espectrorradiômetros suspensos em plataformas elevadas por braços mecânicos acoplados a caminhões (*truck-mounted platforms*).

Cada um desses modos de coleta de dados determina diferentes resultados, porque são afetados pelos demais fatores que interferem na tomada de medidas: geometria de aquisição de dados, parâmetros atmosféricos e parâmetros

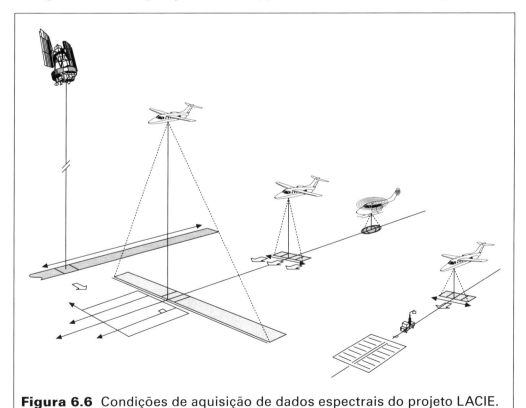

Figura 6.6 Condições de aquisição de dados espectrais do projeto LACIE.

relativos ao alvo. Tais fatores podem ser controlados em laboratório, mas, em experimentos de campo, devem ser conhecidos, para que possam ser corrigidas as medidas efetuadas.

Para que possam ser avaliados os efeitos desses fatores sobre as medidas de reflectância, trataremos cada um deles separadamente.

6.2.3. Geometria de Aquisição de Dados

Os parâmetros que variam e interferem na geometria de iluminação da cena são: ângulo zenital do Sol (θz), ângulo de visada (θv), ângulo azimutal (ϕ_s, ϕ_{sa}), ângulo azimutal relativo (Ψ, onde $\Psi = \phi_s - \phi_{sa} + 180$) e a altitude do sensor (H). Na Figura 6.7, podemos observar estes parâmetros.

O efeito da modificação de cada um desses parâmetros no momento da aquisição de dados encontra-se resumido na Tabela 6.2.

Tabela 6.2 Efeito das variáveis da geometria de aquisição de dados de sensoriamento remoto sobre as medidas de reflectância	
Variável	Efeito sobre as medidas de reflectância
Ângulo solar zenital (θ_z)	Aumento de θ_z — diminuição da irradiância solar na superfície do alvo — diminuição da porcentagem de energia refletida pela superfície. Aumento de θ_z — aumento de porcentagem de incidência de radiação difusa sobre a superfície do alvo — aumento da componente de radiação difusa sobre o alvo.
Ângulo de visada (θ_v)	Aumento de θ_v — aumento do componente de radiância da atmosfera na energia refletida pela superfície — redução do contraste entre os alvos — aumento da influência da anisotropia dos alvos sobre as medidas radiométricas.
Ângulo azimutal do sol e do sensor	Altera a distribuição de energia na superfície do alvo no caso de culturas plantadas em linha, no caso de lineamentos geológicos.
Ângulo azimutal relativo	A variação de Ψ altera a porcentagem de energia registrada pelo sensor em cada comprimento de onda. Quando $\Psi = 0°$ — maior porcentagem de energia registrada pelo sensor em cada comprimento de onda, se $\theta_z = 20°$; $\theta_v = 5°$.
Altitude do sensor	Aumento de H — aumento da interferência da radiância da atmosfera na medida de reflectância do alvo.

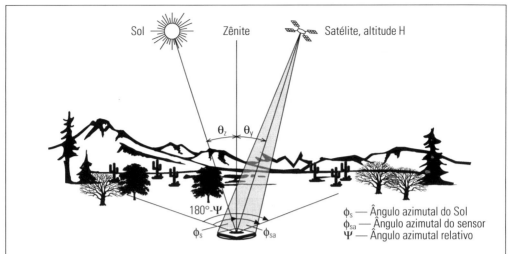

Figura 6.7 Variáveis da geometria de aquisição de dados que afetam as medidas de reflectância (Fonte: Bowker *et al.*, 1985).

6.2.4. Parâmetros Atmosféricos

Nesta discussão está implícito que trataremos de situações em que a atmosfera está livre de nebulosidade.

Dentre os parâmetros atmosféricos que interferem nas medidas de reflectância, temos: umidade atmosférica, presença de aerossóis, turbulência etc.

A umidade atmosférica interfere através da absorção da radiância na trajetória do fluxo entre a fonte e a superfície e vice-versa. Modificações na umidade provocam alterações na intensidade (profundidade) das bandas de absorção pelo H_2O. Além disto, a umidade interfere no tipo e na concentração de aerossóis na atmosfera. O aumento da umidade relativa do ar favorece a manutenção de partículas sólidas em suspensão na atmosfera, alterando as características do espalhamento atmosférico.

A quantidade de aerossóis na atmosfera é normalmente caracterizada pela espessura óptica dos aerossóis (*aerosol optical thickness*):

$$\tau_A = \exp(-TA)\ (\alpha) \text{ onde } T_A = \frac{\text{transmitância dos aerossóis}}{\text{numa trajetória vertical}}$$

$$\tau_A = \text{espessura óptica}$$

A espessura óptica (τA), também conhecida como turbidez, é estimada para determinado lugar através da observação do Sol com um fotômetro, para um dado ângulo de elevação solar. Outra forma de avaliar a turbidez atmosférica é através da "visibilidade horizontal" (*horizontal visual range*). Quanto menor a visibilidade ao longo de uma linha horizontal, maior a turbidez da atmosfera.

Embora a visibilidade seja um parâmetro útil para avaliar a espessura óptica, é apenas uma aproximação grosseira quando consideramos que os objetos observados são imageados a partir de uma visada nadir. Desta maneira, a presença de aerossóis nas altas camadas atmosféricas estará sendo minimizada pela avaliação da visibilidade.

De modo generalizado, podemos considerar que, com o aumento da concentração de aerossóis na atmosfera, há um aumento do espalhamento. A Figura 6.8 apresenta o efeito da visibilidade atmosférica sobre a reflectância aparente de superfícies com reflectâncias variáveis. Sua análise permite observar as seguintes tendências: a) para um objeto com baixa reflectância (ρ = 0,1), a diminuição da visibilidade (aumento da turbidez) determina um aumento da reflectância aparente (ρ.) do alvo, sendo este aumento mais acentuado em comprimentos de onda menores; b) para um objeto de reflectância média (ρ = 0,4), a atmosfera pode aumentar ou diminuir a reflectância aparente (ρ.) em função da visibilidade e do comprimento de onda. Para comprimentos de onda menores que 0,6 µm, há um aumento da reflectância aparente com o aumento da visibilidade; acima de 0,6 µm, há uma diminuição da reflectância aparente com a diminuição da visibilidade. No caso de um alvo com alta reflectância (ρ = 0,7), o efeito atmosférico é decrescer a reflectância aparente (ρ.) em todos os comprimentos de onda, qualquer que seja o *range* de visibilidade, sendo o decréscimo maior para menores visibilidades.

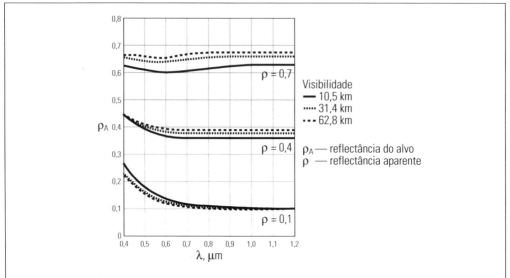

Figura 6.8 Efeito da visibilidade sobre a reflectância aparente de três superfícies (Fonte: Bowker *et al.*, 1985).

6.2.5. Parâmetros Relativos ao Alvo

As características de reflectância dos objetos adjacentes ao alvo de nosso interesse também interferem nas medidas de sua reflectância. A energia espalhada pela vizinhança do alvo pode ter um conteúdo espectral diferente daquele do objeto de interesse e mascarar sua resposta.

A Figura 6.9 mostra-nos o efeito da observação de um objeto rodeado por uma vizinhança com um coeficiente de reflexão mais elevado. Verificamos que a reflectância aparente (ρ_{ft}) é sempre maior, devido à contribuição do "*background*" ou substrato.

6.2.6. Características Gerais das Curvas de Reflectância

Trataremos de modo generalizado o comportamento espectral dos principais componentes da superfície terrestre: a vegetação, os solos, as rochas e minerais, a água e as superfícies construídas (concreto, asfalto).

6.2.6.1. Vegetação

A Figura 6.10 representa a curva espectral média da vegetação fotossinteticamente ativa. Através de sua análise, podemos decompô-la em três regiões espectrais, em função dos fatores que condicionam seu comportamento: a) até 0,7 µm, a reflectância é baixa (< que 20%), dominando a absorção da radiação

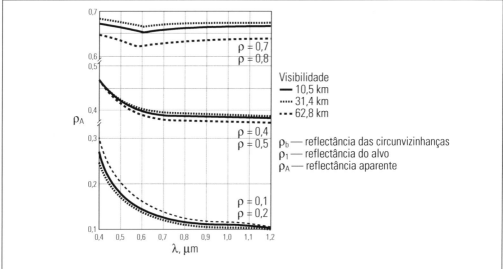

Figura 6.9 Efeito da radiância da vizinhança do alvo sobre sua reflectância aparente (Fonte: Bowker *et al.*, 1985).

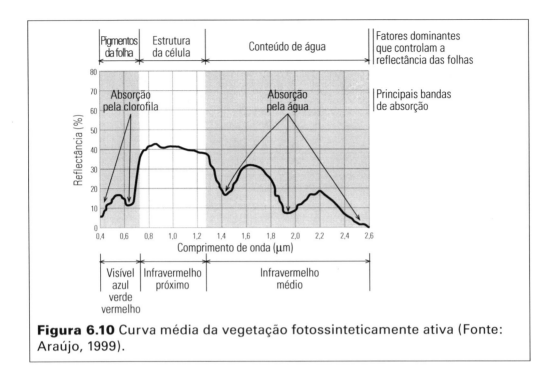

Figura 6.10 Curva média da vegetação fotossinteticamente ativa (Fonte: Araújo, 1999).

incidente pelos pigmentos da planta em 0,48 μm (carotenoides) e em 0,62 μm (clorofila).

Em 0,56 μm, há um pequeno aumento de reflectância, não atingindo, porém, níveis superiores a 20%. É a reflectância responsável pela percepção da cor verde da vegetação; b) de 0,7 μm a 1,3 μm, temos a região dominada pela alta reflectância da vegetação (30% < ρ < 40%), devido à interferência da estrutura celular (estrutura do mesófilo); c) entre 1,3 μm e 2,5 μm, a reflectância da vegetação é dominada pelo conteúdo de água das folhas. Nessa região, encontram-se dois máximos de absorção pela água; em 1,4 μm e 1,95 μm, a esta região correspondem também as bandas de absorção atmosférica; por isto os sensores desenvolvidos têm suas faixas espectrais deslocadas para regiões menos sujeitas à atenuação atmosférica. Sobre esses processos, consultar Ponzoni (2003).

O comportamento espectral da vegetação, entretanto, se modifica ao longo do seu ciclo vegetativo. O impacto das alterações fenológicas e morfológicas sofridas pelas plantas que formam o dossel sobre o comportamento espectral varia: 1) com a região do espectro; 2) com o tipo de cultura; 3) com o ângulo de visada. A Figura 6.11 mostra o impacto da variação do ângulo de visada ao longo do ciclo da cultura de feijão em experimento relatado por Ferraz et al., (2007).

Nesse experimento, Ferraz et al., (2007) utilizaram espectros de campo para simular as bandas sensíveis ao vermelho e infravermelho do sensor TM/Landsat. As medidas foram realizadas do 16.º ao 85.º dia de plantio, em que a

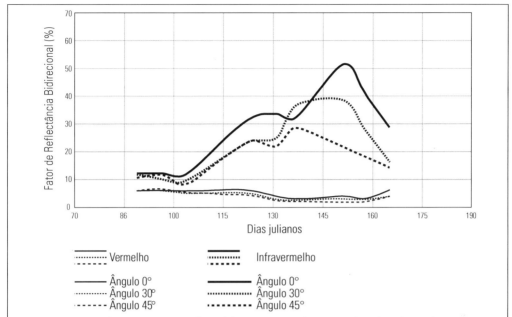

Figura 6.11 Efeito do ciclo fenológico e do ângulo de visada sobre o comportamento espectral da vegetação na região do vermelho e infravermelho (Fonte: Ferraz *et al.*, 2007).

cultura do feijão passou de um estado caracterizado pela presença de 50% de folhas primárias ao estádio de maturação e secagem.

Fica evidente na Figura 6.11 que o fator de reflectância na região do vermelho é menos afetado pelas modificações fenológicas da planta e do dossel. Nos estádios iniciais do crescimento também não são observadas diferenças sensíveis na reflectância do vermelho em função do ângulo de visada. Essas diferenças ficam mais perceptíveis a partir dos estádios fenológicos mais adiantados da cultura. Na região do infravermelho essas diferenças são muito mais evidentes, pricipalmente em relação ao comportamento do fator de reflectância no ângulo de 45° em relação ao nadir. Análises estatísticas realizadas pelos autores determinaram diferenças estatisticamente significativas (5% de probabilidade) entre a reflectância obtida no nadir e a 45°.

O comportamento espectral da vegetação pode ser também afetado pela arquitetura do dossel e pelo tipo de substrato. Esses efeitos foram estudados por Antunes (1992) para a cultura da soja, a partir do uso de modelos de simulação do Fator de Reflectância Bidirecional (FRB). Não obstante algumas das limitações do modelo mencionadas pelo autor, os resultados das simulações indicam que o comportamento espectral da vegetação é sensível à reflectância do solo (Figura 6.12).

A Figura 6.13 ilustra o efeito combinado do tipo de cultura agrícola, do solo e das condições experimentais sobre as medidas do comportamento espectral

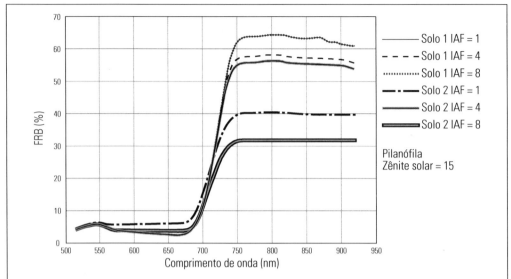

Figura 6.12 Efeito do FRB do solo sobre o FRB do dossel de soja com diferentes índices de área foliar (IAF), a partir de simulações utilizando-se o modelo SAIL. FRB do solo 1 em média duas vezes maior que o solo 2 ao longo do espectro eletromagnético (Fonte: Antunes, 1992).

da vegetação. As condições experimentais de obtenção dos espectros encontram-se descritas em Luiz *et al.* (2001). É importante salientar que o solo sobre o qual se desenvolveram as culturas estudadas era o mesmo e se caracterizava por reflectância relativamente baixa.

Os espectros da soja e do feijão representam o comportamento espectral médio na fase de máximo desenvolvimento da cultura nas condições experi-

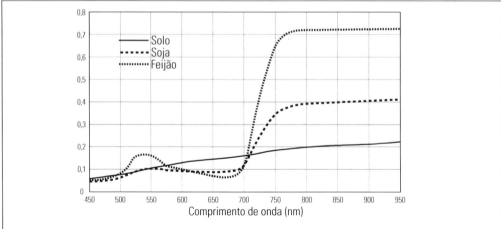

Figura 6.13 Efeito do tipo de cultura, solo e condições experimentais sobre as medidas do Fator de Reflectância Bidirecional da cultura de soja e feijão (Luiz *et al.*, 2001).

mentais. A soja, como não alcançou um completo recobrimento do substrato, teve seu comportamento espectral influenciado pela reflectância do solo, o que determinou uma redução da reflectância em relação à do feijão em todos os comprimentos de onda. O efeito do substrato sobre o comportamento espectral da soja também provocou uma redução da profundidade das bandas de absorção pelos pigmentos responsáveis pela fotossíntese.

Nos últimos anos, houve um aumento considerável do conhecimento sobre o impacto de parâmetros do dossel, das práticas agrícolas, da altura e forma do dossel, das espécies, e da geometria de aquisição dos dados sobre o comportamento espectral da vegetação (Kines, 1983; Guyat, 1984; Valeriano, 1992; Gleriani, 1994; Ferri, 2002; Galvão *et al.*, 2004 a 2005, 2006, entre outros).

6.2.6.2. Solos

As curvas espectrais de solos podem ser classificadas em 5 tipos, conforme sugestões de Condit (1970) e Stoner e Baumgardner (1980).

A análise dos 5 tipos de curvas permitiu organizar a Tabela 6.3, que resume suas principais características. A análise dessas curvas criou condições para que fossem sugeridas algumas faixas espectrais de interesse para o estudo de propriedades do solo. A Tabela 6.4 resume essas propriedades.

Tabela 6.3 Características principais das curvas espectrais de solos

Tipo de curva	Região do espectro	Feição espectral	Caractesrística do solo
1	0,32 — 1,00 μm	Baixa reflectância Forma côncava	
2	0,32 — 0,60 μm 0,60 — 0,70 μm 0,70 — 0,74 μm 0,32 — 0,75 μm	Gradiente decrescente Gradiente acentuado Gradiente decrescente Forma convexa	Solos bem drenados pouca matéria orgânica
3	0,32 — 0,60 μm 0,60 — 0,74 μm 0,76 — 0,78 μm 0,88 — 1,00 μm	Gradiente acentuado Gradiente pequeno Gradiente decrescente Gradiente aumenta c/d	Solos com conteúdo de ferro razoavelmente elevado
4	0,32 — 2,30 μm 0,88 — 1,30 μm	Baixa reflectância Redução da reflectância	Alto conteúdo de ferro e matéria orgânica
5	0,75 — 1,30 μm	Gradiente decrescente Não há banda de absorção de água em 1,45 μm	Alto conteúdo de ferro e baixo conteúdo de matéria orgânica

Estudos recentes (Terra e Saldanha, 2007) da reflectância bidirecional de solos típicos do Bioma Pampa mostraram que esta é influenciada pelos substratos litológicos (rochas sedimentares e ígneas ácidas) caracterizando-se por elevado albedo e feições de absorção profundas em 1.400, 1.900 e 2.200 nm. Segundo os autores, tais feições podem ser explicadas: a) pela presença de água adsorvida aos minerais argilosos; b) pelo radical hidroxila existente nesses minerais, ou; c) pela água aprisionada como inclusões fluidas em grãos de quartzo.

Tabela 6.4 Regiões do espectro mais adequadas ao estudo de propriedade físico-químicas de solos

Regiões espectrais	Propriedades
0,57 μm	Monitoramento de matéria orgânica em solos sem cobertura vegetal
0,7 μm e 0,9 μm	Monitoramento do conteúdo de compostos de ferro férrico
1,0 μm	Monitoramento do conteúdo de compostos de ferro ferroso
2,2 μm	Monitoramento de unidade do solo

Para uma ampliação do conhecimento sobre o comportamento espectral do solo, consultar Epiphanio (1983); Valeriano *et al.*, (1995); Galvão *et al.*, (1995, 1997, 2001); Galvão e Vitorello, 1998; Galvão e Formaggio, 2007; Pizzarro (1999); Pizzarro *et al.*, (2001); Meneses e Madeira Netto (2003); Genu *et al.* (2007).

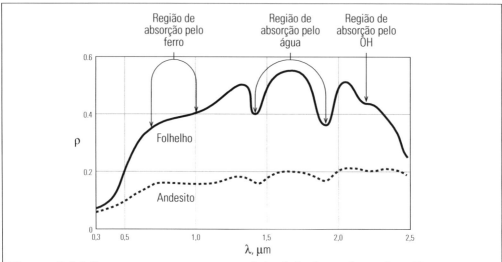

Figura 6.14 Comportamento espectral de dois tipos de rochas (Fonte: Bowker *et al.*, 1985).

6.2.6.3. Rochas e Minerais

As rochas apresentam comportamento espectral semelhante ao dos solos, o que não é surpreendente, uma vez que estes são produtos de alterações daquelas. Um dos elementos de maior diferenciação entre as curvas de rochas e solos é a presença de matéria orgânica nestes últimos.

A Figura 6.14 apresenta as curvas espectrais de dois tipos de rochas: folhelhos e andesitos. Na curva relativa aos folhelhos, observamos três regiões diagnosticadas: a) uma região onde se encontram bandas de absorção pelo ferro; b) uma região onde ocorrem bandas de absorção pela água; c) uma região de absorção pela hidroxila (OH).

Analisando as curvas, verificamos que os folhelhos apresentam maior porcentagem de reflectância em todos os comprimentos de onda, quando comparados com os andesitos.

A Tabela 6.5 apresenta as principais bandas espectrais de interesse para a detecção de propriedades de rochas. Maiores informações podem ser obtidas em Galvão *et al.*, (2004).

Tabela 6.5 Regiões do espectro mais adequadas para o estudo de propriedades físico-químicas de rochas		
Regiões do espectro	Propriedade	Autor
2,74 µm	Detecção de minerais com presença de hidroxilas na estrutura	
1,6 µm	Identificação de zonas de alteração hidrotermal ricas em argila	Podwysocki *et al.*, 1983
2,17 µm e 2,20 µm	Identificação de minerais de argila	Goetz e Rowan, 1981
0,8-1,0 µm	Identificação de ferro	

6.2.6.4. Água

A água (H_2O) apresenta-se na natureza sob diferentes estados físicos, os quais influenciam de modo fundamental seu comportamento espectral. A Figura 6.15 apresenta o comportamento espectral da água em seus diferentes estados físicos: água propriamente dita (estado líquido), água em forma de nuvens e água em forma de neve.

Pela análise da Figura 6.15, podemos observar as seguintes características da água: a) a água em seu estado líquido apresenta baixa reflectância entre 0,38

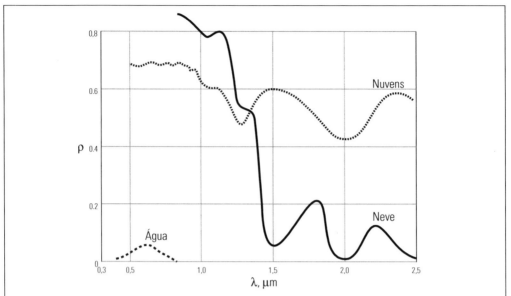

Figura 6.15 Comportamento espectral da água em seus diferentes estados físicos (Fonte: Bowker *et al.*, 1985).

μm e 0,70 μm ($\rho < 0,1$), absorvendo toda a radiação acima de 0,7 μm; b) a água em forma de nuvens apresenta altíssima reflectância ($\rho = 0,7$) entre 0,38 μm e 2,5 μm, com bandas de absorção amplas em torno de 1,0 μm, 1,3 μm e 2 μm; c) a água em forma de neve apresenta elevada reflectância (maior que a das nuvens) entre 0,7 μm e 1,2 μm; de 1,2 μm a 1,4 μm a reflectância decresce com um gradiente altíssimo (de 0,8 a 0,2), atingindo valores de ρ inferiores a 0,1 em 1,5 μm. Entre 1,5 μm e 2,0 μm, há um aumento da reflectância da neve (máximo em = 1,75 μm quando atinge um valor de $\rho = 0,2$). Em 2,0 μm, a reflectância aproxima-se de zero para aumentar até 0,2 em torno de 2,25 μm.

Com o advento de espectrorradiômetros com melhor resolução espectral e radiométrica tornou-se possível, a partir da década de 1990, um aumento do conhecimento sobre o comportamento espectral da água, e de como o tipo e concentração de materiais no volume de água alteram sua reflectância espectral.

Como mencionado anteriormente, a água pura tem baixa reflectância mesmo na região visível do espectro. Quanto mais pura (sem constituintes suspensos ou dissolvidos, mais baixa é sua reflectância, devido ao pequeno coeficiente de espalhamento e elevada transmitância. Lagos oligotróficos (com baixa concentração de constituintes) e profundos geralmente são escuros, porque a luz se atenua em profundidade e não há sinal de retorno para o observador. Os constituintes que afetam o comportamento espectral de água são chamados de componentes opticamente ativos e podem ser formados por: 1) organismos vivos (fitoplâncton, zooplâncton e bacterioplâncton); 2) partículas em suspensão (orgânicas e inorgânicas); e 3) substâncias orgânicas dissolvidas.

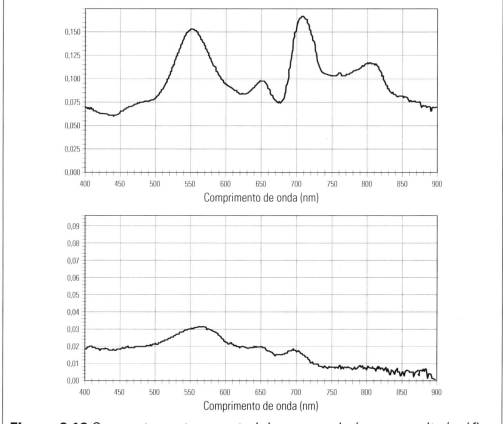

Figura 6.16 Comportamento espectral de massas de água com alta (gráfico superior) e baixa (gráfico inferior) biomassa fitoplanctônica (Fonte: Londe, 2007).

A Figura 6.16 mostra o efeito da presença de fitoplâncton na água. A maior ou menor biomassa fitoplanctônica na água pode ser indicada pela concentração de clorofila, que é o pigmento mais comum nos diferentes gêneros presentes na coluna da água. Quanto maior a concentração de clorofila a, maior a biomassa fitoplanctônica, via de regra. Na figura, o gráfico do topo representa o espectro de uma amostra com elevada biomassa fitopanctônica, enquanto o gráfico inferior representa o espectro de um corpo de água com menor biomassa fitoplanctônica.

A análise da Figura 6.16 mostra que com o aumento da biomassa fitoplanctônica há um aumento da reflectância em todos os comprimentos de onda, mas principalmente na região do infravermelho próximo, onde o espalhamento celular supera o efeito de absorção pela água. Um aspecto interessante em relação às águas com altas concentrações de fitoplâncton, onde ocorrem florações à superfície, é que seu comportamento espectral é semelhante ao da vegetação terrestre, com um máximo de reflectância no verde, e no infravermelho nas regiões mais distantes das bandas de absorção da água. Para maiores informa-

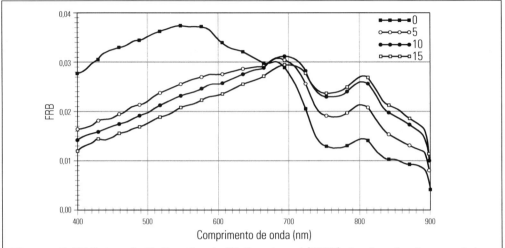

Figura 6.17 Fator de Reflectância Bidirecional (FRB) de simulações em laboratório de um corpo d'água com diferentes concentrações de matéria orgânica dissolvida (Fonte: Mantovani, 1993).

ções sobre o tema, consultar Londe (2007); Galvão *et al.*, (2003); Londe *et al.*, (2005); Barbosa (2005).

A matéria orgânica dissolvida, por sua vez, tem um elevado coeficiente de absorção da luz na região do azul. Esse coeficiente se reduz exponencialmente em direção aos comprimentos de onda mais longos (Kirk, 1994). Com isso, o aumento da concentração de matéria orgânica dissolvida na água reduz a reflectância no azul. A Figura 6.17 mostra resultados de simulação em laboratório. A curva 0 representa o FRB da água natural, com pequena absorção no azul. As curvas 5, 10 e 15 representam concentrações crescentes de matéria orgânica (para descrição detalhada do experimento consultar Mantovani, 1993).

A análise da Figura 6.17 mostra que há uma redução significativa do FRB já na primeira alíquota de matéria orgânica adicionada à água. A figura também mostra uma inversão de tendência do efeito da matéria orgânica dissolvida quando se passa da região do visível para o infravermelho. Segundo Mobley (1994), essa inversão ocorre devido às grandes moléculas dos compostos orgânicos, cujas dimensões seriam equivalentes ao comprimento de onda, favorecendo um aumento do espalhamento molecular.

A Figura 6.18 mostra o impacto do aumento da concentração de partículas inorgânicas sobre o comportamento espectral da água. Quanto maior a concentração de partículas inorgânicas suspensas na coluna d'água, maior o coeficiente de espalhamento do volume de água, e maior a reflectância (gráfico superior). A partir de concentrações de 5 mg/L a forma do espectro se caracteriza por um crescente aumento da reflectância em direção a comprimentos de onda mais longos. Para maiores informações sobre o comportamento espectral da água consultar Barbosa (2005).

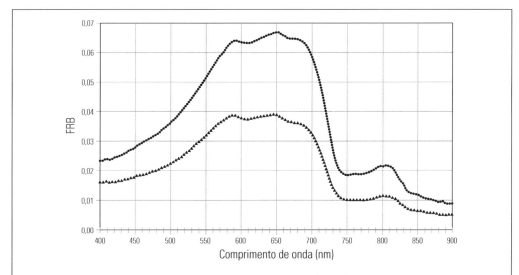

Figura 6.18 Fator de reflectância bidirecional (FRB) de massas de água com alta concentração de partículas em suspensão (gráfico superior) e mais baixa concentração (gráfico inferior).

6.2.6.5. Superfícies Construídas (concreto, asfalto)

A Figura 6.19 apresenta as curvas espectrais do concreto e do asfalto que são materiais que compõem grande parte das áreas edificadas pelo homem. Pela análise da curva a, podemos verificar que o asfalto apresenta as seguintes características espectrais: a) reflectância baixa e decrescente entre 0,3 µm e 0,4 µm ($\rho < 0,1$); b) reflectância crescente entre 0,4 µm e 0,6 µm ($0,1 < p < 0,2$); c) reflectância de 0,2 entre 0,6 µm e 1,0 µm; d) reflectância crescente até 1,3 µm ($0,2 < \rho < 0,4$).

Através da curva b, verificamos que o comportamento espectral do concreto é mais complexo, caracterizando-se por um aumento da reflectância com o

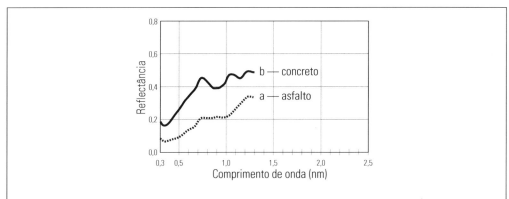

Figura 6.19 Comportamento espectral do concreto e do asfalto (Fonte: Bowker *et al.*, 1985).

266   Sensoriamento Remoto

comprimento de onda, mas apresentando feições amplas de absorção em 0,38 μm, entre 0,6 μm e 0,8 μm e em 1,1 μm. Sobre este tópico, consultar Moreira *et al.*, (2007).

6.2.7. Fatores de Contexto que Interferem no Comportamento Espectral dos Objetos da Superfície

Quando analisamos a curva espectral de cada objeto individualmente, parece-nos uma tarefa relativamente simples transformar dados de reflectância em informações sobre as propriedades dos materiais que compõem a superfície terrestre.

Isto não ocorre, entretanto, pois tais objetos estão inseridos num contexto ambiental, sofrendo, portanto, interferências múltiplas, quer oriundas dos objetos adjacentes, quer oriundas do próprio dinamismo interno de suas características.

Dessa maneira, tomando a vegetação como exemplo, poderemos verificar que esta sofre modificações ao longo do tempo, em decorrência de alterações sazonais, em decorrência do seu estágio fenológico etc. Além das alterações naturais da vegetação, há modificações impostas pelo homem através das práticas culturais. Desta forma, o comportamento espectral da vegetação pode ser alterado pela presença de pragas na lavoura, pela irrigação, pela adubação etc.

Outro aspecto importante a ser considerado é a distribuição espacial dos objetos, uma vez que a maior parte dos dados disponíveis são registros de intensidades relativas de resposta numa cena. Assim sendo, será fácil a discriminação de um lago numa região de floresta, se utilizarmos dados relativos à faixa do infravermelho próximo. Haverá, pelo contrário, dificuldade em se delinear um lago de várzea inserido numa região de solos orgânicos, pois as intensidades de resposta espectral destes alvos serão da mesma ordem de grandeza, nessa faixa.

Além disto, há o aspecto que os dados de sensoriamento remoto são coletados para uma área finita. Deste modo, via de regra, a energia integrada num *pixel* é derivada de um conjunto de objetos. Assim, a curva da vegetação será alterada, se estiver com uma dada densidade de cobertura tal que os intervalos de solo entre os indivíduos sejam integrados num mesmo *pixel*.

Através da análise da Figura 6.20, poderemos compreender melhor esse problema. Em 6.20a, temos uma cultura (c) plantada em linhas. Esta cultura foi amostrada no terreno de tal modo que *o pixel* 1 da linha de varredura n foi posicionado de forma a incorporar 50% de biomassa e 50% de solo. O valor de radiância registrado pelo sensor será tal que incorporará a radiância do solo mais a radiância da vegetação. Como a radiância do solo na faixa do vermelho, por exemplo, é maior que a radiância da vegetação, o sinal referente ao *pixel* será dominado pelo comportamento espectral do solo.

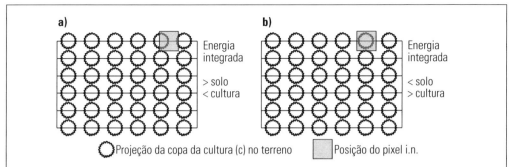

Figura 6.20 Efeito da posição do elemento de resolução no terreno sobre os registros de radiância de uma cultura (Fonte: Moreira, 2000).

Em 6.20b, ao contrário, o *pixel* da linha n posicionou-se de tal modo que toda a sua extensão encontra-se sobre a cultura. Assim, a resposta registrada pelo sensor referente àquele *pixel* será dominada pelo comportamento espectral da cultura. Num outro caso extremo, teríamos o *pixel* totalmente posicionado no intervalo entre as fileiras, com a resposta dominante do solo. Entre esses casos extremos, teríamos toda uma gama de situações intermediárias, de modo que, para uma única cultura, seria possível encontrar os mais variados registros de radiância.

Esse quadro pode ter sua complexidade aumentada, se considerarmos que a cultura poderá estar sendo iluminada segundo diferentes ângulos, interpondo-se à curva original as alterações referentes ao efeito de sombreamento e ao aumento ou diminuição da componente da radiação difusa.

Esses poucos exemplos são suficientes para demonstrar a complexidade da atividade de extração de informações a partir de dados de sensoriamento remoto. Sem um sólido conhecimento do comportamento espectral dos objetos da superfície, a atividade de extração de informações torna-se pouco eficiente.

Tentaremos, nesta seção, avaliar de modo sucinto alguns fatores que interferem no comportamento espectral dos alvos da superfície. Entretanto, a informação aqui fornecida deverá necessariamente ser complementada, visto que este é um campo novo de pesquisa em pleno desenvolvimento.

Analisaremos os seguintes tópicos: a) a variação temporal do comportamento espectral de alvos; b) a variação espacial; c) as variações intrínsecas ao alvo.

6.2.8. Variação Temporal do Comportamento Espectral de Alvos

Os alvos da superfície terrestre podem ter sua resposta espectral alterada com o tempo, em decorrência de modificações de fatores externos ao alvo (iluminação, alterações antrópicas etc.) ou de modificações próprias de sua natureza.

Os alvos naturais mais sujeitos a modificações intrínsecas são os que compõem a cobertura vegetal. A cobertura vegetal apresenta-se na natureza em diversas formas: florestas, culturas, campos etc. Esta diversidade faz com que possuam diferenças na estrutura das copas, no estado fenológico etc. São estas diferenças que nos permitem, muitas vezes, discriminar os diferentes tipos de cobertura vegetal.

Na Figura 6.21 observamos a curva de reflectância do trigo em função do estágio de crescimento da cultura. Através de sua análise, verificamos que há uma redução da reflectância na faixa do infravermelho em torno de 8 de julho. De acordo com Guyot *et al.* (1984a), esta redução deve-se ao fato de que, nesse estágio de crescimento do trigo, há a migração da água das folhas para os grãos. Este seria um período favoravelmente útil à discriminação do trigo em relação a outra cultura sujeita a um processo de maturação diverso.

Desta maneira, se espectralmente duas culturas não são separáveis num dado momento, poder-se-á avaliar a variação temporal de seus espectros como subsídio à sua discriminação.

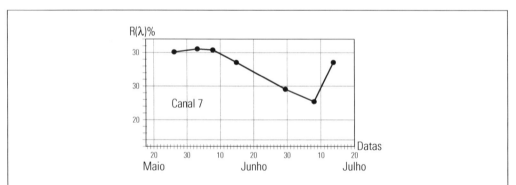

Figura 6.21 Evolução do fator de reflectância em função do estágio de crescimento de uma cultura de trigo no canal 7 do MSS (infravermelho) (Fonte: Guyot *et al.*, 1984).

6.2.9. Variação Espacial do Comportamento dos Alvos

Pela análise da Figura 6.22, podemos verificar que a discriminação entre as culturas do trigo, milho e sorgo, não seria de modo algum fácil, se estivessem contíguas, pois a máxima diferença de reflectância entre elas (no infravermelho próximo e médio) é inferior a 10%. Se tivéssemos, entretanto, tais parcelas localizadas em uma região de pastagens naturais, sua identificação seria facilitada.

Pela análise anterior, podemos concluir que a distribuição espacial de alvos numa cena interfere na sua detecção, usando sensoriamento remoto. Por isso, é muito complexo o processo de transferência de metodologias de um dado contexto espacial para outro.

6.2.10. Variações Intrínsecas ao Alvo

Os alvos da superfície terrestre podem estar continuamente transformando-se. As taxas de transformação variam no tempo e no espaço. As culturas, por exemplo, transformam-se ao longo do calendário agrícola e seu estado hídrico pode variar rapidamente no transcorrer de um dia. A detecção destas modificações intrínsecas dos alvos depende da frequência da aquisição de dados espectrais em relação à própria taxa de transformação do alvo.

Tais modificações impõem alterações substanciais no comportamento espectral dos diferentes objetos da superfície. Na Tabela 6.6, podemos observar as modificações sofridas pela água em decorrência da adição de sedimentos. Selecionamos apenas alguns comprimentos de onda para facilitar a visualização do problema.

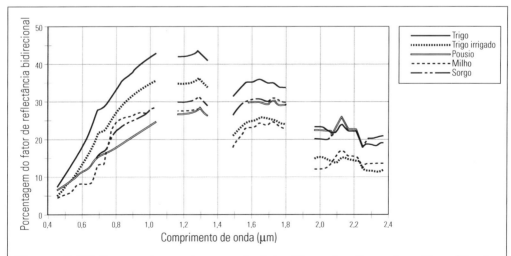

Figura 6.22 Comportamento espectral de diferentes tipos de cultura (Fonte: Hixson *et al.*, 1978).

Tabela 6.6 Efeito da concentração de sedimentos sobre a resposta espectral da água

Comprimento de onda	Reflectância	
	Tipo de água	
	10 mg/L de sólidos em suspensão	99 mg/L de sólidos em suspensão
0,51 μm	0,039	0,051
0,52 μm	0,041	0,057
0,53 μm	0,045	0,062
0,54 μm	0,049	0,068

Através da análise da Tabela 6.6 podemos verificar que, em todos os comprimentos de onda, houve um aumento da reflectância com o aumento da concentração de sedimentos. Outro aspecto interessante é que esse incremento não é linear, sendo maior em comprimentos de onda maiores.

Desta maneira, poder-se-ia identificar a presença de sedimentos em suspensão na água, não só pelo aumento da reflectância, como também pela modificação da curva espectral.

Na Figura 6.23, podemos observar a variação da resposta espectral do trigo em função da biomassa. A variação de biomassa pode ser decorrente de variações no

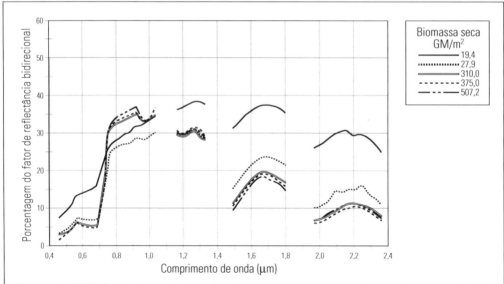

Figura 6.23 Efeito da variação de biomassa no comportamento espectral do trigo (Fonte: Hixson *et al.*, 1978).

vigor da planta, do estágio de crescimento, da variedade etc. Conhecendo o efeito desses fatores sobre o comportamento espectral do trigo, será mais fácil atribuir um significado físico às medidas de reflectância registradas pelos sensores.

6.2.11. Variações da Localização do Alvo em Relação à Fonte e ao Sensor

A grande maioria dos modelos desenvolvidos para a análise de dados de Sensoriamento Remoto pressupõe que o alvo tem um comportamento lambertiano e que se localiza numa superfície plana horizontal uniformemente iluminada. Este fato, entretanto, não corresponde às situações encontradas na natureza.

Uma cultura localizada numa região montanhosa é submetida a diferentes intensidades de radiação, em função de sua exposição em relação à fonte. Como a radiância é função da irradiância, a parcela voltada para a fonte certamente terá maior valor de radiância.

A variação topográfica não interfere, porém, apenas na irradiância sobre a superfície. Ela altera também o ângulo de visada do sensor. Enquanto, para uma superfície plana, a visada de um sensor acima dela é nadir, para uma superfície inclinada esta visada será oblíqua.

Se os alvos fossem isotrópicos, esta diferença na visada seria irrelevante, mas, como são anisotrópicos, tais variações no ângulo de visada provocarão alterações na intensidade da energia detectada pelo sensor.

Este aspecto pode ser visualizado na Figura 6.24, onde podemos observar as diferenças de reflectância de um alvo em função do ângulo de visada, mantendo-se a direção de iluminação constante.

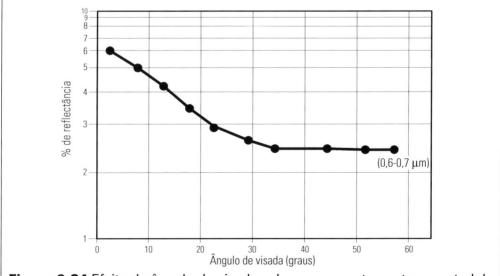

Figura 6.24 Efeito do ângulo de visada sobre o comportamento espectral de um alvo (Fonte: Kimes, 1983).

272 Sensoriamento Remoto

As informações discutidas neste Capítulo representam o mínimo de conhecimento necessário para o trabalho de extração de informações a ser discutido no próximo Capítulo. Para aprofundar conhecimento sobre o comportamento dos alvos na região do visível, consultar Menezes e Madeira Netto (2003).

6.3. Comportamento Espectral na Região de Micro-ondas

Quando se pensa no comportamento espectral dos alvos na região de micro-ondas, é preciso levar em conta que esse pode ser analisado sob o ponto de vista da utilização de sensores passivos de micro-ondas, que medem a energia emitida pelos objetos da superfície terrestre, e do ponto de vista dos sensores ativos de micro-ondas, em que um pulso de radiação é enviado em direção à superfície, e a energia retroespalhada é medida.

Enquanto na região do visível o comportamento espectral é expresso por uma medida que representa a reflectância dos alvos em vários comprimentos de onda, na região de micro-ondas, o que os sensores ativos medem é o coeficiente de retroespalhamento (σ_0) numa dada faixa de micro-ondas. Devido ao processo de formação da imagem, à visada lateral, quando consideramos os sensores ativos de micro-ondas, a interação entre a radiação eletromagnética e os objetos da superfície depende de fatores geométricos, relacionados com a forma, tamanho e disposição dos objetos em relação ao pulso incidente, e com as propriedades elétricas dos materiais (Dobson *et al.*, 1995).

Quando pensamos nos sensores passivos de micro-ondas, o comportamento resultante da interação da radiação eletromagnética é menos dependente do ângulo de visada do que das propriedades inerentes dos materiais (Tabela 6.7).

A análise da Tabela 6.7 permite verificar que algumas frequências mais baixas (maiores comprimentos de onda) são mais sensíveis a propriedades de alvos terrestres, enquanto outras são utilizadas para o monitoramento da atmosfera.

A grandeza radiométrica medida é a temperatura de brilho em várias frequências. A variação dessa temperatura de brilho para diferentes modos de polarização indica variações nas propriedades dos alvos. A Figura 6.26 mostra a sensibilidade radiométrica normalizada (uma medida de quanto a variação da radiação detectada responde à variação de uma dada propriedade da superfície) de várias frequências de micro-ondas a parâmetros de interesse oceanográfico. Nela pode-se observar as variações de salinidade, as quais, podem ser monitoradas usando frequências em torno de 1 e 2 GHz. Mas essas frequências também são sensíveis à temperatura da superfície do mar. Para evitar ambiguidade, utiliza-se, então, uma banda próxima a 5 GHz para monitorar a temperatura, e uma banda em torno de 23 GHz para monitorar a salinidade.

No caso dos alvos que demandam maior resolução espacial, os sensores mais utilizados são ativos, operando em geral nas bandas X, C, S, L e P, correspondentes a frequências mais baixas e maior coeficiente de transmissão através da atmosfera. Por isso, vamos estudar com um pouco mais de detalhe o comportamento de alguns alvos terrestres nessas bandas.

Tabela 6.7 Sensibilidade das diferentes frequências de micro-ondas a propriedades de alvos da superfície terrestre

Frequência (GHz) aproximada	Propriedade da superfície
1,4	Teor de umidade do solo/salinidade
2,7	Salinidade/umidade do solo
5	Temperatura
11	Gelo em lagos
30	Manchas de óleo
90	Gelo/neve
100	NOx
110	Ozônio
115	CO

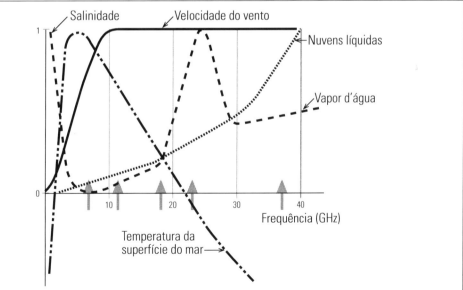

Figura 6.25 Sensibilidade radiométrica normalizada (s) da radiação de micro-ondas a propriedades de interesse oceanográfico. As setas no eixo x indicam as bandas mais adequadas a serem instaladas em um sensor passivo de micro-ondas.

6.3.1. Comportamento Espectral da Vegetação nas Bandas de Operação de Sensores Ativos de Micro-ondas

Independentemente da banda, o coeficiente de retroespalhamento da vegetação depende dos seguintes fatores: a) constante dielétrica, a qual depende do teor de água da cobertura vegetal; b) tamanho e forma dos componentes do dossel (folhas, tronco, frutos e flores); c) orientação dos componentes do dossel em relação ao pulso de micro-ondas; d) difusores do dossel; e) densidade e disposição das plantas do dossel; f) altura do dossel; g) tipo de substrato da vegetação (rugosidade, propriedades dielétricas).

Na Figura 6.26, podemos observar o efeito do aumento da biomassa da cobertura vegetal (toneladas/ha) em função da polarização e do comprimento de onda (Banda P = 38 cm; Banda L = 23,6 cm; Banda C = 5,66 cm). O coeficiente de retroespalhamento é expresso em decibéis (dB), numa escala que varia de 0 a –35. Quanto mais próximo de 0, portanto, maior é o coeficiente de retroespalhamento.

A análise da Figura 6.26 revela alguns aspectos interessantes da interação da radiação de micro-ondas com a cobertura vegetal na medida em que há um aumento da biomassa, ou seja, há uma passagem de formações campestres em direção a florestas mais densas como a Floresta Tropical Ombrófila.

Nos comprimentos de onda maiores (Banda P), o coeficiente de retroespalhamento é mais afetado pela polarização do pulso de micro-ondas. Em todos os comprimentos de onda, o retroespalhamento do sinal com polarização cruzada é o mais baixo, mas na banda P, ele apresenta maior amplitude de variação com a biomassa.

A radiação de micro-ondas na banda C é a menos sensível à variação de biomassa, sendo também pouco afetada pela polarização, como indica a pequena amplitude de variação do sinal entre as polarizações (HH, VV, e HV).

Esses dados indicam que a banda P é mais sensível à variação de biomassa do que a banda C. Isto pode ser explicado pelo fato de que o pulso de radiação de ondas mais curtas é espalhado nos primeiros centímetros da superfície do dossel, impedindo sua penetração para o interior da formação vegetal. A radiação na banda P, com maior comprimento de onda, tem maior capacidade de penetração, e, desta forma, interage várias vezes com os componentes do dossel, sendo por eles retroespalhada.

A Tabela 6.8 mostra o coeficiente de determinação das equações de ajuste do coeficiente de retroespalhamento à variação da biomassa vegetal entre 0 e 500 toneladas/ha para as diferentes bandas e polarizações.

A análise da Tabela 6.8 revela: a) que a polarização cruzada é mais sensível à biomassa do que as polarizações paralelas. Isto pode ser explicado pelo fato de que ela é mais sensível à forma de disposição dos componentes espalhadores

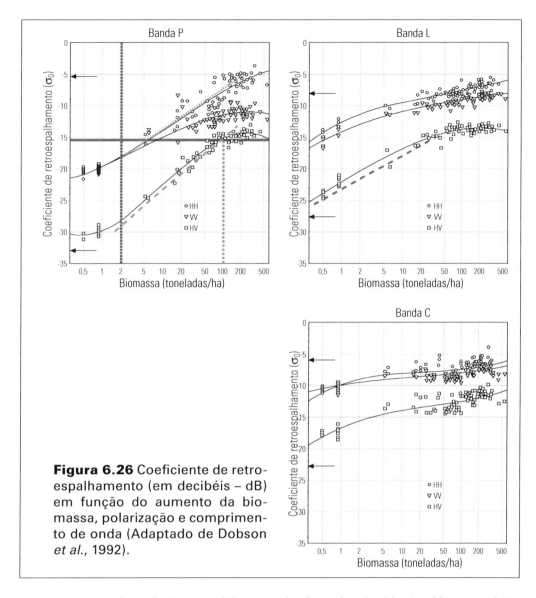

Figura 6.26 Coeficiente de retroespalhamento (em decibéis – dB) em função do aumento da biomassa, polarização e comprimento de onda (Adaptado de Dobson *et al.*, 1992).

que provocam despolarização diferenciada do pulso incidente; b) esse efeito é maior na medida em que aumenta o comprimento de onda da radiação de micro-ondas, e, com isso, a penetração das micro-ondas no dossel, permitindo que a radiação interaja não apenas com folhas (espalhadores mais isotrópicos), mas também com galhos e troncos orientados em diferentes direções; c) quanto maior o comprimento de onda, mais linearmente ele responde à variação da biomassa vegetal.

A Figura 6.27 mostra o efeito da umidade sobre o coeficiente de retroespalhamento na banda C (5,6 cm) de diferentes tipos de alvos da superfície. A análise da figura mostra que, independentemente do tipo de cobertura, o aumento da umidade provoca um aumento do coeficiente de retroespalhamento. Além disso, pode-se verificar que a, partir de um dado teor de umidade, a diferença entre o retroespalhamento dos diferentes alvos diminui, tornando-se impossível discriminar entre solo exposto, milho e gramíneas. O efeito da umidade sobre a separabilidade de gêneros de plantas aquáticas a partir de medidas de retroespalhamento na banda C, na polarização HH, também foi relatado por Novo e Costa (1994).

Tabela 6.8 Efeito do comprimento de onda e polarização sobre o coeficiente de determinação (%) entre retroespalhamento e biomassa da vegetação

	Banda C	Banda L	Banda P
HH	54,7	89,4	92,9
VV	51,1	92,6	90,4
VH	74,9	95,7	97,8

(Fonte: Dobson *et al.*, 1992)

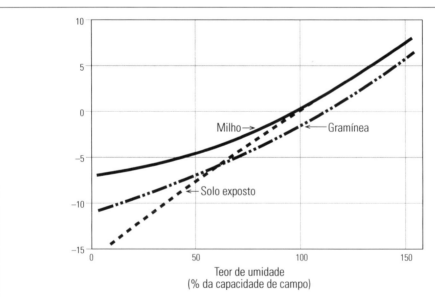

Figura 6.27 Efeito da umidade sobre o coeficiente de retroespalhamento na banda C (5,6 cm) de diferentes tipos de alvos da superfície (Fonte: Ulaby *et al.*, 1986).

Capítulo 7

Métodos de Extração de Informações

Como vimos nos capítulos anteriores, sensoriamento remoto é a ciência através da qual transformamos medidas de propriedades do fluxo de energia radiante (radiância, polarização, diferença de fase) registradas por um sistema sensor, em informações sobre os objetos que compõem a superfície terrestre.

Um exemplo desse processo é oferecido pelo uso dos radares altímetros para determinar a altura da superfície do mar. O que o sensor mede é o tempo decorrido entre a transmissão de um pulso de micro-ondas e seu retorno ao satélite. A partir desse tempo, é possível calcular a distância entre o satélite e a superfície do oceano.

No Capítulo 1, vimos que o sensoriamento remoto originou-se de progressos em diferentes campos do conhecimento humano e que as fotografias aéreas foram os primeiros dados coletados por sistemas sensores para os quais foram desenvolvidas técnicas específicas de análise, visando à extração de informações sobre a superfície terrestre.

278 Sensoriamento Remoto

A partir da década de 1950, com o advento de sensores que operam além do espectro visível, os dados produzidos eram preliminarmente dados analógicos (intensidade de sinal elétrico) que, modulando um feixe de luz de intensidade luminosa proporcional ao sinal elétrico, permitia converter os dados originais em um outro tipo de dado analógico de mais fácil interpretação, ou seja, em uma imagem bidimensional do terreno.

Estas imagens diferiam das fotografias aéreas convencionais, em alguns casos, no seu processo de aquisição, mas não na sua aparência aos olhos humanos. As imagens termais, por exemplo, "parecem-se" com "fotografias pancromáticas", porque os objetos da superfície são reproduzidos em preto e branco. Mas o significado das variações dos níveis de cinza é totalmente diferente, porque os processos que deram origem a essas variações são diferentes. A fotografia pancromática registra variações na intensidade de energia refletida pela superfície na região do visível. Nas fotografias termais em preto e branco, as variações de nível de cinza estão associadas a diferenças de energia emitida pelos alvos, também conhecida como temperatura de brilho, que é uma função complexa da emissividade dos objetos e de sua temperatura.

Quando os sinais detectados pelo sensor são transformados em uma imagem bidimensional da cena, dizemos que os sinais foram processados opticamente. O produto é uma imagem óptica, ou seja, uma imagem que pode ser visualizada e que, portanto, permite a extração de informações através de sua inspeção visual.

A extração de informações através da inspeção visual não é uma atividade simples. Existem numerosos manuais de fotointerpretação onde são expostas diferentes técnicas de extração de informações (ASP, 1975; Ricci e Petri, 1965). A complexidade da aquisição de informações através de tais técnicas aumentou com o advento de sensores com capacidade de coletar simultaneamente imagens em diferentes regiões do espectro. A quantidade de informação a ser processada visualmente em imagens multiespectrais de uma cena é muito grande. O binômio olho-cérebro precisa objetivamente comparar o "aspecto visual" de um objeto em diversas regiões do espectro, para atribuir-lhe certo significado. Desta maneira, com o aumento do número de faixas espectrais disponíveis sobre uma mesma cena, as técnicas de inspeção visual tornaram-se insuficientes para processar todos os dados contidos nas imagens a serem analisadas.

Entretanto, enquanto se desenvolviam novos sensores, houve também o desenvolvimento da ciência da computação. Foram desenvolvidos computadores digitais com capacidade para armazenar, processar, classificar e realizar cálculos sobre grandes volumes de dados em alta velocidade. Tais computadores foram rapidamente incorporados à tecnologia de Sensoriamento Remoto, já que a operação dos sensores a bordo de satélites e aeronaves é por eles programada.

A utilização das técnicas computacionais não se limitou à operação de sensores. Estendeu-se, também, à análise dos dados. Assim é que foram desenvolvidos sistemas computacionais orientados para o processamento de imagens obtidas no formato digital, uma vez que o dado original era já disponibilizado naquele formato.

Desta maneira, atualmente, nós podemos dividir os métodos de análise de dados de Sensoriamento Remoto em dois grandes conjuntos: a) análise digital de imagens; b) análise visual de imagens. A análise visual, entretanto, não é mais feita em produtos impressos em papel fotográfico, e sim na tela dos computadores.

Embora historicamente os métodos de análise visual tenham sido desenvolvidos antes dos métodos de análise digital, trataremos, primeiramente, das técnicas de processamento digital. O processamento de imagens atualmente cumpre alguns propósitos diferentes, mas complementares: 1) melhorar a qualidade geométrica, radiométrica dos dados brutos; 2) melhorar a aparência visual das imagens para facilitar a interpretação visual, realçando as feições de interesse; 3) automatizar certos procedimentos de extração de informações, para permitir o rápido tratamento de grandes volumes de dados; 4) permitir a integração de dados de diferentes fontes; 5) facilitar o desenvolvimento de modelos e a geração de produtos que representem a grandeza geofísica ou biofísica para usuários cujo interesse seja apenas aplicar a informação final.

Tendo em vista que os métodos de processamento digital visam melhorar a qualidade dos dados para futura interpretação de imagens visualizadas na tela e interpretadas com auxílio de ferramentas gráficas, pode-se dizer que, para alguns dados de sensoriamento remoto, usados em alguns tipos de aplicação, o processamento digital é uma etapa que precede à análise visual dos dados.

Antes, porém, de tratarmos das técnicas de processamento digital, vamos introduzir rapidamente algumas informações sobre as características das imagens digitais. Esse tema é hoje bastante difundido, e existe um volume considerável de informações no formato de apostilas de curso, e livros on-line em http://www.dpi.inpe.br.

7.1. Características das Imagens Digitais

Do ponto de vista do processamento dos dados digitais, as características importantes são: a) a **resolução espectral**, ou seja, o número de bandas e as regiões espectrais a que se referem; b) a **resolução espacial** dos dados, ou seja, o tamanho do *pixel* no terreno (em metros); c) a **resolução radiométrica**, ou seja, o número de elementos discretos que representa o brilho de cada *pixel*; d) os dados auxiliares que permitirão sua correção radiométrica e geométrica.

A resolução radiométrica de uma imagem digital é expressa em termos do número de dígitos binários, ou "bits", necessários para representar todo o

280 Sensoriamento Remoto

intervalo de variação do sinal num computador. Muitas vezes, o dado do sensor é adquirido com uma dada resolução radiométrica, mas é disponibilizado em diferentes formatos. As imagens MODIS, por exemplo, são adquiridas com 12 bits, e disponibilizadas para os usuários em 16 bits.

Como os computadores representam as informações através de números binários, é comum no processamento de imagens digitais a utilização do sistema binário. Neste sistema os números são organizados em colunas que representam potências do número 2, enquanto, no sistema decimal, os números são organizados com potências de 10. Normalmente, os dígitos do sistema binário são chamados "bits". A Tabela 7.1 ilustra a representação dos números decimais no sistema binário.

Tabela 7.1 Representação de números decimais no sistema binário

Decimal	Binário	
	$2^2\ 2^1\ 2^0$	
0	0 0 0	$(0 \times 2^2) + (0 \times 2^1) + (0 \times 2^0)$
1	0 0 1	$(0 \times 2^2) + (0 \times 2^1) + (0 \times 2^0)$
2	0 1 0	$(0 \times 2^2) + (1 \times 2^1) + (0 \times 2^0)$
3	0 1 1	$(0 \times 2^2) + (1 \times 2^1) + (1 \times 2^0)$
4	1 0 0	$(1 \times 2^2) + (0 \times 2^1) + (0 \times 2^0)$
5	1 0 1	$(1 \times 2^2) + (0 \times 2^1) + (1 \times 2^0)$
6	1 1 0	$(1 \times 2^2) + (1 \times 2^1) + (0 \times 2^0)$
7	1 1 1	$(1 \times 2^2) + (1 \times 2^1) + (1 \times 2^0)$

(Adaptado de Richards, 1993 e Mather, 1987)

No exemplo da Tabela 7.1, pode-se observar que quando se utilizam três bits (três dígitos do sistema binário), só é possível representar 8 números do sistema decimal (de 0 a 7). Para representar mais números do sistema decimal, são necessários mais do que três bits. Para representar o número 16 do sistema decimal seriam necessários 4 bits (2^4). Ao conjunto de bits necessários para representar um certo número do sistema decimal dá-se o nome de "palavra". Uma "palavra" de 8 bits permite a representação de 256 números digitais (2^8) e é conhecida pelo nome de "byte", tendo se tornado uma unidade padrão em informática. Um disco rígido com capacidade de armazenamento de 1 Gigabyte pode armazenar mil milhões (10^9) de palavras de 8 bits.

Na Tabela 7.2 pode-se observar o número de bits necessários para representar diferentes números de níveis decimais.

Na literatura de sensoriamento remoto costuma-se apresentar a descrição das características radiométricas dos dados de diferentes sensores em termos do número de bits utilizados para a discretização do brilho registrado em cada *pixel*. Uma imagem com 8 bits de resolução radiométrica permite a reprodução do sinal em 256 níveis de brilho, ou níveis digitais, ou níveis de cinza.

Tabela 7.2 Representação de níveis decimais em função do número de bits

Número de bits	Representação	Número de níveis
1	2^1	2
2	2^2	4
3	2^3	8
4	2^4	16
5	2^5	32
6	2^6	64
7	2^7	128
8	2^8	256
9	2^9	512
10	2^{10}	1.024
11	2^{11}	2.048
12	2^{12}	4.096

(Adaptado de Richards, 1993)

O número de bits utilizado para representar a informação vai ter impacto na qualidade radiométrica do objeto imageado. A Figura 7.1 mostra o impacto da resolução espacial e do número de bits utilizado sobre a qualidade da reprodução da cena.

Pela análise da Figura 7.1, a degradação da resolução radiométrica deteriora a qualidade da imagem de um modo menos intenso do que a degradação da resolução espacial. Os detalhes da cena foram melhor preservados com a manutenção da resolução espacial apesar da redução drástica do número de níveis digitais (níveis de cinza) utilizados para reproduzir a cena.

É importante conhecer as características das imagens com as quais se está trabalhando não apenas para proceder à sua interpretação, mas também para configurar adequadamente os sistemas de processamento e análise de dados digitais. O tamanho da imagem, o número de bandas espectrais, a resolução espacial e a resolução radiométrica determinam o volume de dados a serem

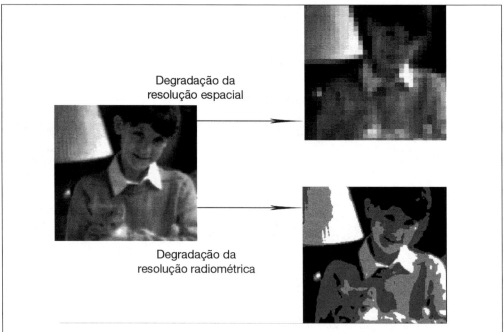

Figura 7.1 Impacto da degradação da resolução espacial e radiométrica sobre a qualidade da imagem (Fonte: Adaptado de Russ, 2006).

processados e, portanto, a configuração de equipamentos e sistemas de processamento digital a serem utilizados.

Um sensor, com resolução espacial de 20 m × 20 m recobrindo uma mesma área do terreno que um sensor com uma resolução de 40 m × 40 m, terá o dobro de linhas e colunas e portanto, 4 vezes mais *pixels*, necessitando de maior capacidade de processamento.

Uma imagem pode ser representada por um cubo (Figura 7.2) tal que a dimensão z seja formada pela grandeza radiométrica medida numa representação binária.

A distribuição de níveis digitais de uma imagem pode ser representada por um histograma que mostra a freqüência de *pixels* existentes na cena em cada nível digital. O histograma de uma imagem pode mostrar se a cena tem baixa radiância, ou seja, há maior frequência de níveis digitais baixos. O histograma de uma cena pode indicar se a imagem apresenta alto ou baixo contraste. As cenas de baixo contraste apresentam histogramas estreitos, com muitos *pixels* concentrados em poucos níveis digitais de valor muito próximo. A Figura 7.3 mostra histogramas típicos de imagens com baixa (7.3a) e alta (7.3b) radiância e baixo (7.3c) e alto contraste (7.3d).

Capítulo 7 — Métodos de Extração de Informações   **283**

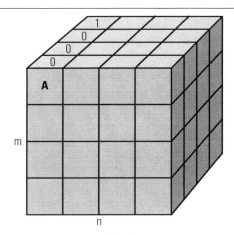

Figura 7.2 Representação, na memória de um computador, de uma imagem digital formada por *m* e *n pixels* ou colunas, e com uma resolução radiométrica de 4 bits. O *pixel* A corresponde ao nível digital.
$$\{[(0 \times 2^3) + (0 \times 2^2) + (0 \times 2^1) + (0 \times 2^0)] = 1\}$$
(Adaptado de Mather, 1987).

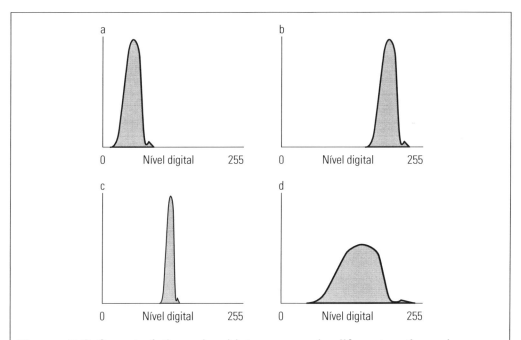

Figura 7.3 Características dos histogramas de diferentes tipos de cenas (Fonte: Schowengerdt, 1997).

7.2. Conceito de Processamento Digital

As imagens digitais possuem uma grande vantagem em comparação às imagens analógicas, que é a de poderem ser processadas visando o realce ou a extração de informações específicas. Assim sendo, através das imagens digitais, podem ser geradas composições coloridas a partir da utilização de diferentes combinações de bandas espectrais, combinações de imagens de uma mesma banda em diferentes datas, ou imagens de diferentes sensores.

A manipulação de contraste é um dos processamentos mais simples a que se pode submeter uma imagem. A manipulação de contraste permite que seja alterado o histograma original, de modo a gerar uma nova imagem com o realce dos objetos de interesse.

A Figura 7.4 mostra o efeito desse processamento sobre uma imagem. Nela, uma mesma cena é apresentada com diferentes tipos de manipulação de contraste, o que faz com que diferentes feições sejam mais ou menos realçadas. Pode-se observar que as informações contidas nos dados originais só se tornam "visíveis" quando estes sofrem um processamento adequado às necessidades do usuário do dado.

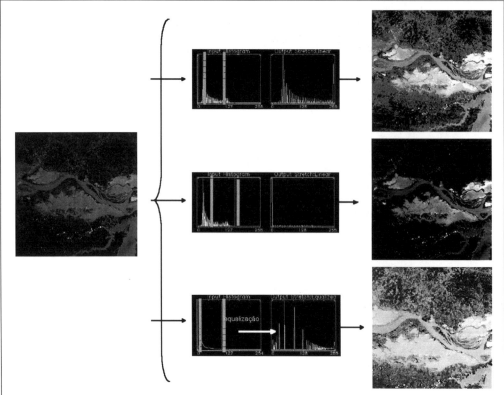

Figura 7.4 Manipulação do histograma da imagem orginal de modo a realçar diferentes objetos da cena. Figura disponível no site da Editora.

A imagem original na Figura 7.4 foi submetida a três diferentes manipulações de contraste. Na cena do topo, o histograma original da imagem foi manipulado de tal forma, que os valores dos níveis digitais (ND)compreendidos entre as duas barras vermelhas (figura colorida no site da Editora), fossem redistribuídos entre 0 e 255. A função aplicada à transformação dos níveis digitais da imagem original foi uma função linear. Com isso, a forma da distribuição de níveis digitais não foi alterada, e apenas o histograma foi expandido.

Veja que os NDs do histograma original se distribuem até no máximo 128. Na imagem transformada, o histograma ocupa todo o range dinâmico da imagem, entre 0 e 255. Com isso, há um aumento do contraste da imagem, com um realce dos objetos que estavam antes imperceptíveis na cena. A imagem do meio é o resultado da manipulação da original, mantendo-se o mesmo tipo de função (linear), mas alterando-se o nível inferior e superior do corte do histograma indicado pelas barras vermelhas. As barras estão agora deslocadas em direção aos NDs mais elevados. Com isso, os alvos de baixo valor de radiância são perdidos, mas os alvos de valor de radiância mais alta são realçados. A manipulação de contraste sofrida pela imagem inferior tem os mesmos limites de corte daquela do topo, mas o histograma foi submetido a uma função de equalização, ou seja, na imagem de saída, todos os níveis digitais são redistribuídos de modo mais equitativo, ao longo de todo o range dinâmico.

O fato de a imagem original permanecer inalterada e os níveis digitais serem passíveis de manipulação numérica torna as técnicas de processamento de imagem fundamentais para a extração de informações.

A manipulação de contraste pode ser feita em cada uma das bandas espectrais disponíveis antes de se proceder à visualização da composição colorida. Os sistemas de processamento digital permitem que se testem várias combinações de bandas, cores e contrastes de tal modo que se possa maximizar a extração de informações das imagens.

O processo de geração de cores na tela de um computador é baseado na adição de cores primárias R(*red* — vermelho), G (*green* — verde) e B (*blue* — azul). A Figura 7.5 ilustra o processo aditivo de formação de cores. Nesse processo, filtros com as cores primárias RGB são associados a cada uma das bandas. A intensidade de cada cor será modulada pelo nível digital de cada *pixel* da cena (0 a 255, para uma imagem com resolução de 8 bits). Um *pixel* que tenha nível 0 em todas as três bandas será reproduzido como preto na imagem colorida resultante. Um *pixel* que tenha nível 127 nas bandas associadas à cor vermelha (R) e verde (G) será exibido com a cor amarela e assim sucessivamente.

A Figura 7.6 ilustra o processo de formação de cores numa composição colorida. As imagens associadas às cores vermelha, verde e azul produzirão uma intensidade de sinal máxima quando o número digital for 255 e mínima quando o número digital for 0. O *pixel* da linha 1, coluna 2, possui nível digital 255 na banda associada à cor vermelha e nível digital 0, nas bandas associadas respec-

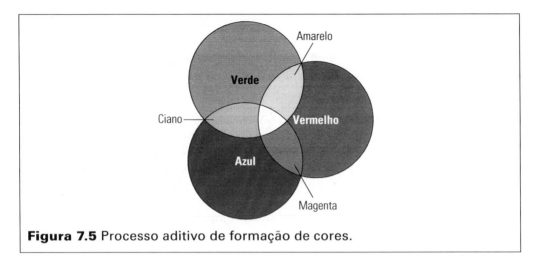

Figura 7.5 Processo aditivo de formação de cores.

tivamente às cores verde e azul. Este *pixel* produzirá, portanto, a cor vermelha, na imagem composta. O *pixel* da linha 5, coluna 5 possui nível digital 0 nas bandas associadas às cores vermelha e azul, o que resulta em um ponto de cor verde na composição das três bandas.

Na Figura 7.7 podemos observar várias composições coloridas geradas a partir de diferentes combinações de bandas do sensor MODIS/Terra e cores primárias RGB. As bandas do MODIS para o estudo da superfície terrestre possuem resolução espacial de 250 m (para os canais do vermelho e infravermelho próximo) e 500 m para as demais bandas. Essas bandas podem ser reamostradas para a resolução de 250 m, para que possam ser obtidas composições coloridas. As ima-

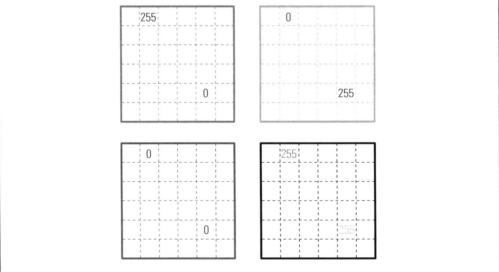

Figura 7.6 Processo aditivo de formação de uma imagem colorida na tela de um computador.

Capítulo 7 — Métodos de Extração de Informações

gens utilizadas para gerar essas composições são transformadas em reflectância de superfície, ou seja, o nível digital de cada banda corresponde à reflectância de superfície, corrigindo o efeito da atmosfera. Para maiores informações sobre esse sensor e suas aplicações, consultar Rudorff *et al.* (2007). A Tabela 7.3 mostra o intervalo de comprimento de onda correspondente a cada banda. Notar que a banda SWIR5 não foi usada, devido a problemas radiométricos.

Tabela 7.3 Características das bandas espectrais do sensor MODIS/ Terra

Uso preliminar	Bandas	Largura da banda	Legenda da Figura 7.7
Terra/Nuvens/Aerossóis	1	620 — 670	Vermelho
	2	841 — 876	IR
Terra/Nuvens/Aerossóis	3	459 — 479	Azul
	4	545 — 565	Verde
	5	1.230 — 1.250	SWIR5
	6	1.628 — 1.652	SWIR6
	7	2.105 — 2.155	SWIR7

(Fonte: GSFC, 2004)

A análise da Figura 7.7 permite verificar que simples combinação de bandas e cores pode ampliar em muito a nossa percepção das informações contidas na cena. É claro que para interpretar o significado dessas cores, o usuário do dado precisa conhecer o comportamento espectral dos alvos de interesse, e saber em que bandas eles podem ser mais bem discriminados.

Uma análise superficial das várias composições de canais e bandas revela que a composição colorida normal (7.7b) permite a discriminação rápida de uma região mais clara, associada à presença de lagos e rios da planície do rio Amazonas, e uma região mais escura correspondente à área ocupada pela floresta de terra firme. Essa composição também é mais contaminada pela presença de nuvens e névoa, e mesmo com a correção para os efeitos atmosféricos e a ampliação de contraste, ela não favorece a identificação das áreas de vegetação arbustiva e herbácea (natural ou de origem antrópica), como ocorre na composição que inclui a banda do infravermelho próximo e infravermelho de ondas curtas (7.7c).

É interessante observar que na composição colorida normal (b) os corpos de água apresentam cores variando do marrom, ciano, bege e amarelo-claro, indicando reflectância alta na faixa do visível. Mesmo na composição colorida original (a) os corpos de água apresentam maior reflectância do que a vegetação. Esta alta reflectância no visível pode ser associada à presença de alta concentração de partículas inorgânicas em suspensão na água.

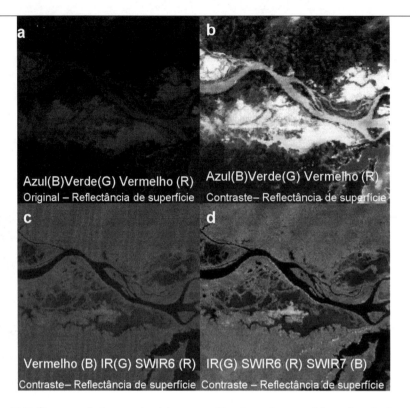

Figura 7.7 Composições coloridas resultantes da combinação de bandas e cores primárias RGB: (a) composição colorida normal, das bandas sensíveis ao azul, verde e vermelho, associadas às cores respectivas B, G, R; (b) mesma combinação de bandas e cores, após manipulação linear do contraste; (c) composição falsa-cor, das bandas sensíveis ao vermelho, infravermelho próximo (IR), infravermelho de ondas curtas do canal 6 (SWIR6) associadas às cores B, G e R respectivamente; (d) composição colorida das bandas sensíveis ao infravermelho próximo, infravermelho de onda curta 6 e infravermelho de onda curta 7 (SWIR7) associadas às cores G, R, B, respectivamente. Obs. Esta figura colorida pode ser obtida no site de Editora.

A Figura 7.8 mostra o espectro da amostra 50 (Nóbrega, 2002) correspondente a um corpo d´água com concentração de sólidos suspensos da ordem de 18 mg/L e o espectro de um dossel da floresta densa. As bandas do azul, verde e vermelho, correspondentes às do sensor MODIS, encontram-se indicadas. Pode-se verificar que nessas bandas a reflectância da amostra da água é maior do que a da floresta em todos os comprimentos de onda. É interessante também notar que as bandas do MODIS encontram-se centradas nas regiões de absorção pela clorofila. Isto torna a floresta muito mais escura do que a água, na composição colorido normal da Figura 7.7b.

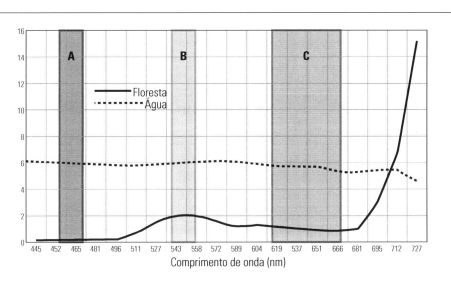

Figura 7.8 Comportamento espectral do dossel de floresta densa e de um lago cuja água apresenta concentração de sedimentos da ordem de 18 mg/L. Em A, B e C encontram-se os limites de sensibilidade espectral das bandas azul, verde, e vermelha, do sensor MODIS associadas às cores BGR utilizadas para gerar a composição da Figura 7.7b.

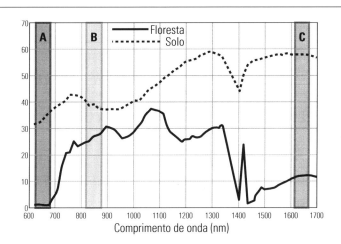

Figura 7.9 Comportamento espectral do dossel de floresta densa e de um Latossolo na região compreendida entre 600 e 1700 nm. Em A, B e C encontram-se os limites espectrais das bandas MODIS sensíveis à radiação vermelha, infravermelha, e infravermelha de ondas curtas associadas às cores B, G, R respectivamente, utilizadas para gerar a composição da Figura 7.7c.

Na Figura 7.7d, podemos observar que há também um realce das áreas com baixo revestimento vegetal. Isso porque as bandas utilizadas para gerar a composição apresentam grande contraste entre a reflectância do solo e a reflectância dos dosséis florestais (Figura 7.10). Essa composição, entretanto, realça diferenças internas, seja na cobertura vegetal, seja nas áreas com mais solo exposto. Há vários matizes de verde, o que indica a maior ou menor interferência nas bandas do infravermelho de ondas curtas. Além disso, nas regiões de baixa densidade de cobertura vegetal, há maior influência das bandas SWIR 6 e SWIR7, indicada pela cor magenta, em algumas regiões da planície. Essas diferenças podem estar associadas ao tipo de solo e seu teor de umidade.

Um aspecto interessante na composição 7.7d é o de ela realçar a presença de florações de alga na superfície da água, identificada pela cor verde-escuro da água dos lagos. Na composição 7.7c, a presença do *bloom* não é tão evidente, devido ao efeito dos sólidos inorgânicos suspensos sobre a resposta espectral da água. Como na composição com as bandas do infravermelho, a absorção pela água passa a superar o efeito do espalhamento pelas partículas, o que é realçado é o efeito do espalhamento pelas células fitoplanctônicas sobrenadantes.

Fica evidente que a simples combinação de bandas e o uso alternado de combinação de cores, e de ampliação de contraste, já permitem a extração de um grande volume de informações sobre a superfície.

Didaticamente, as atividades de processamento digital de imagens podem ser organizadas em três etapas independentes: **pré-processamento, realce e classificação**. As atividades de pré-processamento incluem o tratamento inicial

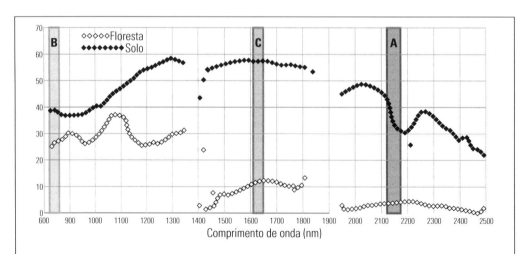

Figura 7.10 Comportamento espectral do dossel de floresta densa e de um Latossolo na região compreendida entre 800 e 2500 nm. Em B, C e A encontram-se os limites espectrais das bandas MODIS sensíveis à radiação infravermelha, SWIR6 e SWIR7 associadas às cores G, R, B respectivamente, utilizadas para gerar a composição da Figura 7.7d.

dos dados brutos, visando sua calibração radiométrica, a correção de distorções geométricas e a remoção de ruído.

Nos primórdios da tecnologia de sensoriamento remoto, muitas das correções dos dados originais tinham que ser realizadas pelo usuário, o que exigia um nível de conhecimento de processamento digital muitas vezes incompatível com sua formação básica. Isto limitava muito o uso das informações de sensoriamento remoto. A tendência atual é que os dados fornecidos pelos centros de recepção e distribuição já tenham sofrido as correções básicas para as diferentes aplicações. Apesar disso, é importante conhecer as fontes de erros, e os tipos de correção existentes, suas implicações, para que o usuário possa especificar, adequadamente, o tipo de dados que deseja.

Podemos definir pré-processamento, portanto, como o conjunto de técnicas e métodos que permitem a correção dos erros inerentes ao processo de aquisição dos dados. Embora muitas dessas correções sejam hoje já feitas pelos provedores, é interessante saber como são feitas.

7.3. Correção de Erros Inerentes à Aquisição de Imagens Digitais de Sensoriamento Remoto

Como dito anteriormente, as imagens adquiridas por sensores remotos contêm erros geométricos e radiométricos inerentes ao processo de aquisição. Os erros radiométricos originam-se de falhas instrumentais e limitações próprias do processo de imageamento. Os erros geométricos são causados por diferentes fatores: posicionamento do satélite, movimentos da Terra, curvatura da Terra, largura da faixa imageada etc.

Os fatores que afetam os valores digitais dos *pixels* em uma imagem podem gerar dois tipos de erros: 1) a distribuição de níveis digitais dentro de uma imagem não corresponde à distribuição de radiância ou brilho da cena imageada; 2) a variação relativa de nível digital num dado *pixel* nas diferentes bandas não corresponde ao comportamento espectral dos alvos da cena. Os dois tipos de erros podem ser resultantes tanto da interferência da atmosfera quanto dos instrumentos utilizados na aquisição dos dados.

7.3.1. Efeitos Atmosféricos sobre as Imagens de Sensoriamento Remoto e sua Correção

Um dos efeitos da atmosfera sobre as imagens de sensoriamento remoto é a redução do contraste entre os objetos de uma dada cena. A atmosfera também reduz a possibilidade de detecção de pequenos objetos dentro de uma cena, ou de diferenciação entre objetos que apresentem pequenas variações na intensidade de sinal.

A correção dos efeitos atmosféricos é importante em três casos específicos: 1) quando o usuário quer recuperar o valor da grandeza radiométrica medida, ou seja, quando ele deseja conhecer a reflectância, emitância ou retroespalhamento do objeto em estudo, para poder utilizar estes valores em modelos empíricos ou teóricos; 2) quando o usuário precisa utilizar algoritmos que se baseiem em operações aritméticas entre bandas; 3) quando o usuário quer comparar imagens de diferentes datas em termos das propriedades dos objetos na cena.

A Figura 7.11 mostra o histograma com a distribuição de níveis digitais em uma cena sujeita a efeitos atmosféricos. Sua análise mostra que a origem do histograma se distancia do nível digital zero quando se caminha da banda vermelha (maior comprimento de onda) para a banda azul (menor comprimento de onda). O menor nível digital na banda sensível à radiação azul é 40, da banda sensível ao verde é 20, e da banda sensível ao vermelho é 10. Se estes valores forem organizados em um gráfico (Figura 7.12), eles apresentam uma redução exponencial do nível digital mínimo da cena, em função do comprimento de onda.

A correção dos efeitos atmosféricos de forma completa carece de informações que permitam estimar os processos de espalhamento e absorção pela ca-

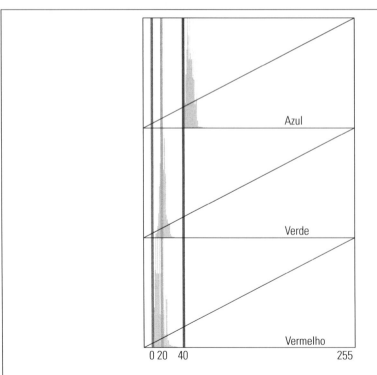

Figura 7.11 Histograma das bandas sensíveis à radiação azul, verde e vermelha de uma cena sujeita à interferência atmosférica.

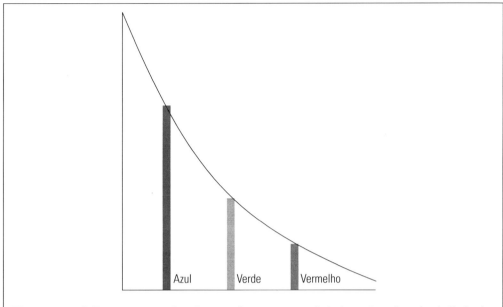

Figura 7.12 Representação da queda exponencial do valor do nível digital em função do comprimento de onda.

mada atmosférica nos diferentes comprimentos de onda. Quando esses dados são disponíveis, eles podem ser utilizados para estimar a contribuição atmosférica permitindo relacionar o número digital de um *pixel* em cada banda aos valores reais de reflectância do alvo.

Para isso utilizam-se modelos de correção atmosférica do sinal. Existem vários modelos atmosféricos para estimar a radiação solar direta descendente e a iluminação difusa que atinge a superfície da terra. Estes modelos foram modificados para estimar a radiância de trajetória atmosférica que atinge o sensor orbital e remover esse sinal, de modo a se obter o valor de reflectância da superfície.

Atualmente, muitos dos sensores são concebidos com bandas que permitem determinar propriedades da atmosfera de tal modo que elas possam ser usadas para estimar os parâmetros de entrada para os modelos.

Alguns tipos de imagens, como as hiperespectrais, precisam ser necessariamente corrigidas atmosfericamente antes de ser utilizadas (Rudorff, 2006). Segundo o autor, idealmente os dados de imagens hiperespectrais deveriam ser corrigidos para reflectância absoluta usando dados de calibração registrados pelo satélite em órbita. Como este tipo de dado não se encontra disponível, essas imagens podem ser corrigidas com o modelo de transferência radiativa baseada na técnica *Atmospheric COrrection Now* — ACORN (Kruse, 2003). O ACORN é um modelo atmosférico implementado em programa computacional disponível comercialmente usando a tecnologia MODTRAN4. Os parâmetros de

294 Sensoriamento Remoto

entrada do modelo são dados simples, tais como data e o horário de aquisição, a latitude e longitude da cena, e a elevação média, juntamente com outros parâmetros de modelagem atmosférica (Kruse, 2003).

Outros tipos de imagens, como as do sensor TM-Landsat, podem ser corrigidas com modelo "6S" (*Second Simulation of the Satellite Signal in the Solar Spectrum*) (Vermote *et al.*, 1997), que se baseia no cálculo da transferência radiativa na atmosfera. Este processamento não só corrige os efeitos de espalhamento e de absorção atmosférica, como também normaliza as variações sazonais na irradiância solar, garantindo que as modificações detectadas entre datas diferentes sejam relativas a variações no comportamento dos objetos da cena imageada, e não das condições de imageamento (Barbosa, 2005). Embora seja um método robusto para a correção atmosférica, ele não funciona adequadamente em imagens com brumas.

Nesse caso, e quando os dados necessários para proceder à correção atmosférica não se encontram disponíveis, ou quando não se dispõe de modelos de transferência radiativa, existem métodos alternativos, menos precisos, mas viáveis operacionalmente, que podem ser utilizados para a correção dos erros mais grosseiros derivados da interferência atmosférica.

Um dos métodos mais simples de correção atmosférica baseia-se no pressuposto de que em toda a cena deve haver um alvo de radiância zero, mas que em decorrência da radiância atmosférica, um valor constante foi adicionado a todos os *pixels* da cena.

Assim sendo, conforme os histogramas obtidos para toda a cena, o menor valor de radiância será diferente de zero, como já mostrado na Figura 7.11. Como a radiância de trajetória varia em função de $\lambda^{-\alpha}$ (com α variando entre 0 e 4 em função da composição da atmosfera), o menor valor do histograma vai estar mais distante de 0 quanto maior for a interferência atmosférica. A análise do histograma permite, assim, determinar quanto os dados estão desviados da origem, devido ao efeito atmosférico. Este valor é então subtraído banda a banda, obtendo-se um conjunto de dados corrigidos para os efeitos aditivos da interferência atmosférica.

A Figura 7.13 ilustra o processo de correção atmosférica. Pode-se observar que, devido ao efeito atmosférico, a imagem original apresenta níveis digitais que incorporam não só a radiância do alvo, mas também a radiância da atmosfera. Como o número digital mínimo da banda de interesse é 40, isto significa que para remover o efeito atmosférico da atmosfera, é preciso subtrair o valor 40 de todos os valores digitais de todos os *pixels* da cena.

Um outro método empírico de correção atmosférica é conhecido por método da regressão e encontra-se detalhado em Mather (1987). Este método consiste em selecionar, numa das bandas do infravermelho, um região com *pixels* escuros (iguais a zero). Os valores de *pixel* contidos nesta região são determinados para todas as bandas, e utilizados para gerar um modelo de regressão tal que a

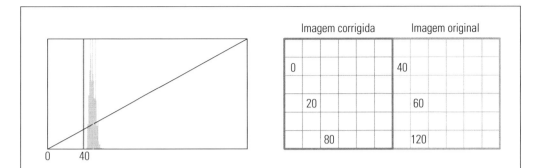

Figura 7.13 Ilustração do método de correção atmosférica por análise do histograma (Adaptado de Richards, 1993).

variável dependente é a banda infravermelha e a variável independente é cada uma das bandas para as quais se quer determinar a radiância de trajetória. O valor do coeficiente linear da curva de regressão é o valor da radiância para a banda de interesse. A Figura 7.14 ilustra o método de regressão.

Todos esses métodos têm limitações teóricas e não podem ser aplicados sem uma análise criteriosa dos dados. Chen (1996) fez uma avaliação desses métodos para a região amazônica e concluiu que os pressupostos adotados por eles não se aplicavam ao seu estudo. Quando os pressupostos teóricos não são aplicáveis, o melhor é não corrigir os dados, visto que, ao invés de remover os erros atmosféricos, corre-se o risco de introduzir erros ao conjunto de dados.

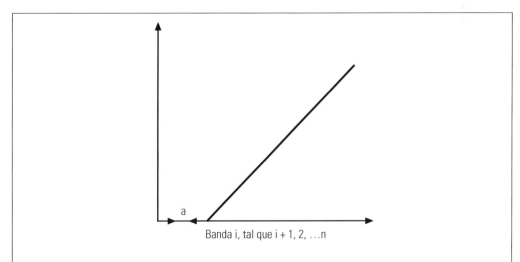

Figura 7.14 Correção atmosférica baseada no método da regressão (Adaptado de Mather, 1987).

7.3.2. Erros Instrumentais e sua Correção

Os erros radiométricos internos a uma banda e entre bandas podem ser causados pela configuração e operação do sensor. Dentre os erros existentes, os mais comuns e prejudiciais à extração de informações são os relacionados aos sistemas de detectores. Um detector de radiação ideal deveria ter características constantes de transferência da radiação em sinal elétrico. A Figura 7.15 ilustra um sensor com detectores ideais. Nesta figura, pode-se observar que o comportamento do detector é linear e invariante com o tempo (a função é a mesma no tempo t_1 e t_2).

A função de transferência da radiação de entrada no detector deveria ser linear de tal forma que o aumento do sinal de saída do detector fosse proporcional à energia de entrada. Além disso, o detector deveria ser suficientemente estável ao longo do tempo, para que a função de transferência não fosse alterada.

O fato é que os detectores reais, empregados na construção dos sensores, estão sujeitos a graus diferentes de "não linearidades", ou seja, podem não responder linearmente em todo o range dinâmico. Além disso, podem produzir diferentes níveis de "sinal de fundo" ou ruído (*dark current, background signal*) pela vibração natural das moléculas que o compõem. O "sinal de fundo" é representado pelo "offset" do detector na função de transferência. Esse "sinal de fundo" pode variar de detector para detector. A inclinação da curva de transferência é representada pelo "ganho" do detector. Esse ganho pode ser variável também no tempo e no espaço, e de detector para detector.

Muitos sensores são construídos a partir de matrizes de detectores. Cada um desses detectores pode apresentar funções de transferência ligeiramente distintas, conforme pode ser observado na Figura 7.16.

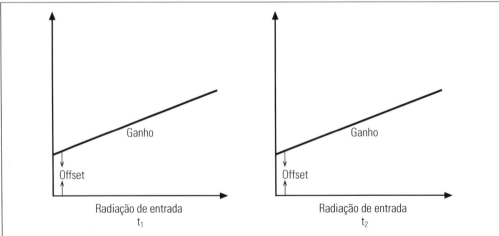

Figura 7.15 Características de transferência de um detector ideal (Adaptado de Richards, 1993).

Figura 7.16 Função de transferência de detectores em sistemas reais (Adaptado de Richards, 1993).

O resultado dessas diferenças na função de transferência dos detectores é a presença de faixas alternadas nas imagens, como pode ser observado na Figura 7.17. Nesta figura, pode-se observar que existem faixas horizontais claras e escuras, mais visíveis principalmente na região coberta por água. Este tipo de defeito radiométrico é conhecido como *striping* e se não for corrigido antes de processos de classificação, faz com que um mesmo objeto seja atribuído a classes distintas, devido a diferenças da função de transferência do detector.

Outro erro radiométrico derivado do processo de imageamento é a ausência de linhas de imageamento (*missing scan lines*). Essa ausência de linhas pode ser provocada por alterações na órbita do satélite, por falhas intermitentes na transmissão do sinal etc. O resultado é que a imagem obtida possui algumas

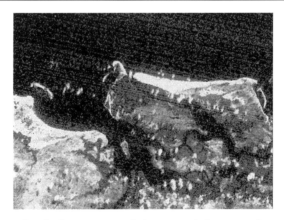

Figura 7.17 Exemplo de imagem sujeita a *striping* resultante de diferenças nas funções de transferência dos detectores.

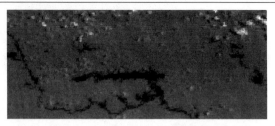

Figura 7.18 Imagem com faixas escuras correspondentes a problemas de transmissão e/ou mau funcionamento dos detectores.

linhas para as quais não existem dados. Embora os dados não existam mais, existem métodos para estimá-los a partir da análise de *pixels* adjacentes, de modo a que a imagem possa ser aproveitada. A Figura 7.18 exemplifica esse tipo de defeito radiométrico.

As linhas não registradas pelo sistema podem ser estimadas a partir de diferentes métodos. Um dos métodos mais utilizados se baseia no pressuposto da autocorrelação espacial, ou seja a correlação entre um dado e seus vizinhos mais próximos. Isto significa que pontos que estão mais próximos geograficamente tendem a apresentar o mesmo valor da variável de interesse. A observação de que na natureza muitos fenômenos exibem autocorrelação espacial permite que se possa estimar as linhas não registradas pelo sensor, a partir das linhas adjacentes.

O método mais simples de se estimar o valor dos *pixels* ao longo de uma linha sem registros é a pura e simples substituição da linha que falta pela linha mais próxima. Se o valor do *pixel* sem valor é v_{ij}, onde v é o número digital e ij, a posição do *pixel* na coluna i e linha j, o algoritmo de correção é dado por:

$$v_{ij} = v_{ij-1} \tag{1}$$

Este é um método simples e garante que o valor utilizado na determinação da linha não registrada realmente existe na cena.

Outro método utilizado é o da média de duas linhas adjacentes. Este método é muito bom em situações em que a autocorrelação espacial se aplica. Entretanto, pode provocar erros grosseiros em regiões de transição onde a autocorrelação espacial não se aplica. Neste caso, o algoritmo utilizado expresso pela equação (2) é :

$$v_{ij} = \frac{(v_{ij-1} = v_{ij+1})}{2} \tag{2}$$

onde:
v_{ij} = valor do *pixel* ij;
v_{ij-1} = valor do *pixel* ij–1;
v_{ij+1} = valor do *pixel* ij+1.

Outros métodos mais sofisticados são utilizados, como o método da correlação entre bandas. Este método encontra-se descrito em Mather (1987).

A presença sistemática de um padrão de faixas horizontais é comum em imagens produzidas a partir de sistemas de varredura eletromecânica ou eletrônica como as do sensor TM-Landsat ou HRV-SPOT. Como já mencionado anteriormente, este padrão é derivado da falta de estabilidade dos detectores em manter, ao longo do tempo e do espaço, a mesma função de transferência.

Existem vários métodos de correção de *striping*. O mais simples é o método que usa um modelo linear para representar a relação entre os valores de radiância e os valores de nível digital. O pressuposto teórico desse método é que cada detector observa distribuições similares de objetos da superfície terrestre em uma cena. Se este pressuposto for verdadeiro, a proporção de *pixels* representando solos, rochas, água, florestas, cidades etc., deve ser a mesma para cada detector. Assim sendo, os histogramas gerados em cada detector devem ser iguais, ou seja, a média e o desvio padrão dos dados produzidos em cada detector devem ser iguais.

O método linear consiste, portanto, em forçar a média e o desvio padrão de todos os detectores a terem um mesmo valor, ou seja, os detectores são "igualados" (*equalized*) entre si.

Tomando o sensor TM-Landsat que possui 16 detectores por banda como exemplo, o procedimento de remoção de *striping* consiste em fazer com que a média e desvio padrão dos 16 detectores sejam iguais à média e desvio padrão da cena. A média da cena é simplesmente a média dos 16 detectores. O desvio padrão da cena é determinado pela equação (3):

$$V = \frac{\Sigma n_i \left(\bar{x}_i^2 + v_I \right)}{\Sigma N_I} - \bar{X}^2 \tag{3}$$

onde:

V = variância total da imagem;
X = média geral da imagem (= $\Sigma x_i / 16$);
v_i = variância do detector i;
x_i = média do detector i;
n_i = número de *pixels* processados pelo detector i.

É importante salientar que essas estatísticas não devem ser calculadas para pequenas amostras, para que não ocorra tendenciosidade nos dados. O pressuposto de linearidade e normalidade dos dados requer um tamanho de amostra de pelo menos 512×512 *pixels* (Mather, 1987).

Existem vários outros métodos descritos por Mather (1987), muitos dos quais já se encontram implementados nos aplicativos comerciais de processamento de imagens, e mesmo nos aplicativos de livre distribuição, como o SPRING ou Terra Wiew. Existem também algoritmos específicos para tratar de defeitos observados em certa família de sensores.

Rudorff (2006) relata, por exemplo, a presença de *pixels* ruidosos ou anômalos na forma de "faixas escuras" perpendiculares à linha de varredura nas imagens Hyperion. O padrão destas faixas de *pixels* anômalos pode ser notado visualmente em algumas das bandas do sensor. Como muitos dos métodos de análise de imagens Hyperion pressupõem o uso de espectros, torna-se fundamental que esses defeitos sejam corrigidos. O autor relata o uso de um algoritmo desenvolvido por Han *et al.* (2002), o qual permite a identificação de detecção e remoção de *pixels* anômalos dispostos em quatro tipos de faixas nas imagens Hyperion: contínuas com valores de nível de cinza (NC) atípicos; contínuas e com valores de NC constantes; intermitentes com valores de NC atípicos; e intermitentes com valores de NC baixos. Maiores detalhes sobre o método consultar Rudorff (2006).

7.3.3. Erros Geométricos e sua Correção

Existem mais fontes de distorções geométricas em imagens de sensoriamento remoto do que as de distorções radiométricas. As principais fontes de erros geométricos são: a) o movimento de rotação da Terra durante o processo de aquisição de imagens; b) a velocidade de "varredura" finita; c) o amplo campo de visada de alguns sensores; d) a curvatura da Terra; e) variações na posição da plataforma de aquisição (altura, velocidade, direção etc); e) efeitos panorâmicos relacionados à geometria da imagem.

Tais sensores de varredura levam um tempo finito para a aquisição de uma cena. Durante o tempo em que as linhas de varredura estão sendo obtidas, a Terra gira de oeste para leste, de tal modo que um ponto imageado no fim da cena estará a oeste de um ponto imageado no início da cena. Como os dados são registrados em forma de grade, a matriz resultante vai fazer com que o ponto imageado no terreno encontre-se posicionado a leste de sua posição geográfica. A Figura 7.19 ilustra esse tipo de erro.

Para corrigir este efeito é preciso acrescentar um *offset* à imagem proporcional ao movimento de deslocamento da órbita em direção a oeste. O deslocamento da imagem para o oeste depende da velocidade do satélite em relação à velocidade de rotação da Terra e do tamanho da cena imageada. A Figura 7.20 mostra a compensação para o movimento de rotação da Terra.

As distorções panorâmicas são causadas pela variação do tamanho do *pixel* ao longo da linha de varredura em direção às extremidades da faixa imageada. Esta distorção é causada porque o campo instantâneo de visada do sensor é constante ao longo da linha de varredura, o que faz com que o tamanho do *pixel* aumente com o aumento da distância ao ponto nadir.

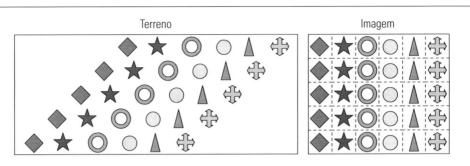

Figura 7.19 Erros de posicionamento dos *pixels* em decorrência do movimento de rotação da Terra.

Para um dado *IFOV* a dimensão do *pixel* varia segundo a equação (4):

$$p_\theta = \beta h \sec^2 \theta = p \sec^2 \theta \qquad (4)$$

onde:
p_θ = tamanho do *pixel* no ângulo de varredura θ;
β = ângulo instantâneo de visada;
h = altura da plataforma.

Um *pixel* do sensor TM de 30 metros no nadir terá (30 m) $x \sec^2 \theta$ à medida que o *pixel* se aproximar da extremidade. Para o sensor TM o valor máximo de θ é de 7,5°, o que faz com que um *pixel* na extremidade tenha a dimensão $P_\theta = p \sec^2\theta$, ou 1,02 p, ou 1,02 × (30 m), que é igual a 30,6 metros. Para sistemas com grandes campos de visada, tais como MODIS/Terra, este efeito é muito mais intenso. A Figura 7.21 ilustra este tipo de distorção.

Existem outras distorções panorâmicas, que implicam em alteração na forma dos objetos. Assim sendo, feições retilíneas serão representadas como curvas. Mais informações sobre essas distorções podem ser encontradas em Richards (1993).

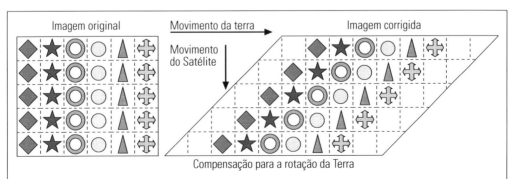

Figura 7.20 Compensação do efeito de rotação da Terra através da aplicação de um *offset* das linhas sucessivas em direção oeste.

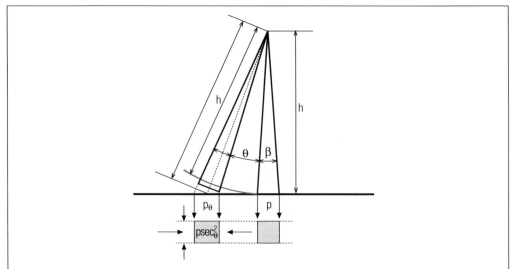

Figura 7.21 Efeito do ângulo de varredura sobre o tamanho do *pixel* para um campo instantâneo de visada constante (Adaptado de Richards, 1993).

Os efeitos de curvatura da terra não são significativos para sistemas sensores em plataformas de baixa altitude, como as aeronaves, e nem em sistemas orbitais que recobrem faixas estreitas, como os sistemas a bordo dos satélites Landsat e SPOT. Estas distorções são graves em sistemas que recobrem amplas faixas do terreno, como o sensor AVHRR/NOAA e MODIS/Terra. Nestes sistemas, as distorções panorâmicas são acentuadas pela curvatura da Terra. A Figura 7.22 ilustra essa distorção.

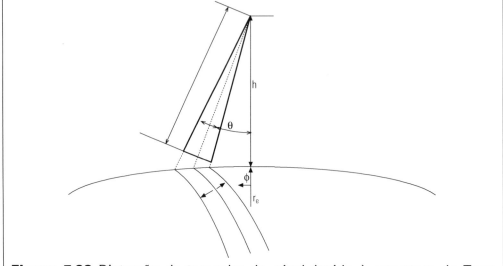

Figura 7.22 Distorção de tamanho de *pixel* devido à curvatura da Terra (Adaptado de Richards, 1993).

Um sensor de varredura mecânica, como o TM-Landsat, gasta um tempo finito para "varrer" uma linha perpendicular à trajetória do satélite. Durante o tempo de duração da varredura, o satélite avança ao longo de sua órbita, o que provoca uma inclinação da linha de varredura naquela direção. O tempo necessário para o sensor varrer uma linha é, por exemplo, 33 ms. Durante esse período, o satélite avança 213 metros se mantiver uma velocidade de 6,46 km s^{-1}. Como resultado, o início da linha de varredura estará 33 metros inclinada em relação ao seu ponto terminal. A Figura 7.23 ilustra esse efeito.

A variação na altitude da plataforma provoca mudanças na escala dos dados. A Figura 7.24a ilustra o efeito dessa variação de altitude quando a velocidade de deslocamento do satélite é pequena em relação à da aquisição da cena. Da mesma forma, se a velocidade da plataforma se modifica, também ocorrem mudanças na direção de deslocamento do satélite. Este efeito pode ser observado na Figura 7.24 b.

Quando tratamos das plataformas, vimos que elas sofrem oscilações de atitude (posição do satélite) em três eixos. Essas oscilações provocam deformações geométricas nas imagens, que podem posteriormente ser corrigidas a partir dos dados com registros dos desvios da plataforma.

Outra fonte de distorções geométricas em dados de sensoriamento remoto é a topografia, que não consiste em um problema grave em sensores com visada nadir, como é o caso dos sensor TM-Landsat, devido à elevada razão base/altura, mas que representa um problema sério para sistemas de imageamento de visada lateral, como os sistemas SAR. Para isto, foram desenvolvidos modelos que permitem a ortorretificação da imagem. Tais modelos levam em conta a perfeita descrição da geometria de aquisição e do terreno, tendo como valores de entrada não só as coordenadas geográficas dos pontos de controle, mas também sua altitude.

A correção geométrica visa justamente recuperar a qualidade geométrica da cena, de tal modo que os dados possuam características de escala e projeção próprias de mapas (Mather, 1987).

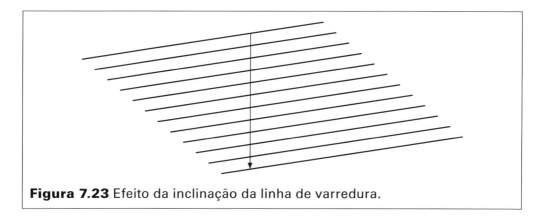

Figura 7.23 Efeito da inclinação da linha de varredura.

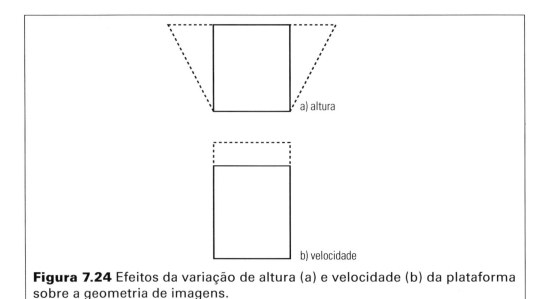

Figura 7.24 Efeitos da variação de altura (a) e velocidade (b) da plataforma sobre a geometria de imagens.

A projeção permite representar a curvatura da terra em uma superfície plana, preservando certas características, tais como forma dos objetos, área, distâncias e direções. O processo de transferência de informação contida na superfície esférica da Terra para um sistema bidimensional está baseado em três elementos: o geoide, que descreve a forma esferoidal da terra; o elipsoide, que é a representação do geoide num sistema geométrico de referência; e a projeção, que é a transformação das relações geográficas tridimensionais presentes no geóide em relações bidimensionais.

A localização de uma feição geográfica em relação à outra exige um sistema de referência. Embora historicamente tenha havido muitos sistemas de referência, dois sistemas encontram-se em uso atualmente: o sistema de coordenadas geográficas e o sistema de coordenadas planas retangulares. O sistema mais antigo é o sistema de coordenadas geográficas baseado em latitudes e longitudes. Os paralelos de latitude expressam a distância norte ou sul em relação ao Equador, enquanto a longitude expressa a distância leste e oeste em relação ao meridiano de referência localizado em Greenwich, Inglaterra. A latitude e longitude podem ser expressas em graus e em média (em função do elipsóide adotado); um grau de latitude equivale a 11,1 km. Em direção às baixas latitudes, essa dimensão varia com o seu cosseno e tende a zero nos polos. A longitude para fins práticos pode ser considerada constante.

O sistema de coordenadas planas retangulares é baseado em dois eixos perpendiculares, com um ponto de origem definido arbitrariamente. A maior parte dos sistemas de coordenadas planas retangulares é baseada nas projeções Transversa de Mercator, Polar Estereográfica, Cônica Conforme de Lambert.

A grande vantagem do sistema de coordenadas geográficas é que ele é independente da projeção, variando apenas com o elipsoide adotado. Com isto, sua adoção permite a rápida transformação dos dados para diferentes sistemas de projeção em função de usos posteriores que se queira dar ao mapa resultante. Para um aprofundamento sobre as projeções e suas propriedades, consultar Maling (1993).

O relacionamento entre os dois sistemas de coordenadas pode ser estabelecido a partir de parâmetros orbitais e/ou a partir do uso de mapas. Os modelos de correção geométrica baseados em parâmetros de órbita do satélite levam em conta alguns fatores responsáveis pelas distorções geométricas das imagens, tais como a curvatura da terra, o movimento de rotação da terra, variações nas taxas de amostragem do sensor ao longo e perpendicularmente a órbita, inclinação da órbita, atitude do satélite em três eixos, variação da altura da órbita etc. Como muitos destes paramentos são nominais, para uma maior precisão da correção geométrica das imagens torna-se necessário o uso de pontos de controle do terreno.

Este último processo é o mais comum e consiste de alguns passos básicos: 1) estabelecimento de relação entre o sistema de coordenadas do mapa e o da imagem; 2) estabelecimento de um conjunto de pontos definindo a posição dos *pixels* na imagem corrigida; 3) reamostragem que permite estimar o número digital a ser atribuído a cada *pixel* na imagem de saída, de tal modo que esta não sofra significativas alterações radiométricas.

A precisão dos modelos de correção geométrica, baseados em pontos de controle do terreno, entretanto, depende da qualidade da documentação cartográfica disponível. Pontos de controle são feições bem definidas e facilmente reconhecíveis tanto nas imagens quanto nas cartas topográficas.

A partir de uma coleção destes pontos, através do método dos mínimos quadrados (Matter, 1987), procura-se encontrar a equação de transformação do par de coordenadas xi,yi da imagem em coordenadas x_m, y_m do mapa. Os polinômios para a correção geométrica mais empregados são os de primeiro, segundo e terceiro graus. A seleção do grau do polinômio a ser utilizado depende do número de pontos de controle disponível e de sua distribuição espacial. Quanto maior o grau do polinômio, maior o número de pontos de controle necessário e melhor deve ser a sua distribuição.

Uma vez que o modelo para correção geométrica das imagens tenha sido definido, o próximo passo importante é o de definir o método de reamostragem a ser adotado, visto que dele depende a maior ou menor preservação das características radiométricas da cena. A Figura 7.25 ilustra o processo de reamostragem; nela pode-se verificar que a correção geométrica faz com que o *pixel e' n'* da imagem corrigida corresponda a uma região de interseção de quatro *pixels* na imagem distorcida, criando o problema de se encontrar um critério para se atribuir a ele um dado valor de brilho ou nível digital.

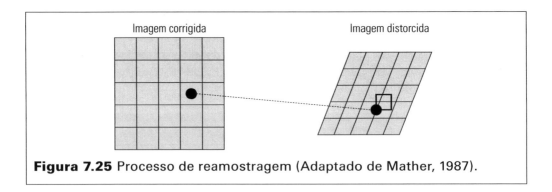

Figura 7.25 Processo de reamostragem (Adaptado de Mather, 1987).

A reamostragem é, portanto, o processo que permite atribuir, ao *pixel* $e'n'$ da imagem corrigida, um valor de nível digital interpolado da imagem distorcida (Mather, 1987).

Existem três métodos de interpolação frequentemente utilizados no processo de reamostragem, e a escolha do mais adequado depende do tipo de imagem de sensoriamento remoto sendo reamostrada, da variabilidade dos alvos presentes na cena e da aplicação que se dará aos dados.

O primeiro método de interpolação é o do *vizinho mais próximo* (*nearest neighbor*), porque o procedimento de atribuição de nível digital da imagem distorcida para a imagem corrigida consiste em escolher o *pixel* correspondente à coordenada mais próxima. Este método, segundo Mather (1987) tem duas vantagens: 1) assegura que o *pixel* da imagem corrigida tenha um valor "real", ou seja, igual ao da imagem distorcida; 2) é de rápido processamento. Apresenta, entretanto, desvantagens: 1) quando as distorções são grandes e há a repetição de muitos *pixels*, a imagem corrigida apresenta "blocos" que podem resultar em deformações das feições do terreno quando os dados são submetidos à classificação; 2) a imagem corrigida pode apresentar um deslocamento espacial de até ½ *pixel*.

O outro método de reamostragem é conhecido por interpolação bilinear. Na interpolação bilinear, o valor do *pixel* será determinado a partir da média ponderada pela distância dos 4 *pixels* vizinhos. A interpolação resulta numa imagem corrigida mais suavizada em relação à imagem original, ou seja, os limites entre objetos se tornam mais difusos.

Os níveis digitais da imagem corrigida, nesse caso, não serão reais, ou seja, representarão uma média de *pixels* da imagem corrigida, e por ser uma média, parte da resolução espacial original dos dados será perdida. Obviamente, quanto melhor a correção geométrica ou o deslocamento entre a imagem corrigida e a distorcida, menor será a alteração radiométrica da imagem. Sob o ponto de vista radiométrico, este método traz, portanto, mais alterações que o anteriormente descrito.

O terceiro método de reamostragem é conhecido por interpolação bicúbica (Mather, 1987) ou convolução cúbica e consiste no ajuste de uma superfície à vizinhança do *pixel* tal que os 16 *pixels* mais próximos da imagem distorcida sejam utilizados para estimar o nível digital da imagem corrigida. Este tipo de reamostragem dá a imagem um aspecto visualmente mais natural (sem artefatos de processamento), mas resulta em uma perda de informações de alta frequência. Quando a informação radiométrica dos dados deve ser preservada não se deve utilizar este tipo de correção.

Uma vez que as imagens tenham sido pré-processadas e convertidas em um conjunto de dados com qualidade geométrica e radiométrica, elas podem ser submetidas à várias técnicas de realce, antes de serem submetidas a análise visual ou à classificação digital. Existem várias técnicas de realce, dentre as quais, já mencionamos a ampliação de contraste (ou realce de contraste) no tópico 7.2. Iremos tratar de algumas dessas técnicas no próximo tópico.

7.4. Técnicas de Realce

Uma das técnicas de realce disponíveis é a conversão de cores do espaço RGB (o brilho das bandas individuais do vermelho, verde e azul em determinados comprimentos de onda) para o espaço I (*intensity*) H (*hue*) S (*saturation*), ou seja, intensidade, matiz e saturação. No sistema IHS, a intensidade descreve o brilho, o matiz descreve a cor, em termos de seu comprimento de onda, e a saturação é a quantidade de cor presente, ou seja, a distinção entre o vermelho e o cor-de-rosa. A intensidade descreve a diferença entre um verde-claro e um verde-escuro. Estes três componentes podem ser representados por um cone duplo, como o da Figura 7.26. O eixo do cone representa a progressão da escala de cinza do preto ao branco, e corresponde à Intensidade. A distância do eixo expressa a saturação e a direção ao longo do círculo, o matiz ou cor.

As equações de conversão do espaço RGB para o espaço IHS estão expressas na Tabela 7.4.

Tabela 7.4 Conversão das coordenadas RGB para as coordenadas IHS	
H	$[\pi/2 - \arctan\{(2 . R - G - B)/\sqrt{3} . (G - B)\} + \pi; G< B]/2\pi$
I	$(R + G + B)/3$
S	$1 - [\min (R, G, B)/I]$

(Fonte: Russ, 2006)

A transformação do espaço RGB para o IHS permite gerar composições coloridas em que há menor correlação entre as bandas, permitindo um maior aproveitamento das cores. A Figura 7.27 mostra a mesma cena numa compo-

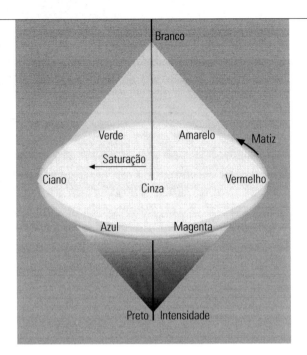

Figura 7.26 Representação do espaço IHS (Fonte: Russ, 2006).

sição das bandas sensíveis ao azul, verde e vermelho associadas às cores azul, verde e vermelho respectivamente (colorido normal) e o resultado de sua transformação para as componentes Intensidade, Matiz e Saturação (IHS), associados às cores verde, vermelho e azul.

É interessante notar que, ao se comparar as duas imagens, observa-se que a composição IHS realçou bastante a presença de fitoplâncton na água, enquanto na composição RGB isto não aparece claramente. Como a componente Intensidade foi isolada das componentes espectrais, foi possível realçar o sinal do fitoplâncton da água, de baixa intensidade. Esse fato pode ser comprovado, ao se comparar a composição IHS com a distribuição de concentração de clorofila na água produzida por Rudorff (2006) para a mesma região (Figura 7.28). A componente matiz que contém a informação espectral, misturada à intensidade, produz a cor marrom nas áreas de maior concentração. Onde não há abundância de fitoplâncton, a cor da água tem apenas informação de intensidade associada à turbidez. As áreas de floresta, saturadas de verde (ou seja, onde a cor verde é dominante), aparecem em azul, a cor que foi associada à componente saturação.

Apesar das grandes possibilidades que a transformação IHS tem como realce do conteúdo espectral das informações, esse não é o seu uso mais difundido. A transformação IHS tornou-se um dos métodos mais utilizados de fusão de imagens, seja do mesmo sensor, com a finalidade melhorar a resolução espacial, seja para fundir imagens de diferentes sensores. Como ficou demonstrado na análise

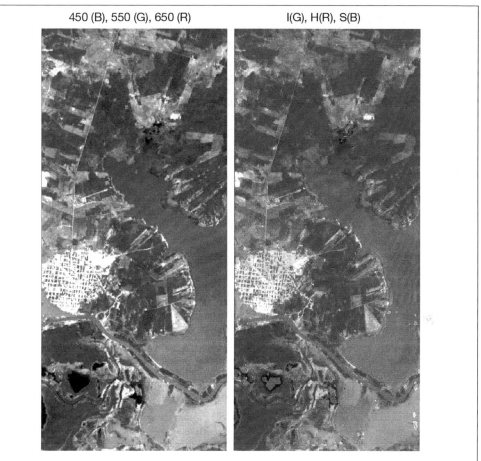

Figura 7.27 Composição RGB e IHS (disponível no site da Editora).

das Figuras 7.27 e 7.28, a transformação IHS permite isolar a informação espectral contida em três bandas, em apenas dois canais, o da Saturação e o do Matiz (comprimento de onda dominante). O brilho da cena é isolado no canal de Intensidade, que pode então ser substituído por uma outra banda de melhor resolução, ou por uma banda de outro sensor. Após aplicar-se a transformação do espaço IHS para o espaço RGB, a imagem final terá as propriedades de ambos conjuntos de dados. Vários autores relatam o uso de transformação IHS com o objetivo de melhorar a resolução espacial dos dados, combinando os atributos espectrais de canais de baixa resolução com os atributos espaciais de canais de alta resolução de um mesmo sensor, como é o caso do ETM-Landsat, HRV-SPOT, entre outros. Vários programas espaciais contemplam o uso de cargas úteis que combinam sensores de baixa resolução espacial e alta resolução espectral em alguns canais, e a presença de uma banda pancromática de alta resolução espacial, que pode ser usada para melhorar a qualidade espacial das demais bandas. Sobre a transformação IHS como técnica de fusão de imagens, e para uma discussão sobre as técnicas disponíveis, consultar Lucca (2006), Schowengerdt (1997).

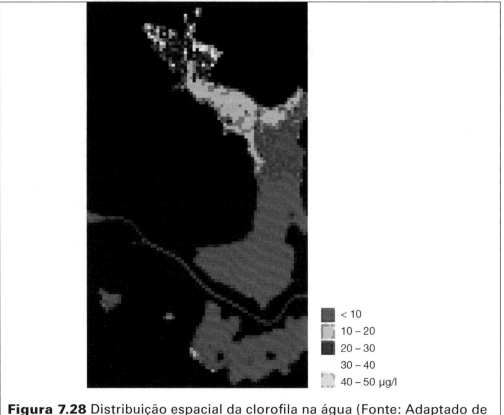

Figura 7.28 Distribuição espacial da clorofila na água (Fonte: Adaptado de Rudorff, 2006).

Outra técnica de realce muito utilizada, e que permite reduzir a redundância de informação entre bandas de comportamento muito semelhantes, é a transformação pelas componentes principais (*Principal Component Transform*). A transformação dos canais originais em um conjunto de componentes principais é feita a partir do cálculo da matriz de covariância entre as bandas. Essa matriz permite gerar novos canais tal que o nível digital de cada pixel seja a combinação linear de todas as bandas. O número de componentes principais é igual ao número de bandas. Cada componente está associada a uma dada variância dos níveis digitais, de tal modo que a primeira componente, também chamada principal, tem a maior variância, e a variância das n componentes restantes se reduz sucessivamente. Segundo Schowengerdt (1997), uma propriedade fundamental dessa transformação é que ela garante que a variância total da imagem original seja preservada. A Figura 7.29 mostra o resultado da aplicação da transformação pelas componentes principais a quarenta e sete bandas espectrais do sensor Hyperion/EO-1. Estão representadas na figura as seis primeiras componentes principais, a nona componente e a quadragésima sétima. Pode-se notar que, a partir da nona componente, o nível de informação contido na cena vai diminuindo, até que na última componente, o que resta dos dados é apenas ruído.

Figura 7.29 Componentes principais resultantes da aplicação da transformação a quarenta e sete bandas do sensor Hyperion/EO-1.

A interpretação dos resultados da transformação por componentes principais requer que se faça uma análise criteriosa dos chamados autovalores e autovetores. Os autovalores indicam a contribuição de cada componente em termos da variância total do conjunto de dados. Assim sendo, pode-se determinar um limiar de variância, a partir do qual a variância da componente se torna muito baixa, de modo que as componentes remanescentes sejam descartadas da análise. Os autovetores indicam a contribuição de cada banda específica para a formação de uma dada componentes principal. Para maiores informações sobre essa técnica e sua aplicação, consultar Richards (1993).

Segundo a abordagem dada por Schowengerdt (1997) ao processamento de imagens, tanto a transformação IHS quanto a transformação para as componentes principais são transformações espectrais, ou seja, manipulam o domínio espectral dos dados, seja alterando sua representação ou diminuindo sua dimensionalidade. Nessa perspectiva, várias outras manipulações do espaço espectral podem ser consideradas como técnicas de realce de dados, porque elas não geram informação nova, mas apenas tornam explícitas as informações de interesse. Dentre essas, o autor inclui a geração de vários índices de vegetação e quaisquer operações entre bandas que possam realçar a informação desejada.

Existem também manipulações das imagens que se dão no chamado domínio espacial das imagens. Essas transformações permitem extrair ou modificar os atributos espaciais das imagens, realçando certos aspectos da cena. Dentre as transformações espaciais mais comuns destacam-se os filtros lineares, os filtros morfológicos e os filtros de textura.

A operação subjacente ao processo de filtragem é o uso de uma "janela móvel" que se desloca sobre a imagem, e executa determinadas operações sobre os *pixels* nela contidos. Isso significa que o processo de filtragem representa uma transformação da imagem que depende não apenas do valor digital de um dado ponto da cena, mas também do valor digital de seus vizinhos. Os filtros lineares podem ser classificados em dois grandes grupos: filtros passa-baixa e filtros passa-alta. Os filtros passa-baixa preservam os componentes de baixa frequência de uma imagem, suavizando-a. Por isso são utilizados, geralmente, para atenuar o efeito dos ruídos existentes numa cena (ruídos devidos a diferenças de sensibilidade dos detectores e erros na transmissão do sinal, por exemplo). O resultado de uma filtragem passa-baixa é a redução da variabilidade dos níveis digitais da cena. Os filtros passa-alta removem os componentes de baixa frequência da imagem, mantendo os de alta frequência (variações locais). Com isso são realçadas as bordas entre regiões adjacentes, bordas e limites entre objetos. Isto é obtido usando-se uma janela móvel (ou máscara), cujo *pixel* central possui um valor elevado, e é cercado por valores negativos. A Figura 7.30 mostra a diferença do efeito de filtros passa-baixa e passa-alta sobre a imagem, e exemplifica o tipo de janela móvel ou máscara que opera sobre a cena. Mais informações sobre os diferentes tipos de filtragem podem ser obtidas em Schowengerdt (1997) e Crosta (1999).

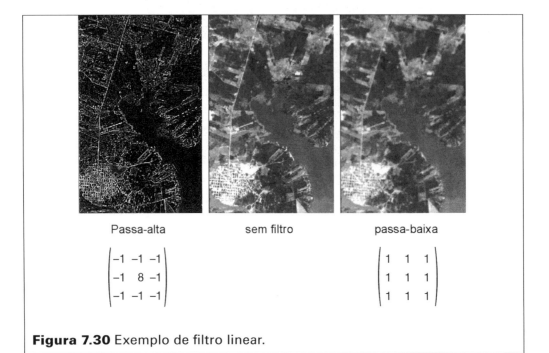

Figura 7.30 Exemplo de filtro linear.

7.5. Técnicas de Classificação

O uso de computadores para a extração de informações de imagens digitais é conhecido como análise quantitativa por analisar suas propriedades numéricas. O processo de atribuir significado a um *pixel* em função de suas propriedades numéricas é chamado genericamente de "classificação". As técnicas de classificação visam, em última análise, atribuir a cada *pixel* um rótulo em função de suas propriedades espectrais e/ou espaciais.

Os dados multiespectrais podem ser representados num espaço multidimensional, tal que cada *pixel* da imagem se encontre representado por coordenadas associadas ao seu brilho (nível digital) em cada uma das bandas, e esse brilho seja dependente do comportamento espectral dos alvos de interesse. A Figura 7.31 ilustra esse conceito.

Na composição colorida das bandas TM3(R), TM4(G) e TM5(B) podem ser observadas diferentes cores. Associando-se essas cores ao comportamento espectral de alvos, pode-se verificar que o verde é o resultado da alta reflectância da vegetação na banda TM4 (associada à G de *green* – verde). A cor rósea do solo se deve à relativamente alta reflectância dos solos na banda TM3 (associada a R de *red* — vermelho) e TM 4. A cor preta da água se deve à baixa reflectância

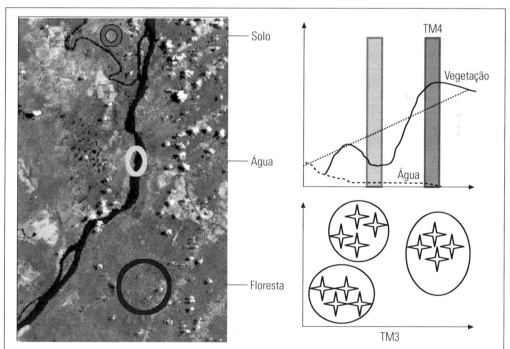

Figura 7.31 Ilustração de um espaço de representação bidimensional dos níveis de brilho de uma imagem e sua relação com o comportamento espectral dos tipos de cobertura do solo. (Figura colorida disponível no site da Editora) (Adaptado de Richards, 1993).

da água na banda TM3 e TM 4. Se amostras de *pixels* de solo, água e floresta forem distribuídas num diagrama bidimensional em que o eixo y é associado ao valor do *pixel* na banda TM4 e o eixo x ao valor do *pixel* na banda TM 3, estas formarão *clusters* ou agrupamentos distintos em função das diferenças que apresentam em seu comportamento espectral.

A associação de conjuntos de classes espectrais a tipos específicos de objetos da superfície é feita através de técnicas matemáticas conhecidas pelo termo "reconhecimento de padrões" ou "classificação de padrões". Os padrões são os "vetores matemáticos de *pixels*" que contêm conjuntos de valores de brilho organizados em forma de uma coluna:

$$x = \begin{pmatrix} x_1 \\ x_2 \\ \vdots \\ x_n \end{pmatrix}$$

onde, x_1 a x_n são os valores de brilho do *pixels* x nas bandas de 1 a n respectivamente.

O processo de classificação envolve atribuir cada *pixel* a uma dada "classe espectral" usando os dados espectrais disponíveis. A Figura 7.32 ilustra esse processo.

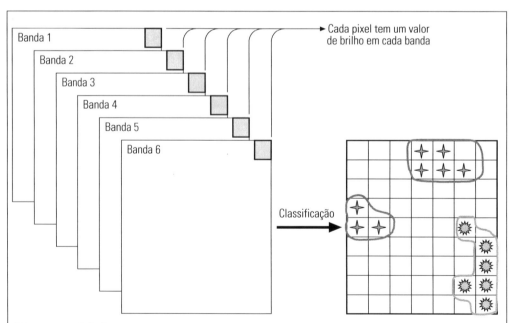

Figura 7.32 O processo de classificação consiste em atribuir cada *pixel* da imagem a uma dada "classe espectral" em função do "vetor de *pixels*" representativos de cada material da superfície (Adaptado de Richards, 1993).

Em função do grau de intervenção que o analista tem no processo de classificação digital, a classificação pode ser não supervisionada e supervisionada.

7.5.1. Classificação Não supervisionada

Na classificação *não supervisionada*, os *pixels* de uma imagem são alocados em classes, sem que o usuário tenha conhecimento prévio de sua existência. Este procedimento permite que o analista conheça a distribuição de *pixels* por classes espectrais. Estas distribuições são analisadas e comparadas com informações de campo ou mapas ou dados teóricos sobre o comportamento espectral de alvos. A classe do terreno à qual pertence cada *pixel* é, portanto, determinada *a posteriori*.

A classificação *não supervisionada* é, portanto, um passo importante a ser executado antes da classificação *supervisionada*, visto que permite ao analista conhecer o número de classes espectrais existentes. Este número pode ser, muitas vezes, muito maior do que o número de classes do terreno, havendo a necessidade de se proceder, posteriormente, a um reagrupamento das classes espectrais. Algumas vezes, o número de classes espectrais é menor do que o de classes do terreno, porque suas características espectrais são semelhantes. Neste caso, outras abordagens e procedimentos devem ser utilizados para que estas sejam discriminadas. Existem diversos métodos de classificação *não supervisionada*. Para ilustrar o princípio subjacente a essa classificação, descreveremos o método das K-médias.

O método de classificação pelas K-médias (*K-Means*) calcula inicialmente a média de classes distribuídas homogeneamente no espaço de atributos (bandas). Após a determinação dessa média inicial, o algorítimo usa um procedimento para cálculo da menor distância entre cada *pixel* e a média de cada classe, e a partir desses valores, aloca cada *pixel* à classe, cuja média seja a mais próxima de seu valor. A cada iteração (ou repetição do processo), a média da classe é novamente calculada, e todo o processo se reinicia em relação às novas médias definidas. Todos os *pixels* são sucessivamente alocados a classes desde que atendam ao limiar especificado pelos usuários (limiar de distância ou desvio padrão). Os *pixels* que depois de várias iterações não atendem à especificação não são classificados. O processo de cálculo de novas médias e de alocação de *pixels* às classes se repete até que a modificação da média atinja um limiar ou um número máximo de iterações, especificado pelo usuário. A Figura 7.33 mostra um resultado de classificação *não supervisionada* de uma subcena do sensor Hyperion, em que serviram de entrada para o classificador 47 bandas espectrais. O analista definiu 5 classes a serem mapeadas, 8 iterações e um limiar para recálculo das médias quando a diferença entre elas fosse superior a 0,5%. A atribuição posterior de significado para as classes pode ser feita com base na análise dos espectros de cada classe, ou a partir de informações de campo. O analista pode ficar insatisfeito com o resultado, verificando,

Parâmetros de entrada para a classificação
Número de classes: 5
Número máximo de iterações: 8
Limiar de mudança da média: 0,5%

Figura 7.33 Resultado de aplicação da técnica não supervisionada à classificação de uma subcena do sensor Hyperion, com 47 canais espectrais.

por exemplo, que todo o corpo d´água foi incluído numa única classe, e refazer o processo de classificação, modificando os parâmetros de entrada até que o resultado final seja compatível com as referências ou com a teoria que o analista tem sobre a distribuição espacial das classes.

Apesar de esse tipo de classificação ser considerado *não supervisionado*, porque não exige conhecimento prévio de amostras, ou treinamento do algoritmo, há sempre a necessidade de intervenção qualificada do analista, seja na definição dos canais de entrada, do número de classes, do número de iterações necessárias, e do limiar de mudança da média.

7.5.2. Classificação Supervisionada

A classificação *supervisionada* repousa em um conhecimento prévio do analista sobre a localização espacial de algumas amostras das classes de interesse. Existem diversas técnicas de classificação supervisionada, as quais serão tratadas oportunamente. Independentemente da técnica adotada, entretanto, a classificação supervisionada se baseia no pressuposto de que cada classe espectral pode ser descrita a partir de amostras fornecidas pelo analista.

A classificação supervisionada pode ser determinista, ou seja, os limites das classes são definidos com base em um critério de corte estabelecido em função do desvio padrão em relação à média de cada classe. O método de classificação pode ser também probabilístico, ou seja, as amostras de cada classe são descritas por uma função de probabilidade no espaço multi ou hiperespectral (Richards, 1993). Tal função descreve a probabilidade de um dado *pixel* pertencer a uma classe em função de sua localização nesse espaço n-dimensional formado pelas bandas espectrais utilizadas na classificação. A distribuição mais utilizada até o presente é a distribuição gaussiana ou distribuição normal. Com o advento de sistemas de radar de abertura sintética, entretanto, outras distribuições têm sido testadas e têm se mostrado mais vantajosas. Sobre este assunto, consultar Vieira (1996), Frery *et al.* (2007), entre outros.

A Figura 7.34 ilustra a distribuição de probabilidade de duas classes num espaço espectral unidimensional. As setas A e B indicam as regiões de brilho em que um *pixel* tem maior probabilidade de pertencer às classes A e B respectivamente. A seta em "?" indica uma região de incerteza em que os valores de brilho do *pixel* permitem sua alocação em qualquer uma das classes. Os *pixels* alocados nas regiões de alta probabilidade tenderão a ser classificados com maior índice de acerto do que os *pixels* alocados na região de baixa probabilidade.

Independentemente do método de classificação ***supervisionada*** adotado, existem procedimentos importantes a serem seguidos para que se possa garantir um bom resultado. Dentre os aspectos fundamentais a serem avaliados pelo analista destacam-se: 1) a escolha do melhor conjunto de bandas espectrais para o objeto de interesse; 2) a localização precisa de áreas de "treinamento"; 3) a determinação do relacionamento entre o tipo de objeto e o nível digital das bandas escolhidas; 4) a extrapolação desse relacionamento para toda a cena; 5) a avaliação da precisão da classificação realizada.

a) Seleção de Canais

Existem vários métodos de seleção de canais. Existem algoritmos que selecionam o melhor conjunto de canais com base na divergência das assinaturas das classes a serem discriminadas. Este procedimento é útil para reduzir o número de canais necessários para discriminar um conjunto de alvos, sem que se comprometa a precisão da classificação.

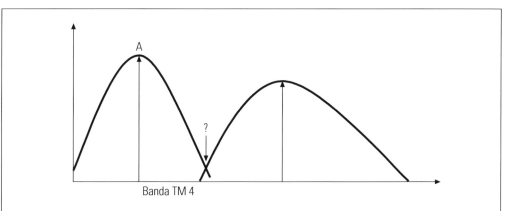

Figura 7.34 Probabilidade de um *pixel* pertencer a uma determinada classe, dada sua distribuição num espaço unidimensional.

Um outro procedimento simples para a seleção de canais espectrais é a estimativa da correlação entre bandas. Em certas circunstâncias, algumas bandas são altamente correlacionadas e, portanto, não fornecem informações úteis à discriminação entre as classes espectrais. A Figura 7.35 ilustra este procedimento. A simples inspeção visual do gráfico permite verificar que as bandas TM1 e TM2 são mais correlacionadas do que as bandas TM1 e TM3. Neste caso, o procedimento mais adequado seria o de descartar a banda TM1, visto ser esta mais sujeita à interferência atmosférica, e apenas trabalhar com as bandas TM2 e TM3. Essas análises devem ser feitas entre todos os canais, para a cena toda e para alvos individuais, visto que a correlação entre bandas é "alvo-dependente". É claro que, se o interesse do analista for estudar aspectos relacionados às propriedades da água, ele não poderá descartar a banda do azul.

b) Seleção de Amostras

A seleção de amostras faz parte do processo de "treinamento" do algoritmo para que este crie uma série de descritores das classes, sobre os quais atuarão as regras de decisão para a alocação de todos os *pixels* da cena em suas respectivas classes espectrais.

Dentre os cuidados a serem observados no processo de aquisição de amostras destacam-se: 1) as amostras de uma dada classe devem ser representativas de todos os *pixels* daquela classe; 2) as amostras de cada classe devem se ajustar aos pressupostos teóricos da regra de decisão adotada. Por exemplo, se uma classe a ser amostrada é "solo", as amostras de treinamento selecionadas devem ser representativas da classe solo. Se o histograma das amostras da classe solo apresentar uma distribuição bimodal, o analista deverá dividir a classe solo, em duas classes, visto que esta distribuição "viola" o pressuposto de distribuição normal adotado por muitos dos algoritmos de classificação.

A Figura 7.36 mostra um exemplo de amostra não adequada, pois representa mais de uma "classe espectral". Como pode ser observado na composição colorida normal Landsat-TM, a amostra encontra-se posicionada na região

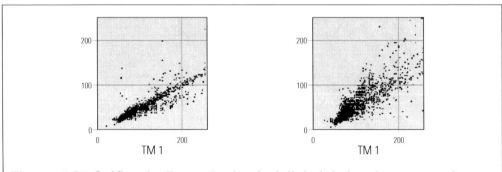

Figura 7.35 Gráfico de dispersão do nível digital de bandas espectrais.

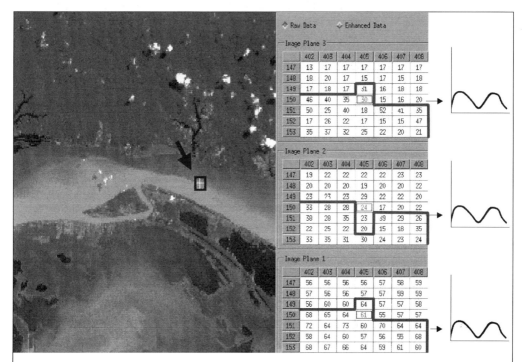

Figura 7.36 Exemplo de amostra de treinamento inadequada com *pixels* representativos de mais de uma "classe espectral".

de transição entre duas massas de água opticamente distintas: uma massa de água mais túrbida, com mais material em suspensão; e uma massa de água mais transparente, com menor concentração de material em suspensão. Essas diferenças de propriedades ópticas da água se traduzem em diferenças "espectrais", ao se selecionar as amostras. Uma boa alternativa para evitar o posicionamento das amostras em áreas de transição é a análise do resultado de uma classificação *não supervisionada*.

A Figura 7.37 mostra o resultado de uma classificação supervisionada para a região visualizada na Figura 7.36. Nela, pode-se observar que o algoritmo de classificação distinguiu dois tipos de água.

c) A Avaliação da Exatidão da Classificação

Após o processo de classificação, torna-se necessária a avaliação da exatidão da classificação, ou seja, é necessário se determinar quão bom é o resultado da classificação em relação à realidade. O método de avaliação da exatidão de classificação depende da disponibilidade de dados de campo.

Um dos métodos mais simples expressa a exatidão da classificação através da razão entre a área total de cada classe obtida na imagem e a área total da

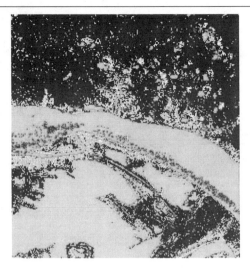

Figura 7.37 – Resultado de classificação *não supervisionada* de parte da cena visualizada na Figura 7.36.

classe determinada em campo ou em fotografias aéreas sem levar em conta a localização das classes.

Um exemplo da falácia desse método pode ser observado na Figura 7.38 em que pode-se comparar a área mapeada como Floresta Afetada pelo Fogo a partir de imagens Landsat-TM e os polígonos de campo utilizados para estimar aquele valor em campo. A área total estimada em campo e em imagens (Shimabukuro *et al.*, 1999) apresentou uma diferença de apenas 10%. Entretanto, apesar dessa pequena diferença em área, a distribuição espacial das classes em campo, e resultantes da análise de imagens, não é a mesma.

Pela análise da Figura 7.38, pode-se observar que os polígonos mapeados em imagens (azul) referentes à área de floresta afetada pelo incêndio de Roraima em 1998 não são perfeitamente coincidentes. Entretanto, a exatidão estimada pela razão entre a área mapeada em campo e área mapeada em imagens é de 90%.

A forma mais utilizada para representar a exatidão de classificação é a comparação do mapa derivado da imagem com um mapa de referência a partir da utilização de uma matriz de erro, também conhecida como matriz de confusão ou tabela de contingência (Fidalgo, 1995). A Tabela 7.5 exemplifica uma matriz de confusão. A diagonal da matriz representa o número de amostras (*pixels*, polígonos etc.) em que há coincidência entre os dados classificados e os dados reais.

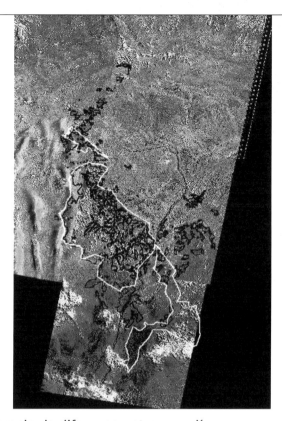

Figura 7.38 Exemplo de diferença entre os polígonos mapeados em campo e em imagem. Polígonos derivados da imagem (Azul); polígonos derivados de campo (Ciano) (Fonte: Shimabukuro *et al.*, 1999). (Figura colorida disponível no site da Editora).

Tabela 7.5. Exemplo de matriz de erro

Dados classificados	Dados de referência				Total da linha
	Cana	Milho	Feijão	Batata	
Cana	65	4	22	24	115
Milho	6	81	5	8	100
Feijão	0	11	85	19	115
Batata	4	7	3	90	104
Total da coluna	75	103	115	141	434

(Adaptada de Fidalgo, 1995

Para um conhecimento mais profundo sobre os métodos de avaliação da exatidão de mapeamento, consultar (Fidalgo, 1995), onde se encontra uma ampla revisão teórica sobre assunto, bem como exemplos práticos.

322 Sensoriamento Remoto

Um dos problemas enfrentados para a avaliação da exatidão de classificação é a disponibilidade de informações de campo. Idealmente, todas as informações de campo deveriam ser obtidas simultaneamente à aquisição das imagens de satélite. Na prática, entretanto, isto nem sempre é possível, devido ao elevado custo e muitas vezes às dificuldades de acesso. Estes custos elevados podem ser justificados quando as informações de campo se referem a variáveis que se modificam rapidamente com o tempo, como é o caso da composição dos corpos d´água, umidade do solo etc. Quando, entretanto, o objeto de estudo é o uso da terra, culturas agrícolas, unidades geológicas, a simultaneidade da aquisição não é um requisito tão rígido.

Existem dois métodos básicos de amostragem de dados de campo visando a avaliação da exatidão das informações extraídas de imagens. Um dos métodos é o de amostragem direcionada, que pode variar desde a aquisição minuciosa de medidas em talhões até a inspeção aérea da região em estudo. Este método apresenta três vantagens: 1) baseia-se no conhecimento do pesquisador e em sua capacidade de escolher locais mais representativos para amostragem; 2) as áreas amostrais podem ser localizadas rapidamente em função do acesso; 3) é um método rápido. A principal desvantagem deste tipo de aquisição de dados é que ela pode ser tendenciosa e, portanto, com pouca validade estatística.

O método de amostragem probabilístico envolve a seleção objetiva de pontos amostrais sobre toda a área de estudo e envolve: 1) definir o número de amostras necessárias para se estabelecer não só a exatidão de classificação, mas também o seu nível de confiança; 2) definir o tamanho da área amostrada em função da resolução espacial da imagem e da exatidão de localização dos *pixels* no terreno; 3) definir as variáveis ambientais a serem medidas.

O processo de classificação, seja *supervisionado* ou *não supervisionado*, pode ser distinguido em função da unidade a ser agrupada em *classificação por pixel* e *classificação por regiões*. Até aqui tratamos da aplicação de classificadores por *pixel*. Agora, trataremos brevemente dos classificadores por região.

A diferença básica entre os classificadores por *pixel* e por região é que esses últimos consideram a informação contextual presente nas imagens. Para incluir a informação de contexto no processo de classificação, é necessário se utilizar uma imagem dividida em regiões homogêneas segundo algum critério. O método para gerar essas regiões homogêneas é chamado de segmentação. Segundo Barbosa (2005), existem vários métodos de segmentação automática de uma imagem, dentre as quais, a mais utilizada (por se encontrar disponível em um aplicativo de livre distribuição) é a *segmentação por crescimento de regiões*. Através desse método, as regiões homogêneas daqui para frente chamadas segmentos, são delimitadas nas imagens digitais a partir do agrupamento de *pixels* contíguos. Este agrupamento é gerado a partir da definição de alguns parâmetros pelo analista, quais sejam: a diferença de nível digital entre *pixels* contíguos e a área mínima do segmento a ser identificado. Assim sendo, o processo de segmentação exige a definição de dois parâmetros: o limiar de *similaridade* e o de *área mínima*. O limiar de similaridade representa a menor diferença aceita entre o valor médio de dois *pixels* ou conjuntos de *pixels*, para que sejam alocados a segmentos distintos. O limiar de área mínima representa o tamanho mínimo do segmento definido pelo analista. Esse tamanho depende do tipo de alvo, da resolução espacial do sensor e da aplicação dos dados. Geralmente, a definição da melhor combinação de limiares de similaridade e área é definida empiricamente, testando esses valores para um dado conjunto de dados (Barbosa *et al.*, 2004; Hess *et al.*, 2003). A Figura 7.39 ilustra o resultado da aplicação de diferentes conjuntos de limiares sobre a geração de segmentos.

Após a segmentação, os segmentos podem ser submetidos à classificação **supervisionada** ou **não supervisionada**. Em ambos os casos são utilizados os parâmetros estatísticos de cada região como entrada para medidas de similaridade entre as regiões.

Barbosa (2005) relata o uso do algoritmo disponível no SPRING, denominado de ISOSEG (Bins *et al.*, 1996). Esse algoritmo usa a matriz de covariância e o vetor média das regiões para estimar o centro das classes resultantes da partição inicial dos dados. O processo de classificação se inicia com a definição da distância máxima aceitável entre um segmento e uma dada classe, para que este seja alocado a ela. Esta distância é demoninada distância máxima de Mahalanobis. Para maiores informações, consultar Richards (1993). A estatística da classe é recalculada, toda vez que um novo segmento é incorporado a ela. O processo se repete até que todas as regiões sejam alocadas a uma das classes ou alocadas na categoria não classificado. O analista pode controlar os resultados da classificação a partir de um limiar de aceitação. Quanto maior o nível de significância, maior o nível de detalhe da classificação.

Existem outras abordagens de classificação de imagens, tais como o uso de classificadores por *árvore de decisão* (Decision Tree Classifier). Na realidade,

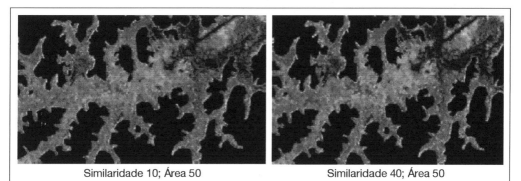

Similaridade 10; Área 50   Similaridade 40; Área 50

Figura 7.39 Efeito dos limiares de similaridade e área sobre a geração de segmentos (Fonte: Graciani, 2002).

os classificadores por árvore de decisão nada mais são do que classificadores hierárquicos, de modo que os *pixels* da cena são classificados em múltiplos estágios, usando uma sucessão de decisões binárias. A cada estágio, os *pixels* são alocados em duas classes. Cada nova classe pode ser dividida em duas classes segundo o critério de decisão adotado, até que se atinja o resultado desejado. Nesse método de classificação, os dados de entrada podem ser de diferentes fontes e sensores. A ideia básica envolvida nos classificadores hierárquicos é que a abordagem hierárquica da classificação permite reduzir um problema complexo a vários componentes mais simples. Uma revisão completa sobre esse tipo de classificador pode ser encontrada em Dattatreya e Kanal (1985).

Com o advento dos sensores hiperespectrais foram desenvolvidos também sistemas específicos para a classificação das imagens a partir do grupamento de espectros. Dentre os métodos disponíveis para a classificação de imagens hiperespectrais destaca-se o de *classificação por ângulo espectral* (Spectral Angle Mapper Classification — SAM). O objetivo desse método é determinar o grau de similaridade entre as curvas espectrais dos vários *pixels*. A classificação por ângulo espectral é um algoritmo que determina a similaridade espectral entre dois espectros, calculando o ângulo entre eles em todas as bandas espectrais, tratando os espectros como vetores em um espaço de dimensionalidade igual ao número de bandas espectrais. Uma característica importante desta medida é que ela não é sensível a diferenças de amplitude entre os espectros, e está relacionada somente com a forma do espectro. Para uma discussão mais qualificada sobre o uso dessa técnica, consultar Barbosa (2005). A Figura 7.40 ilustra, de modo esquemático, o processo de classificação usando o ângulo espectral.

Na Figura 7.40, podemos ver, à esquerda, o cubo de imagens do sensor Hyperion (47 bandas) e o ponto de onde se coletou a amostra de referência do alvo fitoplâncton. À direita, podemos observar os espectros representativos de diferentes tipos de água. O espectro em vermelho representa um tipo de água com determinada concentração de fitoplâncton, e serviu de espectro de referência a partir do qual foram agrupados todos os *pixels* da cena com forma similar à do espectro de referência, resultando na distribuição espacial do fitoplâncton, em vermelho, na figura central. Pode-se observar que toda a área externa ao corpo d'água não foi classificada porque o espectro desses alvos não se assemelha ao espectro da água.

Existem muitos outros métodos de processamento de imagens, principalmente voltados para sensores específicos, mas o conjunto aqui apresentado já permite aos interessados extrair informações relevantes dos dados de sensoriamento remoto. Para maiores informações sobre os métodos de processamento de imagens, consultar Schowengerdt (1997); Richard (1993); Mather (1987); Crosta (1995); Banon (2000).

Apesar da importância das ferramentas de processamento digital de imagem para agilizar o processo de extração de informação e mesmo para tornar

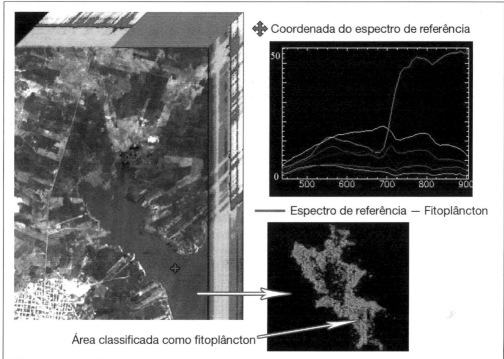

Figura 7.40 Classificação de imagens hiperespectrais usando o classificador de ângulo espectral. (Figura colorida disponível no site da Editora.)

visíveis informações "perdidas" no imenso volume de dados, em muitas circunstâncias, a extração de informações só se torna completa com a análise visual das imagens.

7.6. A Análise Visual de Imagens

Como vimos anteriormente, a extração de informações em imagens digitais pode ser realizada através de técnicas de realce e classificação. Mas também pode ser feita por um analista humano que "interpreta" as cores, padrões, formas etc. a partir de uma inspeção visual da imagem.

Os dois métodos de interpretação são úteis e complementares. A interpretação de imagens pode ser facilitada, inclusive, se as imagens forem previamente processadas de modo a realçar aspectos relevantes da cena.

A análise quantitativa, por sua vez, depende de informações oferecidas pelo analista. Os dois métodos, portanto, dependem do conhecimento que o usuário possui da informação sobre os objetos pesquisados: seu comportamento espectral, sua fenologia, estrutura, no caso da vegetação, a composição mineralógica e a textura, no caso dos solos e rochas etc.

326 Sensoriamento Remoto

A Tabela 7.6 permite comparar os atributos da interpretação visual e de análise quantitativa de imagens digitais. Pode-se concluir dessa comparação que a interpretação visual é mais eficiente no "reconhecimento de padrões" de objetos caracterizados por distintos arranjos espaciais. Por exemplo, pode-se facilmente distinguir entre uma cidade e um campo preparado para cultivo através de interpretação visual de imagens, porque o olho humano integra informação de forma, textura, contexto etc. O mesmo não ocorre numa interpretação digital.

A análise visual pode ser definida como o ato de examinar uma imagem com o propósito de identificar objetos e estabelecer julgamentos sobre suas propriedades. Durante o processo de interpretação, as seguintes atividades são realizadas quase simultaneamente: detecção, reconhecimento, análise, dedução, classificação, avaliação da precisão.

A **detecção** envolve a identificação de objetos visíveis e é bastante influenciada pelos atributos de resolução espacial e escala da imagem. A Figura 7.41 permite comparar imagens com distintas resoluções espaciais e escalas. O processo de detecção em uma e outra imagem se baseia em diferentes propriedades do objeto.

Tabela 7.6 Atributos da fotointerpretação e da análise quantitativa de imagens

Fotointerpretação (analista humano)	Análise quantitiva (amplamente baseada em algoritmos implementados em computadores)
A análise é feita em escalas muito grandes em relação ao tamanho do pixel.	A análise é feita ao nível do pixel.
As estimativas de área são imprecisas.	Estimativas precisas de área são possíveis desde que os pixels estejam classificados corretamente.
Limitada à análise simultânea de apenas três faixas espectrais.	Permite analisar simultaneamente tantas faixas espectrais quantas existirem nos dados originais.
Permite a distinção de um número limitado de níveis de brilho ou níveis de cinza (no máximo 16).	Permite fazer a análise quantitativa de diferentes ranges de níveis digitais (imagens de 8 bits, 16 bits e 32 bits).
Permite a extração de informação espacial para ser utilizada de modo qualitativo.	Existem poucos algoritmos operacionais que permitam a extração de informações espaciais.
Permite fácil determinação de formas.	Determinação de forma envolve operações complexas e nem sempre bem-sucedidas.

(Fonte: Richards, 1993)

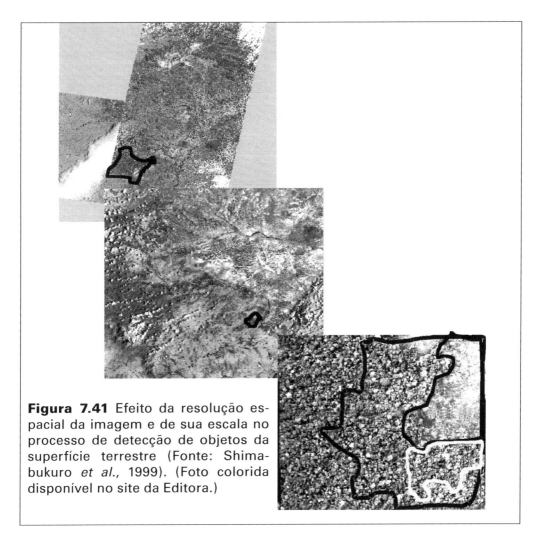

Figura 7.41 Efeito da resolução espacial da imagem e de sua escala no processo de detecção de objetos da superfície terrestre (Fonte: Shimabukuro *et al.*, 1999). (Foto colorida disponível no site da Editora.)

A Figura 7.41 mostra um mosaico de três cenas TM-Landsat em escala pequena. Neste mosaico, pode-se detectar uma região escura na imagem, mas não pode identificar claramente o que existe dentro dessa região escura. Com a ampliação da escala da imagem, embora a resolução espacial da imagem não tenha sido alterada, podem ser observados detalhes da região escura. Na ampliação, pode-se notar que a região escura não é homogênea, e que há gradações de escuro dentro dela. Se para esta região for obtida uma fotografia aérea com resolução espacial 10 vezes melhor do que a resolução das imagens TM-Landsat, pode-se detectar que existem pelo menos 4 regiões distintas naquela área inicialmente detectada como região homogênea.

O *reconhecimento* e a *identificação* envolvem atribuir nomes aos objetos detectados. No exemplo da Figura 7.41, a identificação de uma área escura levaria ao reconhecimento de uma mancha de cobertura vegetal distinta das manchas róseas e verdes do mosaico TM-Landsat. Para que a mancha escura detec-

328 Sensoriamento Remoto

tada pudesse ser reconhecida como um tipo de vegetação distinta, o analista precisa saber que a imagem analisada representa uma composição falsa-cor das bandas TM5(Azul), TM4(Verde) e TM3(Vermelho), e que esta composição é útil para distinguir diferenças de densidade de cobertura, biomassa, estado fitossanitário etc. da cobertura vegetal.

Na imagem ampliada, da mesma composição TM, o analista pode reconhecer e identificar que, além de ser um cobertura distinta, é uma cobertura heterogênea, que contém dentro de si elementos variáveis. Finalmente, na imagem com resolução inferior a 3 m × 3 m, o analista pode reconhecer dentro das 4 regiões distintas a presença de árvores de diferentes diâmetros e de diferentes cores e formas.

A partir da *identificação* e *reconhecimento*, o analista vai proceder à *dedução* das propriedades dos objetos detectados. A dedução depende de informações de contexto, de um profundo conhecimento do comportamento espectral de alvos, de um conhecimento da região de estudo e do problema estudado.

No caso específico, do exemplo da Figura 7.41, ao se analisar o mosaico de imagens TM-Landsat e se identificar a mancha escura, pode-se levantar algumas hipóteses sobre a natureza da mancha escura:

1) Pode estar associada a uma vegetação mais úmida, ou alagada, visto que a presença de água pode levar a uma redução da porcentagem de reflectância dos solos (em áreas de baixa densidade de cobertura vegetal, estes tenderão a aparecer mais escuros).

2) Pode ser devida à sombra de nuvens.

3) Resulta de desflorestamento com prática de queimada.

4) É uma marca de incêndio florestal.

A confirmação ou refutação dessas hipóteses só poderá ser feita a partir de informações colaterais, derivadas de imagens do mesmo sensor, obtidas em outras datas, ou derivadas de trabalho de campo, ou ainda, de imagens de outros sensores.

Ao se analisar a ampliação da imagem TM-Landsat, a dedução se torna um pouco mais fácil. Algumas das hipóteses podem ser descartadas.

A área escura não é devida à umidade, visto que dentro da mancha escura pode-se reconhecer feições de formas regulares, feições lineares, associadas a estradas e áreas preparadas para cultivo ou pastagem. A mancha escura não é devida à sombra de nuvens, porque existem nuvens pequenas dentro da própria mancha escura. Sobram, portanto, duas alternativas:

1) A mancha escura é devida às queimadas para a derrubada da floresta e preparação de terra para cultura.

2) A mancha escura é devida a um incêndio florestal.

A confirmação de uma das hipóteses novamente dependerá de conhecimento externo às imagens, como o conhecimento do analista derivado de outras fontes.

Finalmente, ao se analisar a imagem de alta resolução, pode-se observar que existem áreas desflorestadas queimadas e áreas florestadas queimadas. Portanto, a hipótese de incêndio florestal derivado de práticas culturais associadas à pratica de queimada pode ser confirmada.

E novas hipóteses podem ser formuladas, tais como:

1) O incêndio da floresta apresentou diferentes fatores de queima.
2) O incêndio afetou apenas o sub-bosque etc.

A fase final do processo de interpretação visual é a avaliação da precisão de classificação. Para isto, pode-se, por exemplo, identificar uma série de pontos a serem visitados no campo para confirmar ou refutar a interpretação, ou pode-se ainda utilizar dados de campo e de outros sensores.

A Figura 7.42 mostra um exemplo em que imagens de baixa resolução de um sensor que detecta a presença de focos de luz na superfície terrestre (o sensor DMSP) foram cruzadas com imagens TM-Landsat, permitindo identificar as manchas escuras como áreas em que haviam ocorrido focos de fogo durante mais de cinco dias consecutivos, sugerindo incêndio florestal. A descrição completa do método pode ser encontrada em Shimabukuro *et al.* (1999).

Figura 7.42 Superposição de imagem do *Defense Meteorological Satellite Program* (DMSP) às imagens TM-Landsat. TM 4 (Verde), TM5 (Azul) e DMSP (Vermelho). (Figura colorida disponível no site da Editora.)

330 Sensoriamento Remoto

As áreas em vermelho são áreas em que as imagens DMSP apresentaram focos de fogo por vários dias. As áreas em verde-escuro representam regiões de floresta não atingidas pelo fogo. As áreas de cor marrom indicam áreas de floresta queimada. As áreas em amarelo e laranja indicam regiões de terreno preparado para culturas e sob processo de desflorestamento sujeitas a focos de fogo de elevada permanência.

A interpretação visual se baseia em sete características de imagem no processo de extração de informações. A Tabela 7.7 resume essas características. A Figura 7.43 (disponível em cores no site da Editora) permite observar algumas das características utilizadas para a interpretação visual de imagens. Pode-se observar delimitada em vermelho uma região de tonalidade clara e forma regular, textura lisa, com feições lineares distribuídas aleatoriamente sobre a superfície. A região tem dimensões consideráveis. Esta região está localizada ao lado de uma outra área, não delimitada de vermelho, de formato regular, textura lisa, tonalidade de verde-claro. Essas duas regiões de forma regular estão cercadas por uma área de forma irregular, textura rugosa, onde podem ser individualizadas copas de árvores de tamanhos distintos. A análise desses elementos permite identificar uma região de ocupação agrícola em área de floresta densa. A área delimitada de vermelho, de tonalidade clara, forma regular e textura lisa apresenta troncos de árvores secos, algumas áreas de adensamento de vegetação arbustiva, e áreas brancas que sugerem a presença de solo exposto.

A região de forma regular não delimitada em vermelho sugere a presença de uma vegetação de porte baixo, continuamente revestindo o solo, a qual pode ser associada a pastagens. Pode-se, assim, interpretar essa região como sendo pertencente a uma agropecuária em região de floresta, em que a prática de manejo consiste na derrubada da mata (troncos no supefície, identificados pelo padrão linear) e queimada (evidente pela baixa densidade de cobertura do solo, devido à destruição da vegetação pelo fogo).

Um dos primeiros passos no processo de interpretação visual de imagens é o estabelecimento de "chaves de interpretação" . Estas chaves visam tornar menos subjetivo o processo de extração de informações. Os elementos utilizados para construir as chaves de interpretação são dependentes da resolução espacial, espectral e temporal das imagens disponíveis.

Capítulo 7 — Métodos de Extração de Informações

Tabela 7.7 Características das imagens avaliadas no processo de análise visual

Características da Imagem	Definição
Tonalidade/Cor	Representa o registro da radiação que foi refletida ou emitida pelos objetos da superfície. Tonalidades claras estão associadas a área de elevada radiância, emitância ou retroespalhamento em imagens de sensores ópticos e termais e ativos de micro-ondas, respectivamente. Tonalidades escuras indicam áreas de áreas de baixa radiância ou emitância em imagens ópticas e termais, e áreas de sombra ou de reflexão especular em sensores ativos de micro-ondas. As cores mais claras e mais escuras e suas combinações são derivadas da combinação de tonalidade das bandas individuais.
Textura	A textura de imagem representa a frequência de mudanças tonais por unidade de área dentro de uma dada região. A textura da imagem depende da resolução espacial do sistema, do processo de imageamento e da escala da imagem utilizada. O significado da textura também varia com o tipo de imagem utilizada.
Padrão	O padrão define o arranjo espacial dos objetos na cena. O significado do padrão também depende do tipo de imagens analisadas, de sua escala e sua resolução espacial.
Localização	A localização representa a posição relativa do objeto ou feição dentro da cena. Muitas vezes, em imagens TM-Lansat, não se pode identificar diretamente o rio, mas pela localização da mata galeria, e levando em conta o conhecimento de que esta acompanha o curso do rio, este pode ser mapeado, indiretamente.
Forma	Representa a configuração espacial do objeto. Esta forma pode ser observada em duas dimensões em imagens que não possuem o atributo de estereoscopia, ou em três dimensões em imagens estereoscópicas.
Sombra	A sombra dos objetos pode ser utilizada como fonte de informação sobre limites de unidades geológicas, dimensões relativas de escarpas, árvores. O significado das sombras também é afetado pelo tipo de sensor utilizado, pela resolução espacial do sensor e pela escala da imagem.
Tamanho	O tamanho dos objetos é função da resolução do sistema e da escala das imagens. O tamanho do objeto pode ajudar em sua identificação.

(Adaptado de Curran, 1985)

Figura 7.43 Características da imagem utilizadas na fotointerpretação. (Esta foto está disponível em cores no site da Editora.)

A Figura 7.44 sugere a estrutura de uma "chave de interpretação" utilizada para avaliar os impactos do incêndio florestal de Roraima a partir de imagens videográficas. Este é um exemplo de uma chave bastante genérica. Quanto mais específica for a chave, menos subjetiva se torna a interpretação das informações.

A Figura 7.45 mostra um exemplo de chave de interpretação desenvolvida com o objetivo de mapear diferentes espécies de árvores a partir da análise da forma das copas. Este tipo de chave de interpretação só pode ser desenvolvido para sensores de alta resolução que permitem a identificação de formas ao nível das copas das árvores.

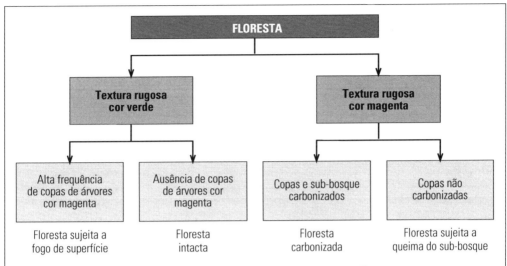

Figura 7.44 Exemplo de uma "chave de interpretação" para o mapeamento de áreas sujeitas a diferentes tipos de danos causados pelo incêndio florestal de Roraima.

A Figura 7.46 mostra uma "chave de identificação" desenvolvida para interpretar uma composição multitemporal de imagens do satélite RADARSAT. Observe que o significado das cores é dependente do produto utilizado e da combinação de filtros utilizados. Esta chave não tem validade geral.

Para maiores informações sobre os métodos de interpretação de fotografias aéreas e análise de modelos estereoscópicos, consultar a bibliografia disponível em língua portuguesa desde a década de 1960 (Ricci e Petri, 1965; Marchetti e Garcia, 1977; Garcia, 1982).

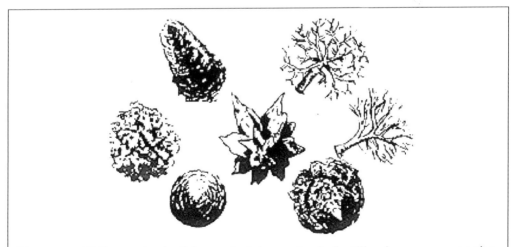

Figura 7.45 Exemplo de "chave de interpretação" utilizada para o reconhecimento de espécies florestais (Fonte:http://office.geog.uvic.ca/geog322/htmls).

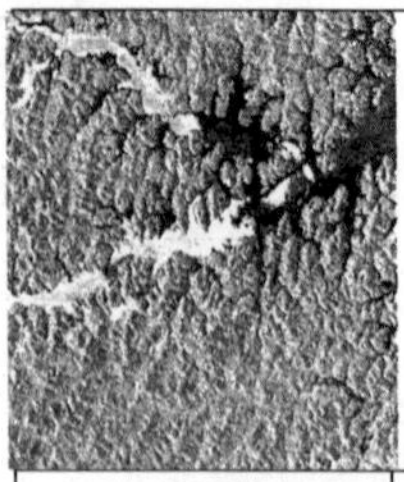	Floresta	Água	Paliteiro	Plantas Aquáticas
Tonalidade/ Cor	Rosa	Azul-escuro	Azul-claro	Amarelo/verde e marrom
Textura	Rugosa	Lisa	Rugosa	Lisa
Padrão	Dissecado	Dendrítico	—	Dendrítico
Localização	—	—	Intercalado à água	Acompanhando os vales
Forma	Irregular	Linear	Irregular	Linear
Sombra	Perpendicular à fonte	—	—	—
Tamanho	—	—	—	Grandes bancos

Figura 7.46 Chave de interpretação desenvolvida para a composição multitemporal de imagens RADARSAT (Maio — Vermelho; Agosto — Verde; Dezembro — Azul).

Capítulo 8

Exemplos de Aplicações

8.1. Introdução

Não é possível apresentar todas as possibilidades de aplicação de sensoriamento remoto. Por isso, a minha ênfase nas aplicações que envolvem novos sensores e usos mais inovadores de sistemas mais tradicionais.

As aplicações serão organizadas tematicamente, em função das grandes linhas de atuação do Programa de Pós-graduação em sensoriamento remoto. É importante ressaltar que a maior ou menor ênfase em algumas aplicações não se deve à sua importância, mas à minha limitação de tratar de aplicações muito distantes da minha área específica de conhecimento. Para suprir essa deficiência, os interessados poderão consultar os anais do SBSR e a biblioteca on-line do INPE.

8.2. Aplicações ao Estudo e Monitoramento dos Processos da Hidrosfera

Os estudos da hidrosfera envolvem tanto as pesquisas ligadas: a) à oceanografia (estudo dos oceanos, incluindo processos físicos de circulação, ondas, advecção, processos biológicos, tais como produtividade primária, geológicos tais como erosão e sedimentação e ambientais, como poluição por óleo, biodiversidade, entre outros); b) à limnologia (estudo dos sistemas aquáticos, incluindo a produtividade primária do fitoplâncton, das comunidades de macrófitas submersas e emersas, qualidade da água, e impactos da bacia de drenagem sobre as propriedades da água); c) à hidrologia, mais ligada à avaliação das questões relativas ao ciclo hidrológico.

Os exemplos aqui apresentados podem ser analisados em sua íntegra, pois muitos se baseiam em dissertações e teses desenvolvidas no âmbito do curso de sensoriamento remoto em aplicações. Para se ter um panorama atual das principais aplicações de sensoriamento remoto à oceanografia, consultar Souza (2005).

8.2.1. Monitoramento das Emissões Térmicas nas Regiões Costeiras

Os administradores de usinas nucleares, por exemplo, têm necessidade de monitorar a área afetada pela descarga de água aquecida na saída dos reatores nucleares. Essa água é liberada no mar, e gera uma pluma termal (ou térmica) cujas características (dimensão, gradiente de temperatura, tempo de permanência) são de difícil monitoramento por métodos convencionais de tomada de medida em campo (Lucca, 2006). Segundo o autor, em condições normais, a água aquecida proveniente do resfriamento dos reatores pode atingir até 8°C acima da temperatura do ambiente marinho.

As variações da temperatura de superfície do mar (TSM) associadas a fenômenos de escala global e regional (vórtices, ressurgências, giros) são normalmente estudados com dados do sensor AVHRR (*Advanced Very High Resolution Radiometer*) dos satélites da série NOAA, ou de sensores como o MODIS (*Moderate-Resolution Imaging Spectroradiometer*) e o ATSR (*Along Track Scanning Radiometer*). Esses sensores, entretanto, possuem resolução espacial maior do que 1,0 km × 1,0 km, inadequada para o estudo de fenômenos locais. Para o monitoramento da pluma o sensor precisa ter, além das bandas operarando no termal, uma resolução espacial adequada.

Como parte da missão EOS (*Earth Observation Sattelite*), a NASA colocou em operação a bordo do satélite Terra um sensor termal multiespectral com 90 metros de resolução, e resolução radiométrica de 0,5°C. Esse sensor, cujo acrônimo é ASTER (*Advanced Spaceborne Thermal Emission and Re-*

flection Radiometer), está em operação desde 1999, e possui cinco canais no infravermelho termal.

A grande questão em relação ao ASTER é se a resolução de 90 metros é suficiente para detectar a pluma termal de uma usina nuclear. Para responder a essa questão, Lucca (2006) comparou o desempenho do sensor ASTER com o do sensor aerotransportado HSS (*HyperSpectral Scanner*) com resolução espacial de 10 metros e seis bandas espectrais na região do termal. Na realização do experimento foram obtidas medidas de temperatura da água, numa grade de amostras, simultâneas à aquisição de ambas as imagens.

Observa-se na Figura 8.1 que a temperatura medida pelo sensor ASTER, apesar da baixa resolução espacial é bem mais próxima à temperatura de campo do que aquela medida pelo sensor HSS. As diferenças entre as temperaturas de campo e as do ASTER podem ser associadas às incertezas da correção atmosférica, mas os resultados indicam que ela é bastante sensível aos gradientes de temperatura dentro da pluma.

O grande problema dos dados ASTER é a dificuldade de visualização das variações de temperatura em decorrência do tamanho do *pixel*. Essas dificuldades podem ser mais bem percebidas na Figura 8.2 onde as imagens ASTER e HSS encontram-se justapostas. A imagem de alta resolução espacial do HSS permite detectar a estrutura interna da pluma, enquanto a imagem do ASTER torna difícil tanto a definição do limite terra/água, como do seu contorno.

Como uma forma de aproveitar a qualidade radiométrica dos dados ASTER e a qualidade espacial dos dados HSS, Lucca (2006) utilizou métodos de fusão de imagens para gerar imagens sintéticas HSS/ASTER.

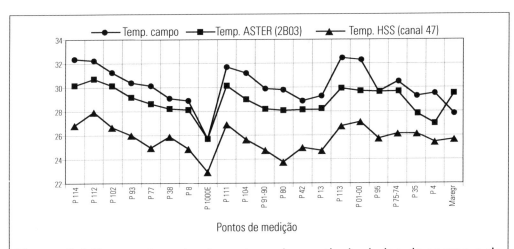

Figura 8.1 Temperatura da pluma termal a partir de dados de campo e de imagens ASTER e HSS (Fonte: Lucca *et al.*, 2006).

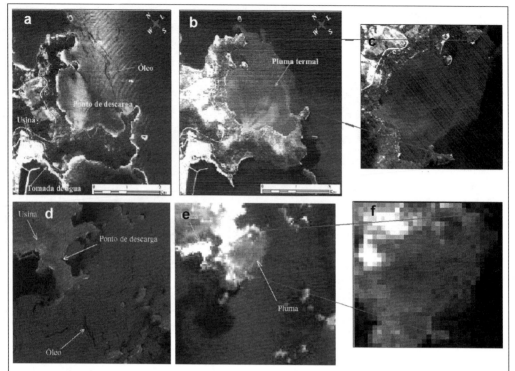

Figura 8.2 Imagens do sensor HSS (a: Composição colorida normal; b: canal termal — 9,10 μm; c: canal termal ampliado na região da pluma), com resolução espacial de 10 metros. Imagem ASTER; d: composição dos canais infravermelho, vermelho e verde associada às cores RGB respectivamente, com resolução espacial de 15 m; e: canal termal — 10,65 μm com resolução de 90 metros; f: canal termal ampliado na região da pluma com resolução espacial de 90 metros) (Fonte: Lucca, 2006). (Imagem colorida no site da Editora.)

A Figura 8.3 permite observar o resultado da fusão das imagens HSS e ASTER.

A análise da Figura 8.3 permite constatar que a fusão das imagens ASTER e HSS gera uma imagem sintética que permite extrair detalhes da imagem de alta resolução e transferi-los para outra de baixa resolução, sem que seja deteriorada sua qualidade radiométrica e espectral, constituindo-se numa ferramenta poderosa para o monitoramento de plumas associadas às usinas nucleares. Esses dados sintéticos puderam então ser utilizados para o mapeamento da pluma.

8.2.2. Qualidade de Águas Costeiras

A determinação da concentração de componentes opticamente ativos em águas oceânicas é uma aplicação clássica dos sensores da cor do mar. Os algoritmos utilizados para essas regiões, entretanto, dificilmente dão resultados sa-

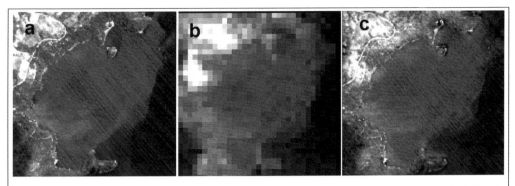

Figura 8.3 a) canal termal imagem HSS; b) canal termal imagem ASTER; c) imagem sintética HSS-ASTER gerada a partir de fusão pela transformada de *wavelet* (ondeletas) (Fonte: Luca, 2005). (Imagem colorida no site da Editora.)

tisfatórios quando aplicados às regiões costeiras. Vários fatores explicam o fraco desempenho desses algoritmos: a baixa resolução espacial dos sensores em face da natureza entrecortada de costa, o que leva a um grande número de *pixels* não puros, com misturas de ambientes aquáticos e terrestres; a complexidade das águas costeiras em decorrência do aporte de material escoado pelos rios; o reduzido número de bandas espectrais em face da complexidade do ambiente.

Para contornar essas limitações, Brando e Dekker (2003) desenvolveram um método para o mapeamento da distribuição espacial de componentes da água da baía de Deception, ao sul de Queensland, Austrália. O método utilizado pelos autores se baseia no uso de imagens do sensor Hyperion lançado a bordo do satélite Earth Observing 1 (EO-1) em 2000. Consistiu da integração de modelos de transferência radiativa da luz na atmosfera e na água para estimar, em primeiro lugar, a irradiância de subsuperfície (campo de luz submerso).

A partir da aplicação de métodos inversos ao campo de luz submerso foi possível determinar as concentrações de clorofila, matéria orgânica dissolvida e sedimentos com precisão comparável à das determinações em campo. O processo de seleção de bandas para gerar a distribuição das variáveis segundo os autores é um aspecto crítico da metodologia. Após uma série de testes, eles concluíram que para a região de estudo as melhores bandas foram 490 nm, 670 nm e a integração do sinal entre 700 e 740 nm. A Figura 8.4a mostra a composição colorida (pseudocor) normal na qual se pode observar o padrão de circulação na baía em decorrência da subida da maré. A qualidade da água nessa região é determinada pela interação entre as águas oceânicas que entram na baía e as águas escoadas pelo Rio Caboulture. O mapa de clorofila (8.4b) mostra que sua distribuição é praticamente uniforme na baía, com concentrações em torno de 4 μg/l. O mapa com a distribuição de matéria orgânica dissolvida (8.4c), entretanto, mostra um padrão de concentrações mais elevadas e heterogêneas associado ao efeito de ressuspensão causado pela subida da maré. O efeito da ressuspensão também é observado em relação à concentração de sedimentos na água (8.d).

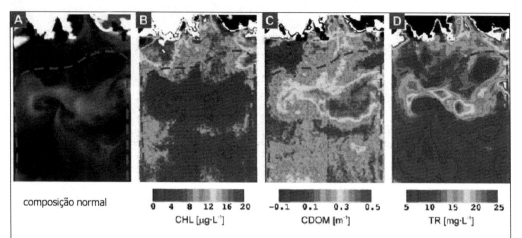

Figura 8.4 (a) composição colorido normal; (b) concentração de clorofila na coluna d'água; (c) concentração de matéria orgânica dissolvida (expressa como coeficiente de absorção) na coluna d'água; (d) concentração de sedimentos em suspensão na coluna d'agua. O tracejado vermelho limita a área na qual o efeito de nuvens não interfere na precisão das estimativas. (Fonte: Brando e Dekker, 2003). (Esta figura está disponível no site da Editora.)

8.2.3. Variação Sazonal das Propriedades da Água

Rudorff (2006) relata o uso de imagens do sensor Hyperion para distinguir massas de água presentes nos lagos da planície de inundação do rio Amazonas. As águas dos rios da Amazônia podem ser classificadas em três categorias amplas em função do componente dominante em sua coluna. As águas brancas são características de rios com nascentes andinas, em que há grande volume de partículas inorgânicas finas (silte e argila) em suspensão. A presença de massas de água desse tipo nos lagos das planícies indica que existe conexão entre estes e os canais fluviais. As águas pretas são encontradas em rios que atravessam regiões do escudo cristalino, cobertas por florestas densas, estabelecidas em solos arenosos, ou em regiões de lagos isolados cercados por floresta inundável. Há ainda as águas claras, típicas de rios que drenam os solos mais pobres da região de planalto recoberto pela floresta de Terra Firme.

A principal forçante na variação sazonal da composição da água dos lagos da várzea amazônica é, portanto, o pulso de inundação. Rudorff (2006) utilizou imagens do sensor Hyperion adquiridas em dois períodos do ciclo hidrológico (cheia e vazante), para caracterizar as modificações sofridas pela água de diferentes lagos da planície amazônica, em resposta à variação do nível do rio Amazonas. Foram analisadas imagens adquiridas numa área localizada a montante da confluência entre os rios Amazonas e Tapajós. As imagens foram pré-processadas visando eliminar faixas de *pixels* anômalos e corrigir os efeitos atmosféricos.

Vários lagos foram analisados em termos de suas propriedades espectrais, as quais foram cotejadas com dados de campo e dados de literatura. Pode-se assim avaliar as mudanças sofridas pelos tipos de água entre o período de cheia e vazante. A Figura 8.5 exemplifica dois tipos de modificações sofridas pela água dos lagos ao longo da variação da hidrógrafa do rio Amazonas.

A análise da figura mostra que, em algumas circunstâncias, como no caso dos lagos mais próximos à fonte de sedimentos (rio Amazonas), da cheia para a vazante há um aumento considerável da concentração de partículas inorgânicas suspensas, principalmente pelo efeito de ressuspensão de sedimentos do fundo dos lagos que se tornam mais rasos na vazante e, portanto, mais sujeitos à ação do vento. Em outros lagos, mais protegidos e distantes da fonte de partículas inorgânicas, ocorrem condições favoráveis para a ocorrência de florações de algas. A ocorrência de florações (*blooms*) de algas fica evidente pelas feições de absorção e espalhamento presentes no espectro referente à Figura 8.5d, que corresponde ao período de vazante. Nessa figura, podemos observar na composição colorida a cor verde da água, decorrente da presença de grande concentração de alga em superfície e subsuperfície. A presença de algas em superfície também é confirmada pela presença de uma forte feição de emissão por fluorescência próxima a 683 nm. Maiores informações sobre a metodologia de análise dos dados, suas vantagens e limitações para essa aplicação encontram-se discutidas em Rudorff (2006).

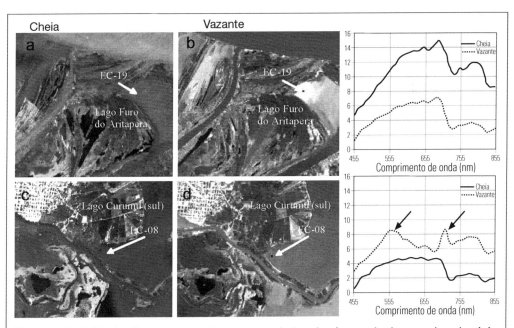

Figura 8.5 Variação sazonal da composição da água de lagos da planície amazônica. Composição colorido normal 640 nm (vermelho), 549 nm (verde) e 457 nm (azul). Reflectância medida pelo sensor Hyperion (Fonte: Adaptado de Rudorff, 2006). (Imagem colorida no site da Editora.)

8.2.4. Mapeamento da Distribuição de Sedimentos em Reservatórios Hidrelétricos

Reis (2002) desenvolveu modelos empíricos a partir de métodos de regressão linear entre dados de campo e medidas de reflectância derivadas de imagens do sensor TM-Landsat para mapear a distribuição espacial da concentração de sólidos totais suspensos na superfície e no meio da coluna d'agua. O objetivo de seu estudo era avaliar o transporte e deposição de sedimentos e seus efeitos sobre as características físicas, químicas e biológicas da água ao longo do rio São Francisco, no trecho entre a Barra de Tarrachil e a montante do Reservatório de Xingó, na Bahia. Esses modelos empíricos permitiram mapear a distribuição de concentrações de sólidos totais em superfície e no meio da coluna d'água, e com isso identificar setores de maior diferença entre as concentrações em duas posições da coluna d'água, e com isso identificar segmentos do reservatório de maior deposição e/ou transporte de sedimentos. A Figura 8.6 ilustra os resultados de Reis (2002) para o mês de março.

A análise da Figura 8.6 sugere que nas regiões indicadas pelas setas há diferenças sensíveis entre a concentração do meio da coluna de água e a da superfície. Essas diferenças de concentração estão relacionadas às características hidrodinâmicas desses reservatórios. Para maiores informações sobre o método e as dificuldades de implementá-lo, consultar o autor.

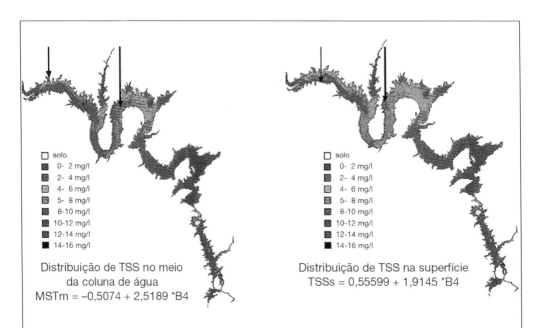

Figura 8.6 Distribuição espacial do total de sólidos suspensos (TSS) em duas profundidades de reservatório do submédio São Francisco (Fonte: Adaptado de Reis, 2002). (Imagem colorida no site da Editora.)

8.2.5. Mapeamento de Vegetação Aquática

Imagens de sensoriamento remoto ópticas e de radar, bem como a fusão de ambas foram utilizadas por Graciani (2002) com o objetivo de discriminar diferentes gêneros de macrófitas aquáticas que infestavam o reservatório da UHE Tucuruí. O método empregado pelo autor encontra-se resumido na Figura 8.7.

As imagens disponíveis para a realização do trabalho consistiram de imagens do satélite Radarsat e do satélite Landsat referentes a dois anos distintos, 1996 e 1997, com o objetivo de avaliar a ocupação por macrófitas aquáticas.

As imagens do Radarsat foram adquiridas no modo "Standard" com cenas de 100 × 100 km^2 e ângulos de incidência de 36° — 42° (denominados S5) e de 41° — 46° (denominado S6). Ambas imagens foram adquiridas em órbita descendente e processadas no formato "Map Image", que disponibiliza a cena já orientada para o Norte Geográfico, com correção *slant-to-ground range* e em uma dada projeção cartográfica.

Com base em estudos anteriores (Lima, 1998), foi selecionada a região referente aos braços (tributários) Pucuruí e Repartimento, como área de estudo, de modo a reduzir o esforço computacional.

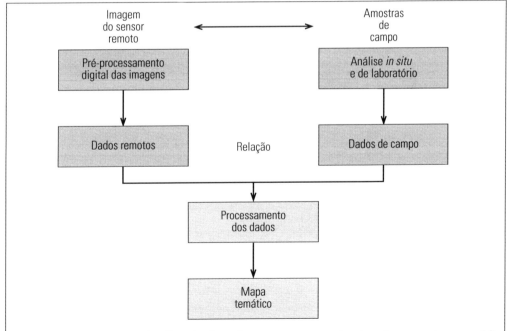

Figura 8.7 Método de discriminação e mapeamento de gêneros de macrófitas aquáticas a partir de imagens de sensoriamento remoto (Fonte: Graciani, 2002).

Tendo em vista que o interesse era mapear a vegetação aquática, utilizou-se uma máscara vetorial, disponibilizada pela Agência Nacional de Energia Elétrica — ANEEL, que permitiu restringir a área de estudo aos tributários Pucuruí e Repartimento. Para isto, recortou-se da subcena obtida previamente a área que não pertencia ao reservatório. Como parte do pré-processamento das imagens Radarsat foram testados vários filtros para a redução de "speckle". A aplicação desses filtros, além da redução do ruído, também torna a distribuição dos dados mais próxima à normal permitindo com isso a utilização dos classificadores disponíveis (Costa, 2000).

Graciani (2002) utilizou duas imagens do sensor TM-Landsat com correção de sistema, isto é, ambas com correção geométrica baseada em dados de efemérides adquiridos pela estação terrena de recepção (Cuiabá — MT). Isto implica que as imagens estão relativamente posicionadas e podem ser submetidas a registro com modelos polinomiais. As imagens apresentam uma resolução espacial de 30 m, o que permite trabalhar com escalas iguais ou menores de 1/100.000. As imagens do sensor TM-Landsat foram registradas às imagens de radar e recortadas seguindo os mesmos procedimentos.

Após o registro de ambos os conjuntos de dados, foi implementada a fusão das imagens para as duas datas de interesse (1996 e 1997), utilizando-se o método de transformação IHS (intensidade, tonalidade e saturação). Essa técnica permite que uma composição colorida RGB das imagens de um sensor, geralmente óptico, seja convertida para o espaço de cores formado pelas componentes IHS. Posteriormente, substitui-se a componente intensidade (I), que contém a informação de brilho da cena, pela imagem do segundo sensor. As componentes de tonalidade (H) e de saturação (S) não são substituídas porque conservam o conteúdo espectral da imagem.

Após a preparação das cenas, procedeu-se à análise das informações de campo para definir uma legenda básica. Para isso, gerou-se um arquivo digital de pontos com dados de localização e tipo de macrófita, o qual foi sobreposto às imagens digitais utilizadas com o objetivo de determinar as áreas de foco de pesquisa.

Os diferentes gêneros de macrófitas foram representados por pontos com distintas cores. A superposição das informações de campo às imagens e a análise do comportamento espectral das amostras tanto nas imagens de radar quando nas imagens ópticas indicaram a necessidade de que as classes de vegetação aquática fossem reagrupadas em apenas três classes de macrófitas aquáticas: ciperáceas, flutuantes e *typha*. Dentro da classe ciperácea agruparam-se as variedades *Eleocharis sp.* e *Scirpus sp.*, na classe flutuante consideraram-se os tipos *Eichhornia sp., Pistia sp.* e *Salvinia sp.*, que embora não sendo do mesmo gênero, caracterizam-se por menor porte, maior teor de água foliar e sistema radicular mais curto; e a classe *typha*, que se caracteriza pelo maior porte (superior a 1,50 m e maior biomassa).

As imagens Radarsat foram submetidas ao processo de segmentação e posterior classificação por regiões. As classes resultantes foram então mapeadas para a legenda definida na etapa anterior.

As imagens Landsat foram submetidas a uma série de testes de modo a definir a melhor combinação de bandas a ser utilizada na discriminação dos alvos de interesse. As subcenas resultantes da fusão óptico-radar foram submetidas aos processos de segmentação de imagens e classificação supervisionada à semelhança do tratamento dado às imagens de radar.

A análise das classificações mostrou que o melhor resultado foi obtido com a fusão óptico-radar, mas que, ainda assim, não havia a identificação adequada de todas as classes de interesse, quais sejam, as três classes de macrófitas, a área de água livre, e a área ocupada por árvores mortas (paliteiros). Com isso, Graciani (2002) optou por proceder ao cruzamento da classificação resultante da fusão de imagens com a classificação das bandas TM do infravermelho (RGB-475), a qual tinha diferenciado corretamente a classe água. Com isso obteve-se uma imagem classificada final contendo as cinco classes de interesse.

Após a geração dos mapas finais para o ano de 1996 e 1997, pôde-se calcular a área ocupada pelos diferentes tipos de vegetação aquática.

Tabela 8.1 Área (km^2) coberta pelas classes de plantas aquáticas

Classe	Ano 1996	Ano 1997	Diferença (%)
Ciperácea	13,1	6,1	– 53
Typha	3,5	2,3	– 34
Flutuante	10,2	5,3	– 48
Paliteiros	4,0	7,1	+ 44
Água	43,6	53,6	+ 20

(Fonte: Graciani, 2002)

A redução da infestação por macrófitas pode ser explicada pela variação abrupta da cota do reservatório no período considerado, próxima a 11 m com uma máxima de 72 m e uma mínima de 61 m, em decorrência do início do enchimento do reservatório de Serra da Mesa a montante de Tucuruí. Os resultados alcançados por Graciani (2002) indicam a viabilidade do uso de fusão de imagens ópticas e de radar para a caracterização de alguns gêneros de plantas aquáticas.

8.2.6. Determinação do Campo de Vento de Superfície sobre os Oceanos

Segundo Baptista (2000), as atividades de planejamento de rotas de navegação, pesca e exploração de óleo em alto-mar, entre outras, requerem informações sobre os campos de vento da superfície dos oceanos para garantir a segurança dos empreendimentos. Além disso, os dados de vento podem ser assimilados nos sistemas de previsão do tempo para melhorar suas previsões. Os métodos convencionais de medição de vento baseiam-se em instrumentos colocados em navios e boias, cuja implantação e manutenção têm elevado custo. Por isso, o desenvolvimento de métodos para a determinação de campos de vento por sensores remotos é de grande relevância teórica e prática.

As primeiras medidas de ventos foram feitas a partir de sensores ópticos a bordo de satélites geoestacionários. As medidas de direção e velocidade de ventos eram obtidas a partir do movimento das nuvens. Os sistemas ópticos foram paulatinamente substituídos por sensores passivos de micro-ondas colocados a bordo de satélites de órbita polar. A extração de informações de vento a partir desses sistemas se baseava no pressuposto de que o vento alterava a emissividade da superfície do oceano na faixa de micro-ondas.

Os resultados, entretanto, não encorajaram o uso desses sistemas porque as medidas tinham baixa precisão e não permitiam a determinação da direção dos campos de vento, uma variável relevante para a aplicação efetiva da informação. Posteriormente, foram desenvolvidos os radares altímetros, que permitiam a determinação mais precisa da velocidade, mas não da direção.

Com o desenvolvimento dos escaterômetros, e o teste de sua eficiência ao longo das décadas de 1970 e 1980, ficou comprovado o potencial desse sensor para a aquisição de medidas mais precisas de direção e velociadade do vento a partir de satélites.

Em julho de 1991 com o lançamento pela European Space Agency (ESA) do *European Remote Sensing Satellite* (ERS-1), levando a bordo um escaterômetro, tornou-se disponível um sistema sensor que permitia a obtenção de medidas de velocidade e direção de ventos sobre amplas faixas da superfície terrestre.

O sensor Active Microwave Instrument (AMI) com frequência de 5.3 GHz (banda C) opera como um sensor ativo de micro-ondas, no modo SAR (*Synthetic Aperture Radar*) e como um escaterômetro no modo WNS (*Wind Scatterometer*). No modo escaterômetro, o sensor AMI pode ainda obter dados de onda e de vento.

O WNS ilumina sequencialmente a superfície do oceano através de pulsos de radar emitidos segundo três diferentes ângulos de visada. O sinal retroespalhado ($\sigma°$) é medido para se determinar a refletividade média do pulso na superfície do mar. As medidas de retroespalhamento alimentam, então, um modelo empírico que permite relacionar o coeficiente de retroespalhamento à velocidade do vento. A saída do modelo é uma matriz de dados com a velocidade e a direção do vento a 10 metros da superfície do oceano.

Baptista (2000) relata o uso de dados fornecidos pelo escaterômetro a bordo dos satélites ERS 1/2 para determinar os campos médios de vento e seus desvios padrão mensais sobre a superfície do Oceano Atlântico, entre os anos de 1991 e 1998. Segundo o autor, os ventos derivados do escaterômetro foram comparados com dados de ventos medidos em campo a partir de boias ancoradas do Projeto Pirata e dados de reanálises do National Center for Environmental Prediction (NCEP). Os resultados da comparação permitiram concluir que a metodologia empregada para gerar os campos de vento se mostrou bastante robusta. Maiores informações sobre essa aplicação podem ser encontradas em Baptista (2000).

8.2.7. Outras Aplicações de Sensoriamento Remoto ao Estudo da Hidrosfera

Existem inúmeros outros exemplos em que os dados de sensoriamento remoto são fundamentais para o estudo dos processos da hidroesfera, tais como no monitoramento ambiental oceânico relativo às atividades de exploração, produção e transporte nas bacias de exploração de petróleo (Bentz *et al.*, 2007), em estudos sobre a variabilidade espaço-temporal da frente interna da corrente do Brasil usando imagens (Stech *et al.*, 2007), no estudo da dispersão de sedimentos na foz dos grandes rios da costa brasileira (Lorenzzetti *et al.*, 2007), nos estudos de quantificação da clorofila em ambientes costeiros (Kampel *et al.*, 2007), na modelagem da circulação da água entre o rio Amazonas e a planície de inundação (Barbosa, 2005). Os dados de sensoriamento remoto também podem ser usados como entrada em modelos para a análise da dispersão de larvas de lagostas nos oceanos (Góes, 2006), ou para ampliar a compreensão das relações entre as variáveis ambientais do oceano e a ocorrência de certas espécies de interesse comercial (Zaglagia, 2003).

8.3. Aplicação de Sensores de Alta Resolução em Estudos Urbanos

Melo (2002) relata o uso de imagens de alta resolução do sensor Ikonos como fonte de informação para a execução de obras de engenharia rodoviária em áreas urbanizadas. Segundo o autor, o planejamento rodoviário é feito segundo quatro etapas: reconhecimento, exploração, projeto e locação. No início da etapa de reconhecimento o planejamento pode ser feito com cartas, mas ao término dessa etapa, são necessárias informações de grande detalhe numa faixa ao redor de 200 metros do eixo da rodovia, pois já foi definida a melhor rota. É nessa fase do trabalho que as imagens Ikonos mostraram sua importância, pois permitem o mapeamento detalhado do terreno.

Segundo o autor, para a classificação de imagens de alta resolução foi utilizado um classificador orientado para o objeto, que leva em conta não apenas as propriedades espectrais dos alvos, mas também aspectos relativos à forma, volume, contexto dos objetos que compõem a cena.

A primeira etapa desse processo de classificação consiste no que ele denominou de segmentação multirresolução, segundo o qual são considerados os seguintes parâmetros: níveis de segmentação, homogeneidade, modo de segmentação e parâmetro escalar.

Nesse estudo, foram considerados 15 níveis hierárquicos de segmentação, e o modo de segmentação adotado foi o normal, porque permitia incluir parâmetros escalares como atributos para a segmentação. A Figura 8.8 ilustra o impacto dos parâmetros de entrada para classificação orientada para objetos.

Após uma série de testes, o autor selecionou o conjunto de parâmetros mais adequado ao reconhecimento dos objetos da cena estudada. A Figura 8.9 mostra o resultado da classificação de uma subcena da imagem Ikonos da região do Rodoanel, na grande São Paulo, utilizando-se o nível hierárquico 6.

Pinho (2005) aprofundou o uso de análise orientada para objetos no mapeamento de alvos intraurbanos com imagens de alta resolução espacial. Para isso utilizou imagens de dois sistemas de alta resolução: o Ikonos e o Quickbird. O estudo foi realizado no município de São José dos Campos e inicialmente fo-

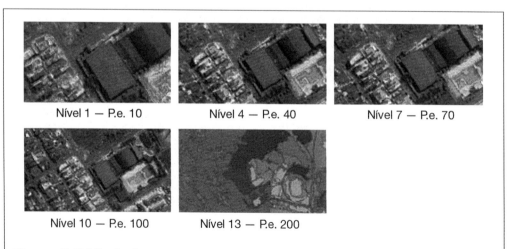

Figura 8.8 Níveis de segmentação e valores do parâmetro escalar (P.e) (Fonte: Adaptado de Melo, 2002).

ram delineados dois experimentos: um experimento (I) foi focado em um segmento intraurbano complexo, e outro (II) em um segmento intraurbano mais simples.

No experimento I, o autor criou um esquema de classificação para o segmento complexo, e o estendeu para toda a área de estudo, usando tanto a imagem Ikonos quanto a imagem Quickbird, para avaliar o desempenho dos produtos. No experimento II, cujo objetivo era avaliar a influência do tipo de uso do solo urbano sobre o desempenho da classificação foram selecionados bairros com padrões de ocupação distintos.

A Figura 8.10 mostra o resultado do experimento I. O exame das classificações resultantes mostra grande similaridade entre elas. A análise estatística dos resultados mostrou não haverem diferenças estatisticamente significativas entre as imagens de alta resolução. Entretanto, quando se avaliou a estabilidade da classificação, o desempenho da imagem Quickbird foi superior ao da imagem Ikonos.

Os resultados do experimento II permitiram verificar que a realização de esquemas de segmentação e classificação adaptados aos diferentes padrões es-

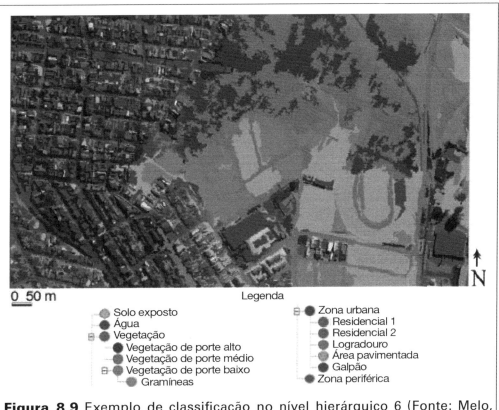

Figura 8.9 Exemplo de classificação no nível hierárquico 6 (Fonte: Melo, 2002).

paciais da cidade produz melhores resultados do que a aplicação de um esquema geral para toda a área. Para maiores informações sobre os métodos utilizados e todo o embasamento teórico para sua aplicação, consultar Pinho (2005) e Pinho *et al.* (2007).

Batista e Bortoluzi (2007) relatam o uso de imagens Ikonos como suporte ao planejamento urbano de 13 municípios da grande Florianópolis. Para cada área urbanizada foram elaborados mapas temáticos de uso e ocupação do solo, equipamentos urbanos, áreas verdes e vazios urbanos na escala 1:5.000. Esses mapas, segundo os autores, serão utilizados pelo poder público para fiscalizar o cumprimento dos planos diretores do município, e darão subsídios para a alocação de obras de infraestrutura, definição de políticas de tributação, entre outras ações da esfera municipal. Essas imagens também foram utilizadas com êxito por Pons e Pejon (2007) na identificação e quantificação de áreas degradadas no perímetro urbano.

As imagens Ikonos também têm sido empregadas para a estimativa de população nos períodos intercensitários. Souza (2004) desenvolveu uma metodologia para estimar a população intraurbana a partir da análise do espaço residencial urbano construído, com base na interpretação de imagens de alta resolução espacial. A partir da análise de imagens foram identificadas áreas homogêneas no tocante à textura (densidade de habitações). Esses setores homogêneos foram compatibilizados com os setores censitários e para cada unidade homogênea foram estimados o número médio de habitantes e a densidade de habitações. Os resultados mostraram que é possível estimar a população a partir desse método com uma precisão de 90%, em relação aos dados oficiais do IBGE para o mesmo período.

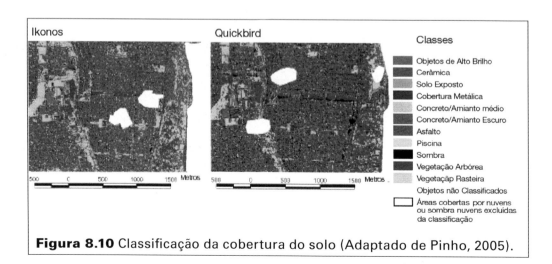

Figura 8.10 Classificação da cobertura do solo (Adaptado de Pinho, 2005).

8.4. Aplicações de Sensores de Alta Resolução em Cartografia

Machado e Silva *et al.* (2003) avaliaram o uso de imagens Ikonos para mapeamento topográfico. Segundo os autores, os resultados alcançados mostraram que as imagens do satélite Ikonos podem ser utilizadas em estações fotogramétricas digitais visando a construção de cartas topográficas nas escalas de 1:25.000 ou menores. Estes resultados indicam que, no futuro, cartas topográficas produzidas a partir de fotografias aéreas podem vir a ser produzidas por imagens de satélite de modo operacional. Outros autores (Silveira *et al.*, 2005), ao analisarem a escala máxima de uso de uma imagem de alta resolução, produto Ikonos tipo GEO, em projetos cartográficos aplicados em áreas urbanas, concluíram que a escala máxima seria de 1:50.000 para a classe A, 1:30.000 para a classe B e 1:25.000 para a classe C. Segundo os autores, as imagens são ferramentas razoáveis para a geração de produtos cartográficos em áreas urbanas, não sendo, entretanto, a opção mais recomendada. Com a resolução espacial de 1 metro, a imagem Ikonos/GEO pode ser muito útil na identificação das alterações ocorridas no espaço urbano, como sua ocupação e expansão, mas não substitui a ida a campo para o processo de atualização de uma base cadastral.

Por outro lado, pesquisas realizadas indicam que as imagens Ikonos, ortorretificadas apresentam qualidade geométrica adequada a escalas de até 1:5.000, mesmo em regiões de grande amplitude altimétrica (Barreto da Silva e Vergara, 2005).

Apesar das controvérsias, o fato é que tais imagens estão sendo amplamente utilizadas para várias finalidades de atualização cartográfica, conforme ralato, de Mangabeira *et al.* (2003), que demonstraram sua utilidade para a atualização de cadastro rural em regiões de grande dinamismo fundiário ou o de Alves e Vergara (2005), que relataram sua aplicação na atualização de cadastros urbanos.

8.5. Aplicações em Agricultura

Uma das principais aplicações de sensoriamento remoto em agricultura é apoiar as estimativas de safras agrícolas. Essas estimativas são essenciais para o estado visto que fornecem subsídios para o planejamento agrícola. Além disso, essas informações têm grande relevância comercial, pois podem orientar decisões do mercado de produtos agrícolas. O conhecimento antecipado ou a previsão de safras de produtos agrícolas podem afetar a escolha da cultura a ser plantada, sua comercialização e preço no mercado futuro.

Tradicionalmente, o levantamento de dados da safra agrícola pode ser feito por meio de censo agrícola ou de técnicas de amostragem. Segundo Adami

352 Sensoriamento Remoto

et al. (2005b), o levantamento censitário não se presta à previsão de safras devido ao custo e o tempo de aquisição e processamento das informações. Os métodos baseados em amostras são, portanto, os mais adequados para essa finalidade. Nesse contexto, os autores propuseram um método para a estimativa de culturas agrícolas por meio de segmentos regulares baseada na técnica de expansão direta.

O método foi desenvolvido para as culturas de café, milho e soja, na região de Cornélio Procópio no estado do Paraná, por meio da técnica de expansão direta de segmentos regulares, e baseou-se no uso de imagens de satélites de sensoriamento remoto, e tecnologias associadas como os sistemas de informação geográfica (SIG) e os sistemas de posicionamento global (GPS).

O primeiro passo do método foi reunir um banco de dados geográficos e imagens do satélite Landsat-7 sensor ETM$^+$, referentes aos anos 2001, 2002 e 2003, informações cadastrais, estatísticas e cartográficas sobre a região de estudo. As imagens foram segmentadas e classificadas para gerar um mapa temático. Esse mapa temático foi usado para classificar a região em diferentes estratos no tocante à porcentagem de ocupação agrícola. Uma vez estratificada a área, foram sorteados os segmentos amostrais para a aquisição de dados em campo. A posição do segmento amostral em campo foi definida com auxílio das imagens ETM$^+$ ampliadas para a escala 1:25.000 e GPS. Os dados de campo foram posteriormente inseridos no banco de dados, sendo que a área do cultivo do segmento foi determinada diretamente da imagem por meio de digitalização quando este era coincidente com a informação de campo. Quando o uso do solo não podia ser determinado na imagem, o limite da cultura no segmento era transferido diretamente do GPS. É importante ressaltar que de um total de 7.199 segmentos agrícolas na área de estudo, apenas 89 foram amostrados em campo, o que corresponde a 1,23% do total. Ao se comparar os resultados de estimativa de área obtidos por meio da expansão direta, com a estimativa subjetiva gerada pelo órgão responsável, a maior discrepância observada foi em relação à cultura do milho, devido à interferência do clima que levou os agricultores a modificar a cultura a ser plantada. Em relação às demais culturas, o resultado entre o método convencional e o desenvolvido pelos autores foi estatisticamente semelhante. Os autores salientam, ainda, que a previsão de área plantada pode ser determinada num prazo de apenas três dias após a coleta dos dados de campo, constituindo-se, portanto, num método eficiente para melhorar estimativas de safras agrícolas.

O uso de sensoriamento remoto como suporte à identificação e mapeamento de culturas agrícolas para fins de previsão de safras não é igualmente eficiente para todas as culturas e em todos os ambientes. Segundo Barros *et al.* (2007), o mapeamento de áreas cafeeiras com base em imagens orbitais de média resolução espacial é muito mais complexo do que em relação à cana-de-açúcar e soja, e envolve uma abordagem multissensor. Os autores relatam o uso combinado de imagens TM-Landsat, CCD/CBERS e de imagens de alta resolução espacial disponibilizado pelo GoogleEarth (2006) para o mapeamento da cafeicultura no estado de Minas Gerais. A primeira fase consistiu na organização de um banco de dados com imagens TM-Landsat restauradas e georreferenciadas, informações estatísticas ao nível municipal. As imagens TM foram classificadas usando-se algoritmo de máxima verossimilhança, enquanto as imagens de alta resolução serviram de suporte para identificação visual das áreas cafeeiras dos municípios estudados.

A Figura 8.11 ilustra o caso em que a análise da imagem de alta resolução permite rapidamente identificar uma região em que a assinatura espectral da plantação de café em uma imagem de média resolução é ambígua.

Com base em seus resultados, os autores constataram que não é possível mapear áreas com café utilizando somente imagens de média resolução. O uso de imagens multitemporais permite discriminar as áreas de cafeicultura de outros tipos de exploração agropecuária, mas o mapeamento preciso da cultura depende da utilização de imagens de melhor resolução espacial. Maiores informações sobre essa aplicação encontram-se em Barros (2006).

Devido à importância das estimativas agrícolas, existem várias iniciativas no sentido de desenvolver métodos para torná-las mais precisas e prematuras. O Projeto Geosafras, coordenado pela CONAB (Companhia Nacional de Abastecimento), vem desenvolvendo para alguns estados brasileiros, um método de amostragem simples para estimativa de área agrícola de alguns cultivos (Epiphanio *et al.*, 2002; Luiz e Epiphanio, 2001). Este método baseia-se no uso de informações tabulares do IBGE e em imagens de satélite para a construção de painéis amostrais. Uma vez determinada a cultura a ser estudada numa unidade federativa, os dados de área plantada e área municipal fornecidos pelo IBGE

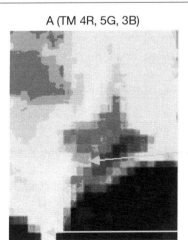

Figura 8.11 Talhão de café numa imagem de resolução média (A-TM 4(R)— 5(G)—3(B) de 07/2005); e numa imagem de alta resolução (\B- Quickbird — visível R-G-B) (Fonte Barros *et al.*, 2007).

são utilizados para definir a população amostral. A partir daí definem-se estratos e número de amostras baseados em critérios objetivos. Os pontos amostrais aleatórios são gerados por meio do programa Spring. Posteriormente, para cada ponto é gerada uma carta-imagem sobre a qual é fixada uma transparência com o painel amostral de pontos. Essas imagens são enviadas aos técnicos de campo juntamente com uma planilha para a identificação da cultura existente. Segundo Santos e Epiphanio (2007), o aumento do número de amostras é uma das alternativas para os erros inerentes ao sistema de amostragem. Entretanto, este aumento nem sempre é possível, devido ao custo e tempo despendido no levantamento. Para contornar essa limitação, os autores testaram reduzir o universo amostral (área municipal) a partir da eliminação de locais impróprios para a atividade agrícola: lâminas d'água, brejo, unidades de conservação, entre outros. A essa redução os autores denominaram de Geosafras Otimizado. Os resultados dessa otimização foram comparados com o método tradicional. Os autores concluíram que a otimização resultou em estimativas mais precisas para todos os anos-safras analisados, no município utilizado para realizar o estudo. Houve diferença estatística a 5% de significância entre os erros apresentados pelas estimativas oficiais do IBGE e os erros obtidos pelo método Geosafras Otimizado, quando comparados à interpretação visual, tomada como referência.

Segundo Rudorff *et al.* (2006), o Instituto Nacional de Pesquisas Espaciais (INPE), a União da Agroindústria Canavieira de São Paulo (UNICA), o Centro de Estudos Avançados em Economia Aplicada (CEPEA) da Escola Superior de Agricultura Luiz de Queiroz (Esalq/USP) e o Centro de Tecnologia Canavieira (CTC) iniciaram, em 2005, o mapeamento e a estimativa da área plantada com a cultura da cana em toda a região centro-sul do Brasil, a qual é responsável por cerca de 83% da produção de cana do pais. Embora a região Centro-Oeste tenha uma pequena participação em termos proporcionais, os autores realizaram o mapeamento da área plantada com cana-de-açúcar nos estados do Mato Grosso do Sul e Mato Grosso, de modo a avaliar a evolução da área canavieira ao longo dos dois últimos anos-safras (2004/05, 2005/06 e 2006/07) nestes estados e também na região inserida na Bacia do Alto Paraguai, tendo em vista as restrições legais a essa atividade em decorrência de seu impacto ambiental sobre o Pantanal.

Para esse mapeamento, os autores utilizaram imagens adquiridas pelo sensor TM Landsat-5. Sempre que a data e o horário da passagem do satélite, sobre uma determinada área, coincidiam com uma atmosfera livre da presença de nuvens, era obtida uma imagem passível de ser utilizada. O mapeamento da área plantada com cana para a safra de 2005/2006 foi feito a partir da atualização do mapa da cana safra 2004/2005, auxiliado pelo mapa de cana da safra 2003/2004, ambos elaborados pelo CTC (Centro de Tecnologia Canavieira).

As áreas de cana que foram reformadas em 2004 (Cana Reforma 2004/2005) e as novas áreas de cana a serem colhidas em 2004 (Cana Expansão 2004/2005) foram determinadas com o uso de álgebra de mapas. A classe Cana Expansão

2004/2005 foi atribuída a todas as áreas plantadas com cana identificadas nas imagens de 2005 com padrão de cana bem desenvolvida, e não identificadas como cana nas imagens TM de 2004. Esse critério fez com que áreas de cana em reforma nas imagens de 2004 fossem consideradas como áreas novas de cana para a safra 2004/2005. Para contornar esse problema, foram cruzados os mapas de Cana Expansão 2004/2005 com o de cana da safra 2003/2004. As áreas de cana nos dois mapas foram consideradas como áreas que passaram por reforma em 2004. Já as áreas onde não houve intersecção foram rotuladas como áreas novas de plantação de cana, ou seja, pertenciam à classe Cana Expansão 2004/2005. Para a safra 2006/2007 as áreas de cana em reforma (Cana Reforma) e as novas áreas de cana (Cana Expansão) foram identificadas e mapeadas com base nas imagens adquiridas para esses anos.

Os resultados de Rudorff *et al.* (2006a) indicaram que cerca de 50% da cana cultivada nos estados de Mato Grosso do Sul e Mato Grosso está dentro da Bacia do Alto Paraguai e que houve um aumento da área cultivada com cana da safra 2005/2006 para a safra 2006/2007 de cerca de 2,5% (5.000 ha). Os resultados desse projeto demonstram, portanto, ser possível não apenas estimar a área plantada para fins de previsão de safras, mas também como meio de controle e monitoramento ambiental do avanço das culturas em regiões de proteção ambiental.

Enquanto alguns pesquisadores procuram aperfeiçoar as estimativas de áreas das culturas, outros já estão preocupados com a viabilidade de se discriminar variedades dentro de uma mesma cultura. Galvão *et al.* (2006), por exemplo, estudaram a influência da resolução espectral sobre a discriminação de variedades da cana-de-açúcar. Os autores usaram imagens do sensor hiperespectral Hyperion para simular imagens de sensores de banda, e com isso comparar seu potencial para aquela aplicação. A Figura 8.12 resume os resultados da simulação.

A Figura 8.13 mostra o resultado da classificação das diferentes variedades de cana a partir das bandas simuladas.

Os resultados indicam que a resolução espectral mais adequada à discriminação das diferentes variedades é a oferecida pelos sensores hiperespectrais. Na medida em que melhora a resolução espectral, há um sensível aumento da acurácia de classificação. Os autores, entretanto, reconhecem que esses resultados podem ser alterados se forem incorporadas também na análise as características espaciais das imagens simuladas, uma vez que as imagens do NOAA têm *pixel* de 1,0 km × 1,0 km, não comparável, portanto, com o *pixel* de 30 m × 30 m do sensor TM.

Existem trabalhos também relatando o uso de dados de sensoriamento remoto para avaliar o nível de deficiência nutricional de culturas agrícolas. Baesso *et al.* (2005) utilizaram redes neurais para treinar um sistema para identificação de deficiência de nitrogênio na cultura de feijão, a partir de indicadores

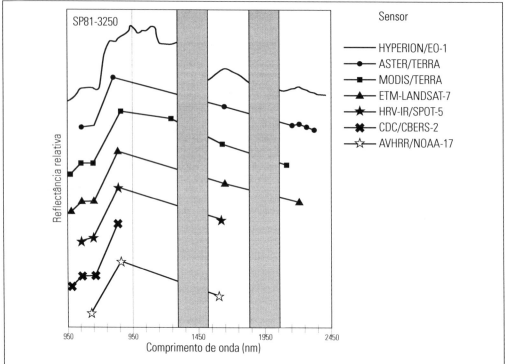

Figura 8.12 Simulação da resposta espectral de uma dada variedade de cana para sensores com diferentes resoluções espectrais. As áreas em cinza representam regiões de forte absorção pelo vapor d'água (Fonte: Galvão et al. 2006).

espectrais. Embora a pesquisa tenha sido realizada em condições controladas de laboratório, os resultados alcançados pelos autores indicam que foi possível identificar o nível de deficiência nutricional de nitrogênio no feijoeiro, ainda em tempo hábil para que se pudesse realizar adubação corretiva.

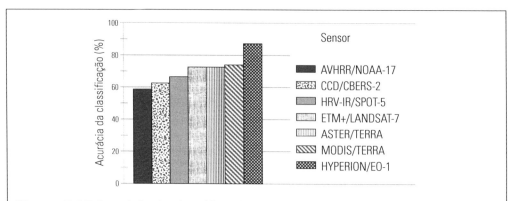

Figura 8.13 Acurácia da classificação das variedades de cana para sensores com diferentes resoluções espectrais (Fonte: Galvão et al., 2006).

Os impactos sociais da lei ambiental que proíbe a queima de cana-de-açúcar na região de Piracicaba (Estado de São Paulo) foram avaliados por Giannotti (2001) a partir do mapeamento do uso do solo com dados de sensoriamento remoto. A metodologia consistiu em mapear as áreas de cana-de-açúcar aptas para a mecanização, e relacionar essas áreas ao número de postos de trabalho que seriam extintos com sua implantação.

Barros (2006) integrou dados do sensor CCD a bordo do satélite CBERS-2, do sensor TM a bordo do LANDSAT-5 e de altimetria SRTM em um banco de dados geográfico para estudar o agroecossistema cafeeiro de Minas Gerais. A partir desses dados e outras informações auxiliares, foi possível gerar um mapa geoambiental com indicação de áreas mais ou menos favoráveis à cafeicultura.

8.6. Aplicações em Estudos Florestais

Os dados de sensoriamento remoto obtidos na faixa óptica têm sido tradicionalmente utilizados como fonte primária de informações para subsidiar planos de controle e fiscalização de floresta. O uso de imagens SAR para essa finalidade, entretanto, começou a ser explorado apenas a partir de 1990. Nesse contexto, foram realizados diversos estudos voltados à avaliação de dados SAR como fonte de informação para o manejo dos recursos florestais.

Como parte desses estudos, Araújo *et al.* (2003) relatam o uso de imagens de um sistema SAR aerotransportado operando na banda P para estratificar a variação da área basal de floresta primária e secundária na região sob influência da Floresta Nacional do Tapajós (PA). A aquisição de imagens foi feita simultaneamente a um inventário florestal em 43 estações amostrais representativas dos diferentes estratos sucessionais. As imagens adquiridas na banda P, no modo polarimétrico, com resolução de 1,5 m foram pré-processadas para correções radiométricas e geométricas. Os valores de retroespalhamento para cada uma das estações e parâmetros derivados do inventário foram analisados estatisticamente para verificar a sensibilidade da banda P aos estágios sucessionais. A Figura 8.14 mostra os resultados da análise de correlação entre o retroespalhamento na banda P e o diâmetro à altura do peito (DAP) dos diferentes estratos.

Os resultados indicam que o retroespalhamento na banda P é mais sensível a variações de DAP nos estratos com DAP acima de 15 cm. Os modelos empíricos gerados para estimar o DAP em função do retroespalhamento, entretanto, tiveram baixo poder explanatório, o que indica que os dados podem ser usados apenas para classificar unidades amplas de área basal média dos diferentes estratos da cobertura vegetal.

Um dos trabalhos mais interessantes sobre o uso de sistemas SAR para o manejo florestal foi realizado por Gama *et al.* (2006). Os autores realizaram um estudo visando obter um melhor entendimento da interação entre o sinal de

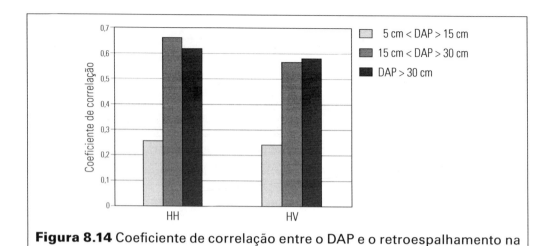

Figura 8.14 Coeficiente de correlação entre o DAP e o retroespalhamento na banda P para diferentes estratos de DAP (Fonte: Araújo *et al.*, 2003).

micro-ondas e os parâmetros estruturais do povoamento de eucalipto. Mais recentemente, Gama (2007) relatou o estudo da relação entre vários parâmetros da resposta do radar (radiometria (σo) na banda P nas quatro polarizações, interferometria e coerência interferométrica nas bandas X e P) e a biomassa dos povoamentos de eucalipto (*Eucalyptus Grandis*).

Por meio de rigorosos testes estatísticos, foi possível selecionar as melhores variáveis para modelar a biomassa da vegetação em função dos parâmetros medidos pelo sensor SAR. As variáveis selecionadas foram o índice de estrutura do dossel — CSI (*canopy structure index*) que, numericamente, representa a razão entre o retroespalhamento da polarização VV pela soma do retroespalhamento nas polarizações HH e VV (CSI = VV/(VV + HH)) e a altura interferométrica (Hint). O modelo gerado permitiu estimar a biomassa com um erro de 15,65 t/ha, e teve índice de determinação de 86% indicando o seu grande potencial para controle de biomassa em povoamentos florestais. A Figura 8.15 mostra a aplicação do modelo gerado ao povoamento eucalipto estudado.

Anderson (2004) relata o uso de imagens do sensor MODIS para monitorar mudanças fenológicas da vegetação com o uso de índices de vegetação NDVI e EVI, para a melhor compreensão das respostas destes sistemas naturais às variações sazonais separando as mudanças naturais daquelas decorrentes de mudanças da cobertura da terra, devido a desmatamentos e queimadas. Os resultados desse estudo demonstraram a potencialidade da utilização das imagens do sensor MODIS para a classificação e monitoramento da cobertura vegetal ao nível regional e global. Outro resultado fundamental desse estudo foi demonstrar que as imagens diárias (produto MOD09) do sensor MODIS permitiam a detecção de áreas desmatadas e queimadas em tempo real, o que permitiu a implantação do Sistema DETER (Detecção de Desmatamento em Tempo Real) que vem sendo utilizado pelo IBAMA para suas ações de fiscalização e con-

Figura 8.15 Variação espacial da biomassa estimada a partir do modelo derivado de parâmetros medidos pelo sistema SAR polarimétrico e interferométrico (Fonte: Gama, 2007).

tenção do desflorestamento da Floresta Amazônica. Maiores detalhes sobre o sistema DETER podem ser encontrados em: <http://www.obt.inpe.br/deter/>.

Aragão (2004) relata o uso de imagens orbitais para modelar a produtividade primária bruta da Floresta Nacional de Tapajós. Nesse estudo, o autor caracterizou o processo de produtividade primária bruta (GPP) com o uso do modelo agregado do dossel (ACM) e avaliou os efeitos da cobertura da terra, do clima e do aumento de CO_2 atmosférico, considerando a variabilidade espacial e temporal das variáveis ambientais e climáticas. Foi realizada uma análise multiescala com a integração de dados de campo, cartográficos e de sensoriamento remoto em ambiente de sistema de informações geográficas.

A partir de uma amostragem estratificada, baseada no conceito de "Unidades da Paisagem" (UP), o autor quantificou variáveis relevantes para o processo de modelagem da produtividade primária bruta, tais como o índice de área foliar (LAI), o conteúdo de nitrogênio foliar (Nfoliar) e a textura do solo. Dados micrometeorológicos das torres de fluxo do LBA, localizadas em duas áreas da Floresta Nacional do Tapajós, foram utilizados para parametrização e validação dos modelos ACM e SPA. Para espacialização do LAI foram gerados modelos de

360 Sensoriamento Remoto

regressão múltipla, os quais combinaram dados espectrais do sensor Enhanced Thematic Mapper Plus (ETM+) de 30/07/2001 e informações sobre a declividade e a elevação do terreno, extraídas de um modelo numérico do terreno (MNT). As superfícies de N foliar e de textura do solo foram obtidas pela média zonal das amostras de campo sobre o mapa de UP e de tipo de solos, respectivamente. Para a modelagem de GPP, inicialmente, utilizou-se o modelo SPA, que possibilitou estimativas horárias do processo em escala pontual, além da quantificação dos erros associados à modelagem. A parametrização do modelo regional ACM foi executada sobre as estimativas pontuais e explicou 96% da variação dos dados do modelo SPA. O modelo ACM foi então implementado no SPRING para a geração das superfícies contínuas de GPP. Os resultados mostraram que o modelo ACM possibilitou a análise da variação sazonal do processo de GPP, estimando valores diários contidos dentro da faixa de incertezas das medições de campo.

O autor destacou o uso e a integração do mapa de uso da terra, gerado a partir de uma análise multitemporal de dados do sensor TM e ETM+ do Landsat como um elemento fundamental para a representação dos padrões atuais da cobertura e uso da terra, o que contribui para toda a estratégia de amostragem necessária à modelagem da produtividade primária bruta da área de estudo. Além disso, o autor destaca o uso de modelos de regressão múltipla baseados nos valores de reflectância das bandas 5 e 7 do sensor ETM+, a razão simples e a fração como os de maior poder explanatório no tocante à distribuição espacial do LAI na Floresta Naconal do Tapajós.

Pardi La Cruz (2006) analisou as lacunas de conservação dos corredores ecológicos Sul da Amazônia e Jalapão — Mangabeiras, a partir da caracterização do uso e cobertura do solo derivado da análise harmônica de imagens índice de vegetação NDVI e EVI do sensor MODIS). A análise harmônica de séries temporais MODIS, segundo a autora, é uma nova técnica, eficiente e de grande utilidade para a caracterização da paisagem quando se dispõe de séries temporais de imagem. Esse trabalho permitiu verificar que, das tipologias com maior extensão dentro do Corredor Ecológico Sul da Amazônia, duas têm mais do que 10% da sua área em unidades de conservação de proteção integral; no Corredor Ecológico Jalapão — Mangabeiras apenas um tipo de vegetação não está presente em nenhuma das unidades de conservação e as tipologias restantes têm mais do que 10% da sua extensão protegida. Os resultados sugerem que existem muitos tipos de vegetação que se encontram em lacunas de proteção ambiental.

Tendo em vista que os dados SAR na banda C muitas vezes são limitados para estudos da cobertura vegetal, Gaboardi (2002) avaliou o uso de imagens de coerência interferométrica como alternativa para a classificação de áreas florestadas de regiões tropicais. A utilização de imagens de coerência se justifica pelo fato de ser esperada uma baixa coerência em regiões de florestas, em comparação com as regiões de vegetação esparsa e solo exposto. As imagens de coerência utilizadas foram obtidas a partir de pares de imagens complexas adquiridas com um intervalo de um dia pelo sensor SAR a bordo dos satélites ERS-1 e ERS-2.

A simples análise da Figura 8.16 mostra que a imagem coerência tem um conteúdo de informação muito maior do que a imagem amplitude da banda C.

A Figura 8.17 mostra o resultado da classificação da imagem coerência. As estimativas de exatidão total da classificação foi de 82,2%. Maiores detalhes sobre a metodologia utilizada podem ser encontrados em Gaboardi, (2002).

Enquanto alguns utilizam o mesmo tipo de dado, de uma forma inovadora, como a do trabalho de Gaboardi (2002), outros autores utilizam dados de vários sensores, de forma criativa, como é o caso de Espírito-Santo (2003) que integrou dados ópticos, dados de radar e dados de inventário florestal para mapear e caracterizar a vegetação da Floresta Nacional do Tapajós (FNT).

Espírito-Santo (2003) gerou um mapa com a distribuição da cobertura vegetal da região da FNT, utilizando dados de vários sensores, obtidos em várias datas (TM de 1988, 1997, 1999 e ETM$^+$ de 2001; RADARSAT de 2002; *Hyperion*; videografia aérea digital de 1999 e 2002) com o suporte da modelagem espacial de dados de Inventários Florestais (IF). Os resultados dessa pesquisa permitiram gerar perfis florísticos e estruturais da FNT; localização de áreas com maior ocorrência de espécies dominantes da floresta; dados biofísicos da floresta, mapa da cobertura vegetal. Maiores informações sobre os métodos utilizados podem ser encontrados em Espírito-Santo (2003).

Dados de sensoriamento remoto também foram utilizados com sucesso para o estudo da recorrência de queimadas e da permanência de cicatrizes do fogo em áreas do cerrado brasileiro (Rivera-Lombardi, 2003), e para o estudo da variação espacial e temporal do Índice de Vegetação de Diferença Normalizada (IVDN) e sua relação com a pluviometria na região nordeste do Brasil (NEB)

 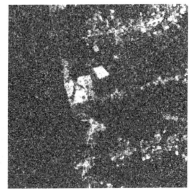

Imagem amplitude
SAR-C VV
ERS-1

Imagem coerência

Figura 8.16 Diferença no conteúdo de informação sobre a cobertura vegetal entre a imagem coerência e a imagem amplitude (Fonte: Gaboardi, 2002).

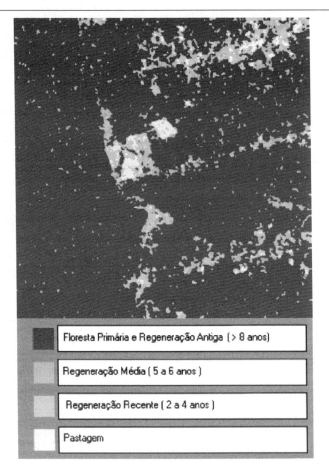

Figura 8.17 Classificação da cobertura vegetal a partir da imagem coerência (Fonte: Gaboardi, 2002).

em anos secos (1982 e 1983) e chuvosos (1984 e 1985) abrangendo o evento El Niño/Oscilação Sul (ENOS) de 1982-83.

Os resultados mostraram correlação estatística entre o IVDN e a pluviosidade, sugerindo que ele pode ser usado como indicador do regime pluviométrico em períodos extremos de seca e chuva no NEB. Maiores detalhes sobre aplicações de sensoriamento remoto em florestas, podem ser obtidos em Pozoni (2001) e Shimabukuro, (2007).

8.7. Aplicações em Geologia

Cunha (2002) integrou dados digitais de várias fontes para estudar um corpo granítico e suas encaixantes da Província de Carajás. Os dados integrados digitalmente foram: dados geofísicos aerogamaespectrométricos, geológicos e imagens de sensoriamento remoto (SAR-SAREX e TM-Landsat). A imagem SAR foi integrada digitalmente às imagens gamaespectrométricas, à imagem do sensor TM-Landsat e ao mapa faciológico em formato raster. A integração dos dados multifonte foi feita com o uso da técnica de transformação IHS. Dentre os diversos produtos digitais gerados, os produtos SAR/Gama (canais do urânio, tório e contagem total) foram os que mais contribuíram para o trabalho. A avaliação destes produtos SAR/Gama juntamente com as informações obtidas em campo permitiu mapear os limites entre as diversas unidades que ocorrem na região e também separar quatro áreas com características composicionais distintas dentro do Complexo Granítico Estrela, possivelmente relacionadas a diferenciações magmáticas ou a pulsos intrusivos distintos. O resultado final do trabalho foi a produção de um mapa geológico para a região do Complexo Granítico Estrela e áreas de entorno.

Dados do sensor *Advanced Spaceborne Thermal Emission and Reflection Radiometer* (ASTER)/Terra, na região do visível e do infravermelho refletido foram utilizados por Lima (2002) com o objetivo de avaliar seu potencial para a discriminação de variações faciológicas no maciço granítico Serra Branca, inserido na Província Estanífera de Goiás.

Os resultados, entretanto, indicaram que esses dados são mais eficientes para caracterizar associações rocha-solo-vegetação, ou das variações relativas nas feições espectrais de argilominerais e da cobertura vegetal, do que para a detecção mineral propriamente dita. A detecção de minerais só foi possível em porções da cena com boa exposição de rochas e solos, porque o comportamento espectral dos minerais foi alterado pela presença de vegetação fotossinteticamente ativa e/ou não ativa (gramíneas).

Para maiores informações sobre as aplicações de sensoriamento remoto em Geologia, consultar os seguintes autores, dentre muitos outros: Almeida Filho (2001); Almeida Filho e Miranda (2007); Almeida Filho *et al.* (2005a, b, c); Galvão *et al.* (2004b); Ferreira *et al.* (2003); Moreira *et al.* (2003); Almeida Filho *et al.* (2002); Teruiya *et al.* (2001); Gonçalves *et al.* (2006); Souza Filho e Pardella (2005); Paradella *et al.* (2005, 2007); Ducart *et al.* (2006); Carneiro *et al.* (2006); Crósta *et al.* (2003); Souza Filho e Crosta (2003); Souza Filho e Drury (1998); Miranda *et al.* (2004); Pardella e Samo (2006); Mura *et al.* (2007); Miranda *et al.* (2004); Santos *et al.* (1999).

Referências Bibliográficas

ADAMI, M.; MOREIRA, M. A.; RUDORFF, RUDORFF, B. F. T.; FREITAS, C. da C.; FARIA, R. T. Expansão direta na estimativa de culturas agrícolas por meio de segmentos regulares/Direct expansion in the estimate of agricultural cultures by regular segments. *Revista Brasileira de Cartografia*, 57(1): 22-27, 2005b.

ADAMI, M.; DEPPE, F.; RIZZI, R.; MOREIRA, M. A.; RUDORFF, B. F. T.; FONSECA, L. M. G.; FARIA, R. T. de; FREITAS, C. da C.; D'ARCO, E. Fusão de imagens por IHS para identificação de uso e cobertura do solo em elementos amostrais. In: SIMPÓSIO BRASILEIRO DE SENSORIAMENTO REMOTO, 13. (SBSR), 21-26 abr. 2007, Florianópolis. *Anais...* São José dos Campos: Instituto Nacional de Pesquisas Espaciais (INPE), 2007. Artigo, p. 1-8. CD-ROM; On-line. ISBN 978-85-17-00031-7. Publicado como: INPE-14673-PRE/9647.

ALMEIDA FILHO, R. Processamento digital de imagens Landsat-TM na detecção de áreas de microexsudação de hidrocarbonetos, região da Serra do Tonã, Bahia. In: SIMPÓSIO BRASILEIRO DE SENSORIAMENTO REMOTO, 10., 2001, Foz do Iguaçu. *Anais...* São José dos Campos: INPE, 2001. p. 235-242. CD-ROM, On-line. (INPE-8255-PRE/4045). Disponível em: <http://marte.dpi.inpe.br/rep-/dpi.inpe.br/lise/2001/09.13.16.46.

ALMEIDA FILHO, R.; MOREIRA, F. R. S.; BEISL, C. H. The Serra da Cangalha astrobleme as revealed by ASTER and SRTM orbital data. *International Journal of Remote Sensing*. 26(5): 833-838, 2005a.

ALMEIDA-FILHO, R.; MIRANDA, F. P. Mega capture of the Rio Negro and formation of the Anavilhanas Archipelago, Central Amazônia, Brazil: evidences in a SRTM digital elevation model. *Remote Sensing of Environment*, 107: 1-8, 2007.

ALMEIDA-FILHO, R.; MIRANDA, F. P.; LORENZZETTI, J. A.; PEDROSO, E. C.; BEISL, C. H.; LANDAU, L.; BAPTISTA, M. C.; CAMARGO, E. C. G. RADARSAT-1 images in support of petroleum exploration: the offshore Amazon River mouth example. *Canadian Journal of Remote Sensing*, 31(4): 289-303, 2005b.

ALMEIDA-FILHO, R.; MIRANDA, F. P.; YAMAKAWA, T.; BUENO, G. V.; MOREIRA, F. R. S.; CAMARGO, E. C. G.; BENTZ, C. M. Data integration for a geologic model of hydrocarbon microseepage areas in the Tonã Plateau Region, North Tucano Basin, Brazil. *Canadian Journal of Remote Sensing*, 28 (1): 96-107.2002

ALMEIDA-FILHO, R.; MOREIRA, F. R. S.; BEISL, C. H. The Serra da Cangalha astroblem as revealed by ASTER and SRTM orbital data. *International Journal of Remote Sensing*. 26, n. 5, p. 833-838, 2005c.

ALVES, R. de A. L.; VERGARA, O. R. Identificação de alvos urbanos em imagens Ikonos, aplicando classificação orientada a segmentos. In: SIMPÓSIO BRASILEIRO DE SENSO-

RIAMENTO REMOTO, 12. (SBSR), 16-21 abr. 2005, Goiânia. *Anais...* São José dos Campos: INPE, 2005. Artigos, p. 2573-2580. CD-ROM, On-line. ISBN 85-17-00018-8.

AMERICAN SOCIETY OF PHOTOGRAMMETRY (A. S. P.) *Manual of Remo te Sensing.* Cap. 19: Water Resources Assesment, pp. 1479-1522. Falis Church.1975.

AMERICAN SOCIETY OF PHOTOGRAMMETRY (A. S. P.) *Manual of Remote Sensing.* Falls Church. Sheridan. Press, 1983.

ANDERSON, L. O. Classificação e monitoramento da cobertura vegetal do estado do Mato Grosso utilizando dados multitemporais do sensor MODIS/L. O. Anderson. São José dos Campos: INPE, 2004. 247p. — (INPE-12290-TDI/986).

ANTUNES, M. A. H. *Avaliação dos modelos Suits e Sail no estudo da reflectância da soja (Glycine max (L.) Merrill).* 1992-10. (INPE-6988-TDI/657). Dissertação (Mestrado em Sensoriamento Remoto) — Instituto Nacional de Pesquisas Espaciais, São Jose dos Campos. 1992. Disponível em: <http://urlib.net/sid.inpe.br/iris@1912/2005/07.19.23 .53>.

ARAGÃO, L. E. O. C. *Modelagem dos padrões temporal e espacial da produtividade primária bruta na região do tapajós*: uma análise multi-escala. 2004-06-01. 283 p. (INPE-11423-TDI/951). Tese (Doutorado em Sensoriamento Remoto) — Instituto Nacional de Pesquisas Espaciais, São José dos Campos. 2004. Disponível em: <h ttp://urlib. net/sid.inpe.br/jeferson/2004/07.14.13.33.

ARAUJO, L. S. *Análise da cobertura vegetal e de biomassa em áreas de contato floresta/savana a partir de dados TM/Landsat e JERS-1*; Dissertação (INPE-7253-TDI/696) Instituto Nacional de Pesquisas Espaciais, São José dos Campos, 129 p.1999.

ARAUJO, L. S. I.; SANTOS, J. R. dos; FREITAS, C. da C; DUTRA, L. V.; GAMA, F. F. Espacialização da área basal de floresta primária e sucessão secundária a partir de imagens radar em banda P. In: SIMPÓSIO BRASILEIRO DE SENSORIAMENTO REMOTO, 11, 5-10 abr. 2003, Belo Horizonte. *Anais...* São José dos Campos: INPE, 2003. p. 2171-2175. CD-ROM. Publicado como: INPE-PRE. Disponível em: <http://marte.dpi.inpe.br/rep-/ltid.inpe.br/sbsr/2002/11.12.20.32>.

BAESSO, M. M.; PINTO, F. de A. de C.; QUEIROZ, D. M. de; SENA JÚNIOR, D. G. de; KHOURY JÚNIOR, J. K. Determinação do nível de deficiência nutricional de nitrogênio no feijoeiro (Phaseolus vulgaris) utilizando redes neurais artificiais. In: SIMPÓSIO BRASILEIRO DE SENSORIAMENTO REMOTO, 12. (SBSR), 16-21 abr. 2005, Goiânia. *Anais...* São José dos Campos: INPE, 2005. Artigos, p. 25-32. CD-ROM, On-line. ISBN 85-17-00018-8. Disponível em: <http://marte.dpi.inpe.br/rep-/ltid.inpe.br/sbsr/2004/11.19.15.52>.

BANON, G. J. F. *Formal introduction to digital image processing.* 2ª. ed. São José dos Campos: Instituto Nacional de Pesquisas Espaciais, 2000. 180 p.

BAPTISTA, M. C. *Uma análise do campo de vento de superfície sobre o Oceano Atlântico Tropical e Sul usando dados do escaterômetro do ERS.* 2000-06-20. 131 p. (INPE-9607-TDI/840). Dissertação (Mestrado em Sensoriamento Remoto) — Instituto Nacional de Pesquisas Espaciais, São José dos Campos. 2000. Disponível em: <http://urlib.net/sid.inpe.br/marciana/2003/04.10.08.37.

BARBOSA, C. C. F.; NOVO, E. M. L. M.; FILHO, W. P.; CARVALHO, J. C. *Planejamento e execução das campanhas de campo na planície de curuai para estudo da dinâmi-*

Referências Bibliográficas

ca de circulação da água entre sistemas lóticos, lênticos, e a planície de inunda-ção amazônica. 2004. 45p.(INPE-11483-NTC/365). Nota Técnica (Relatório FAPESP) — Instituto Nacional de Pesquisas Espaciais, São José dos Campos, 2004.

BARBOSA, C. C. F. *Sensoriamento remoto da dinâmica de circulação da água do sistema planície de Curai/Rio Amazonas.* 2005-12-09. 286 p. (INPE-14614-TDI/1193). Tese de Doutorado — Instituto Nacional de Pesquisas Espaciais, São José dos Campos. 2005. Disponível em: <h ttp://urlib.net/sid.inpe.br/MTC-m13@80/2006/02.22.15.03.

BARNSLEY, M. J.; SETTEL, J. J.; CUTTER, M. A.; LOBB, D. R.; TESTON, F. The PROBA/CHRIS Mission: A Low-Cost Smallsat for Hyperspctral Multiangle Observations of the Earth Surface and Atmosphere. IEEE Transactions on Geoscience and Remote Sensing, 42 (7):2004.

BARR, E. S. Historical Survey of the Early Development of the Infrared Spectral Region. *American Journal of Physios,* 1(28):42-54, 1960.

BARRETO DA SILVA, W.; VERGARA, O. R. Avaliação da qualidade geométrica de imagens IKONOS ortorretificadas utilizando-se a transformação polinomial racional. In: SIMPÓSIO BRASILEIRO DE SENSORIAMENTO REMOTO, 12. (SBSR), 2005, Goiânia. *Anais...* São José dos Campos: INPE, 2005. p. 2581-2588. CD-ROM, On-line. ISBN 85-17-00018-8. Disponível em: <http://urlib.net/ltid.inpe.br/sbsr/2004/11.18.15.38>.

BARROS, M. A. *Geotecnologias como contribuição ao estudo do agroecossistema cafeeiro de Minas Gerais em nível municipal.* 2006-05-09. 157 p. (INPE-TDI). Dissertação de Mestrado — Instituto Nacional de Pesquisas Espaciais, São José dos Campos. 2006. Disponível em: <http://mtc-m17.sid.inpe.br/rep-/sid.inpe.br/MTC-m13@80/2006/07.14.17.16>.

BARROS, M. A; MOREIRA, M. A.; RUDORFF, B. F. T.; FARIA, V. G. C. de. Mapeamento de Áreas Cafeeiras em imagens de Sensores Orbitais: estudo de caso em Aguanil, Boa Esperança, Campo Belo e Cristais-MG como suporte a estudos regionais. In: SIMPÓSIO BRASILEIRO DE SENSORIAMENTO REMOTO, 13. (SBSR), 21-26 abr. 2007, Florianópolis. *Anais...* São José dos Campos: Instituto Nacional de Pesquisas Espaciais (INPE), 2007. Artigo, p. 59-66. CD-ROM, On-line. ISBN 978-85-17-00031-7. Disponível em: <http://marte.dpi.inpe.br/rep-/dpi.inpe.br/sbsr@80/2006/11.15.19.28>.

BATISTA, G. V.; BORTOLUZZI, S. D. Utilização de imagens de satélite de alta resolução para o planejamento urbano de treze municípios da Grande Florianópolis. In: SIMPÓSIO BRASILEIRO DE SENSORIAMENTO REMOTO, 13. (SBSR), 21-26 abr. 2007, Florianópolis. *Anais...* São José dos Campos: Instituto Nacional de Pesquisas Espaciais (INPE), 2007. Artigo, p. 5115-5119. CD-ROM, On-line. ISBN 978-85-17-00031-7.

BENTZ, C. M.; LORENZZETTI, J. A.; KAMPEL, M.; POLITANO, A. T.; GENOVEZ, P.; LUCCA, E. V. D. Contribuição de dados ASTER, CBERS, R99/SIPAM e OrbiSAR-1 para o monitoramento oceânico — Resultados do projeto FITOSAT. In: SIMPÓSIO BRASILEIRO DE SENSORIAMENTO REMOTO, 13. (SBSR), 2007, Florianópolis. *Anais...* São José dos Campos: INPE, 2007. p. 3755-3762. CD-ROM; On-line. ISBN 978-85-17-00031-7. Disponível em: <http://urlib.net/dpi.inpe.br/sbsr@80/2006/11.14.19.25.29>.

BINS, L. S.; FONSECA, L. M. G.; ERTHAL, G. J.; II, F. M. Satellite imagery segmentation: a region growing approach. In: SIMPÓSIO BRASILEIRO DE SENSORIAMENTO REMOTO, 8., 1996, Salvador. *Anais...* São José dos Campos: INPE, 1996. p. 677-680. CD-ROM.

ISBN 85-17-00014-5. (INPE-6231-PRE/2321). Disponível em: <http://urlib.net/sid.inpe.br/deise/1999/02.05.09.30>.

BOGGIONE, G. A. *Restauração de imagens do satélite Landsat-7.* 2003-06-17. 160 p. (INPE-10462-TDI/929). Dissertação (Mestrado em Sensoriamento Remoto) — Instituto Nacional de Pesquisas Espaciais, São José dos Campos. 2003. Disponível em: <http://urlib.net/sid.inpe.br/jeferson/2003/08.19.08.48>.

BOWKER, D. E.; DAVIS, R. E.; MYRICK, D. L.; STACY, K.; JONES, W. T. Spectral Reflectances of Natural Targets for Use in Remote Sensing Studies. (NASA).

BRANDO, V.E.; DEKKER, A.G. Satellite hyperspectral remote sensing for estimating estuarine and coastal water quality *IEEE Transactions on Geoscience and Remote Sensing*, 41(6):1378- 1387, 2003

BURGER, J. E. Hyperspectral NIR Image Analysis. Data Exploration, Corrections and Regressions. Doctoral Thesis. Swedish Universtiy of Agricultural Science. Umea, 2006.

CANAVESI, V.; KIRCHNER, F. F. Estimativa de macronutrientes em floresta Ombrófila Mista Montana utilizando dados de campo e dados obtidos a partir de imagens do satélite IKONOS II. In: SIMPÓSIO BRASILEIRO DE SENSORIAMENTO REMOTO, 12. (SBSR), 16-21 abr. 2005, Goiânia. *Anais...* São José dos Campos: INPE, 2005. Artigos, p. 1443-1450. CD-ROM, On-line. ISBN 85-17-00018-8.

CARNEIRO, C. de C.; CRÓSTA, A. P.; SILVA, A. M.; PINHEIRO, R. V.de L. Fusão de imagens altimétricas e aeromagnetométricas como ferramenta de interpretação geológica: o exemplo da Província Mineral de Carajás, PA. Revista Brasileira de Geofísica. 24(.3): 261-271, 2006.

CARVALHO, J. C.; FERREIRA, N. J.; RAMOS, F. M. Sondagem vertical da atmosfera usando o sistema ATOVS/NOAA. In: Nelson Jesus Ferreira. (Org.). Aplicações ambientais brasileiras dos satélites NOAA e TIROS-N. 1 ed. São Paulo: Editora SIGNER LTDA, 2004, v. p. 189-219.

CEBALLOS, J. C.; BOTTINO, M. J. O modelo GL/CPTEC de radiação solar por satélite: potencial de informações para agrometeorologia. In: XV CONGRESSO BRASILEIRO DE AGROMETEOROLOGIA, 2007, Aracaju, SE. *Anais...* 2007.

CHAI, S. M.; GENTILE, W. E.; LUGO-BEAUCHAMP, E. FONSECA, X.; CRUZ-RIVERA, J. L.; WILLS, D.S. Focal-plane processing architectures for real-time hyperspectral image processing. *Applied Optics*, 39 (4): 835-849, 2000.

CHEN, H. S. *Space remote sensing systems: An introduction* OrlandoAcademic Press, Inc., 1985, 269 p.

CHEN, S.C. *Informações Espectrais e Texturais de vegetação da Região Amazônica a partir de Dados do Sensor TM do Satélite Landsat.* Tese de Doutoramento. Universidade de São Paulo, SP. 1996.

CLAYTON, D.D. *Principles of stellar svolution and nucleosynthesis.* Chicago, The University of Chicago Press p. 612, 1983.

COLWELL, R. N. Basic Matter and Energy Relationships Involved in Remote Reconnaissance. *Photogrametric Engeneering* 29(5):761-799, 1963.

CONDIT, H. R. The spectral Reflectance of American Soils. *Photogrammetric Engeneering,* 36(9):955-966, 1970.

COSTA, M. P. F. *Net Primary Productivity and Carbon Uptake of Aquatic Vegetation of the Amazon Floodplain: a Multi-SAR Satellite Approach*. PhD Theses (Department of Geography), University of Victoria, BC, Canadá, 2000.

COSTA, M. Use of SAR satellites for mapping zonation of vegetation communities in the Amazon floodplain. *International Journal of Remote Sensing*. 25(10):1817-1835, 2004.

CRÓSTA, A. P. Processamento Digital de Imagens de Sensoriamento Remoto. Campinas: IG/UNICAMP, 2nd ed.170p. 1992.

CRÓSTA, A. P.; SOUZA FILHO, C. R.; AZEVEDO, F.; BRODIE, C. Targeting key alteration minerals in epithermal deposits in Patagonia, Argentina, using ASTER imagery and principal component analysis. *International Journal of Remote Sensing*, Londres, 24(20) 4034-4041, 2003.

CROSTA, A. P.; CARNEIRO, C. C; PARADELLA, R. W. SANTOS, A. S. MAPSAR simulation campaign: Evaluation of the SIVAM/SIPAM SAR System for Geologic Mapping in Carajás Mineral Province. In: Simpósio Brasileiro de Sensoriamento Remoto (SBSR), 13. 2007, Florianópolis. *Anais...* São José dos Campos: INPE, 2007, p. 4841-4848. CD-ROM. ISBN 978-85-17-00031-7.

CUNHA, E. R. S. P. Integração digital de imagens de radar e landsat-tm com dados geológicos e aerogamaespectrométricos no auxílio ao mapeamento geológico da região do complexo granítico estrela. Pará (PA)/E. R. S. P. Cunha. — São José dos Campos: INPE, 2002.

CURLANDER, J. C.; McDONOUGH, R. N. *Synthetic Aperture Radar: systems and signal processing*. New York. John Wiley and Sons, Inc., 1991, p.647.

CURRAN, P. O. *Principies of Remote Sensing*. London, Longman, 1985.

DATTATREYA; G. R.; KANAL, L. N. *Decision trees in pattern recognition IN:* KANAL & ROSENFELD (eds.) *Progress in Pattern Recognition 2*, New York, Elsevier Science Publisher B.V., 189-239, 1985.

DOBSON, M. C.; PIERCE, L. E.; BERGEN, K.; KELLENDORFER, J.; ULABY, F. T. Retrieval of Above-ground biomass and detection of Forest Disturbance using SIR-C/X SAR. (IGARSS 95): 987-989, 1995.

DOBSON, M. C.; ULABY, LETOAN F. T.; T.; BEAUDOIN A.;KASISCHKE, E. S.; CHRISTENSEN, N. Dependence of radar backscatter on coniferous forest biomass *IEEE Transactions on Geoscience and Remote Sensing*, 30: 412-415 1992.

DUCART, D. F.; CRÓSTA, A. P.; SOUZA FILHO, C. R. de; CONIGLIO, J. Characterizing surficial alteration at Los Menucos epithermal district, Patagonia, Argentina, using shortwave infrared spectrometry and ASTER multispectral images. *Economic Geology and the Bulletin of the Society of Economic Geologists*, Littleton, Colorado, EUA, v. 101, n. 5, p. 981-996, 2006

ELACHI, C. *Introduction to the Physics and Techniques of Remote Sensing*, New York, Wiley, 1987.

EPIPHANIO, J. C. N. *Efeito do Ângulo de Observação e da Rugosidade Superficial no Comportamento Espectral de Solos sob Condições Hídricas Temporalmente Variáveis*. São José dos Campos, INPE, 1983 (INPE-2777-RPE/436).

370 Sensoriamento Remoto

EPIPHANIO, J. C. N.; LUIZ, A. J. B.; FORMAGGIO, A.R. Estimativa de áreas agrícolas municipais, utilizando sistema de amostragem simples sobre imagens de satélite. *Bragantia*, 61(2): 187-197, 2002.

ESPÍRITO-SANTO, F. D. B. *Caracterização e mapeamento da vegetação da região da Floresta Nacional de Tapajós através de dados óticos, de radar e inventários florestais.* 2003-10. 277 p. (INPE-10133-TDI/898). Dissertação (Mestrado em Sensoriamento Remoto) — Instituto Nacional de Pesquisas Espaciais, São José dos Campos. 2003. Disponível em: <http://urlib.net/sid.inpe.br/jeferson/2003/12.09.13.07>.

FERRAZ, P.; MOTOMIYA, A. V. A.; ANGULO FILHO, R.; MOLIN, J. P.; MOTOMIYA, W. R. Comportamento espectral do algodoeiro à diferentes níveis de adubação nitrogenada. In: SIMPÓSIO BRASILEIRO DE SENSORIAMENTO REMOTO, 13. (SBSR), 2007, Florianópolis. *Anais...* São José dos Campos: INPE, 2007. p. 185-190. CD-ROM, On-line. ISBN 978-85-17-00031-7. Disponível em: <http://urlib.net/dpi.inpe.br/sbsr@80/2006/11.15.19.40>.

FERREIRA, F. J. F.; ALMEIDA-FILHO, R.; SILVA, F. V. Modelagem de dados aeromagnéticos para estimar largura e espessura do complexo máfico-ultramáfico de Campo Formoso-BA. *Boletim Paranaense de Geociências*, 52: 41-47, 2003.

FERREIRA, N. J. (Org.) Aplicações ambientais brasileiras dos satélites NOAA e TIROS-N. 1. ed. São Paulo: Editora SIGNER LTDA, 2004. v. 1. 272 p.

FERRI, C. P. *Utilização da reflectância espectral para a estimativa de pigmentos fotossintéticos em dosséis de soja [Gycine Max (.L), Merril].* 2002-03. 173 p. (INPE-8983-TDI/814). Tese (Doutorado em Sensoriamento Remoto) — Instituto Nacional de Pesquisas Espaciais, São José dos Campos. 2002. Disponível em: http://urlib.net/dpi.inpe.br/lise/2003/01.16.08.47>.

FIDALGO, E. C. C. *Exatidão no processo de mapeamento temático da vegetação de uma área de Mata Atlântica no estado de São Paulo, a partir de imagens TM-Landsat.* ago. 1995. 186 p. (INPE-5944-TDI/570). Dissertação (Mestrado em Sensoriamento Remoto) — Instituto Nacional de Pesquisas Espaciais, São Jose dos Campos. 1995. Disponível em: http://urlib.net/sid.inpe.br/iris@1912/2005/07.20.06.35>.

FISCHER, W. A. "History Remote Sensing". IN: Reeves (ed). *Manual of Remote Sensing.* A.S.P.; Falls Church, Cap. 2, V I, p. 27-50, 1975, 19 edição.

FONSECA, L. M. G. Restauração e interpolação de imagens do satélite Landsat por meio de técnicas de projeto de filtros FIR. São José dos Campos. 148 p.(INPE-6628-TAE/30). Dissertação (Mestrado em Engenharia Elétrica) — Instituto Tecnológico da Aeronáutica, 1988.

FREDEN, S. C.; GORDON JR., F. LANDSAT Satellites. IN: Colwell, R. N. (ed.) *Manual of Remote Sensing.* Falis Church. A.S.P. V I, Cap. 12, p. 517-570, 1983.

FRERY, A. C.; CORREIA, A. H.; FREITAS, C. C. Classifying Multifrequency Fully Polarimetric Imagery With Multiple Sources of Statistical Evidence and Contextual Information. *IEEE Transactions on Geoscience and Remote Sensing*, 45(10) 3098-3109, 2007.

GABOARDI, C. *Utilização de imagem de coerência SAR para classificação do uso da terra*: Floresta Nacional do Tapajós. 2002-06-11. 139 p. (INPE-9612-TDI/842). Tese (Doutorado em Sensoriamento Remoto) — Instituto Nacional de Pesquisas Espaciais, São José dos Campos. 2002. Disponível em: <http://urlib.net/sid.inpe.br/marciana/2003/04.10.08.52>.

GALVÃO, L. S.; VITORELLO, I. Role of organic matter in obliterating the effects of iron on spectral reflectance and colour of Brazilian tropical soils. *International Journal of Remote Sensing* 19(10): 1969-1979, 1998.

GALVÃO, L. S.; FORMAGGIO, A. R. Sensoriamento remoto hiperespectral e geração de informações pedológicas. *Revista Brasileira de Ciência do Solo* 32: 27-31, 2007.

GALVÃO, L. S.; FORMAGGIO, A. R.; TISOT, D. A. Discriminação de variedades de cana-de-açúcar com dados hiperespectrais do sensor Hyperion/EO-1. *Revista Brasileira de Cartografia*, Presidente Prudente, 57(01) 07-14, 2005.

GALVÃO, L. S.; P. F. W.; ABDON, M. M.; NOVO, E. M. L. M.; SILVA, J. S. V.; PONZONI, F. J. Spectral reflectance characterization of shallow lakes from the Brazilian Pantanal wetlands with field and airborne hyperspectral data. *International Journal of Remote Sensing.* 24(21): 4093-4112, 2003

GALVÃO, L. S.; PIZARRO, M. A.; EPIPHANIO, J. C. N. Variations in reflectance of tropical soils: spectral-chemical composition relationships from AVIRIS data. *Remote Sensing of Environment*, 75(2): 245-255, 2001.

GALVÃO, L. S.; PONZONI, F. J.; EPIPHANIO, J. C. N.; FORMAGGIO, A. R.; RUDORFF, B.F.T. Sun and View Angle Effects on NDVI Determination of Land Cover Types in the Brazilian Amazon Region with Hyperspectral Data. *International Journal of Remote Sensing*, 25(10): 1861-1879, 2004a.

GALVÃO, L. S.; VITORELLO, I.; FORMAGGIO, A. R. Relationships of Spectral Reflectance and Color Among Surface and Subsurface Horizons of Tropical Soil Profiles. *Remote Sensing of Environment*, 61(1) 24-33, 1997.

GALVÃO, L. S.; VITORELLO, I.; PARADELLA, W. R. Spectroradiometric Discrimination of Laterites with Principal Components Analysis and Additive Modeling. *Remote Sensing of Environment.* 53(2)70-75, 1995.

GALVÃO, L. S.; ALMEIDA-FILHO, R.; VITORELLO, I. Spectral discrimination of hydro-thermally altered-materials using ASTER short-wave infrared bands: evaluation in a tropical savannah environment. ITC Journal. 7: 107-114, 2004b.

GALVÃO, L. S; FORMAGGIO, A., TISOT, D. A. The influence of spectral resolution on discriminating Brazilian sugarcane varieties. *International Journal of Remote Sensing.* 27(4):769-777,2006.

GAMA, F. F. *Estudo da interferometria e polarimetria SAR em povoamentos florestais de eucalyptus SP.* 2007-02-13. 242 p. (INPE-14778-TDI/1231). Tese (Doutorado em Sensoriamento Remoto) — Instituto Nacional de Pesquisas Espaciais, São José dos Campos. 2007. Disponível em: <http://urlib.net/sid.inpe.br/mtc-m17@80/2007/04.04.12.36>.

GAMA, F. F.; MURA, J. C.; ALMEIDA, E. S.; ALBUQUERQUE, P. C. G.; BINS, L. Metodologia da aquisição de dados radargramétricos do projeto de transposição de águas do rio São Francisco. In: SIMPÓSIO BRASILEIRO DE SENSORIAMENTO REMOTO, 10. 2001, Foz do Iguaçu. *Anais...* São José dos Campos: INPE, 2001. p. 1411-1419. CD-ROM, Online. ISBN 85-17-00016-1. (INPE-8251-PRE/4041). Disponível em: <http://urlib.net/dpi.inpe.br/lise/2001/09.20.18.16>.

GAMA, F. F.; SANTOS, J. R.; MURA, J. C.; RENNÓ, C. D. Estimativa de Parâmetros Biofísicos de Povoamentos de Eucalyptus Através de Dados SAR. *Ambiência*, v. 2:29-42, 2006.

GARCIA, G. J. *Sensoriamento Remoto: Princípios e Interpretação de Imagens.* São Paulo, *Nobel,* 1982.

GAUSMAN, H. W.; ALLEN, W. A.; CARDENAS, R.; RICHARDSON, A. J. Relation of Light Reflectance to Histological and Physical Evaluation of Cotton Leaf Maturity. *Applied Optics,* 9:545-552, 1970.

GENÚ, A. M.; DEMATTÊ, J. A. M.; NANNI, M. R.; BORTOLETTO, M. A. M.; RIZZO, R. Caracterização e comparação do comportamento espectral de atributos do solo obtidos por sensor orbital (ASTER e TM-Landsat) e terrestre (IRIS). In: SIMPÓSIO BRASILEIRO DE SENSORIAMENTO REMOTO, 13. (SBSR), 2007, Florianópolis. *Anais...* São José dos Campos: INPE, 2007. p. 205-212. CD-ROM, On-line. ISBN 978-85-17-00031-7. Disponível em: <http://urlib.net/dpi.inpe.br/sbsr@80/2006/11.06.17.43>.

GLERIANI, J. M. *Influência do solo de fundo e da geometria da radiação na resposta espectral da cultura do feijão.* 1994-12. 87 p. (INPE-5632-TDI/556). Dissertação (Mestrado em Sensoriamento Remoto) — Instituto Nacional de Pesquisas Espaciais, São Jose dos Campos. 1994. Disponível em: <http://urlib.net/sid.inpe.br/iris@1912/2005/07.20.04.20.46>.

GLOERSEN, P; L. HARDIS. The Scanning Multichannel Microwave Radiometer (SMMR) experiment. *The Nimbus 7 Users' Guide.* C. R. Madrid, editor. National Aeronautics and Space Administration. Goddard Space Flight Center, Maryland. http://nsidc.org/data/docs/daac/amsre_instrument.gd, 1978.

GLOERSEN, P.; F. T. BARATH. A Scanning Multichannel Microwave Radiometer for Nimbus-G and SeaSat-A. *IEEE Journal of Oceanic Engineering* 2:172-178, 1977.

GLOERSEN, P., W. J. CAMPBELL, D. J. CAVALIERI, J. C. COMISO, C. L. PARKINSON, H. J. ZWALLY. *Arctic and Antarctic Sea Ice, 1978-1987: Satellite Passive-Microwave Observations and Analysis.* National Aeronautics and Space Administration Scientific and Technical Information Program. Washington, D.C. 1992.

GOEL, N. S. Models of vegetation canopy reflectance and their use in estimation of biophisical parameters from reflectance data. *Remote Sensing Reviews,* 4(1):1-222, 1988.

GÓES, C. A. *Análise da dispersão de larvas de lagostas no Atlântico tropical a partir de correntes geotróficas superficiais derivadas por satélites.* 2006-05-09. 93 p. (INPE-14197-TDI/1099). Dissertação de Mestrado — Instituto Nacional de Pesquisas Espaciais, São José dos Campos. 2006. Disponível em: <http://urlib.net/sid.inpe.br/MTC-m13@80/2006/07.10.14.12>.

GONÇALVES, F. D.; SOUZA FILHO, P. W. M.; MIRANDA, F. P.; PARADELLA W. R. Técnicas Automáticas para a Geração de Mapas de Índices de Sensibilidade Ambiental a Derramamentos de Óleo na Baía de Guajará, Belém-PA. Revista Brasileira de Cartografia, 58(1): 255-262, 2006.

GRACIANI, S. D. *Distribuição espacial e temporal de macrófitas aquáticas em reservatórios tropicais.* Monografia de Conclusão do XV CURSO INTERNACIONAL DE ESPECIALIZAÇÃO EM SENSORAMIENTO REMOTO, São José dos Campos, Instituto Nacional de Pesquisas Espaciais, 2002.

GURGEL, H. C. *Variabilidade espacial e temporal do NDVI sobre o Brasil e suas conexões com o clima.* 2000-03. 118 p. (INPE-9655-TDI/848). Dissertação (Mestrado

Referências Bibliográficas

em Sensoriamento Remoto) — Instituto Nacional de Pesquisas Espaciais, São José dos Campos. 2000. Disponível em: <http://urlib.net/sid.inpe.br/jeferson/2003/05.07.14.08>.

GUYOT, 6.; HANOCQ, J. F.; LEPNE, T.; MALET, P.; VERBRUGGHE, M. Etude des potentialites de SPOT poor suiure la evolution de couverts de céréales. *L'Espace Geographique*, 3:257-264, 1984.

GUYOT, G. Variabilité Angulaire et Spatiale des Donneés Spectrales dans le Visible et le Proche Infrarouge. *"II e Coll. Intern. Signatures Spectrales d'Objets en Teledetectión.* Bordeaux, 12-16 setp, 1983. INRA Public, 1984 (Les Colloques de l'INRA, nº 23) p. 27-44.

HAN, T.; GOODENOUGH, D. G.; DYK, A.; LOVE, J. Detection and correction of abnormalpixels in Hyperion images. In: Geoscience and Remote Sensing Symposium, 2002. Toronto, Canada. *Proceedings...* IEEE International, 2002. p. 1327-1330.

HERZ, R. *Circulação das Águas de Superfície da Lagoa dos Patos. Contribuição Metodológica do Estudo dos Processos Lagunares e Costeiros do Rio Grande do Sul através da Aplicação de Sensoriamento Remoto.* Tese de Doutoramento em Geografia Física. Universidade de São Paulo, 1977.

HESS, L. L., NOVO, E. M. L. M., MELACK, J. M., Slaymaker, D.M e OUTROS. Geocoded digital videography for validation of land cover in the Amazon basin. International Journal of Remote Sensing. London, v.23, n.7, p.1241. 1260, 2002.

HESS, L. L.; MELACK, J. M.; NOVO, E. M. L. M.; BARBOSA, C. C.; GASTIL, M. Dualseason mapping of wetland inundation and vegetation for. *Remote Sensing of Environment*, Estados Unidos, v. 87, p. 404-428, 2003.

HIXSON, M. N.; BAUER, M. E.; BIEHL, L. L. Crop Spectra from LACIE Field Measurements. Purdue University 1978, 195 p. (West Lafayet, IN, LARS REPORT 011578).

HUNT, G. H. *Electromagnetic Radiation: The Communication Link* IN:(SIEGAL, B.S. AND GIELLESPIE, A, R. ed.): *Remote Sensing: in Remote Sensing in Geology* New York, John Willey & Sons. p.05-45, 1980.

JONES, E. R.; CHILDERS, R. L. *Contempory College Physics*. New York, Addison-Wesley, 1993

KAMPEL, M.; LORENZZETTI, J. A.; BENTZ, C. M.; NUNES, R. A.; PARANHOS, R.; RUDORFF, F. M.; POLITANO, A. T. Medidas simultâneas de concentração de clorofila por LIDAR, fluorescência, MODIS e radiometria: resultados do cruzeiro FITOSAT I. In: SIMPÓSIO BRASILEIRO DE SENSORIAMENTO REMOTO, 13. (SBSR), 2007, Florianópolis. *Anais...* São José dos Campos: INPE, 2007. p. 4611-4618. CD-ROM; On-line. ISBN 978-85-17-00031-7. Disponível em: <http://urlib.net/dpi.inpe.br/sbsr@80/2006/11.24.20.17>.

KIMES, D. S. Dynamics of Directional Reflectance Factor Distributions for Vegetation Canopies. Appl. Opt., 22(9): 1364-1372, 1983,

KIRK, J. T. O *Light & Photosynthesis in Aquatic Ecosystems*. London, Cambridge University Press. 1994.

KRAME, H. J. Oberservation of the Earth and Its Environment Survey of Missions and Sensor. Second Edition, p. 580 Springer-Verlag, New Yorks, 1994.

KRUSE, F. A. Preliminary results — hyperspectral mapping of coral reef systems using EO-1 Hyperion, Buck Island, U.S. Virgin Islands. In: *12th JPL Airborne Earth Science Workshop*. Jet Propulsion Laboratory, Pasadena, California, 2003. p. 157-173.

Sensoriamento Remoto

LIESENBERG, V. *Análise multi-angular de fitofisionomias do bioma cerrado com dados MISR/Terra.* 2005-05-03. 120 p. (INPE-13727-TDI/1049). Dissertação (Mestrado em Sensoriamento Remoto) — Instituto Nacional de Pesquisas Espaciais, São José dos Campos. 2005. Disponível em: <http://urlib.net/sid.inpe.br/iris@1913/2005/08.03.19.56>.

LILLESAND, T. M.; KIEFER, R. W.; CHIPMAN, J. W. *Remote sensing and image interpretation.* New York, John Wiley & Sons Ltd., 763 pp. 2004.

LIMA, I. B. T. *Utilização de imagens históricas TM para avaliação e monitoramento da emissão de CH4 na UHE Tucuruí.* 1998-02. 114 p. (INPE-6821-TDI/642). Dissertação (Mestrado em Sensoriamento Remoto) — Instituto Nacional de Pesquisas Espaciais, São Jose dos Campos. 1998. Disponível em: <http://urlib.net/sid.inpe.br/iris@1912/2005/07.20.11.10>.

LOBL, E. Joint Advanced Microwave Scanning Radiometer (AMSR) Science Team meeting. *Earth Observer* 13(3): 3-9., 2001.

LONDE, L. DE R. *Comportamento espectral de fitoplâncton de águas interiores do Brasil como suporte à aplicação de sensores hiperespectrais* .Tese (Doutorado em Sensoriamento Remoto) Instituto Nacional de Pesquisas Espaciais, São José dos Campos. (*em andamento*), 2007.

LONDE, L. R.; NOVO, E. M. L. M.; CALIJURI, M. C. Avanços no estudo do comportamento espectral do fitoplâncton e identificação remota de algas. In: SIMPÓSIO BRASILEIRO DE SENSORIAMENTO REMOTO, 12. (SBSR), 2005, Goiânia. *Anais...* São José dos Campos: INPE, 2005. p. 389-396. CD-ROM, On-line. ISBN 85-17-00018-8. Disponível em: <http://urlib.net/ltid.inpe.br/sbsr/2004/11.19.18.09.49>.

LORENZZETTI, J. A.; NEGRI, E.; KNOPERS, B.; MEDEIROS, P. R. P. Uso de imagens LANDSAT como subsídio ao estudo da dispersão de sedimentos na região da foz do rio São Francisco. In: SIMPÓSIO BRASILEIRO DE SENSORIAMENTO REMOTO, 13. (SBSR), 2007, Florianópolis. *Anais...* São José dos Campos: INPE, 2007. p. 3429-3436. CD-ROM; On-line. ISBN 978-85-17-00031-7. Disponível em: <http://urlib.net/dpi.inpe.br/sbsr@80/2006/11.14.21.18.

LOWMAN, JR., P. D. Space Photography. — A Review. *Photogrammetrio Engineering, 31*(1) :76-86, 1965.

LUCCA, E. V. D. *O uso de fusão de imagens multisensores por meio da transformada wavelet na caracterização da pluma termal costeira da usina nuclear de Angra dos Reis.* 2006-09-15. 150 p. (INPE-14638-TDI/1202). Tese de Doutorado — Instituto Nacional de Pesquisas Espaciais, São José dos Campos. 2006.

LUCCA, E. V. D.; BANDEIRA, J. V.; LORENZZETTI, J. A.; MOREIRA, R. C.; CASTRO, R. M.; SALIM, L. H.; ZALOTI JÚNIOR, O. D.; ESPOSITO, E. S. C. Uso de Sensor Hiperespectral Aerotransportado no Monitoramento da Pluma Termal Oceânica Decorrente da Descarga de Refrigeração da Central Nuclear de Angra dos Reis. *Revista Brasileira de Cartografia*, v. 57, n. 1, p. 48-55, abr. 2005.

LUIZ, A. J. B.; EPIPHANIO, J. C. N. Amostragem por pontos em imagens de sensoriamento remoto para estimativa de área plantada por município. In: SIMPÓSIO BRASILEIRO DE SENSORIAMENTO REMOTO, 10, 2001, Foz do Iguaçu. *Anais...* São José dos Campos: INPE, 2001. p. 111-118. CD-ROM, On-line. ISBN 85-17-00016-1.(INPE-8212-PRE/4001). Disponível em: <http://urlib.net/dpi.inpe.br/lise/2001/09.13.10.55>.

MACHADO E SILVA, A. J. F.; SILVA, M. V. D. da; SANTINI, D. Mapeamento topográfico usando imagens Ikonos. In: SIMPÓSIO BRASILEIRO DE SENSORIAMENTO REMOTO, 11, 5-10 abr. 2003, Belo Horizonte. *Anais...* São José dos Campos: INPE, 2003. p. 297-302.

MALING, D. H. *Coordinate System and Map Projections.* Oxford. Pergamon Press. 2.ª Edição, 1993. P.476.

MALUF ROSA, S. *O sistema visual humano,* Apostila do Curso de Interpretação Visual de Imagens Instituto Nacional de Pesquisas Espaciais, São José dos Campos. 1999.

MANGABEIRA, J. A. C.; LAMPARELLI, R. A. C.; AZEVEDO, E. C. Utilização de imagem IKONOS II para identificação de uso da terra em área com alta estrutura fundiária. In: SIMPÓSIO BRASILEIRO DE SENSORIAMENTO REMOTO, 11., 2003, Belo Horizonte. *Anais...* São José dos Campos: INPE, 2003. p. 165-167. CD-ROM, Online. ISBN 85-17-00017-X. Disponível em: <http://urlib.net/ltid.inpe.br/sbsr/2002/11.14.13.30>.

MANTOVANI, J. E. *Comportamento espectral da água*: faixas espectrais de maior sensibilidade ao fitoplâncton na presença de matéria orgânica dissolvida e de matéria inorgânica particulada. Jul. 1993. 119 p. (INPE-5683-TDI/569). Dissertação (Mestrado em Sensoriamento Remoto) — Instituto Nacional de Pesquisas Espaciais, São José dos Campos. 1993. Disponível em: <http://urlib.net/sid.inpe.br/iris@1912/2005/07.20.02.09.34>.

MARCHETTI, D. A. B.; GARCIA, G. J. *Princípios de fotogrametria e fotointerpretação.* São Paulo. Livraria Nobel, 1977.

MASSONNET, D.; ROSSI, M.; CARMONA, C.; ADRAGNA, F.; PELTZER, G.; FEIGL, K.; and RABAUTE, T. The displacement field of the Landers earthquake mapped by radar interferometry: *Nature* 364: 138-142, 1993.

MATHER, P. M. *Computer Processing of Remotely-Sensed Images. An introduction.* New York, John Wiley & Sons, p.352, 1987.

MELACK, J. M.; HESS, L. L.; GASTIL, M. FORSBERG, B.R.; HAMILTON, S. K.; LIMA, I.B.T.; NOVO, E.M.L. Regionalization of methane emissions in the Amazon Basin with microwave remote sensing *Global Change Biology.* Volume (10)5. Page 530-544, 2004.

MELO, D. H. C. T. B. *Uso de dados Ikonos II na análise urbana*: testes operacionais na zona leste de São Paulo. 2002-09-30. 146 p. (INPE-9865-TDI/870). Dissertação (Mestrado em Sensoriamento Remoto) — Instituto Nacional de Pesquisas Espaciais, São José dos Campos. 2002. Disponível em: <http://mtc-m12.sid.inpe.br/rep-/sid.inpe.br/marciana/2003/04.14.11.44.

MENESES, P. R. Origem das feições espectrais. In: Paulo Roberto Meneses; José da Silva Madeira Neto (Org.). Sensoriamento Remoto: Reflectância dos Alvos Naturais. 1 ed. Brasília: Edunb, 2003, v. 1, p. 40-60.

MILTON, E. J., ROLLIN, E. M. and EMERY, D. R. *Advances in field spectroscopy.* — In: Danson, F. M. and Plummer,S. E. (eds), *Advances in environmental remote sensing.* John Wiley and Sons, pp. 9–32, 1995.

MIRANDA, F. P.; MENDOZA, A.; PEDROSO, E. C.; BEISL, C. H.; WELGAN, P.; MORALES, L. M. Analysis of RADARSAT-1 data for offshore monitoring activities in the Cantarell Complex, Gulf of Mexico, using the unsupervised semivariogram textural classifier (USTC). *Canadian Journal of Remote Sensing*, Ottawa, Ontario, Canada, v. 30, n. 3, p. 424-436, 2004.

MOBLEY, C. D. *Light and Water: Radiative Transfer in Natural Waters*. San Diego. Academic Press. 1994

MOREIRA, F. R. S.; ALMEIDA-FILHO, R.; CÂMARA NETO, G. Spatial analysis techniques applied for mineral prospecting: an evaluation in the Poços de Caldas Plateau. *Revista Brasileira de Geociências*, São Paulo, v. 33, p. 183-190, 2003.

MOREIRA, R. C. *Influência do posicionamento e da largura de bandas de sensores remotos e dos efeitos atmosféricos na determinação de índices de vegetacao*. 2000-05. 179 p. (INPE-7528-TDI/735). Dissertação (Mestrado em Sensoriamento Remoto) — Instituto Nacional de Pesquisas Espaciais, São José dos Campos. 2000. Disponível em: <http://urlib.net/sid.inpe.br/deise/2000/11.06.10.01>

MOREIRA, R. C.; GALVÃO, L. S.; CASTRO, R. M. Caracterização da reflectância espectral de materiais urbanos com imagens do sensor HSS. In: SIMPÓSIO BRASILEIRO DE SENSORIAMENTO REMOTO, 13. (SBSR), 2007, Florianópolis. *Anais...* São José dos Campos: INPE, 2007. p. 6489-6496. CD-ROM; On-line. ISBN 978-85-17-00031-7. Disponível em: <http://urlib.net/dpi.inpe.br/sbsr@ 80/2006/11.10.12.04>.

MUKAI, S. E SANO, I. Retrieval algorithm for atmospheric aerosols baed on multi-angle viewing of ADEOS/POLDER. *Earth Planets Space*, 51: 1247-1254, 1999.

MURA, J. C. Geocodificação automática de imagens de radar de abertura sintética interferométrico: sistema Geo-InSAR. 2000-08. (INPE-8209-TDI/764). Tese (Doutorado em Computação Aplicada) — Instituto Nacional de Pesquisas Espaciais, São José dos Campos. 2000. Disponível em: <http://mtc-m05.sid.inpe.br/rep-/sid.inpe.br/deise/2001/08.03.12.24>.

MURA, J. C.; PARADELLA, W. R.; DUTRA, L. V. MAPSAR image simulation based on L-Band polarimetric SAR data of the airborne SAR R99 sensor of the CENSIPAM. In: SIMPÓSIO BRASILEIRO DE SENSORIAMENTO REMOTO, 13. (SBSR), 2007, Florianópolis. *Anais...* São José dos Campos: INPE, 2007. p. 4943-4949. CD-ROM; On-line. ISBN 978-85-17-00031-7.

NATIONAL AERONAUTICS AND SPACE ADMINISTRATION — NASA. *LANDSAT Data User Handbook*. (NASA document 765 & 54258) Goddard Space Flight Center, Washington DC Maryland, 1976.

NOBREGA, I. W. *Análise espectral de sistemas aquáticos da amazônia para a identificação de componentes opticamente ativos*. 2002-06-27. 85 p. (INPE-13059-TDI/1023). Dissertação (Mestrado em Sensoriamento Remoto) — Instituto Nacional de Pesquisas Espaciais, São José dos Campos. 2002. Disponível em: <http://urlib.net/sid.inpe.br/MTC-m13@80/2005/09.08.16.41>.

NORWOOD, V; LANSING. J. *Electro-optical imaging sensors* IN: (COLWELL, R. N. ed.) *Manual of Remote Sensing*, Falls Church. A.S.P. V I p: 335-367., 1983.

NOVO, E. M. L. M. *Sensoriamento Remoto: Princípios e Aplicações*. 2.ª ed. São Paulo: Edgard Blucher, 1992. 269 p.

NOVO, E. M. L. M.; COSTA, M. P. F. *Fundamentos e Aplicações de Radar no Estudo de Áreas Alagáveis*. In: Ronald Buss de Souza. (Org.). Oceanografia por Satélites. São Paulo: Oficina de Textos, 2005, v. 1, p. 236-258.

NOVO, E.; COSTA, M.; MANTOVANI, J.; LIMA, I. Relationship between macrophyte stand variables and radar backscatter at L and C band — Tucuruí reservoir — Brazil. *International Journal of Remote Sensing*. 23(7):1241-1260, 2002.

NOVO, E. M. L. M.; COSTA, M. P. F.; MANTOVANI, J. E. Radarsat exploratory survey on macrophyte biophysical parameters in tropical reservoirs. *Canadian Journal of Remote Sensing*. 24(4):367-375, 1998.

NUMATA, I.; ROBERTS, D. A.; CHADWICK, O. A.; SCHIMEL, J. P.; GALVÃO, L. S.; SOARES, J. V. Evaluation of hyperspectral data for pasture estimate in the Brazilian Amazon using field and imaging spectrometers. *Remote Sensing of Environment* (112): 1-15, 2007.

OLIVER,C. J.; QUEGAN. S. *Understanding Synthetic Aperture Radar Images*. London, Publisher: Artech House, Inc. 1998, p. 479.

OPDYKE N.; MEIN P.; LINDSAY E.; PEREZ-GONZALES A.; MOISSENET E.; NORTON V. L.; DEROIN J. -P.; MARCHAND Y.; AUFFRET J. -P. Littoral Survey Using the JERS-OPS Multispectral Sensor: Example of the Mont-Saint-Michel Bay (Normandy, France) *Remote Sensing of Environment*, 62 (2): 119-131 1997.

PARADELLA W. R.; SANO, E. E. *Aplicações de Radar nas Geociências e Meio Ambiente: Estado Atual e Perspectivas*. IN: Maisa Bastos Abram, Joselisa Maria Chaves, Washington Franca-Rocha. (Org.). *Geotecnologias: Trilhando Novos Caminhos nas Geociências*. Salvador: Sociedade Brasileira de Geologia, Núcleo Nordeste, cap. 3, p. 57-67, 2006.

PARADELLA W. R.; SANTOS, A. R.; DALĽAGNOL, R.; PIETSCH, R. W.; SANT`ANNA, M. V. A Geological Investigation Based on Airborne (SAREX) and Spaceborne (RADARSAT-1) SAR Integrated Products in the Central Serra dos Carajás Granite Area, Brazil. *Canadian Journal of Remote Sensing* 21(4): 376-392, 1998.

PARADELLA W. R.; SANTOS, A. R.; OLIVEIRA, C. G.; SILVA, A. Q.; FREITAS, C. C. Preliminary Evaluation of PALSAR Data for Geoscience Applications in Tropical Environments of Brazil. In: The First Joint PI Symposium of ALOS Data Nodes for ALOS Science Program, 2007, Kyoto. *Proceedings of the ALOS/Kyoto Meeting*. Kyoto: JAXA, 2007. v. 1. p. 1-15.

PARADELLA W. R.; CECARELLI, I. C. F.; LUIZ, S.; OLIVEIRA, C. G.; OKIDA, R. Geração de Carta Topográfica com Estéreo-pares Fine do RADARSAT-1 e dados ETM+ Landsat 7 em Ambiente Montanhoso na Região Amazônica (Serra dos Carajás, Pará). *Revista Brasileira de Geociências*,. 35,(3):323-332, 2005.

PARDI-LACRUZ, M. S. *Análise harmônica de séries temporais de dados MODIS como uma nova técnica para a caracterização da paisagem e análise de lacunas de conservação*. 2006-04-25. 129 p. (INPE-14610-TDI/1190). Tese de Doutorado — Instituto Nacional de Pesquisas Espaciais, São José dos Campos. 2006. Disponível em: <http://urlib.net/sid.inpe.br/MTC-m13@80/2006/07.10.14.48.

PINHO, C. M. D. de. *Análise orientada a objetos de imagens de satélites de alta resolução espacial aplicada à classificação de cobertura do solo no espaço intra-urbano*: o caso de São José dos Campos. 2005-09-23. 180 p. (INPE-14183-TDI/1095). Dissertação de Mestrado — Instituto Nacional de Pesquisas Espaciais, São José dos Campos. 2005 Disponível em: <http://mtc-m17.sid.inpe.br/rep-/sid.inpe.br/MTC-m13@80/2005/11.23.13.40>.

PINHO, C. M. D. de; KUX, H. J. H.; ALMEIDA, C. M. de. Influência de Diferentes Padrões de Ocupação do Solo Urbano na Qualidade de Mapeamentos de Cobertura do Solo em Imagens de Alta Resolução Espacial: Estudo de Caso de São José dos Campos (SP). In: BLASCHKE, Thomas; KUX, Hermann (Ed.). *Sensoriamento Remoto e SIG Avançados: Novos Sistemas Sensores, Métodos Inovadores.* São Paulo, SP: Oficina de Textos, 2007. p. 198-208. ISBN 8586238574.

PIZARRO, M. A. *Sensoriamento remoto hiperespectral para a caracterizacao e identificação mineral em solos tropicais.* 1999-06. 185 p. (INPE-7249-TDI/693). Dissertação (Mestrado em Sensoriamento Remoto) — Instituto Nacional de Pesquisas Espaciais, São Jose dos Campos. 1999. Disponível em: <http://urlib.net/sid.inpe.br/deise/1999/10.22.17.45.

PODWYSOCKI, M. H.; SEGAL, D. B.; ABRAMS, M. J. Use of multispectral scanner images for assessment of hydrothermal alteration in the Marysvale, Utah, mining area. *Economic Geology.* 78(4): 675-687, 1983.

PONS, N. A. D.; PEJON, O. J. Uso da imagem Ikonos (PSM, 1m) ortorretificada e das ortofotos no estudo de áreas degradadas em ambiente urbano. In: SIMPÓSIO BRASILEIRO DE SENSORIAMENTO REMOTO, 13. (SBSR), 21-26 abr. 2007, Florianópolis. *Anais...* São José dos Campos: Instituto Nacional de Pesquisas Espaciais (INPE), 2007. Artigo, p. 645-652. CD-ROM,

PONZONI, F. J. *Comportamento Espectral da Vegetação.* In: Paulo Roberto Meneses; José da Silva Madeira Netto. (Org.). *Sensoriamento Remoto: reflectância de alvos naturais.* 1.ª ed. Brasília: Editora UNB, 2003, v. 1, p. 157-199.

PONZONI, F. J.; SHIMABUKURO, Y. E. *Sensoriamento Remoto no estudo da vegetação.* São José dos Campos: Editora Parêntese, 2007. v. 1. 140 p.

RADARSAT *RADARSAT distance Learning Program.* Ottawa. Geometics International, 1997.

RAMIREZ, G. M.; ZULLO JUNIOR, J.; ASSAD, E. D.; PINTO, H. S.; ROCHA, J. V.; LAMPARELLI, R. C. Utilização de imagens pancromáticas do satélite Ikonos-II na identificação de plantios de café. In: SIMPÓSIO BRASILEIRO DE SENSORIAMENTO REMOTO, 11, 2003, Belo Horizonte. *Anais...* São José dos Campos: INPE, 2003. p. 223-229. CD-ROM, Online. ISBN 85-17-00017-X. Disponível em: <h ttp://urlib.net/ltid.inpe.br/sbsr/2002/11.17.23.05.

REIS, R. S *Qualidade da Água, Deposição de Sedimentos e Sensoriamento Remoto: Um Estudo de caso nos Reservatórios do Sub-Médio São Francisco* Tese de Doutorado em Ciências da Engenharia Ambiental. Universidade de São Paulo, USP, Brasil, 2002.

RICCI, M.; PETRI, S. *Princípios de aerofotogrametria e interpretação geológica.* São Paulo: Nacional, 1965. 226p.

RICHARDS, J. A. *Remote Sensing Digital Image Analysis. An introduction.* Berlim, Springer-Verlag, 1993, 2nd Ed. 340p. 1993.

RIVERA-LOMBARDI, R. J. Estudo da recorrência de queimadas e permanência de cicatrizes do fogo em áreas selecionadas do cerrado brasileiro, utilizando imagens TM/Landsat/R. J. Rivera- Lombardi. — São José dos Campos: INPE, 2003. 172p. — (INPE-12663-TDI/1006).

RODRIGUEZ, E.; MORRIS, C. S.; BELZ, J. E.; CHAPIN, E. C.; MARTIN, J. M;. DAFFER; W; HENSLEY, S. *An assessment of the SRTM topographic products*, Technical Report JPL D 31639, Jet Propulsion Laboratory, Pasadena, California, 143 pp. 2005.

ROLLIN, E. M., MILTON, E. J. and ANDERSON, K. The role of field spectroscopy in airborne sensor calibration: the example of the NERC CASI. In, *Proceedings of a conference on Field Spectral Measurements in Remote Sensing, University of Southampton, 15-16 April 2002.* Southampton, UK, University of Southampton, Department of Geography, NERC EPFS, 21pp, 2002.

RUDORFF, B. F. T. (Org.); SHIMABUKURO, Y. E. (Org.); CEBALLOS, J. C. (Org.). *O sensor MODIS e suas aplicações ambientais no Brasil.* 1. ed. São José dos Campos: Parênteses, 2007. v. 1. 425 p.

RUDORFF, B. F. T.; LIMA, A.; SUGAWARA, L. M.; SHIMABUKURO, Y. E. Mapeamento da cana-de-açúcar na bacia do alto Paraguai. In: SIMPÓSIO DE GEOTECNOLOGIAS NO PANTANAL 1., (GEOPANTANAL), 11-15 nov. 2006, Campo Grande. *Anais...* Campinas, São José dos Campos. Embrapa Informática Agropecuária, Instituto Nacional de Pesquisas Espaciais (INPE), 2006. p. 511-520. CD-ROM. ISBN 85-17-00029-3. Disponível em: <http://mtc-m17.sid.inpe.br/rep-/sid.inpe.br/mtc-m17@80/2006/12.08.13.29>.

RUDORFF, C. M. *Estudo da composição das águas da planície amazônica por meio de dados de reflectância do sensor hyperion/EO-1 e de espectrômetro de campo visando a compreensão da variação temporal dos seus constituintes opticamente ativos.* 2006-03-31. 140 p. (INPE-14166-TDI/1083). Dissertação de Mestrado — Instituto Nacional de Pesquisas Espaciais, São José dos Campos. 2006. Disponível em: <http://urlib.net/sid.inpe.br/MTC-m13@80/2006/06.12.18.14>.

RUSS, J. C. *The Image Processing Handbook* Nova York, Taylor & Francis, p.822, 2006.

SANTOS, A. R.; PARADELLA W. R.; VENEZIANI, P.; MORAIS, M. C. A Estereoscopia com Imagens RADARSAT-1: Uma Avaliação Geológica na Província Mineral de Carajás. *Revista Brasileira de Geociências*, São Paulo, 29:(4)627-632, 1999.

SANTOS, P. S.; EPIPHANIO, J. C. N. Aprimoramento do método de amostragem simples utilizado pelo Projeto Geosafras para estimativa municipal de área plantada com soja. In: SIMPÓSIO BRASILEIRO DE SENSORIAMENTO REMOTO, 13. (SBSR), 2007, Florianópolis. *Anais...* São José dos Campos: INPE, 2007. p. 371-378. CD-ROM; On-line. ISBN 978-85-17-00031-7. Disponível em: <http://urlib.net/dpi.inpe.br/sbsr@80/2006/11.15.04.46>.

SCHOWENGERDT, R. A. *Remote Sensing Models and Methods for Image Processing*, London, Academic Press, 1997, p. 521.

SHIMABUKURO, Y. E.; NOVO, E. M.; MERTES, L. *Mosaico Digital de Imagens Landsat TM da Planície do Rio Solimões/Amazonas no Brasil.* Relatório Técnico. São José dos Campos. INPE, 1998.

SHIMABUKURO, Y. E.; SANTOS, J. R.; NOVO, E. M.L.M.; KRUG, T.; HESS, L. Estimativa da área de cobertura florestal afetada pelo incêndio em Roraima, utilizando dados multisensores. São José dos Campos: INPE, 1999 (Relatório Técnico).

SILVEIRA, G. C. da; SASSAKI, A. S. A.; NEVES, C. E.; SILVA, E. A. da; ISHIKAWA, M.I. Escala máxima de uso do produto Ikonos-Geo: Estudo de caso para Araçoiaba da Serra.

In: SIMPÓSIO BRASILEIRO DE SENSORIAMENTO REMOTO, 12. (SBSR), 16-21 abr. 2005, Goiânia. *Anais...* São José dos Campos: INPE, 2005. Artigos, p. 2589-2596. CD-ROM, On-line. ISBN 85-17-00018-8.

SIPPEL, S. J; HAMILTON, S. K; MELACK, J. M; CHOUDHURY, B. J. Determination of inundation area in the Amazon river floodplain using the SMMR 37 GHz polarization difference *Remote Sensing of Environment.* 48(1)70-76,1994.

SLATER, P. M. Photographic Systems for Remote Sensing. IN: Reeves R.G. (ed). *Manual of Remote Sensing.* American Society of Photograrnmetry, Falis Church. p. 235-323. 1975.

SLATER, P. N. Photographic Systems for Remote Sensing. IN: Colwell, R. N. (ed). *Manual of Remote Sensing.* 2.ª ed. Falis Church, A.S.P. V I, Cap. 6, p. 231-292, 1983.

SLATER, P. N. *Remote Sensing. Optics and Optical Systems.* Reading. Addison-Wesley, 1980, p. 575.

SOUZA FILHO, C. R. de; CRÓSTA, A. P. Geotecnologias Aplicadas à Geologia. *Revista Brasileira de Geociências*, 33(2)1-4, 2003.

SOUZA FILHO, C. R. De; DRURY S. A. Evaluation of JERS-1 (FUYO-1) OPS and Landsat TM images for mapping of gneissic rocks in arid areas. *International Journal of Remote Sensing*, 19(18): 3569-3594. 1998.

SOUZA FILHO, P. W. M.; Paradella W. R. Use of RADARSAT-1 Fine Mode and Landsat-5 TM Selective Principal Component Analysis for Geomorphological Mapping in a Macrotidal Mangrove Coast in the Amazon Region. *Canadian Journal of Remote Sensing*, 31(3)214-224, 2005.

SOUZA, I. de M. *Análise do espaço intra-urbano para estimativa populacional intercensitária utilizando dados orbitais de alta resolução espacial.* 2003-12-11. 104 p. (INPE-11607-TAE/59). Trabalhos Acadêmicos Externos — Instituto Nacional de Pesquisas Espaciais, São José dos Campos. 2003. Disponível em: <http://mtc-m16.sid.inpe.br/rep-/sid.inpe.br/jeferson/2004/12.24.09.50>.

SOUZA, R. B. *Oceanografia por Satélites.* 1ª. ed. São Paulo: Oficina de Textos, 2005. v. 1. 336 p.

SPOT. IMAGE *Satellite — based Remote Sensing System.* Programme d'Evaluation Préliminaire SPOT. Tolouse. Mars,1984.

STECH, J. L.; LORENZZETTI, J. A.; MELLO FILHO, W. L. Um estudo sobre a variabilidade espaço/temporal da frente interna da corrente do Brasil usando imagens AVHRR/NOAA. In: SIMPÓSIO BRASILEIRO DE SENSORIAMENTO REMOTO, 13. (SBSR), 2007, Florianópolis. *Anais...* São José dos Campos: INPE, 2007. p. 4743-4750. CD-ROM; On-line. ISBN 978-85-17-00031-7. Disponível em: <http://urlib.net/dpi.inpe.br/sbsr@80/200 6/11.01.18.03>.

STEFFEN, C. A.; MORAES, E. C.; GAMA, F. F. Radiometria Óptica Espectral. In: SIMPÓSIO BRASILEIRO DE SENSORIAMENTO REMOTO, 8. 1996, Salvador. *Anais...* São José dos Campos: INPE, 1996. 14-19 abr., Salvador, [CD-ROM]. ISBN 85-17-00014-5. Disponível em: <http://urlib.net/sid.inpe.br/iris@1908/2005/05.25.14.28>.

Referências Bibliográficas **381**

STONER, E. R.; BAUMGARDNER, M. F. Physiochemical, Site and Bidirectional Reflectance Factor Characteristics of Uniformly Moist Soils. West Lafayette (*LARS Technical Report 111679*) 94p. 1980. Purdue University.

SWAIN, P. H.; DAVIS, S. M. (eds). *Remote Sensing: The Quantitative Approaoh.* New York, Mc Graw-Hill, 1978.

TAYLOR, M. H. Ikonos Radiometric Calibration and Performance after 5 years om Orbit. Calcon Technical Conference, Utha State University, Logan, 20-25 Agosto, 2005.

TERRA, F. S.; SALDANHA, D. L. Utilização da reflectância e de atributos químicos e mineralógicos na caracterização dos diferentes substratos do Bioma Pampa, RS, Brasil. In: SIMPÓSIO BRASILEIRO DE SENSORIAMENTO REMOTO, 13. (SBSR), 2007, Florianópolis. *Anais...* São José dos Campos: INPE, 2007. p. 6399-6406. CD-ROM, On-line. ISBN 978-85-17-00031-7. Disponível em: <http://urlib.net/dpi.inpe.br/sbsr@80/2006/11.13.17.51>.

TERUIYA, R. K.; PARADELLA, W. R.; SANTOS, A. R.; VENEZIANI, P.; CUNHA, E. R. S. P. Análise de produtos integrados utilizando imagens TM-Landsat, SAREX e dados aerogamaespectrométricos no reconhecimento geológico do Granito Cigano, Província Mineral de Carajás, PA. In: SIMPÓSIO BRASILEIRO DE SENSORIAMENTO REMOTO, 10., 2001, Foz do Iguaçu. *Anais...* São José dos Campos: INPE, 2001. p. 357-364. CD-ROM, On-line. ISBN 85-17-00016-1. (INPE-8268-PRE/4058). Disponível em: <http://urlib.net/dpi.inpe.br/lise/2001/09.14.12.02>.

TSUCHIYA, K; OGURO, Y. Observation of large fixed sand dunes of Taklimakan Desert using satellite imagery. *Advances in Space Research* 39(1)60-64, 2007.

UNITED STATES GEOLOGICAL SURVEY (USGS) - *LANDSAT 4 DATA USERS HANDBOOK,* Alexandria, V.A, 1984.

ULABY, F. T.; MOORE, R. K.; FUNG, A. K. Microwave remote sensing: active and passive, Arthec House, Norwood, MA, 1986, p.2 162.

VALERIANO, M. M. *Reflectância Espectral do trigo irrigado (Triticum Aestivum L.) por Espectrorradiometria de campo e aplicação do modelo SAIL.* 1992-05. 149 p. (INPE-5426-TDI/483). Dissertação (Mestrado em Sensoriamento Remoto) — Instituto Nacional de Pesquisas Espaciais, São Jose dos Campos. 1992. Disponível em: <http://urlib.net/sid.inpe.br/iris@1912/2005/07.19.23.01.26>.

VALERIANO, M. M.; EPIPHANIO, J. C. N.; FORMAGGIO, A. R.; OLIVEIRA, J. B. Bi-directional reflectance factor of 14 soil classes from Brazil. *International Journal of Remote Sensing.* 16(1)113-128, 1995.

VERMOTE, E. F.; TANRE, D.; DEUZE, J. L.; HERMAN, M.; MORCETE, J. J. Second Simulation of the Satellite Signal in the Solar Spectrum, 6S: an overview, *IEEE Transactions on Geoscience and Remote Sensing,* 35,(3): 675-686, 1997.

VIEIRA, P. R. *Desenvolvimento de classificadores de máxima verossimilhança e ICM para imagens SAR.* 1996-08. 251 p. (INPE-6124-TDI/585). Dissertação (Mestrado em Sensoriamento Remoto) — Instituto Nacional de Pesquisas Espaciais, São Jose dos Campos. 1996. Disponível em: <http://urlib.net/sid.inpe.br/iris@1912/2005/07.20.06.47.40>.

ZAGAGLIA, C. R. *Técnicas de sensoriamento remoto aplicadas à pesca de atuns no Atlântico Oeste Equatorial.* 2003-02. 180 p. (INPE-9862-TDI/869). Dissertação (Mestrado em Sensoriamento Remoto) — Instituto Nacional de Pesquisas Espaciais, São José dos Campos. 2003. Disponível em: <http://urlib.net/sid.inpe.br/jeferson/2003/08.20.10.48>.

Índice Alfabético

A

absorção, 43
Absortância, 54
ALOS, 218
altímetros, 87
amplitude, 124
análise digital, 279
análise visual, 279
analógco, 171
ângulo azimutal do sol, 252
ângulo azimutal relativo, 252
ângulo de observação, 55
ângulo de varredura, 189
ângulo de visada, 200, 204, 252, 256
ângulo solar zenital, 252
ângulo sólido, 51
ângulos de incidência, 204
antena, 111
antenas, 201
apontamento perpendicular, 204
área mínima, 323
arfagem, 139
árvore de decisão, 323
ASAR, 216
assinatura espectral, 243
ASTER, 338
atenuação atmosférica, 256
ativos, 75
atmosfera, 47
ATSR, 336
autocorrelação, 298
AVHRR, 336
AVNIR-2, 218

B

bandas de absorção, 45
barra linear de detectores, 197
binária, 282

C

calibração radiométrica, 291
calibração, 172, 183
câmara fotográfica, 89
câmara trimetrogon, 29
câmaras, 173
câmaras de reconhecimento, 90
câmaras de vídeo, 151
câmaras métricas, 90
Campo de visada (FOV), 79
campo de visada do sensor, 79
Campo de visada instantâneo (IFOV), 79
campo elétrico, 37, 73
campo instantâneo de visada, 141, 169
campo magnético, 37
campos de vento, 346
carga útil (payload), 168
CCD, 204, 212, 236
CDSR, 195
classificação, 313
classificação orientada para objetos, 348
classificação por ângulo espectral, 324
classificação por pixel, 322
classificação por regiões, 322
clorofila, 263
coeficiente de espalhamento, 70
coeficiente de reflexão, 61
coeficiente de retroespalhamento, 274
coerência, 42
coloridos, 91
comportamento espectral, 243
comprimento de onda, 37
constante de Boltzman, 65
constante de Planck, 43
constante dielétrica, 74, 274
constelação de microssatélites, 222
constelação de satélites, 198
contraste, 284, 307
controle de atitude, 139, 140

coordenadas geográficas, 304
coordenadas planas retangulares, 304
cor, 285
cores primárias, 285
corpo negro, 47
correção geométrica, 179, 305
cubo de imagens, 324
curva espectral, 244
curvatura, 300

D

dados brutos, 291
dedução, 302
deriva, 139
detecção, 326
detector, 169, 171
difração, 102
digital, 171
direção Azimutal, 119
direção de varredura, 189
distância em range, 119
distorções geométricas, 291
distribuição bimodal, 318
distribuição normal, 317
DMC, 222
DORIS, 201

E

EarlyBird, 128
EartWatch, 128
emissão, 43, 49
emissividade, 54, 65
emitância, 54
energia adiante, 50
ENVISAT, 214
EOS, 227
escaterômetros, 88
esferorradiano, 51
espalhadores pontuais, 72
espalhamento, 60, 62
espalhamento atmosférico, 253
espalhamento Rayleigh, 62
espectro eletromagnético, 40
espectrorradiômetro, 246
espelho de varredura, 188
espessura óptica dos aerossóis, 253
estações de recepção, 30
estações terrenas, 175
exatidão de classificação, 320
excitância, 51, 54

F

far range, 119
fase, 124
Fator de Reflectância Bidirecional, 244
fatores de contexto, 266
fatores macroscópicos, 250
fatores microscópicos, 250
filmes fotográficos, 91
filtragem, 312
filtros de textura, 312
filtros lineares, 312
filtros morfológicos, 312
fitoplâncton, 263
fluorescência, 64
fluxo radiante, 50
fluxo radiante incidente, 244
fluxo radiante refletido, 244
formato analógico, 190
fótons, 43
frequência, 37
frequência de aquisição, 209
função de transferência, 297

G

Geometria de aquisição, 149
geossíncrona, 155
geração de cores, 285
GPS, 352
grades de difração, 102
grandeza radiométrica, 292

H

histograma, 282, 318
HRG, 199, 204
HRS, 200
HRV, 197
HRVIR, 198, 199
HSS, 337

I

identificação, 327
IFOV, 80
IHS, 307
Imageador multiespectral, 169
imageadores eletro-ópticos, 91
imagem bidimensional, 87
imagem complexa, 124
imagem interferométrica, 124
imagens analógicas, 284

Índice Alfabético

imagens digitais, 284
índice de refração, 61
índices de refração, 38
infravermelho colorido, 91
infravermelho de ondas curtas, 182
infravermelho distante, 65
Infravermelho preto e branco, 91
infravermelho próximo, 65
infravermelho termal, 65
INPE, 194
intensidade, 307
intensidade radiante, 52
Interferometria, 124
IRMSS, 236
irradiância, 47, 50

J

janelas atmosféricas, 45
JERS-1, 212

K

K-médias, 315

L

largura da faixa imageada, 184
laser, 87
latitude, 304
Lei de Mie, 62
Lei de Snell, 61
Lei do cosseno, 53
Lei do Deslocamento de Wien, 48
limiar de similaridade, 323
linha de varredura, 103
longitude, 304

M

macroscópico, 59
matéria orgânica dissolvida, 264
matiz, 307
matriz de confusão, 320
matriz de covariância, 323
matriz de detectores, 169
matriz de erro, 320
MERIS, 214
micro-ondas, 30, 70
microscópico, 59
modelo digital de terreno, 206
modelos estereoscópicos, 200
modo multiespectral, 197, 199

modo pancromático, 197, 199
modos de aquisição, 208
modos de coleta, 251
módulo de instrumentos, 178
monocromático, 204
MTF, 79
multiangular(es), 105, 107
multidimensional, 313

N

não supervisionada, 315
near range, 119
níveis digitais, 281
nível de aeronave, 150
nível de laboratório, 141
nível digital, 313
nível orbital, 150, 153

O

obturador, 173
off-nadir, 204
onda eletromagnética, 37
ondas eletromagnéticas, 35
ônibus espaciais, 153
OPS, 213
órbita, 162, 202
órbita geossíncrona, 140
órbita polar, 167

P

PALSAR, 221
pancromática, 175
pancromáticos, 91
parâmetros orbitais, 168
pares estereoscópicos, 206
partículas inorgânicas, 264
passa-alta, 312
passa-baixa, 312
passivos, 75
PCD, 168
pixel, 83, 200
plano orbital, 202
plataforma tripulada, 154
plataforma, 137
poder de resolução, 82
polarização, 41, 272
polarização horizontal, 41
polarização vertical, 41
por pitch (arfagem), 164

386 Sensoriamento Remoto

pré-processamento, 291
PRISM, 218, 219
prisma, 40, 102
processo aditivo, 285
processos eletrônicos, 64
processos vibracionais, 63
Programa CBERS, 235
Programa Landsat, 159, 160
Programa SPOT, 195
pulso incidente, 275
pushbroom, 95

Q
QuickBird 1, 128

R
radar, 209
radar de abertura sintética (SAR), 212
radares de visada lateral, 115
Radarsat, 208
radiação eletromagnética, 35
radiação, 29
Radiância, 53
radiano, 51
radiômetro visível e infravermelho
avançado, 218
radiômetros de micro-ondas, 76
range dinâmico, 285
RAR, 121
Rayleigh, 62
reamostragem, 305
reconhecimento, 327
reconhecimento de padrões, 314
reflectância, 54, 244
reflectância bicônica, 244
reflectância bidirecional, 244
reflectância difusa, 58, 244
reflectância espectral, 59
refração, 60
resolução azimutal, 122
resolução espacial, 31, 79
resolução espectral, 84
resolução nominal, 170
resolução radiométrica, 85
resolução temporal, 205
retroespalhamento, 73
rolagem, 139
roll (rolamento), 164
rotação da Terra, 300
ruído, 291

S
SAR, 121, 221
satélite, 163
satélites híbridos, 155
satélites, 153
saturação, 307
segmentação, 322
segmento solo, 163, 190
seleção de bandas, 339
sensores, 75
sensores de alta resolução, 128
sensores de atitude, 140
sensores de estrela, 140
sensores fotográficos, 90
sensores hiperespectrais, 101
sensores imageadores, 78
sensores multivisada, 55
sensores termais, 109
SIG, 352
sistema imageador, 77
sistema MSS, 99, 162
sistema orbital tripulado, 154
sistema RBV, 161
sistemas de quadro, 78
sistemas de varredura, 78
SLAR, 115
Sol-síncrona, 180
Sonares, 26
striping, 299
superfície lambertiana, 55
supervisionada, 315

T
tabela de contingência, 320
telescópio, 188
temperatura absoluta, 65
temperatura de brilho, 110, 272
teoria ondulatória, 35
termal, 182
transmitância, 54
tridimensional, 89
TSM, 336

V
variância, 311
varredura, 171
varredura de linhas, 162

varredura eletrônica, 78
varredura mecânica, 94
vegetation, 198
vibração, 139
vibração Iônica, 60
vibração molecular, 60
vidicon, 92

visível, 40
vizinho mais próximo, 306

W
WFI, 235

Y
yaw (deriva), 164